WISSENSCHAFTLICHES

SCHÖPFERTUM

Wissenschaftliches Schöpfertum

Herausgegeben in deutscher Sprache

von Günter Kröber

und Marianne Lorf

2., unveränderte Auflage

AKADEMIE-VERLAG · BERLIN

1976

Russischer Originaltitel:
Научное творчество · Москва 1969

Ins Deutsche übersetzt durch Klaus-Dieter Goll, Eberswalde

Erschienen im Akademie-Verlag, 108 Berlin, Leipziger Str. 3–4

Lizenznummer: 202 · 100/72/76
Offsetdruck und Bindung:
VEB Druckerei „Thomas Müntzer", 582 Bad Langensalza
Bestellnummer: 751 892 3 (6023) · LSV 0315
Printed in GDR
EVP 18,–

Inhaltsverzeichnis

Vorwort

„Wissenschaft und Forschung beeinflussen Wachstum, Struktur und Leistung unserer Volkswirtschaft entscheidend.“ Diese Aussage des VIII. Parteitages der SED charakterisiert in knapper Form jene große Bedeutung, die der wissenschaftlichen Forschung, der Erkenntnis neuer Gesetzmäßigkeiten, aber auch der Vervollkommnung unserer schon vorhandenen Kenntnisse über die Natur und die Gesellschaft sowie deren rascher Nutzung in der gesellschaftlichen Praxis und insbesondere der Produktionspraxis zukommt. Eine erhöhte Produktivität der wissenschaftlichen Forschungsarbeit gehört mit zu den entscheidenden Voraussetzungen einer höheren Effektivität der gesellschaftlichen Produktion und der Steigerung der Arbeitsproduktivität. Die Produktivität der Forschung steht aber in direkter Abhängigkeit von den schöpferischen Fähigkeiten der Wissenschaftler, Techniker und aller in der Forschung Tätigen. Diese Feststellung — ausgesprochen u. a. auf dem XXIV. Parteitag der KPdSU — akzentuiert die Bedeutung, die eine Erforschung der Bedingungen, der Einflußfaktoren und des Mechanismus des wissenschaftlichen Schöpfertums nicht nur für die wissenschaftstheoretische Forschung, sondern vor allem für die Lösung vieler praktischer Probleme beim Aufbau der entwickelten sozialistischen Gesellschaft hat.

Das Wesen schöpferischer wissenschaftlicher Arbeit zu ergründen, die besten Bedingungen für die Entfaltung schöpferischer Aktivitäten der Wissenschaftler aufzudecken, die Faktoren zu kennen, die eine Erhöhung des wissenschaftlichen Schöpfertums ermöglichen, den psychischen Mechanismus schöpferischer wissenschaftlicher Arbeit zu erforschen — diese und andere Probleme sind der marxistisch-leninistischen Wissenschaftstheorie heute aufgegeben. Ihre Lösung kann indes nur in interdisziplinärer Gemeinschaftsarbeit erfolgen. Wissenschaftshistoriker und Philosophen, Soziologen und Logiker, Pädagogen und Kybernetiker, vor allem aber Psychologen haben hier ein weites Feld der Forschung vor sich. Da in der DDR das wissenschaftliche Schöpfertum erst seit verhältnismäßig kurzer Zeit Gegenstand der wissenschaftstheoretischen Forschung ist, dürfte es nicht nur interessant, sondern geradezu notwendig sein, sich mit den Ergebnissen der sowjetischen Forschungen auf diesem Gebiet bekannt zu machen. Das Institut für Geschichte der Naturwissenschaften und Technik der Akademie der Wissenschaften der UdSSR führte bereits im Juni 1967 ein erstes Allunionssymposium zur Psychologie des wissenschaftlich-technischen Schöpfertums durch, dessen Referate und Diskussionsbeiträge 1969 in der vom gleichen Institut herausgegebenen Reihe „Wissenschaftskunde. Probleme und Forschungen" als dritter Band „Wissenschaftliches Schöpfertum" zur Veröffentlichung gelangten. Charakteristisch für dieses Werk ist die Komplexität des Herangehens an die Problematik. Untersucht werden durchaus nicht nur die psychologischen Aspekte des Schöpfertums. Das Spektrum der behandelten Probleme reicht von psychologischen, wissenschaftshistorischen, soziologischen, logischen und pädagogischen Untersuchungen bis hin zu solchen auf der Grundlage der Automaten-Theorie. Die Vielfalt dieser Probleme vermittelt einen Einblick in die Kompliziertheit jenes Phänomens, das hier zum Gegenstand der Untersuchung wurde. Sie bedingt zugleich, daß die Erkenntnisse und Lösungsansätze der Autoren noch nicht einheitlich sein können. Der Meinungsstreit auf diesem Feld der Forschung ist vielmehr noch im vollen Gange. Das widerspiegelt sich auch in dem hier vorgelegten Band. Einheitlich ist jedoch der philosophisch-weltanschauliche Ausgangspunkt der Autoren: die marxistisch-leninistische Philosophie, der dialektische und historische Materialismus und insbesondere die Leninsche Widerspiegelungstheorie.

Durchgängig durchzieht alle Beiträge auch die Auseinandersetzung mit bürgerlichen Auffassungen über das wissenschaftliche Schöpfertum und über die Wege zu seiner Erforschung. Insbesondere der Behaviorismus, die Gestaltpsychologie und die Psychoanalyse werden einer kritischen Prüfung unterzogen.

Die vorliegende deutsche Ausgabe unterscheidet sich in einer Hinsicht vom sowjetischen Original. In ihr wurde auf jene Beiträge verzichtet, die den pädagogischen Problemen des Schöpfertums (problemorientierter Unterricht usw.) gewidmet sind und den vierten Teil des Originals ausmachen. Die Herausgeber glauben diese Entscheidung verantworten zu können, da sie den Akzent auf die Probleme des *Schöpfertums in der wissenschaftlichen Tätigkeit* legten. Den Pädagogen der DDR seien jedoch die hier ausgelassenen Beiträge zur Übersetzung und zum Studium empfohlen. Die Teile I und III des Originals werden vollständig wiedergegeben, der Teil II in gekürzter Form.

Die Herausgeber verleihen ihrer Hoffnung Ausdruck, daß mit dem vorliegenden Band die Forschungen zu Problemen des wissenschaftlichen Schöpfertums auch in der DDR angeregt und der wissenschaftliche Meinungsstreit über diese theoretisch wie praktisch höchst bedeutsamen Fragen gefördert werden möge.

Berlin, Juni 1971 Günter Kröber Marianne Lorf

Teil 1

Allgemeine Probleme

S. R. Mikulinskij, M. G. Jaroševskij

Die Psychologie des wissenschaftlichen Schöpfertums und die Wissenschaftskunde

Einführung in die Problematik

Mit der zunehmenden Bedeutung der Wissenschaft wird auch das Interesse an ihren Schöpfern immer beharrlicher und drängender.

Bereits am Ende des 19. Jahrhunderts und zu Beginn des 20. Jahrhunderts sind Versuche zu verzeichnen, das Studium der Persönlichkeit des Wissenschaftlers und seines Schaffensprozesses zu einem speziellen Forschungsgebiet auszuweiten. Das war die Folge der immer spürbarer werdenden Erschütterungen der fundamentalen Theorien der Naturwissenschaften sowie des Bestrebens, angesichts solcher sich zunehmend häufenden Ereignisse die historische Erfahrung der Wissenschaft, die Wege ihrer Entwicklung und ihre Perspektiven zu überdenken. Die Suche nach neuen Lösungen und Wegen führte zu dem Bedürfnis, die Prozesse des wissenschaftlichen Schöpfertums zu analysieren, und weckte bei den Wissenschaftlern den Wunsch, tiefer in die eigene schöpferische Arbeitsweise einzudringen und jene Eigenschaften zu untersuchen, die dazu befähigen, überkommene Vorstellungen und Prinzipien entschlossen umzugestalten und Neues zu schaffen. Schon Wilhelm Ostwald formulierte die Aufgabe, Mittel zu finden, die es ermöglichen, Menschen mit schöpferischen Fähigkeiten frühzeitig zu erkennen und ihre Entwicklung zu fördern, sowie auf der Grundlage einer Analyse der charakteristischen Besonderheiten von Wissenschaftlern, ihres Denk- und Arbeitsstils eine Typologie auszuarbeiten, die für die Lösung von Problemen des wissenschaftlichen Arbeitsprozesses angewendet werden kann. Mit den Besonderheiten des Schöpfertums, seinen Bedingungen und Entwicklungsmöglichkeiten beschäftigten sich so hervorragende Naturwissenschaftler wie H. v. Helmholtz, I. M. Sečenov, Albert Einstein, Max Planck, V. I. Vernadskij und viele andere. Der Mathematiker Henri Poincaré und der Chemiker Wilhelm Ostwald schrieben zu Beginn des 20. Jahrhunderts die ersten Bücher über Probleme des wissenschaftlichen Schöpfertums.

Das Buch Wilhelm Ostwalds „Große Männer", das typologische Beschreibungen schöpferischer Persönlichkeiten aus dem Gebiet der exakten Naturwissenschaften enthält, entstand interessanterweise im Zusammenhang mit einer Bitte der japanischen Regierung, bei der Einrichtung eines rationellen Systems zur Erziehung und Auswahl wissenschaftlicher Kader zu helfen. Japan hatte damals gerade die europäischen Methoden der Organisation wissenschaftlicher Arbeit übernommen.

Ostwald sprach direkt von einer „grundsätzlichen Wendung" der Ansichten über „das Auftreten ausgezeichneter Männer, welche die menschlichen Angelegenheiten, insbesondere die Wissenschaft um erhebliche Stücke vorwärts bringen...".[1]

Dem Problem der Persönlichkeit des Wissenschaftlers wandten sich so hervorragende Forscher wie Francis Galton und J. Mc Keen Cattell zu. Für das Studium der Persönlichkeit und ihrer Einschätzung durch die wissenschaftliche Umwelt benutzten sie Tests, die statistische und die biographische Methode sowie andere Methoden der entstehenden experimentellen Psychologie. Mit ihren Arbeiten wurde die Persönlichkeit des Wissenschaftlers und deren Abhängigkeit von biologischen und sozialen Faktoren als neues Objekt in die empirische psychologische Forschung eingeführt. Zur gleichen Zeit entwickelte der französische Psychologe Ribot in seinem Buch „Essai sur l'imagination créatrice" (1900) die erste experimentell-psychologische Konzeption der Kreativität. Ribot, der Angaben über die Tätigkeit von Erfindern, Wissenschaftlern und Dichtern analysierte und die Phasen des kreativen Aktes beschrieb, versuchte die Eigenart der geistigen und emotionalen Prozesse zu bestimmen, die den psychologischen Hintergrund einer Entdeckung oder Erfindung bilden.

In Rußland ging die Initiative zur Ausarbeitung der Probleme der Psychologie des Schöpfertums von den Schülern des hervorragenden Denkers A. A. Potebna aus, der die spezifischen Unterschiede zwischen dem wissenschaftlichen und dem künstlerischen Denken im inneren Bau der Sprache als eines historisch entstandenen Systems suchte. Interessant ist die Arbeit des russischen Ingenieurs P. K. Engel'mejer „Teorija tvorčestva" (1910), die, obwohl sie sich vorwiegend mit Erfindungen auf dem Gebiet der Technik befaßt und dabei konkretes Material aus der Geschichte der Technik untersucht, viele Probleme einer Theorie der schöpferischen Tätigkeit behandelt. P. K. Engel'mejer regte an, die Lehre vom Schöpfertum, die Heuristik, als spezielles Wissenschaftsgebiet zu entwickeln.

[1] Ostwald, W., Große Männer, 5. Aufl., Leipzig 1919 (Zur Einführung

Während sich zunächst nur einzelne Forscher speziell mit dem Studium des wissenschaftlichen Schöpfertums und seiner Prozesse sowie mit der Erforschung von Persönlichkeitsparametern befaßten, so bietet sich seit der Mitte unseres Jahrhunderts ein völlig verändertes Bild.

Die gegenwärtige wissenschaftlich-technische Revolution, der bisher nie dagewesene Umfang der Forschung, die ständige Zunahme der Beschäftigtenzahl im Bereich der Wissenschaft sowie die wachsende Komplexität und die schnelle Aufeinanderfolge von Aufgabenstellungen haben die Erforschung der Prozesse wissenschaftlicher Tätigkeit außerordentlich dringlich werden lassen.

Die Arbeit der Wissenschaftler, in der Vergangenheit Sache einzelner, ähnlich der Arbeit des Handwerkers, ist vor unseren Augen zu einer Spielart der industriellen Arbeit geworden, mit den charakteristischen Eigenarten der letzteren — Massencharakter, Unterordnung großer Kollektive unter ein gemeinsames Ziel und tiefe funktionale Arbeitsteilung. Dies hat eine ganze Reihe neuer, nicht nur strukturell-organisatorischer und ökonomischer, sondern auch sozialpsychologischer Probleme geschaffen. In den verschiedenen Wissenschaften — den Gesellschaftswissenschaften, den Naturwissenschaften und den technischen Wissenschaften (in der Soziologie und Psychologie, der Kulturgeschichte und der Kybernetik) — wächst das Interesse an den Problemen des Schöpfertums. Das Wort „Schöpfertum" wurde zu einem magischen Wort. Seine bloße Erwähnung genügt, um Aufmerksamkeit zu erregen.

Die Bedürfnisse der wissenschaftlich-technischen Entwicklung, die Automatisierung der Steuerung komplizierter Systeme und die sich abzeichnende Perspektive, einen umfangreichen Anteil geistiger Operationen auf Rechenanlagen zu übertragen, all dies hat zu einem neuartigen Herangehen an viele traditionelle psychologische Probleme, darunter auch die des Denkens, geführt. Mit diesem Vorgehen verbindet sich die Hoffnung, Mittel zu entdecken, die geeignet sind, das schöpferische Potential des Menschen, vor allem des Wissenschaftlers und des Ingenieurs, zu vergrößern. In der internationalen Wissenschaft entsteht eine umfangreiche Literatur zu diesen Problemen. Ständig finden repräsentative Symposien statt. Dutzende von Kollektiven, in denen Vertreter der verschiedensten Disziplinen — Soziologen, Historiker, Psychologen, Ökonomen und Wissenschaftsorganisatoren — zusammenarbeiten, konzentrieren ihre Anstrengungen auf die Erforschung der Bedingungen wissenschaftlicher Arbeit und der Rolle des subjektiven Faktors in der Wissenschaft. Es entsteht ein besonderer Wissenszweig — die *Psychologie der Wissenschaft.*

Mit psychologischen Begriffen und Methoden operierend, stößt sie in neue Bereiche vor und bildet einen der Zweige der Wissenschaftskunde, der eng mit den anderen Zweigen dieses Forschungsgebietes verbunden ist, das die Wissenschaft als ein spezifisches System und eine besondere, sich historisch entwickelnde Form der Tätigkeit behandelt.
Es kommt darauf an, von intuitiven und spekulativen Vorstellungen über die Wissenschaft, die nicht durch objektive Methoden überprüft wurden, zur Aufdeckung der Gesetzmäßigkeiten der Wissenschaftsentwicklung überzugehen und damit eine zuverlässige Grundlage für die Lösung der heute für jeden Staat lebenswichtigen Aufgabe zu schaffen, die Effektivität wissenschaftlicher Forschung zu erhöhen.
Die Statistik sagt aus, daß sich die Anzahl der Wissenschaftler in den industriell entwickelten Ländern gegenwärtig alle 10—15 Jahre verdoppelt (in der UdSSR ist die Anzahl der Wissenschaftler von 1961 bis 1966, d. h. innerhalb von 6 Jahren, auf mehr als das Doppelte angewachsen), während in anderen Tätigkeitsbereichen eine solche Verdoppelung etwa 40 Jahre erfordert. In den meisten Industriestaaten liegt das Wachstumstempo der Aufwendungen für die Wissenschaft über dem Wachstumstempo des Nationaleinkommens. Es versteht sich von selbst, daß ein derartiges Anwachsen der Zahl der Wissenschaftler und der Aufwendungen für die Wissenschaft nicht lange aufrechterhalten werden kann. Würde man die Verdopplung der Anzahl der Wissenschaftler innerhalb eines Zeitraumes von 10—15 Jahren als ein Gesetz der Wissenschaftsentwicklung betrachten, so ergäbe sich die absurde Schlußfolgerung, daß in etwa einem halben Jahrhundert die gesamte Bevölkerung des Erdballs in der Wissenschaft tätig sein wird. Die Zunahme der Zahl der Wissenschaftler kann auf die Dauer nicht über dem Bevölkerungszuwachs liegen. Es besteht ein offenkundiger Widerspruch zwischen dem Interesse an einer weiteren beschleunigten Wissenschaftsentwicklung und der Möglichkeit, diese Entwicklung in den heutigen Größenordnungen materiell und personell zu gewährleisten.
Offensichtlich ist auch, daß dieser Widerspruch nur auf dem Wege qualitativer und struktureller Veränderungen des „Organismus" der Wissenschaft und seiner Funktionsweisen gelöst werden kann. Und ebenso klar ist, daß diese Veränderungen unvermeidlich auch die innere Struktur der Tätigkeit derjenigen Menschen betreffen müssen, die Wissenschaft „produzieren", also die psychologischen und sozialpsychologischen Aspekte der wissenschaftlichen Produktion.
Die Lösung einer Vielzahl fundamentaler Fragen der optimalen Organisation und effektiven Leitung dieser Produktion erweist sich als unmittelbar abhängig von psychologischen Daten über die Prozesse wissenschaft-

lichen Schöpfertums, und zwar sowohl des individuellen als auch des kollektiven Schöpfertums.

Die gesellschaftliche Notwendigkeit, die Effektivität der wissenschaftlichen Forschung zu erhöhen, ihre Ergebnisse beschleunigt zu nutzen sowie die Auswahl und Ausbildung der Wissenschaftskader und die Organisationsformen wissenschaftlicher Tätigkeit zu vervollkommnen, hat zum Entstehen der Wissenschaftskunde geführt. Sie entstand an der Grenzlinie einer Reihe von wissenschaftlichen Disziplinen, so auch an der Grenzlinie von Psychologie und Geschichte beziehungsweise Soziologie der Wissenschaft sowie Logik der Wissenschaftsentwicklung. Die Geschichte zeigt, daß die Bedürfnisse der Praxis zu einer grundlegenden Umorientierung sowohl bei der theoretischen Synthese von Kenntnissen als auch in der Strategie der experimentellen Arbeit führen können. Auf dem Boden der Wissenschaftskunde gewannen die psychologische Theorie und das psychologische Experiment eine neue Zielrichtung.

Die im Laufe der vorhergegangenen Entwicklung der Psychologie entstandenen Konzeptionen und Schemata veränderten sich bei der Anwendung auf einen so spezifischen Gegenstand wie die Tätigkeit und die psychische Mentalität der Wissenschaftler sowie die Mechanismen ihres Schöpfertums. Der Charakter dieser Veränderungen zeigt immer deutlicher die wachsenden Möglichkeiten und die Produktivität der engen wechselseitigen Verbindung zwischen der psychologischen und der historischen, soziologischen und logischen Analyse der wissenschaftlichen Tätigkeit.

Die psychologische Erforschung des Schöpfertums, früher ein dürftig bearbeitetes, von spekulativen Schemata beherrschtes Gebiet, rückt heute, dank der Hinwendung zur Analyse wissenschaftlicher Tätigkeit, in den Vordergrund und wurde zu einem der aktuellsten Gebiete der modernen Psychologie. „Kein Phänomen oder Gegenstand, für den die Psychologie eine einzigartige Verantwortung trägt, ist so lange ignoriert worden und fand dann ein so lebhaftes Interesse der Forscher wie die Kreativität", bemerkt Guilford, einer der angesehensten Forscher auf diesem Gebiet.[2]

In diesem Zusammenhang ist das Bestreben, bei der Lösung der neuen Aufgaben die umfangreichen Erfahrungen der Psychologie, insbesondere der Psychologie des Denkens und der Persönlichkeit, zu nutzen, ganz natürlich.

Bereits in den fünfziger Jahren begann man, Persönlichkeit und Tätigkeit des Wissenschaftlers mit psychologischen Mitteln wie denen des

[2] Guilford, J. P., Some theoretical views of creativity, in: Contemporary approaches to psychology, New York 1967, S. 419.

natürlichen und des Laborexperiments, der Fragebogentechnik und der Testmethodik zu untersuchen und die gewonnenen Daten statistisch zu bearbeiten. Durch die Untersuchung unterschiedlicher individueller Aufgabenlösungen in verschiedenen Situationen war man bemüht festzustellen, welche Faktoren schöpferische Prozesse stimulieren oder blockieren. Ein weiteres Forschungsziel ist die Gewinnung einer Typologie der Wissenschaftler und der Forschungsarbeit. Test- und Fragebogenmethodik machten es möglich, von der Untersuchung eines begrenzten Personenkreises zur Sammlung großer Datenfelder überzugehen. Dadurch wurde es möglich, in großem Umfang statistische Methoden zu benutzen. Gegenstand psychologischer Analysen sind auch Wissenschaftlerbiographien mit allen ihren anscheinend unbedeutenden Details. Durch sie versucht man insbesondere, das Milieu, in dem der entsprechende Wissenschaftler aufwuchs, gebildet und erzogen wurde, seine verschiedenen Lebenskonflikte und seine Verhaltensmotive zu erfassen. Dies führte zu für die Psychologie neuen, gemeinsamen Forschungen mit der Wissenschaftsgeschichte, vor allem mit ihrem biographischen Zweig. Die Hinwendung zur Wissenschaftsgeschichte hat nicht nur den Umfang des in den Interessenbereich der Psychologie fallenden Materials wesentlich erweitert, sondern auch neue Gebiete erschlossen. Sie machte es möglich, den Einfluß der sich historisch verändernden Lebensbedingungen zu erkennen und zu verfolgen, wie sich in verschiedenen historischen Epochen bestimmte Typen von Wissenschaftlern herausbildeten. Durch einen historischen Vergleich war es möglich, zwischen zeitweilig und beständig wirkenden Faktoren zu unterscheiden. So führte die Logik der Forschung selbst zu einer engen Verbindung von psychologischem Vorgehen und historisch-analytischem Studium der Persönlichkeit und des Lebensweges der Wissenschaftler. Die Anwendung der von der Psychologie entwickelten methodischen Verfahren, die sich an realem, lebendigem Material bereits bewährt haben, schafft in diesem Zusammenhang zusätzliche Möglichkeiten, den wissenschaftsgeschichtlichen Charakteristiken zu größerer wissenschaftlicher Strenge und Allgemeingültigkeit zu verhelfen.

Heute unterliegen Inhalt, Struktur und Größenordnung der wissenschaftlichen Tätigkeit radikalen Veränderungen. Dadurch entstanden viele neue Probleme, und die alten erscheinen in neuem Licht. Das Tempo der Anhäufung und Umwandlung von Information sowie ihres Austausches zwischen verschiedenen Wissensgebieten und verschiedenen Ländern hat außerordentlich zugenommen. Verändert hat sich auch die allgemeine psychische Belastung, der das Individuum in der Gesellschaft ausgesetzt ist. Beim wissenschaftlich arbeitenden Menschen ist dieser Druck besonders spürbar.

Aus diesen Zusammenhängen entstand für die sich herausbildende Wissenschaftspsychologie ein ganzer Komplex von Problemen. Welches sind diese Probleme?

Eines der umfassendsten und grundlegendsten ist das Problem der *Struktur* und der *Mechanismen schöpferischer Tätigkeit* im allgemeinen und der wissenschaftlichen Tätigkeit im besonderen. Unter den verschiedenen Erkenntnisweisen des Menschen spielen die Prozesse des produktiven Denkens eine besondere Rolle. Sie ermöglichen die Schaffung neuer Produkte, neuer materieller und geistiger Werte. Das produktive Denken unterscheidet sich vom reproduktiven (das bereits vorhandenes Wissen reproduziert oder es nach bekannten Mustern verarbeitet) durch eine Reihe wesentlicher Besonderheiten. Seine Mechanismen haben bereits seit langem das Interesse der verschiedenen Richtungen der Psychologie und Logik erregt. Es entstand eine Reihe interessanter Hypothesen über die Faktoren, die es ermöglichen, schematische Verfahren bei der Lösung geistiger Aufgaben zu überwinden, die das Entstehen neuer Ideen und Vermutungen beeinflussen und den Übergang von der unklar antizipierten Idee zu ihrer Verwirklichung als schöpferisches Produkt bedingen.

Da die Hauptfunktion der Wissenschaft in der Entdeckung neuer Probleme, Fakten und Wahrheiten besteht, ist es offensichtlich vordringlich wichtig, die logischen und psychologischen Mechanismen schöpferischer Prozesse und ihre wechselseitige Abhängigkeit zu erforschen. Interessiert sich die Logik für die Formen, die Struktur und die Operationen des wissenschaftlichen Denkens, für die Begründungs-, Beweis- und Widerlegungsverfahren, für die Methoden der Strukturierung und Umgestaltung des abgeleiteten Wissens ganz unabhängig vom individuellen Kontext, von den Besonderheiten der Tätigkeit des Subjekts, von den Wechselbeziehungen zwischen bewußten und unbewußten, formalen und sinnlich-bildhaften, emotionalen und willensbestimmten Komponenten dieser Tätigkeit, so konzentriert sich das Interesse der Psychologie eben auf diese, für die Logik unwesentlichen Probleme. Um in die Funktionseigentümlichkeiten des Schöpferischen einzudringen, verwendet die Psychologie in den letzten Jahren weitgehend Methoden der Modellierung dieser Funktionen. Die Entwicklung von Modellen des schöpferischen Prozesses ermöglicht seine detailliertere Analyse und die Aussonderung wesentlicher Komponenten und determinierender Faktoren. Die Zeit des Ignorierens solcher Faktoren, die traditionell oft mit Begriffen wie „Unterbewußtes", „Intuition" usw. zusammenfassend beschrieben wurden, ist vorbei. Das Schöpfertum in allen seinen Erscheinungsformen, darunter auch in der Form der wissenschaftlichen

Tätigkeit, in der nach landläufigen Vorstellungen streng rationale Verfahren der Informationsgewinnung und -verarbeitung zu dominieren haben, ist eine komplizierte Mischung von Bewußtem und Unbewußtem, von strengem Kalkül und intuitiver Einsicht.
Die Behauptung, daß das Wesentliche des schöpferischen Prozesses unter der Schwelle des Bewußtseins liege, kann in keiner Weise dazu beitragen, unser reales Wissen über produktives Denken zu bereichern. Noch so häufige Kniefälle vor der Unbegreiflichkeit jener geistigen Operationen, deren Ergebnis das schöpferische Produkt ist, haben unser Verständnis für die Prozeßabläufe des wissenschaftlichen Schöpfertums um keinen Schritt vorangebracht und werden es auch in Zukunft nicht tun.
Nicht nur im Zustand der „Erleuchtung", der „Einsicht", sondern auch beim gewöhnlichen Sprechen sind wir uns der geistigen Vorgänge, die zu einer Aussage führen, nicht bewußt, denn die Aussage ist in dem Moment, der ihrer Realisierung vorausgeht, bereits unbewußt organisiert. Das macht deutlich, daß es nicht genügt, mit dem Hinweis auf das Unbewußte dasjenige Phänomen zu erklären, das nicht das Ergebnis einer verzweigten logischen Schlußfolgerung sein kann.
Häufig begegnet man der Ansicht, die Intuition sei etwas Irrationales, Alogisches und deshalb der wissenschaftlichen Analyse unzugänglich. Tatsächlich sind viele Entdeckungen das Ergebnis intuitiver Schlüsse gewesen, oder es schien ihren Autoren jedenfalls so. Haben wir es in solchen Fällen tatsächlich mit einer alogischen Form des Denkens zu tun? Natürlicher erscheint uns die Erklärung, daß der Forscher in diesen Fällen auf Grund seiner vorhergehenden Erfahrungen oder anderer, nicht selten zufälliger Umstände, jedoch unbedingt auf dem Hintergrund einer äußersten Konzentration auf das von ihm zu lösende Problem, es vermochte, von der einen, gewohnten, logischen Spur auf eine andere überzugehen. Die Geometrie Euklids und die Geometrie Lobačevskijs beruhen auf verschiedenen Systemen logischer Urteile, beide jedoch sind gleich logisch. Etwas anderes ist die Tatsache, daß weder der Forscher selbst noch der den schöpferischen Prozeß studierende Psychologe bislang die Mechanismen des Übergangs von der einen, gewohnten Denkspur auf eine andere kennen. Daher erscheint ein solcher Übergang zu einem neuen System von Überlegungen, Vergleichen und Faktenverbindungen oftmals als Ergebnis einer plötzlichen, durch nichts determinierten, unbewußten Erleuchtung. Wissenschaftliche Fortschritte in der Erkenntnis solcher Mechanismen können erwartet werden, wenn ein objektives System von Beziehungen untersucht wird, das der empi-

rischen Kontrolle und der kausalen Analyse zugänglich ist. Nur ein solches Vorgehen kann unser Wissen von den psychologischen Faktoren des Schöpfertums erweitern.

Das entscheidende Kriterium für die Effektivität der Arbeit eines Wissenschaftlers ist die wissenschaftliche Entdeckung. Die *wissenschaftliche Entdeckung*, die Entdeckung von Fakten, von Zusammenhängen zwischen ihnen, von Prinzipien und Gesetzen ist das Hauptergebnis der Tätigkeit des Wissenschaftlers. Gegenstand der meisten wissenschaftsgeschichtlichen Untersuchungen ist allein das Ergebnis der Tätigkeit, nicht aber die Struktur dieser Tätigkeit, ihre Dynamik und ihre Funktionsweise. Das Produkt der schöpferischen Tätigkeit und die Prozesse, die zu ihm führen, müssen jedoch in ihrer inneren Wechselbeziehung erforscht werden.

Die resultative und die prozessuale Seite des Schöpfertums können nur in der Abstraktion voneinander getrennt werden. Die Psychologie akzentuiert vor allem die prozessuale Seite, geht jedoch bei deren Erforschung von bestimmten Vorstellungen über die Natur des Effekts aus, der durch den Prozeß erzielt wurde. Der vorliegende Effekt (in diesem Falle die wissenschaftliche Entdeckung) kann aber nur richtig verstanden werden, wenn Angaben über seine sozialen und logischen Grundlagen in die Betrachtung einbezogen werden. Am Problem der wissenschaftlichen Entdeckung zeigt sich deutlich der Zusammenhang zwischen dem logischen, soziologischen und psychologischen Herangehen an die Tätigkeit des Wissenschaftlers. Obwohl jede wissenschaftliche Entdeckung ein Element der Zufälligkeit und der individuellen Einzigartigkeit enthält, so erfolgt sie doch in Übereinstimmung mit objektiven Gesetzmäßigkeiten der Entwicklung wissenschaftlicher Erkenntnis. Diese Gesetzmäßigkeiten ergeben sich aus der Reproduktion der Realität im Denken des Individuums und aus der sozialen Natur des Wissens. Sie schaffen objektive Voraussetzungen für jede Entdeckung in Wissenschaft und Technik.

Von besonderem Interesse ist in diesem Zusammenhang der Vergleich verschiedener Typen von Entdeckungen, da in jedem dieser Typen eigentümliche Beziehungen zwischen den logischen und den psychologischen Momenten anzutreffen sind. Ein eigenständiges Interesse verdienen dabei gleichzeitige Doppelentdeckungen, kollektive Entdeckungen, Entdeckungen in Grenzgebieten sowie die Erscheinungen der Übertragung und der „Kettenreaktion“ bei Entdeckungen. So kann bei gleichzeitigen Entdeckungen bei Übereinstimmung des Sachgehaltes und des Ergebnisses die Rolle der verschiedenen psychologischen Mechanismen am deutlichsten verfolgt werden. Bei kollektiven Entdeckungen werden die Eigenart der Persönlichkeitscharakteristika und der vorhergehenden Erfahrungen des einzelnen Forschers bis zu einem gewissen Grade nivelliert, dafür werden die Funktionen der Planung, Prognostizierung, Kritik usw. differenziert. Bei den Erscheinungen der Übertragung und der „Kettenreaktion“ treten die Bedeutung spezieller Mittel der wissenschaftlichen Forschung im jeweiligen Gebiet der Erscheinungen sowie die Bedeutung gemeinsamer Lösungsschemata für eine Reihe von Problemen auf verschiedenen Gebieten in den Vordergrund.

Die Erforschung des Verhältnisses von logischen und psychologischen Aspekten bei der wissenschaftlichen Entdeckung schließt die Analyse ihrer Unterschiede und ihrer Gemeinsamkeiten ein. Ziel dieser Analyse ist es beispielsweise, die Rolle von Motivationsfaktoren zu klären und das Anwachsen von Widersprüchen in der Dynamik des Wissens zu erforschen. Solche sich vertiefenden Widersprüche führen zur Entstehung von Problemsituationen und schließlich zur Formulierung und Umformulierung von Problemen. Weiterhin muß die Analyse die Bedeutung von Informationsdefiziten und der Sättigung mit Information klären und untersuchen, wie alte und neue Lösungsverfahren miteinander kombiniert werden.

Die Erforschung psychischer Faktoren, die im Prozeß der wissenschaftlichen Entdeckung wirksam werden, schafft die Möglichkeit, psychologische Methoden zu entwickeln, die den Verlauf dieses Prozesses rekonstruieren. Das ist für die wissenschaftsgeschichtliche Forschung von großer Bedeutung. (Bei der Ausarbeitung solcher Methoden müssen insbesondere die Eigenberichte von Wissenschaftlern über den Verlauf ihrer psychischen Aktivität bei den von ihnen gemachten Entdeckungen berücksichtigt werden, z. B. die Schilderung von Besonderheiten des Gedächtnisprozesses bei schöpferischer Tätigkeit und die Erwähnung von Ereignissen, die den schöpferischen Prozeß beeinflußten.)

Besonderes Interesse gewinnen in diesem Zusammenhang Prinzipien der *Modellierung* wissenschaftlicher Forschungstätigkeit (kybernetische Prinzipien — die sogenannte heuristische Programmierung, psychologische Prinzipien u. ä.).

Eine derartige Modellierung eröffnet den Weg zur Erforschung der psychischen Prozesse in den wichtigsten Phasen der wissenschaftlichen Forschungsarbeit (wissenschaftliche Recherche, Problemstellung, Entdeckung des Lösungsprinzips, seine Entwicklung, Beweis der Richtigkeit der vorgeschlagenen Lösung, Ableitung neuer Probleme usw.) sowie zur Erforschung des psychischen Mechanismus des Kulminationspunktes der wissenschaftlichen Entdeckung, d. h. jenes qualitativen Sprunges, durch den der Übergang zur Lösung des Problems erfolgt. Dabei müssen die verschiedenen Formen der Hypothesenbildung erklärt werden, und es muß aufgedeckt werden, welche Rolle die Intuition und welche Rolle formulierbare Prozesse in der wissenschaftlichen Entdeckung spielen. Die psychischen Mechanismen intuitiver und formalisierbarer Prozesse sind zu klären, und die Ursachen für den Erfolg oder das Scheitern einer Problembearbeitung sind zu untersuchen.

Von gewaltiger Bedeutung für die Produktivität der wissenschaftlichen Arbeit ist ihre Motivation. Die Entdeckung ist in der Regel das Ergebnis der Konzentration aller geistigen Kräfte und Fähigkeiten, aller Interessen und aller Impulse des Wissenschaftlers auf das Forschungsobjekt. Die Motive spornen zur Tätigkeit an, verleihen ihr eine bestimmte Richtung und lassen diese Richtung unter den vielen anderen Marschrouten des Denkens dominierend werden. Normalerweise wird das Verhalten des Wissenschaftlers nicht von einem, sondern von mehreren Motiven reguliert, die sich in ihrer impulsgebenden Kraft unterscheiden. Die psychologische Analyse der Motivation hat ergeben, daß es in der Motivation eine hierarchische Struktur gibt und daß zwischen den Motiven verschiedener Ordnung ein kompliziertes Wechselverhältnis besteht. Unter den Motiven verdienen diejenigen besondere Beachtung, die in den Verlauf des wissenschaftlichen Suchens selbst unmittelbar einbezogen werden. Um jedoch die Triebkräfte, die das Verhalten des Forschers bestimmen, und ihre Funktion im Gesamtmechanismus schöpferischer Arbeit aufzudecken, bedarf es der Klärung der Relationen zwischen der inneren und der äußeren Motivation. Ohne innere Motivation fehlen dem erkennenden Denken die Impulse für das Eindringen in sein Objekt. Zugleich bedeutet die führende Rolle der inneren Motivation keineswegs die Leugnung der hinsichtlich der objektbezogenen Tätigkeit äußeren Motive (z. B. Ehrgeiz), die ein mächtiger Antrieb für diese Tätigkeit sein können.

Die Motivation des Verhaltens ist eng mit der Struktur der Persönlichkeit verbunden. Die *Erforschung der Grundzüge der Persönlichkeit des Wissenschaftlers und die Schaffung einer Typologie auf dieser Grundlage* sind wichtige Aufgaben der Psychologie der Wissenschaft. Eine solche Typologie könnte eine Orientierungsbasis für die Auswahl von Mitarbeitern bei der Komplettierung von Wissenschaftlerkollektiven werden.

Die Struktur der schöpferischen Persönlichkeit ist vielseitig. In den Vordergrund werden meistens ihre Fähigkeiten gestellt. Eine Fähigkeit kann jedoch nicht als konstante. ungegliederte Eigenschaft angesehen werden, die unabhängig von den Bedingungen ihrer Realisierung ist. Fähigkeiten entwickeln sich im Prozeß der Tätigkeit — dies ist für die sowjetische Psychologie ein Axiom. Die direkte Abhängigkeit der

Effektivität der wissenschaftlichen Arbeit von den schöpferischen Möglichkeiten (Fähigkeiten) des Menschen macht es besonders dringlich, das schöpferische Potential einer Persönlichkeit vor ihrer direkten Einbeziehung in die wissenschaftliche Arbeit zu erkennen (zu diagnostizieren). Das erfordert die Ausarbeitung entsprechender Diagnoseverfahren. Die traditionelle Psychodiagnostik ist, wie die Arbeiten ausländischer Psychologen zeigen, für diesen Zweck ungeeignet. Die Spezifik der Fähigkeiten zu schöpferischen Leistungen in der Wissenschaft kann nur im Zusammenhang mit einer allgemeinen Lehre vom produktiven Denken, als einer besonderen Stufe intellektueller Aktivität zur Umwandlung von Wissen über die Wirklichkeit und zur Schaffung neuer, sozial bedeutsamer Werte, geklärt werden. Schöpferische Fähigkeiten können nur dadurch diagnostiziert werden, daß das Individuum anhand eines Systems von Aufgaben (mit Test-Charakter) geprüft wird. Die Sachstruktur dieser Aufgaben muß Anforderungen an den Intellekt stellen, die die Fähigkeiten dieses Individuums sichtbar werden lassen. Die Aufstellung eines derartigen Aufgabensystems, seine sorgfältige experimentelle Erprobung an statistisch zuverlässigem Material sowie die Anwendung der Variationsstatistik und der Faktorenanalyse werden es möglich machen, von der rein intuitiven zu einer wissenschaftlich begründeten Bestimmung schöpferischer Fähigkeiten überzugehen.

Das Problem erschöpft sich jedoch nicht im möglichst frühzeitigen Erkennen von Talenten. Fähigkeiten werden anerzogen. Obwohl sie nicht mit den faktischen Leistungen der Persönlichkeit identifiziert werden können, so können sie andererseits auch nicht als unveränderlich und von der Lebens- und Arbeitsweise des Menschen völlig unabhängig angesehen werden.

Unsere Schule, die Mittelschule wie die Hochschule, schafft günstige Bedingungen für die Herausbildung von Fähigkeiten. Jedoch ist die spezielle Arbeit zur Kultivierung der schöpferischen Eigenschaften und Einstellung der Persönlichkeit noch ungenügend. Heute hat die Frage einer problemorientierten Ausbildung große Aktualität gewonnen. Es werden Elemente der Forschungsmethode in die Ausbildung aufgenommen, und der Lernende wird in den komplizierten und widerspruchsvollen Prozeß der Forschungsarbeit eingegliedert.

Es hat auch Versuche gegeben, für die problemorientierte Ausbildung auf Beispiele aus der Geschichte der Wissenschaft zurückzugreifen. Eine psychologische Begründung von Methoden, schöpferische Fähigkeiten zu entwickeln, erfordert auch, daß Persönlichkeit und Tätigkeit früherer schöpferischer Wissenschaftler einer psychologischen Analyse unterzogen werden. Hier berührt sich die Psychologie wiederum unmittelbar mit der Wissenschaftsgeschichte. Ihre Vereinigung ist jedoch nur unter der Voraussetzung möglich, daß die Geschichte selbst nicht nur als das System des sich entwickelnden Wissens, sondern auch als Prozeß der Tätigkeit jener Menschen behandelt wird, die dieses System geschaffen haben.

Die Untersuchung der Entwicklung schöpferischer Fähigkeiten führt zu der Frage der *Altersdynamik schöpferischer Leistungen.*

Jede Fähigkeit ist ein dynamisches Gebilde. Sie äußert sich in den verschiedenen Lebensabschnitten mit unterschiedlicher Intensität und auf unterschiedlichem Niveau. Untersuchungsobjekt der Psychologie ist das psychisch regulierte Verhalten des Menschen im Verlauf seines gesamten Lebens. Wenn man über den Werdegang eines Wissenschaftlers spricht, über die Dynamik seiner schöpferischen Fähigkeiten, so wäre es falsch, sich auf irgendeinen einzelnen Zeitabschnitt zu begrenzen und die Tatsache außer acht zu lassen, daß jeder Zeitabschnitt, durch welch wesentliche Merkmale er sich auch von einem anderen unterscheiden möge, doch lediglich eine Komponente des unteilbaren, einheitlichen Lebensprozesses der Persönlichkeit ist. Kindheit und Jugend können für die Entwicklung der schöpferischen Persönlichkeit von nicht geringerer Bedeutung sein als die reifen Lebensjahre.

Der bekannte amerikanische Psychologe Mc Clelland hat die Dynamik des Schöpfertums an einer großen Gruppe zeitgenössischer Physiker untersucht. Seinen Angaben nach haben viele dieser späteren Physiker schon im Alter von fünf bis zehn Jahren ein deutliches Interesse an der Aufdeckung des „Zusammenhangs der Dinge", am Eindringen in die „Geheimnisse der Welt" gezeigt.[3]

Eine spezielle Analyse verdient andererseits auch die Frage der schöpferischen Möglichkeiten des älteren Wissenschaftlers.

Das Problem der Altersdynamik ist wegen der effektiven Nutzung der Vorzüge jeder Altersgruppe sowohl für die Zusammensetzung wissenschaftlicher Kollektive als auch in umfassenderer sozialer Hinsicht bedeutsam. Den Angaben einiger psychologischer und gerontologischer Untersuchungen zufolge nimmt die Fähigkeit, neue Ideen und neue Methoden auszuarbeiten, bei Wissenschaftlern im Alter von über 40 Jahren ab, während die Fähigkeit, erworbene Information effektiv zu nutzen, erhalten bleibt.

Die Erforschung dieses Problems beschränkt sich bislang auf die Feststellung der Korrelationen zwischen dem Lebensalter einerseits und der

[3] Vgl. Gruber, H. E., Terrell, G., Wertheimer, M., Contemporary approaches to creative thinking, New York 1963, S. 165

Anzahl der Entdeckungen und „persönlichen Beiträge" andererseits. Unberührt bleibt dabei die Frage der Abhängigkeit des in dieser oder jener Altersperiode Erreichten vom Stand (dem Entwicklungsniveau) des jeweiligen Wissensgebietes und von den Anforderungen dieses Wissensgebietes an spezielle und nicht nur allgemeine Fähigkeiten des Wissenschaftlers.

Das schöpferische Potential des Forschers ist nicht unabhängig von dem Problem oder dem Bereich, in dem es sich auswirkt. Es wird auch nicht nur durch die Veränderung der psychophysiologischen Funktionen beeinflußt. Die Beschäftigung mit einem neuen Problem oder der Wechsel in ein neues Gebiet kann zu einem Aufschwung der schöpferischen Kräfte bei Wissenschaftlern führen, die den Gipfel ihrer Schaffenskraft scheinbar schon überschritten hatten. Dies gewinnt besondere Bedeutung im Zusammenhang damit, daß die Arbeit in der Wissenschaft heute zunehmend kollektiven Charakter annimmt und daß die intensivste Entwicklung des Wissens in den Grenzbereichen verschiedener Disziplinen erfolgt. Zur Lösung eines gemeinsamen Problems werden Kollektive gebildet, deren Mitglieder verschiedene, manchmal ganz unterschiedliche Wissenschaften repräsentieren. Die Organisation solcher Kollektive hat einen inneren und einen äußeren psychologischen Aspekt.

Die *Analyse der „kleinen Gruppe" in der Wissenschaft* (eines wissenschaftlichen Kollektivs, dessen Mitglieder an einem gemeinsamen Problem arbeiten und unmittelbaren, ständigen Umgang miteinander haben) bildet eines der wichtigsten Themen der Wissenschaftspsychologie. Der komplexe Charakter dieses Themas ist offensichtlich, liegt es doch einerseits im Grenzbereich zwischen der psychologischen und der empirisch-soziologischen Forschung, und setzt es andererseits gemeinsame Bemühungen von Psychologen und Fachleuten für Theorie und Praxis der Wissenschaftsorganisation voraus.

Die Organisationsstruktur wissenschaftlicher Tätigkeit ist in der gegenwärtigen Epoche radikalen Veränderungen unterworfen. Es wird intensiv nach ökonomisch günstigen Organisationsformen wissenschaftlicher Arbeit gesucht, die eine möglichst schnelle Zielerreichung bei minimalem Aufwand gewährleisten.[4]

Die Organisation der wissenschaftlichen Arbeit (von deren Charakter die Erhöhung ihrer Effektivität abhängt) verlangt jedoch eine Berücksichtigung der Spezifik dieser Arbeit, die Berücksichtigung ihrer schöpferi-

[4] Ausführlicher dazu: Mikulinskij, S. R., Probleme der Organisation wissenschaftlicher Tätigkeit und ihrer Erforschung, in: Wissenschaft. Studien zu ihrer Geschichte, Theorie und Organisation, Berlin 1972

schen Natur. Das wechselseitige Verhältnis der Mitarbeiter im Kollektiv hängt ab von ihrem Einsatz nach einem bestimmten Organisationsschema, das jeden mit einer bestimmten Funktion betraut. Indessen gibt es keine völlige Übereinstimmung zwischen den äußeren Beziehungen, die durch dieses Schema vorgeschrieben werden, und den sich tatsächlich entwickelnden, nicht formellen Beziehungen. Mehr noch, manchmal entsteht aus der Divergenz zwischen den äußeren und den inneren Beziehungen eine Konfliktsituation. Die Zuordnungsbeziehungen, die sich aus der Organisationsform ableiten, können in Widerspruch zur realen Hierarchie geraten, wenn sich zum Beispiel neben dem offiziellen Leiter ein anderer, nichtformeller Leiter herausbildet. Die Erforschung der Beziehungen zwischen den Mitgliedern einer kleinen Gruppe, der Besonderheiten des Verkehrs zwischen ihnen eröffnet als besonderen, inneren Aspekt des Lebens des Kollektivs den seiner nichtformellen „inneren" Organisation.
Natürlich wäre es falsch, die äußere Organisation der inneren entgegenzusetzen. Beide sind unmittelbar miteinander verbunden. Zugleich jedoch unterscheiden sie sich, und ohne Berücksichtigung der inneren psychologischen Struktur des Kollektivs, der verschiedenen Ebenen und des Charakters der Zusammenarbeit seiner Mitglieder ist eine effektive Leitung nicht möglich. Die „kleine Gruppe" ist ihrem Wesen nach ein spezifisches Subjekt wissenschaftlicher Tätigkeit, dessen Handlungen entsprechend dem gestellten Programm differenziert und koordiniert werden müssen. Das Programm ergibt sich aus den Erfordernissen der Wissenschaftsentwicklung, aus ihrer Logik und ihren Gesetzmäßigkeiten.
Die Differenzierung der Wissenschaft verläuft gleichzeitig mit ihrer Integration. Die objektiv in der Wissenschaft sich vollziehenden Prozesse finden ihren Ausdruck in der Verteilung der Funktionen unter den Teilnehmern der wissenschaftlichen Produktion. Es entsteht ein Bedürfnis sowohl nach einer Differenzierung der wissenschaftlichen Arbeit als auch nach Wissenschaftlern, die die Rolle von „Integratoren" übernehmen, z. B. die von „Übersetzern" aus der Sprache der einen Wissenschaft in die der anderen. Zur Wahrnehmung derartiger Funktionen bedarf es bestimmter psychologischer Voraussetzungen, bestimmter Besonderheiten in der Struktur der Persönlichkeit. Wir sehen also, daß in der Wissenschaftsentwicklung neben den individualpsychologischen Faktoren auch die sozialpsychologischen Faktoren sehr bedeutsam sind.
Um diese Faktoren zu beschreiben und zu erklären, reichen die Methoden und Begriffe der traditionellen Sozialpsychologie nicht aus, da sie von dem besonderen Inhalt und den spezifischen Formen der Tätigkeit kleiner Gruppen im wissenschaftlichen Arbeitsprozeß abstrahieren.
Gebraucht wird eine Sozialpsychologie der Wissenschaft, die nicht nur

auf der Kenntnis der allgemeinen Prozesse, die die Beziehungssysteme innerhalb beliebiger kleiner Gruppen charakterisieren, beruht, sondern die auch die Erkenntnis spezifischer Funktionsformen von wissenschaftlich arbeitenden Gruppen einschließt.

Wenn wir über die im Verlauf der Forschung zum Problem wissenschaftlichen Schöpfertums herangereifte Notwendigkeit gesprochen haben, die psychologische Untersuchung des Arbeitsprozesses und der Persönlichkeit des schöpferischen Wissenschaftlers mit dem Studium der Geschichte der Wissenschaft zu verbinden, so ging es uns bis jetzt darum, die Gesetzmäßigkeiten der inneren Beziehungen zwischen den Besonderheiten des Lebens und Schaffens der Wissenschaftler, ihrer psychologischen Beschaffenheit und der Struktur der jeweiligen historischen Periode zu klären.

Die konsequente Beachtung des historischen Prinzips läßt unvermeidlich die Frage nach der *historischen Natur der schöpferischen Persönlichkeit an sich* entstehen, d. h. nach Persönlichkeitsmerkmalen, die neben gewissen, für alle Entwicklungsperioden der Gesellschaft gemeinsamen Charakteristika in jeder neuen Epoche durch eine besondere Eigenart geprägt werden, in der die Einmaligkeit dieser Epoche bewahrt ist. Damit stellt sich der Psychologie der Wissenschaft die Aufgabe, ihre grundlegenden Kategorien mit konkretem historischem Inhalt zu füllen und die Unterschiede der verschiedenen Epochen aufzudecken — beispielsweise hinsichtlich der Erkenntnis- und Verständigungsmittel, der Motivation u. ä.

Die aufgeführten Probleme erschöpfen natürlich keineswegs alle Fragen der Psychologie der wissenschaftlichen Tätigkeit. Viele von ihnen sind von einer Lösung noch weit entfernt. Andere werden unter dem Einfluß der drängenden Bedürfnisse der täglichen wissenschaftlichen Praxis gerade erst sichtbar, sind jedoch noch nicht hinreichend genau formuliert. Das ist immer so in neuen, gerade erst entstandenen Wissenschaftsgebieten. Nicht umsonst meinen viele Wissenschaftler, daß die größte Schwierigkeit in der Wissenschaft nicht die Lösung eines bereits erkannten Problems sei, sondern seine präzise Bestimmung und das Auffinden von Wegen zu seiner Lösung.

Es gibt indessen schon genug gut erkannte und formulierte Probleme der Wissenschaftspsychologie, um einschätzen zu können, wie wichtig ihre spezielle Bearbeitung ist, und um zu begreifen, daß es sich hier um ein wirkliches, und kein eingebildetes Forschungsgebiet handelt, um Fragen, die nicht in der Stille der Kabinette ersonnen wurden, sondern die von der Praxis, von den Bedürfnissen der gegenwärtigen Wissenschaftsentwicklung auf die Tagesordnung gesetzt wurden.

Im Interesse einer erfolgreichen Entwicklung der Wissenschaftspsychologie ist es aber nicht nur erforderlich, den Kreis ihrer wichtigsten Probleme und die Verfahren zu ihrer Lösung zu bestimmen. Ebenso klar muß der innere Zusammenhang aller Probleme erkannt werden, müssen sie als verschiedene Aspekte des einheitlichen und ganzheitlichen Prozesses schöpferischer wissenschaftlicher Arbeit begriffen werden und nicht einfach als eine Kollektion einzelner, noch so wichtiger Fragen einer Technologie der modernen Wissenschaft. Wir haben uns bemüht, diese Zusammenhänge aufzuzeigen, indem wir die Problematik der Wissenschaftspsychologie charakterisierten. Das reicht aber noch nicht aus. Man muß den Zusammenhang zwischen der Wissenschaftspsychologie insgesamt und den anderen Wissenszweigen klären, die die Wissenschaft als eine besondere Form der Tätigkeit erforschen.
Zweifellos muß die Psychologie der wissenschaftlichen Tätigkeit ein Gebiet interdisziplinärer Forschung sein. Sie ist im Grenzgebiet zwischen der Psychologie und der Wissenschaftsgeschichte entstanden und benutzt die Methode der psychologischen Analyse wissenschaftsgeschichtlichen Materials ebenso wie eigentlich psychologische Methoden zur Erforschung der Persönlichkeit und kleiner Gruppen. Die Erfahrungen bei der Entwicklung einer interdisziplinären Zusammenarbeit in anderen Wissenschaftsgebieten zeigen, daß der positive Effekt solcher Forschungsarbeit nicht durch eine äußerliche Vereinigung von Prinzipien, Begriffen und Methoden verschiedener Wissenschaften erreicht wird, sondern durch deren innere Umgestaltung. Diese historische Erfahrung darf bei der Bestimmung der Perspektiven der Wissenschaftskunde, eines neuen, von den dringenden Bedürfnissen der gegenwärtigen sozialökonomischen Entwicklung ins Leben gerufenen Wissenschaftsgebietes, nicht ignoriert werden.
Die Psychologie als eine der wichtigsten Wissenschaften vom Menschen verfügt über ihre eigenen Traditionen, ihren eigenen kategorialen Apparat und ihr eigenes methodisches Instrumentarium. Diese Traditionen sind im Verlaufe einer ständigen Zusammenarbeit der Psychologie mit anderen Wissenschaften, z. B. der Physiologie, Physik, Anthropologie, Soziologie usw. entstanden. In unserer Epoche haben die Erfordernisse der wissenschaftlich-technischen Revolution zu einer weiteren Differenzierung der psychologischen Disziplinen geführt. Es entstanden neue Zweige der Psychologie, z. B. die Ingenieurpsychologie, die kosmische Psychologie, die Psychologie des Verhaltens unter extremen Bedingungen usw. Die Erforschung der psychologischen Aspekte der Wechselwirkung des Menschen mit dem System der Wissenschaft ist ebenfalls eine der jüngeren Richtungen. Ihre Bearbeitung bereichert die allgemeine Psychologie,

denn die Anwendung psychologischer Begriffe und Methoden auf das Objekt des Wissenschaftlers und seiner Tätigkeit bereichert das Material der psychologischen Analyse und regt dazu an, sich erneut und vertieft mit einer Reihe von Problemen zu beschäftigen (z. B. mit dem Problem des produktiven Denkens, der schöpferischen Persönlichkeit usw.). Indem die Wissenschaftspsychologie jedoch spezifische wissenschaftskundliche Probleme bearbeitet, verändert sie sich selbst. Sie wird zur Komponente eines neuen Wissenschaftssystems, und in diesem System erfolgt eine für den wissenschaftlichen Prozeß insgesamt überaus fruchtbare „Kreuzung" von Ideen. Gerade innerhalb der Wissenschaftskunde gewinnt die Wissenschaftspsychologie die Selbständigkeit eines speziellen Zweiges. Es geht nicht nur darum, daß keines der Probleme der Psychologie des wissenschaftlichen Schöpfertums seine adäquate Behandlung finden kann, ohne daß die Ergebnisse aller anderen die Wissenschaft erforschenden Richtungen berücksichtigt werden. Die Entwicklung der Wissenschaft selbst erfordert, daß die Ergebnisse aller ihrer Teilgebiete ständig zueinander in Beziehung gesetzt werden. Die Chemie bringt ihre Ergebnisse in Korrelation zur Physik, die Biologie stellt solche Beziehungen zur Chemie her usw. Und ebenso wie die physikalischen und chemischen Gesetzmäßigkeiten bei ihrer Anwendung auf lebende Objekte einen neuen Charakter gewinnen, der ein neues der, Eigenart der Objekte entsprechendes wissenschaftliches Verständnis verlangt, so nehmen auch die allgemeinen Gesetzmäßigkeiten der Psychologie bei ihrer Anwendung auf den Bereich der wissenschaftlichen Tätigkeit Formen an, die der spezifischen Natur dieses Bereiches entsprechen. Die wissenschaftliche Tätigkeit ist aber bekanntlich sozialhistorischer und nicht psychologischer Natur. Deshalb wirft uns jeder Versuch, die Psychologie der wissenschaftlichen Tätigkeit ausschließlich im Rahmen der Psychologie zu untersuchen und dabei nur von rein psychologischen Grundlagen auszugehen, ohne die Verbindung zu anderen Wissenschaftszweigen herzustellen, die historisch-konkrete Gesetzmäßigkeiten der Wissenschaftsentwicklung studieren, zurück zum „Psychologismus", einer Erscheinung, deren Unhaltbarkeit bereits am Anfang dieses Jahrhunderts offenbar wurde, obwohl sie leider noch immer in manchen ausländischen Untersuchungen über wissenschaftliches Schöpfertum zum Ausdruck kommt.
Besonders deutlich wird dies bei Versuchen, die Persönlichkeit des Wissenschaftlers in der Terminologie der Psychoanalyse zu beschreiben und ihrer Erklärung die Mutmaßung über die bestimmende Rolle unbewußter Verhaltensmechanismen zugrunde zu legen. Um den „Psychologismus", der die Spezifik der Persönlichkeit und der Tätigkeit des Wissenschaftlers ignoriert, zu überwinden, ist es notwendig, die innere

gegenseitige Abhängigkeit der verschiedenen Betrachtungsweisen bei der Erforschung des wissenschaftlichen Schöpfertums festzustellen. Vor allem ist es notwendig, enge Verbindungen zwischen der Psychologie und jener Richtung herzustellen, die man am besten „Logik der Wissenschaftsentwicklung" nennen sollte.[5]

Die Frage des Verhältnisses zwischen Psychologie und Logik wird in der Literatur seit Mitte des vorigen Jahrhunderts, seit der Zeit Steinthals und Wundts diskutiert. Jedoch begegnen wir bei ihrer Beantwortung sowohl in der Psychologie als auch in der Logik ständig einer unhistorischen Betrachtungsweise. Die psychologischen Besonderheiten des Denkens werden in Termini beschrieben, die nicht geeignet sind, seinen historisch-konkreten Charakter zu erfassen, und die logische Seite des Denkens wird in Kategorien der formalen Logik beschrieben. Die wissenschaftskundliche Betrachtungsweise ist ihrem Wesen nach historischer Art. Dadurch wird es möglich, den psychologischen Begriffen, die das produktive Denken beschreiben, einen neuen Inhalt zu geben, wie wir das weiter oben bei der Behandlung des Problems der wissenschaftlichen Entdeckung festgestellt haben.

Wenn die Psychologie des Schöpfertums an der komplexen Erforschung der Wissenschaft beteiligt sein soll, dann reicht die Verwendung der Ergebnisse der Logik als einer philosophischen Disziplin nicht aus — auch dann nicht, wenn die Ergebnisse jener philosophischen Richtung mit einbezogen werden, die als Logik der wissenschaftlichen Forschung bekannt ist. Man kann die Eigenart der Tätigkeit des Wissenschaftlers, den Charakter seiner Motive und seines Arbeitsprogramms nicht verstehen, ohne die logische Struktur der Wissenschaft in der jeweiligen historischen Periode zu kennen. Die Logik im allgemeinen und die Logik der wissenschaftlichen Forschung im besonderen geben auf diese Frage keine Antwort. Sie kann nur durch die Erforschung des Prozesses der Wissenschaftsentwicklung, seiner konkreten, inhaltlichen Formen gewonnen werden. Die genannten philosophischen Disziplinen aber befassen sich nicht mit dieser Thematik.

In der Tat führt jeder wirklich große, grundlegende Fortschritt in der Naturwissenschaft zu einer Veränderung der gesamten Struktur des wissenschaftlichen Denkens und schließlich auch zu einer Veränderung des Wissenschaftlertyps und der Struktur seiner Tätigkeit.[6] Dies alles

[5] Siehe zu Gegenstand und Besonderheiten dieser Forschungsrichtung und den Unterschieden zwischen ihr und der traditionellen Logik, darunter auch der Wissenschaftslogik in ihrer bislang üblichen Form: Mikulinskij, S. R., Rodnyj, N. I., Mesto naukovedenija v sisteme nauk, in: Voprosy filosofii, 1968, Nr. 6

[6] Jaroševskij, M. G., Očerki istorii i teorii razvitija nauki, Moskva 1969

prägt seinerseits auch wesentlich die Psychologie des Wissenschaftlers und das psychologische Klima in der Wissenschaft jeder Epoche. Die Erkenntnisse der Geschichte und Theorie der Wissenschaft über die Gesetzmäßigkeiten der Wissenschaftsentwicklung sind Grundlage aller komplizierten, unwiederholbaren psychologischen Besonderheiten der schöpferischen Leistungen der Wissenschaftler einer bestimmten Epoche. Aus diesem Grunde ist eine enge Verbindung zwischen der Wissenschaftspsychologie, der Logik der Wissenschaftsentwicklung und der Wissenschaftsgeschichte ganz natürlich und notwendig.

Wir sehen also, daß im vorliegenden Falle ein komplexes Herangehen an die Wissenschaft nicht dadurch erreicht werden kann, daß eine bereits entstandene Forschungsrichtung (die psychologische) zu einer anderen (der logischen) „additiv" hinzukommt. Ähnliches beobachten wir auch in anderen Bereichen. Aussagen zur Psychologie des wissenschaftlichen Schöpfertums lassen sich nicht aus Aussagen über die individuelle schöpferische Aktivität ableiten, da der Wissenschaftler immer der Vertreter einer bestimmten wissenschaftlichen Gemeinschaft ist. Seine Entdeckungen und Irrtümer können nur in dem sozialen Kontext, in den er organisch einbezogen ist, richtig begriffen werden. Durch die soziale Stimulation und Anerkennung wird auch die individuelle Motivation schöpferischer Aktivität bestimmt. Folglich ist die Psychologie des Schöpfertums untrennbar mit seiner Soziologie verbunden. Jedoch wird der Psychologe kaum vorankommen, wenn er sich allein auf die allgemeinen soziologischen Begriffe und Methoden stützt. Ebenso wie er eine speziell orientierte Logik braucht, braucht er auch eine speziell orientierte Soziologie. Probleme wie die des Leiters, des Konflikts, der Kommunikation, der Organisationsstruktur kleiner Gruppen usw. haben in der wissenschaftlichen Arbeit spezifische Besonderheiten, ohne deren Kenntnis der soziale Hintergrund des individuellen Schöpfertums nicht sichtbar gemacht werden kann. Diese Besonderheiten hängen vor allem mit dem historisch konkreten Charakter der Wissenschaftsentwicklung zusammen. Wie aber kann der Soziologe diesen Charakter berücksichtigen? Woher kann er zuverlässige Information darüber gewinnen? — Er besitzt offenkundig keine andere Quelle als die Logik der Wissenschaftsentwicklung, deren Erkenntnisse aus dem realen historischen Prozeß abgeleitet werden.

Die Lösung vieler soziologischer und strukturell-organisatorischer Probleme der Wissenschaft setzt andererseits notwendigerweise die Ausarbeitung von Methoden zur Auswahl und Ausbildung von Menschen für die wissenschaftliche Arbeit voraus. Wissenschaftliche Kollektive müssen zweckmäßig zusammengesetzt werden, es müssen Mittel und

Methoden entwickelt werden, die die Kommunikation zwischen den wissenschaftlichen Kollektiven vervollkommnen und die die Speicherung, Bearbeitung, Übermittlung und Aneignung wissenschaftlicher Information erleichtern. Dies alles sind Fragen und Aufgaben, die direkt von der Wissenschaftspsychologie zu bearbeiten sind.

Für die methodologische Orientierung der Soziologen hinsichtlich des konkret-historischen Aspekts der Tätigkeit von Kollektiven verschiedenen Integrationsgrades sowie verschiedener Kommunikationsformen erweist sich die philosophische Disziplin der traditionellen Logik als unzureichend. Ebensowenig reicht eine Orientierung der Soziologie an traditionellen psychologischen Auffassungen aus, um konkret-historische Aspekte zu erfassen.

Die Soziologie braucht zu ihrer Orientierung ebenso eine neuartige Psychologie schöpferischer Prozesse in der Wissenschaft, wie diese Psychologie eine neuartige Soziologie braucht, eine Soziologie, die sich nicht nur auf eine abstrakt-soziologische Interpretation der Wissenschaft beschränkt.

Die Untrennbarkeit des Zusammenhangs soziologischer, logischer und psychologischer Aspekte der wissenschaftlichen Tätigkeit ist in allgemeiner Form in der Literatur wiederholt betont worden. Jetzt ist die Zeit gekommen, ihre wechselseitigen Beziehungen vertieft zu erforschen, und zwar gestützt auf konkretes, empirisches Material sowohl aus der Wissenschaftsgeschichte als auch aus der Analyse der schöpferischen Aktivität zeitgenössischer Wissenschaftler.

Die Wissenschaftspsychologie ist dementsprechend nicht irgendetwas Äußeres im Hinblick auf die Wissenschaftskunde, sondern ist deren notwendiger Bestandteil.

B. M. Kedrov

Zur Theorie der wissenschaftlichen Entdeckung

Einleitung. Der Gegenstand der Forschung

1. Fragestellung

In dieser Arbeit geht es um eine Theorie der wissenschaftlichen Entdeckung als um einen wesentlichen Bestandteil der allgemeinen Wissenschaftstheorie („Wissenschaftswissenschaft"). Zunächst ist zu klären: Kann es überhaupt eine besondere Theorie jenes Prozesses, den wir *wissenschaftliche Entdeckung* nennen, geben? Wenn es sie geben kann, so ist von ihr offensichtlich zu fordern, daß sie den Prozeß der wissenschaftlichen Entdeckung in einer bestimmten Weise zu *erklären* vermag: anders gesagt: Sie muß sein Wesen aufdecken, das hinter der von uns unmittelbar beobachteten Erscheinung verborgen ist. Das Eindringen in das Wesen der vorliegenden Erscheinung bedeutet hier wie auch in anderen Fällen, die Gesetzmäßigkeit des ablaufenden Prozesses aufzudecken, die inneren Zusammenhänge zwischen seinen verschiedenen Faktoren aufzuklären, die seine Entstehung und seine Entwicklung bestimmen, bis hin zu jenem Zeitpunkt, in dem die wissenschaftliche Entdeckung als logisch abgeschlossen angesehen werden kann.
Wir sehen keinen Grund, a priori zu bestreiten, daß wissenschaftliche Entdeckungen erklärbar seien, denn alles in der Welt ist determiniert und geschieht gesetzmäßig, alles steht in einem universellen gesetzmäßigen Zusammenhang, und alles hat neben seiner unmittelbaren Gegebenheit (seiner Erscheinung) sein inneres Wesen, das dem direkten Blick des Beobachters, der den jeweiligen Prozeß erforscht, verborgen ist. Daß eine solche Theorie bislang nicht geschaffen wurde, beweist nur, daß dieser äußerst wichtige und zugleich ungewöhnlich komplizierte Bereich der menschlichen Erkenntnis noch nicht in der nötigen Weise erforscht worden ist. Es fehlt noch am notwendigen Erfahrungsmaterial auf diesem Gebiet, und die Methoden zur Erforschung der relevanten Erscheinungen sind noch nicht ausgearbeitet.
Ohne dies läßt sich aber eine Theorie der wissenschaftlichen Entdeckung selbstverständlich nicht aufbauen. Indes lassen sich gewisse Ansätze

zur Ausarbeitung einer solchen Theorie auch heute schon aufzeigen. Diesem Ziel ist die vorliegende Arbeit gewidmet.
Im Zusammenhang mit der Problemstellung sei uns eine Bemerkung allgemeiner Art gestattet. Es geht darum, welcher Art das zugrunde liegende Faktenmaterial sein muß, um darauf die gesuchte Theorie aufbauen oder zumindest entsprechende Hypothesen aufstellen zu können. Die Hauptfrage ist, wieviel wissenschaftliche Entdeckungen mindestens erforscht sein müssen, um sie theoretisch verallgemeinern zu können, um Folgerungen verallgemeinernden Charakters ziehen und an die Aufstellung einer entsprechenden Theorie gehen zu können.
Ginge es um eine induktive Verallgemeinerung, so könnte man sicher im voraus sagen, daß je mehr Entdeckungen vorher erforscht sind, man sie um so zuverlässiger und erfolgreicher verallgemeinern kann.
Die Frage kann jedoch unter einem ganz anderen Gesichtspunkt gestellt werden, der sich aus der dialektischen Logik ergibt. Danach kommt es gar nicht darauf an, möglichst umfangreiches Faktenmaterial zu sammeln (obwohl eine solche Aufgabe auch hier große Bedeutung besitzt), sondern darauf, das vorhandene Material einer theoretischen Analyse besonderer Art zu unterziehen, um den in ihm verborgenen gesetzmäßigen Zusammenhang der Fakten bzw. das Wesen der untersuchten Erscheinung aufzudecken.
Hier ist ein Hinweis auf Engels und seine Einschätzung des Verhältnisses von Induktion und Analyse angebracht. Engels schreibt: „Ein schlagendes Exempel, wie wenig die Induktion den Anspruch hat, einzige oder doch vorherrschende Form der wissenschaftlichen Entdeckung zu sein, bei der Thermodynamik: Die Dampfmaschine gab den schlagendsten Beweis, daß man Wärme einsetzen und mechanische Bewegungen erzielen kann. 100000 Dampfmaschinen bewiesen das nicht mehr als eine, drängten nur mehr und mehr die Physiker zur Notwendigkeit, dies zu erklären. Sadi Carnot war der erste, der sich ernstlich dranmachte. Aber nicht per Induktion. Er studierte die Dampfmaschine, analysierte sie, fand, daß bei ihr der Prozeß, auf den es ankam, nicht *rein* erscheint, von allerhand Nebenwirkungen verdeckt wird ..."[1]
Diese Aussagen beziehen sich nicht nur auf naturwissenschaftliche Entdeckungen schlechthin, sondern auch darauf, wie der Prozeß der wissenschaftlichen Entdeckung ganz allgemein der theoretischen Analyse unterzogen werden kann. Demzufolge ist es gar nicht nötig, Faktenmaterial über eine zahllose Menge einzelner Entdeckungen anzuhäufen,

[1] Engels, F., Dialektik der Natur, in: Marx Engels, Werke (MEW), Bd. 20, Berlin 1962, S. 496

um es dann induktiv zu bearbeiten. Es genügt, wenigstens eine große Entdeckung tief und allseitig zu analysieren, um eine verallgemeinernde Schlußfolgerung bezüglich des Wesens der wissenschaftlichen Entdeckung und ihrer Gesetzmäßigkeit ziehen zu können.
Als eine solche Entdeckung, die wir — nach einer sorgfältigen Erforschung der Fakten — der theoretischen Analyse unterzogen, diente uns die Entdeckung der Gesetzmäßigkeit des Periodischen Systems der chemischen Elemente durch D. I. Mendelejev (Mendeleev). Wir klärten ihre Prämissen und Quellen, verfolgten ihre Entstehung und ihren Verlauf und erforschten die Wege und Verfahren ihrer weiteren Ausarbeitung durch Mendelejev sowie ihrer anschließenden Überprüfung an den Erfahrungen der chemischen Wissenschaft. All das ermöglichte es, dieser Entdeckung eine denkbare Erklärung zu geben und darüber hinaus an Hand dieses speziellen Materials das Phänomen der wissenschaftlichen Entdeckungen überhaupt — zumindest hypothetisch — zu erklären.
Wir werden auch andere Entdeckungen, von denen wir eine gewisse Anzahl hinreichend detailliert studiert haben, in die Betrachtung einbeziehen. Jedoch gibt es über keine von ihnen und überhaupt über keine der uns bekannten wissenschaftlichen Entdeckungen soviel nachgelassenes wichtiges Faktenmaterial wie über die Entdeckung des Periodischen Gesetzes durch Mendelejev. Bevor wir jedoch zu ihrer Analyse und zu den entsprechenden Schlußfolgerungen übergehen, muß, wenn auch kurz, die Frage beantwortet werden: Was ist eine wissenschaftliche Entdeckung?

2. Die wissenschaftliche Entdeckung als Sprung

Offenkundig und weder eines Beweises noch einer Begründung bedürftig ist, daß eine wissenschaftliche Entdeckung die Feststellung von etwas *Neuem*, vorher *Unbekanntem* auf irgendeinem Wissensgebiet ist. Die wissenschaftliche Entdeckung bildet eine wichtige Stufe in der Bewegung der wissenschaftlichen Erkenntnis vom Nichtwissen zum Wissen, von einer niedrigeren Wissensebene zu einer höheren. Um Klarheit darüber zu gewinnen, was eine wissenschaftliche Entdeckung ist, kommt es indes in erster Linie darauf an, festzustellen, *wie* eine Entdeckung vor sich geht, nicht, *was* jeweils entdeckt wird. Folglich ist es nicht der *Inhalt* des neu erworbenen Wissens, der hier interessiert, sondern die *Form*, in der es erworben wird.
Wissenschaftliche Entdeckungen bilden *Höhepunkte* in der schöpferischen Tätigkeit jener Menschen, die sich der Wissenschaft verschrieben haben.

Zugleich stellen sie eine der höchsten Erscheinungsformen der schöpferischen Fähigkeiten des menschlichen Intellekts überhaupt dar. Wie aber gehen wissenschaftliche Entdeckungen vor sich, in welchen Formen realisieren sie sich?

Selbst dem oberflächlichsten Betrachter muß auffallen, daß jede wissenschaftliche Entdeckung sich als ein *sprunghafter Übergang* vom Nichtwissen zum Wissen vollzieht, als mehr oder minder plötzliches Erkennen von etwas Neuem, vorher Unbekanntem, Unerkanntem. Meistens können der Zeitpunkt, in dem eine Entdeckung erfolgte (ihr Datum), sowie ihr Autor, d. h. der Wissenschaftler, der diese Entdeckung gemacht hat, ziemlich genau bestimmt werden. Das ist ein Merkmal aller Prozesse, die in Form sprunghafter, plötzlicher Übergänge verlaufen.

Bekanntlich ist jeder Sprung, also auch die wissenschaftliche Entdeckung, an folgende drei grundlegende Stadien seiner Entwicklung gebunden. 1. Im *Vorbereitungsstadium* häufen sich allmählich und verborgen die Voraussetzungen und Elemente des zukünftigen Sprunges (der Entdeckung) an. Dieses Stadium ist durch quantitative Allmählichkeit gekennzeichnet; es verläuft relativ langsam und ist dem Wesen nach ein Evolutionsprozeß, der sich aus einer sukzessiven Menge quantitativer Veränderungen zusammensetzt, die sich innerhalb der bestehenden Lage der Dinge, innerhalb der existierenden Qualität vollziehen, ohne diese zu durchbrechen — bis zu einem bestimmten Zeitpunkt. 2. Das Stadium des unmittelbaren *Vollzugs des Sprunges* erfolgt — wie immer und überall — als Übergang der Quantität in eine neue Qualität, d. h. in der Form einer radikalen, qualitativen Zustandsänderung des betreffenden Gegenstandes. 3. Im Stadium der *weiteren progressiven Entwicklung*, das sich auf der Grundlage des bereits erfolgten Sprunges vollzieht, werden die Veränderungen, die der Sprung in der vorangegangenen Entwicklung des Gegenstandes hervorgerufen hat, zu einem relativen Abschluß geführt; gleichzeitig entstehen in diesem Stadium die Voraussetzungen für neue, noch tiefere und radikalere Veränderungen.

Ohne eine vorhergehende, mitunter recht zeitaufwendige und allseitige evolutionäre Vorbereitungsphase kann keine mehr oder weniger große Entdeckung erfolgen. Der Entdeckung geht immer die Anhäufung von Fakten voraus, die nicht selten überaus zahlreich und inhaltlich bedeutsam sind; die Fakten müssen gesammelt und systematisiert werden; es müssen Hypothesen entworfen werden, experimentelle Fertigkeiten erworben werden usw.

Diese Vorbereitung geschieht oft ganz unmerklich, und dann hat es den Anschein, als ob die Entdeckung „plötzlich“ gemacht wurde, als ob dem Wissenschaftler, der sie gemacht hat, eine „Erleuchtung“ gekommen sei als ob ihm eine „Stimme" die gesuchte Lösung als „Offenbarung" unbekannten Ursprungs souffliert habe. Verständlicherweise bedienen sich die idealistische Philosophie und die unverhohlene Theologie (z. B. der Neuthomismus) dieses Umstandes mit großem Eifer, um alle möglichen, ihren Interessen dienenden Spekulationen zu entwickeln.

Alle diese Versuche sind jedoch zum Scheitern verurteilt, wenn man die Entdeckung einer strengen wissenschaftshistorischen, logischen und psychologischen Analyse unterzieht. Eine solche Analyse fördert zwangsläufig den ganzen, dem oberflächlichen Betrachter verborgenen „Mechanismus" des Prozesses zutage: von Anbeginn der Vorbereitung der Entdeckung bis zu ihrem Vollzug und ihrer relativen Vollendung. Diesen Mechanismus bildet in allen Fällen eben der Übergang der Quantität in die Qualität.

Unter dem Begriff „Quantität" sind hier alle festgestellten Tatsachen und alle Anschauungen zu verstehen, die der Entdeckung vorausgingen, aber auch die theoretischen und experimentellen Forschungsverfahren, deren Ausarbeitung, Sammlung oder auch Benutzung die Voraussetzung dafür bildeten, daß die betreffende Entdeckung erfolgen konnte. Dazu gehört auch die Entstehung neuer Ideen und Vorstellungen, die nach ihrer Konkretisierung und Umsetzung in wissenschaftliche Daten die Grundlage der zukünftigen Entdeckung bildeten. Dies alles sind die direkten Keime und Antizipationen der späteren Entdeckung, die also sowohl die volle Entwicklung der genannten Keime als auch die Aufdeckung und Präzisierung der in ihnen enthaltenen Gedanken und Thesen darstellt.

3. Verschiedene Charakteristika der wissenschaftlichen Entdeckung. Ihre Typologie

Die zum Forschungsgegenstand erklärte wissenschaftliche Entdeckung kann auf verschiedene Weise definiert werden; dementsprechend können verschiedene Arten und Formen der Entdeckung unterschieden werden, auf deren Grundlage wiederum eine Typologie der Entdeckungen skizziert werden kann.

Je nachdem, ob die Entdeckung auf der Ebene der empirischen oder der abstrakt-theoretischen Erkenntnis erfolgt, handelt es sich entweder um eine *empirische* oder eine *theoretische* Entdeckung.

Im Falle einer empirischen Entdeckung werden durch direkte Beobachtung oder im Ergebnis experimenteller Forschung ein neuer empirischer Sachverhalt, eine neue, bis dahin nicht bekannte Naturerscheinung festgestellt. Auf diese Weise wurde z. B. von Henri Becquerel die Erscheinung

der Radioaktivität und von Röntgen die Existenz vorher nicht bekannter Strahlen, die er X-Strahlen nannte (Röntgenstrahlen), entdeckt. Solche Entdeckungen vermögen eine außerordentlich große Rolle in der Entwicklung der Wissenschaft zu spielen. So datiert mit den genannten Entdeckungen der Beginn jener „neuesten Revolution in der Naturwissenschaft" und vor allem in der Physik, die Lenin in seinem Buch „Materialismus und Empiriokritizismus" analysierte.
Eine unermeßlich größere Bedeutung für die Entwicklung der Wissenschaft und besonders der modernen Wissenschaft, haben jedoch die theoretischen Entdeckungen. Gerade sie sind es, die zu einem radikalen Bruch mit alten und zur Ausarbeitung neuer Anschauungen führen und damit den allgemeinen Fortschritt der Wissenschaft bewirken. Erst nachdem die von Becquerel empirisch beobachtete Radioaktivität eine theoretische Deutung in der Hypothese vom spontanen radioaktiven Zerfall der Atome gefunden hatte (diese Hypothese wurde sechs Jahre nach der Entdeckung der Radioaktivität von Rutherford und Soddy aufgestellt), erst dann wurde das Radium als Träger der neuen Erscheinung zu einem echten Revolutionär in der Physik und der gesamten Naturwissenschaft: Es zerstört die alten, bereits überlebten metaphysischen Vorstellungen von den Atomen als den angeblich letzten, unteilbaren Teilchen der Materie.
Wenn wir von theoretischen Entdeckungen sprechen, so soll keineswegs geleugnet werden, daß auch sie letzten Endes eine empirische Grundlage haben. Jede wirklich wissenschaftliche theoretische Entdeckung beruht zwangsläufig auf einem Fundament von Fakten, auf dem allein theoretische Konstruktionen errichtet werden können. Fehlt ein solches Fundament, so sind naturphilosophische Spekulationen unvermeidbar. Der Unterschied zwischen den beiden Arten der Entdeckung besteht darin, daß die empirische Entdeckung den beobachteten Sachverhalt nicht erklärt, sondern ihn lediglich konstatiert und beschreibt, während die theoretische Entdeckung die Fakten verallgemeinert und den inneren Zusammenhang zwischen ihnen aufhellt, um sie erklären und ihr Wesen aufdecken zu können.
Als theoretische Entdeckungen können also gelten: die Entdeckung eines neuen Gesetzes der Natur, der Gesellschaft oder auch des Denkens; die Schaffung einer neuen wissenschaftlichen Theorie; die Aufstellung einer neuen Hypothese, die das Ziel hat, einen in der Erfahrung gegebenen Bereich von Erscheinungen zu erklären; die Bildung eines neuen wissenschaftlichen Begriffs, um gesammeltes Faktenmaterial zusammenfassen zu können; die Entwicklung neuer Ausgangsprinzipien für den Aufbau der jeweiligen Wissenschaft usw. Der Fortschritt der Wissenschaft

wird gerade durch derartige Entdeckungen bewirkt; sie bereichern unsere allgemeinen Vorstellungen über den Forschungsgegenstand und lassen uns mit Veraltetem und Überlebtem in ihnen brechen.

Zu den wissenschaftlichen Entdeckungen sind nach unserer Meinung auch die Erfindung neuer Geräte, Instrumente und Anlagen, die Entwicklung neuer Mittel und Methoden der experimentellen Forschung und dergleichen zu rechnen. Obgleich sich hier das Gebiet der eigentlichen wissenschaftlichen Forschung eng mit dem Gebiet der Technik berührt, ist die Schaffung eines neuen Gerätes oder Instrumentes ebenso wie die Ausarbeitung einer neuen Methode zur Analyse des Forschungsobjekts doch als wissenschaftliche Entdeckung anzusehen. Die verschiedenen Bereiche der erkennenden und praktischen Tätigkeit des Menschen lassen sich jedoch nur schwer voneinander abgrenzen, so daß ein und dieselbe wissenschaftliche Entdeckung zugleich auch die Grundlage einer entsprechenden technischen Erfindung sein kann. Als Beispiele hierfür aus der modernen Wissenschaft und Technik mögen die Atom-(Kern-) energie, die Kosmonautik sowie die auf der Kybernetik fußende Automatisierung dienen.

Da die wissenschaftliche Entdeckung also – kurz gesagt – ihrem Wesen nach den konkreten Weg und die Art und Weise der Auffindung der Wahrheit darstellt, ist es für ihre Typologie kennzeichnend, auf welcher Stufe des allgemeinen Fortschreitens der wissenschaftlichen Erkenntnis zur Wahrheit hin sie erfolgt. Die Wahrheit ist ein Prozeß, sagte Lenin, und die wissenschaftliche Entdeckung ist eben die Verkörperung dieses Prozesses. Im Leninschen „Philosophischen Nachlaß“ heißt es: „Von der lebendigen Anschauung zum abstrakten Denken *und von diesem zur Praxis* – das ist der dialektische Weg der Erkenntnis der *Wahrheit*, der Erkenntnis der objektiven Realität.“[2]

Eine künftige Theorie der wissenschaftlichen Entdeckung muß deshalb zeigen: Auf der Ebene der unmittelbaren Anschauung und der empirischen Erkenntnis hat die wissenschaftliche Entdeckung die Form der Feststellung eines neuen Sachverhaltes; auf der Ebene des abstrakt-theoretischen Denkens tritt sie als theoretische Verallgemeinerung und Erklärung bereits bekannter und als Voraussage neuer Fakten auf, aber auch als Entdeckung eines neuen Gesetzes, als Schaffung einer neuen Theorie, Bildung eines neuen Begriffs oder Aufstellung einer neuen Hypothese; auf der Ebene der praktischen Überprüfung und der praktischen Nutzung wissenschaftlicher Kenntnisse nimmt die wissenschaft-

[2] Lenin, V. I., Konspekt zu Hegels „Wissenschaft der Logik“, in: Werke, Bd. 38, Berlin 1964, S. 160

liche Entdeckung die Form der technischen Erfindung, insbesondere der Schaffung neuer Geräte, Instrumente, Anlagen und Vorrichtungen für die experimentelle Forschung und Erprobung an.
Wissenschaftliche Entdeckungen können nicht nur nach den Ebenen der Erkenntnis unterschieden werden, auf denen sie erfolgen, sondern auch nach den *Bereichen* der Erkenntnis, d. h. je nach der Spezifik des Forschungsobjekts. Handelt es sich um die Erforschung von Naturerscheinungen, so hat die Entdeckung selbstverständlich *naturwissenschaftlichen* Charakter. Erfolgt sie auf *gesellschaftswissenschaftlichem* Gebiet, so bestimmt dies auch ihren Charakter. Sie kann aber auch auf dem Gebiet der Philosophie gemacht werden, z. B. bei der Analyse der Frage nach dem Verhältnis von Denken und Sein oder nach der Annäherung der Erkenntnis an die objektive Wahrheit; dann handelt es sich um eine philosophische Entdeckung. In den dazwischenliegenden Bereichen kann es sich, wiederum in Abhängigkeit von der Spezifik des Forschungsgegenstandes, um eine mathematische, eine psychologische usw. Entdeckung handeln.
Über den wesentlichen Unterschied zwischen einer naturwissenschaftlichen Entdeckung und einer Entdeckung auf dem Gebiet der ökonomischen bzw. der Gesellschaftswissenschaften schrieb Marx: ,,Die Wertform, deren fertige Gestalt die Geldform, ist sehr inhaltslos und einfach. Dennoch hat der Menschengeist sie seit mehr als 2000 Jahren vergeblich zu ergründen gesucht, während andererseits die Analyse sehr viel inhaltsvollerer und komplizierter Formen wenigstens annähernd gelang. Warum? Weil der ausgebildete Körper leichter zu studieren ist als die Körperzelle. Bei der Analyse der ökonomischen Formen kann außerdem weder das Mikroskop dienen, noch chemische Reagentien. Die Abstraktionskraft muß beide ersetzen."[3]
Es versteht sich, daß eine allgemeine Theorie der wissenschaftlichen Entdeckung jene spezifische Züge beachten muß, die einer jeden Entdeckung durch die Besonderheiten des betreffenden Wissenschaftsbereiches aufgeprägt werden, in dem sie erfolgt ist. Indes ist vor allem das wichtig, was allen wissenschaftlichen Entdeckungen gemeinsam ist, unabhängig davon, ob im jeweiligen Falle die Natur, die Gesellschaft oder unsere eigene Denktätigkeit der Gegenstand der Forschung gewesen sind.
Wissenschaftliche Entdeckungen können auch hinsichtlich ihrer Größenordnung, ihrer Tiefe und Breite unterschieden werden. Unter diesem Aspekt kann man von *großen* Entdeckungen und von relativ *kleinen*,

[3] Marx, K., Das Kapital, Erster Band, in: MEW, Bd. 23, Berlin 1968, S. 11f.

speziellen Entdeckungen sprechen. Wenn eine Entdeckung z. B. ein ganzes Wissensgebiet betrifft und darüber hinaus noch umfassendere prinzipielle Bedeutung für die Erkenntnis überhaupt hat, so liegt eine große Entdeckung vor, die eine neue Epoche in der Wissenschaft einleitet. Bei einer solchen Entdeckung geht es nicht allein um die Feststellung eines prinzipiell wichtigen Sachverhalts oder Gesetzes, sondern zugleich um den Übergang zu einer neuen Denkmethode, zu einer neuen Interpretation der Gesamtheit bereits vorliegender Erfahrungen, zu einem neuen Ausgangspunkt für eine grundlegende Umgestaltung und für die Weiterentwicklung der Wissenschaft als Ganzes.

Von solcher Art waren die Entdeckungen, die Marx auf dem Gebiet der Geschichte und der politischen Ökonomie machte. In diese Gruppe von Entdeckungen gehören die drei großen Entdeckungen auf dem Gebiet der Naturwissenschaft in der zweiten Hälfte des 19. Jahrhunderts (die Zelle, die Energieumwandlung, der Darwinismus), die den allgemeinen Zusammenhang der Naturerscheinungen aufdeckten, aber auch die großen physikalischen Entdeckungen des ausgehenden 19. Jahrhunderts (die Röntgenstrahlen, die Radioaktivität, das Elektron). Hierher gehören des weiteren die großen Entdeckungen, die Lenin im 20. Jahrhundert machte, z. B. die Ausarbeitung der Theorie der proletarischen Revolution, und schließlich viele andere große Entdeckungen. Jede dieser Entdeckungen betraf einen bestimmten Wissenszweig: die politische Ökonomie, die Physik, die Geschichts- und Gesellschaftswissenschaften, die Biologie u. a. Da es sich aber um große Entdeckungen handelte, die jedesmal eine neue Epoche in der Wissenschaft überhaupt schufen, reichte ihre Wirkung weit über die Grenzen des jeweiligen Wissensgebietes hinaus und beeinflußte die Wissenschaft insgesamt. Die alte Denkmethode, das alte System der vor langer Zeit entstandenen und nun veralteten Begriffe, Prinzipien und Theorien wurde durch sie zerstört.

Groß kann eine Entdeckung folglich dann genannt werden, wenn sie sowohl einen außergewöhnlich breiten Kreis von Erscheinungen umfaßt, als auch in das tiefste Wesen der betreffenden Erscheinung eindringt und es dabei zu einem grundlegenden Bruch mit alten Ansichten und Vorstellungen von der Welt und zur Ausarbeitung eines neuen Weltbildes kommt.

Als speziellere, begrenztere Entdeckungen sind entsprechend solche anzusehen, die sich im Rahmen eines relativ kleinen Bereiches zu untersuchender Erscheinungen halten und die Wissenschaft als Ganzes nicht beeinflussen. Je nach ihrer Breite und Tiefe kann man auch hier relativ große und relativ kleine Entdeckungen unterscheiden, bis hin zu den

kleinsten, die darin bestehen, irgendwelche neuen Eigenschaften am Forschungsobjekt zu beobachten bzw. mehr oder minder wesentliche Korrekturen an der gebräuchlichen Formulierung eines bekannten Gesetzes oder Prinzips anzubringen.
Die Theorie der wissenschaftlichen Entdeckung muß sämtliche, ihrer Bedeutung nach unterschiedlichen Typen wissenschaftlicher Entdeckungen widerspiegeln und erfassen. Sie muß das Allgemeine aller Entdeckungen aufdecken und zeigen, wie dieses Allgemeine je nach Bedeutung. Breite und Tiefe der jeweiligen Entdeckung variiert. Es kann sich erweisen, daß Entdeckungen, die zunächst klein und unbedeutend erschienen, sich mit ihrer weiteren Entwicklung und Vertiefung als groß und prinzipiell herausstellen. Der Vergleich der Entdeckungen nach ihrer Bedeutung — von den kleinsten bis zu den mehr bedeutsameren und den großen — kann somit dazu beitragen, den Prozeß des Hinüberwachsens einer kleinen Entdeckung, die den Keim oder den Ausgangspunkt für eine größere oder sogar große Entdeckung bildet, zu dieser letzteren sichtbar zu machen.
Jedenfalls darf die Typologie der wissenschaftlichen Entdeckungen, die dieselben nach Bedeutung und Maßstab ordnet, keineswegs statisch, als eine einfache Gegenüberstellung von nach Umfang und Tiefe unterschiedlichen Entdeckungen interpretiert werden. Sie muß vielmehr dynamisch betrachtet werden, d. h. unter dem Gesichtspunkt der Entwicklung jeder einzelnen Entdeckung wie auch der Entwicklung der gesamten Kette der Entdeckungen.
Eine Unterscheidung der Entdeckungen kann auch nach dem Merkmal erfolgen, *wieviel* Wissenschaftler in den verschiedenen Etappen an ihr beteiligt waren. Das Vorbereitungsstadium jeder Entdeckung nimmt in der Regel einen ziemlich langen Zeitraum ein, mitunter ganze Jahrzehnte oder gar Jahrhunderte. Hingegen kann der Zeitpunkt der Entdeckung selbst, besonders wenn man ihn mit dem vorangegangenen Vorbereitungsstadium vergleicht, recht scharf umrissen sein. An der Vorbereitung einer wissenschaftlichen Entdeckung, zumal einer großen, sind daher immer viele Wissenschaftler beteiligt. Die Entdeckung selbst, ihr Vollzug, ist dagegen in der Regel das Werk nur eines Wissenschaftlers, der dann auch als der Autor der Entdeckungen gilt.
Möglich und in der Geschichte der Wissenschaft bekannt sind aber auch Fälle, in denen nicht ein, sondern zwei und sogar mehrere Wissenschaftler an einer Entdeckung direkt beteiligt sind, wobei die Rolle der einzelnen oft schwer zu bestimmen ist. Das gilt vor allem für Entdeckungen, die im Grenzgebiet verschiedener Wissenschaften erfolgen, so daß die gemeinsame Beteiligung von Vertretern verschiedener Fachgebiete an

ihrem Zustandekommen unerläßlich ist. Auf solche Weise wurde z. B. die Spektralanalyse entdeckt, die im Grenzbereich zwischen Physik und Chemie angesiedelt ist. Sie wurde in untrennbarer wissenschaftlicher Zusammenarbeit von dem Physiker Kirchhoff und dem Chemiker Bunsen entdeckt.

Folglich kann eine Entdeckung als *individuell* oder *kollektiv* charakterisiert werden. Für die Theorie der wissenschaftlichen Entdeckung ist es wichtig festzustellen, worin die Wechselwirkung der Autoren einer Entdeckung bestand, wodurch sie einander ergänzten, auf welche Weise die schöpferischen Gedanken der Autoren zusammenflossen, zur Synthese gelangten usw. Hier kann es Fälle wie die erwähnten geben, in denen sich die Tätigkeiten von Wissenschaftlern verschiedener Fachgebiete vereinen. Es kann sich aber auch um ein ganz andersartiges Verhältnis handeln, zum Beispiel um die Zusammenarbeit eines Experimentators mit einem Theoretiker, wobei, um in der bildhaften Sprache Lomonossovs zu sprechen, die „Augen" des einen sich mit den „Händen" des anderen vereinen.

Von besonderem Interesse sind Fälle, in denen dasselbe Gesetz oder derselbe Sachverhalt gleichzeitig oder fast gleichzeitig von verschiedenen Wissenschaftlern unabhängig voneinander entdeckt wurde. Der Verlauf solcher, sozusagen paralleler bzw. einander wiederholender Entdeckungen ist dadurch interessant, daß ihr Inhalt übereinstimmt und daher die Abhängigkeit des Charakters der Entdeckung von ihrem Inhalt gleichsam eliminiert wird. In diesem Falle tritt das Allgemeine, das den verschiedenen Varianten der Entdeckung gemeinsam ist, deutlicher hervor; sichtbarer wird aber auch das Spezifische, das mit dem Verlauf der Entdeckung unter den besonderen Bedingungen des jeweiligen Landes, des jeweiligen Wissenschaftlers und der jeweiligen Situation zusammenhängt. Die Analyse derartiger „Doppelentdeckungen" sowie der verschiedenen Wege ihrer Vorbereitung in den Werken der verschiedenen Wissenschaftler ist deshalb von außerordentlichem Interesse für die Ausarbeitung einer Theorie der wissenschaftlichen Entdeckung.

4. Elemente und Aspekte der zukünftigen Theorie

Eine zukünftige Theorie der wissenschaftlichen Entdeckung muß zwei Gruppen von Faktoren berücksichtigen, die in ihrem Zusammenhang und in ihrer Gesamtheit den Umstand bestimmen, daß die jeweilige Entdeckung gerade in dem vorliegenden Zeitabschnitt möglich und notwendig wurde und gerade in diesem Land und von diesem Wissenschaftler oder Wissenschaftlerkollektiv vollbracht wurde.

Die erste Gruppe von Faktoren ist die Gesamtheit der historischen Bedingungen, die das Zustandekommen der betreffenden Entdeckung begünstigten. Dazu gehören die Bedingungen, die die Entdeckung zeitgemäß werden und sie im Ergebnis des objektiven Verlaufs der gesamten historischen Entwicklung heranreifen ließen. Das sind erstens die Entwicklung und die Erfordernisse der materiellen Praxis, die die Entwicklung der Wissenschaft auf allen Abschnitten ihres historischen Weges stimulieren, und zweitens die Entwicklung und die Erfordernisse jenes Wissenschaftsgebietes, in dem die entsprechende Entdeckung erfolgte. Beides zusammen ergibt gewissermaßen den „sozialen Auftrag", der von der gesellschaftlichen und historischen Entwicklung der jeweiligen Epoche an die Wissenschaft ergeht und dessen Erfüllung den Wissenschaftlern, also auch dem Autor der zukünftigen Entdeckung, aufgegeben ist.

Eine wissenschaftliche Entdeckung reift natürlich im Verlauf ihres gesamten Vorbereitungsstadiums heran, in dem die für sie notwendigen Voraussetzungen entstehen. Wirklich herangereift ist sie jedoch erst dann, wenn ein unmittelbares Interesse der gesellschaftlichen Praxis und der Wissenschaft selbst vorliegt, deren vorangegangene Entwicklung das Denken der Wissenschaftler an die entsprechende Problemstellung und schließlich an die Lösung des Problems heranführt.

Im ersten Falle geht es um den Nutzen, den die entsprechende Entdeckung für die Praxis verspricht. Diese Seite der Angelegenheit wird durch eine *historische* und *sozialökonomische Analyse* der Situation geklärt, in der die Entdeckung erfolgte. Handelt es sich um eine naturwissenschaftliche Entdeckung, so ist das Interesse der Technik und der Produktion an der Lösung der entsprechenden wissenschaftlichen Aufgabe von entscheidender Bedeutung. Denn ihre Lösung birgt die Möglichkeit zu einem weiteren Wachstum der Produktivkräfte und zur Befriedigung eines bestimmten technischen Bedürfnisses der Gesellschaft in sich.

Die Interessiertheit der Wissenschaft an der jeweiligen Entdeckung erfährt ihre Klärung durch eine *historisch-logische Analyse* der Entwicklung des betreffenden Wissenschaftszweiges und seines Zustandes zum Zeitpunkt, in dem die Entdeckung gemacht wurde. Hier ist die Zusammenarbeit zweier Wissenschaftsbereiche — der Wissenschaftsgeschichte und der Logik der wissenschaftlichen Erkenntnis bzw. der dialektischen Logik — vonnöten. Die gemeinsame Analyse der Entdeckung aus logischer und aus wissenschaftshistorischer Sicht ermöglicht es, diese Entdeckung als ein notwendiges Glied im Gesamtprozeß der Wissenschaftsentwicklung zu verstehen.

Die erste Gruppe von Faktoren wird also einerseits von den ökonomischen und historischen Gesellschaftswissenschaften untersucht, darunter von der konkreten Ökonomie und der Geschichte der Technik, andererseits aber auch von der Wissenschaftsgeschichte und der Logik. Das Ziel dieser Erforschung besteht darin zu klären, welche Voraussetzungen dazu geführt haben, daß die betreffende Entdeckung zum gegebenen Zeitpunkt herangereift war bzw. welche historischen Bedingungen zu ihr führten.

Die zweite Gruppe von Faktoren betrifft die wissenschaftliche Tätigkeit und das wissenschaftliche Schöpfertum desjenigen Wissenschaftlers, der zum Autor der Entdeckung wurde. Während die erste Gruppe von Faktoren sich auf die historischen Entwicklungsbedingungen der Wissenschaft insgesamt bezieht und gewissermaßen einen phylogenetischen Schnitt durch die Wissenschaftsentwicklung vermittelt, betrifft die zweite Gruppe von Faktoren das individuelle Schöpfertum des Wissenschaftlers und stellt gleichsam einen ontogenetischen Schnitt durch die Entwicklung derselben Wissenschaft dar.

Hierbei ist alles von Belang, was zur wissenschaftlichen Biographie des Autors der Entdeckung gehört. Am interessantesten für den Forscher, der sich um eine allgemeine Theorie der wissenschaftlichen Entdeckung bemüht, ist jedoch die psychologische Seite der Sache. Gerade sie umfaßt und widerspiegelt den Prozeß der wissenschaftlichen Entdeckung, soweit er unter dem Aspekt des individuellen Schöpfertums des Wissenschaftlers gesehen wird.

Aus dieser Sicht stellt sich das Heranreifen der wissenschaftlichen Entdeckung als eine bestimmte Stufe im persönlichen wissenschaftlichen Schaffen ihres zukünftigen Autors dar. Im Rahmen der allgemeinen Wissenschaftsentwicklung ist die Entdeckung durch Ursachen bedingt, die im progressiven Charakter dieser Entwicklung liegen: Der weitere Fortschritt der Wissenschaft ist ohne die Lösung des betreffenden Problems unmöglich. Aus der Sicht des einzelnen Wissenschaftlers hingegen beruht sein selektives Interesse an diesem Problem auf seinen individuellen wissenschaftlichen Neigungen, auf seiner früheren wissenschaftlichen Tätigkeit und seinen allgemeinen geistigen Bedürfnissen.

Die Tatsache, daß ausgerechnet dieser und nicht ein anderer Wissenschaftler die vorliegende Entdeckung gemacht hat, ist also bei aller Zufälligkeit des Ereignisses doch hinreichend gesetzmäßig begründet und erklärbar. Insbesondere gilt es, bei einer solchen Erklärung die persönlichen Eigenschaften zu berücksichtigen, über die ein Wissenschaftler verfügen muß, um eine große Entdeckung zu machen: wissenschaftliche

Kühnheit, Beharrlichkeit bei der Suche nach der Lösung, Prinzipienfestigkeit, Abneigung gegen Kompromisse in der Wissenschaft und gegen Opportunismus, die Fähigkeit zur Selbstkritik, die Ablehnung, sich „auf Lorbeeren auszuruhen“, usw.

Eine Theorie der wissenschaftlichen Entdeckung muß insbesondere den inneren „Mechanismus“ der Wechselwirkung beider Gruppen von Faktoren klären, d. h. die Wechselwirkung zwischen Faktoren, die zur Phylogenese der Wissenschaftsentwicklung zählen, und solchen, die zu ihrer Ontogenese gehören. Für den einzelnen Wissenschaftler mag es scheinen, als sei die Auswahl des Problems oder der jeweiligen Forschungsrichtung allein von seinen eigenen wissenschaftlichen Interessen bestimmt gewesen. In Wirklichkeit kommt jedoch in seinen persönlichen Interessen auf komplizierte Weise und vielstufig vermittelt jener „soziale Auftrag“ zum Ausdruck, der sich im Verlauf der Entwicklung von Wissenschaft und Praxis ergeben hat und von dem schon die Rede war. Der Wissenschaftler meint, daß ihn in seiner persönlichen Tätigkeit auf wissenschaftlichem Gebiet eigene Überlegungen geleitet hätten, während in Wirklichkeit diese in letzter Instanz, wenn auch sehr verschleiert, von den herangereiften Bedürfnissen der gesellschaftlichen und wissenschaftlichen Entwicklung bestimmt wurden.

Auf welche Weise vollzieht sich aber die Wechselwirkung der beiden verschiedenen Aspekte der wissenschaftlichen Entwicklung: des phylogenetischen und des ontogenetischen. Dies ist eine außerordentlich komplizierte und wichtige Frage, deren Klärung ganz einer zukünftigen Theorie der wissenschaftlichen Entdeckung überlassen bleibt. Schon jetzt läßt sich aber voraussagen, daß das dialektische Verständnis des Verhältnisses von Zufall und Notwendigkeit bei der Lösung dieses Problems von großer Bedeutung sein wird. Bei aller Gegensätzlichkeit dieser beiden Kategorien erweisen sie sich doch organisch miteinander verbunden, da der Zufall auch hier als Erscheinungsform der Notwendigkeit und als ihre Ergänzung auftritt.

Neben den die wissenschaftliche Entdeckung stimulierenden Faktoren gibt es zweifellos auch solche, die gewisse Schwierigkeiten oder auch direkte Hindernisse auf dem Wege zur Entdeckung schaffen. Wie oft kommt es beispielsweise vor, daß Menschen, die auf eine ihnen unbekannte oder bislang unerklärte Erscheinung treffen, diese nicht zu enträtseln vermögen. Das Wesen der Erscheinung ist ihnen gleichsam durch eine Art Vorhang verborgen, der erst beiseite geschoben werden muß, um zur Wahrheit vorzudringen. Dies zu tun aber hindert sie die Gewohnheit, auf alte Weise zu denken und neue Erscheinungen vom Gesichtspunkt alter Vorstellungen her zu betrachten. In einem solchen

Falle tritt die wissenschaftliche Entdeckung als eine Überwindung traditioneller Vorstellungen in Erscheinung, die die Einsicht in die tatsächliche Lage der Dinge behindern.
Eine Theorie der wissenschaftlichen Entdeckung, und zwar insbesondere der Teil, der sich mit der Ontogenese der Entdeckung befaßt, muß also den Charakter und die Natur dieser Schwierigkeiten und Hindernisse, in deren Überwindung das Wesen der wissenschaftlichen Entdeckung besteht, konkret und detailliert untersuchen.
Im weiteren werden wir nur bestimmte Arten wissenschaftlicher Entdeckungen betrachten, und zwar erstens nur theoretische, zweitens nur naturwissenschaftliche, drittens nur die größten und, viertens werden wir sie nur in ontogenetischer Hinsicht behandeln, wobei wir uns auf die psychologischen Gesichtspunkte beschränken werden.
Unsere Arbeit untergliedert sich in zwei Teile. Den ersten Teil bildet ein überarbeiteter Vortrag auf dem Symposium zur Psychologie des wissenschaftlichen Schöpfertums, das im August 1966 in Moskau anläßlich des XVIII. Internationalen Psychologenkongresses stattgefunden hat. Der zweite Teil entstand aus Vorträgen, die der Autor im Dezember 1964 an der Sofioter Universität, auf dem Symposium zu Problemen des wissenschaftlichen und technischen Schöpfertums im Juni 1967 in Moskau und auf dem Polnisch-Sowjetischen Symposium in Katowice im Dezember 1967 zu den gleichen Problemen gehalten hat, sowie aus Vorträgen an der Ungarischen Akademie der Wissenschaften, insbesondere an der Experimentalschule des Instituts für Psychologie der Akademie der Wissenschaften der Ungarischen Volksrepublik und auf dem III. Internationalen Kongreß für Philosophie, Logik und Methodologie der Wissenschaften in Amsterdam im August 1967.
Dementsprechend betrachten wir das Problem der Psychologie des wissenschaftlichen Schöpfertums, insbesondere der wissenschaftlichen Entdeckung, unter zwei Hauptgesichtspunkten: hinsichtlich seines Verhältnisses zur Wissenschaftsgeschichte (Teil I) und zur Wissenschaftslogik (Teil II). Beide Gesichtspunkte können, wie wir meinen, in ihrer Verbindung der Ausarbeitung einer zukünftigen Theorie der wissenschaftlichen Entdeckung von Nutzen sein.

I. Die Wissenschaftsgeschichte und die Psychologie des wissenschaftlichen Schöpfertums

(Eine Analyse der Materialien zur Entdeckung des Periodischen Gesetzes durch D. I. Mendelejev)

5. Über den Zusammenhang von Wissenschaftsgeschichte und Psychologie des wissenschaftlichen Schöpfertums

Gehen wir von folgender Frage aus: Gibt es einen Zusammenhang zwischen der Psychologie des wissenschaftlichen Schöpfertums und der Wissenschaftsgeschichte? Auf den ersten Blick mag es scheinen, daß es einen solchen Zusammenhang nicht gibt und daß beide Gebiete völlig voneinander getrennt sind. In der Tat hat es die Psychologie mit *dynamischen* Prozessen zu tun, nämlich mit dem Verlauf psychischer Prozesse im menschlichen Intellekt, dazu noch im Moment der höchsten Anspannung seiner schöpferischen Tätigkeit. Die Wissenschaftsgeschichte dagegen operiert, wie jede historische Wissenschaft, mit zutiefst *statischen* Materialien, die überdies außerordentlich ungleichartig sind und einer mehr oder weniger fernen Vergangenheit angehören.
Dessenungeachtet besteht zwischen der Psychologie des wissenschaftlichen Schöpfertums und der Wissenschaftsgeschichte eine tiefe und sehr wichtige Beziehung, deren Aufdeckung im einzelnen noch bevorsteht. Sowohl für die Psychologen, deren Forschungsobjekt die Psyche des lebenden Menschen ist, als auch für die Wissenschaftshistoriker, die die Vergangenheit der Wissenschaft und die wissenschaftliche Tätigkeit ihrer Vertreter in vergangenen historischen Epochen erforschen, ist es von außerordentlicher Bedeutung, die Psychologie des Schöpfertums mit dem zu verbinden, was die Wissenschaftsgeschichte erbringt. Ein solcher Kontakt zwischen historischen und psychologischen Forschungen ist in jeder Hinsicht sehr wichtig und wertvoll, besonders aber dadurch, daß er die Möglichkeit schafft, tiefer in den Prozeß des Schöpfertums der Wissenschaftler einzudringen und die verschiedenen Seiten dieses äußerst interessanten und zugleich überaus komplizierten geistigen Prozesses vollständiger aufzudecken. Uns scheint, daß die Brücke zwischen den Wissenschaftshistorikern und den Psychologen nicht nur schlechthin möglich ist, sondern daß sie in kürzester Frist errichtet werden muß. Es müssen nur Mittel und Wege gefunden werden, um von den statischen Vorstellungen, die auf der Basis von Archivmaterialien über die Geschichte wissenschaftlicher Entdeckungen entstehen, zu dynamischen Vorstellungen überzugehen, wie sie psychologischen Beobachtungen und Forschungen entsprechen. In der Wissenschafts-

geschichte wird die Denkarbeit des Wissenschaftlers meistens in ihrer abschließenden Phase fixiert, wenn die Entdeckung bereits erfolgt oder mehr oder weniger abgeschlossen ist. Es kommt aber darauf an, das Denken des Wissenschaftlers zu zeigen, wie es beweglich und folgerichtig, Schritt für Schritt, die laufende Arbeit beim Vollzug der Entdeckung bewältigt.

Die Aufgabe lautet folglich, das schöpferische Denken eines Wissenschaftlers, der schon lange nicht mehr unter den Lebenden weilt, zu rekonstruieren und gleichsam wieder zu beleben. Ausgangsmaterial für diese Operation bilden vereinzelte überkommene Dokumente und Angaben, teils bekannte und möglicherweise sogar publizierte, teils noch gar nicht aufgefundene. Ist eine solche Aufgabe lösbar? Wenn ja, so bedeutet das die Möglichkeit, die psychologische Seite des Zustandekommens dieser oder jener Entdeckung zu erschließen und gedanklich in das schöpferische Laboratorium des Wissenschaftlers einzudringen, so, als ob er unser Zeitgenosse wäre und wir selbst dem Zustandekommen der Entdeckung beiwohnten. Aber ist dies zu erreichen?

Eine solche Aufgabe erinnert in erkenntnistheoretischer Hinsicht an die Rekonstruktion des Skeletts oder sogar der äußeren Gestalt eines längst ausgestorbenen Tieres auf der Grundlage einiger erhalten gebliebener Knochen und Spuren. Cuvier vermochte dies. Aber dabei handelte es sich um *materielle* Überreste, von denen bei der Restauration auszugehen war. In der Psychologie des wissenschaftlichen Schöpfertums haben wir es jedoch mit Überresten *geistigen*, gedanklichen Charakters zu tun, die in dieser oder jener Form auf Papier festgehalten sind. Es liegt auf der Hand, um wieviel schwieriger eine solche Aufgabe im Vergleich zu derjenigen ist, die seinerzeit von Cuvier gelöst wurde.

Betrachten wir noch einen anderen Vergleich. Nehmen wir an, es soll nach einzelnen, verstreuten und offensichtlich unvollständigen Bildern ein ganzer Film wiederhergestellt werden. Hier kommt hinzu, daß längst nicht alle vorhandenen Bilder auch zu diesem Film gehören. Es kann sich auch fremdes, zufällig dazugeratenes Material unter ihnen befinden. Wie soll der Restaurator in einem solchen Falle vorgehen?

Offenkundig kommt es zunächst darauf an, sorgfältig nur dasjenige Material auszuwählen, das tatsächlich zu dem zu restaurierenden Film gehört, und alles fremde Material, das verhindert, den Zusammenhang zwischen den wirklich zum Film gehörenden Bildern zu erkennen, auszusondern. Zweitens muß ein Verfahren gefunden werden, um die erhalten gebliebenen Bilder in der richtigen Reihenfolge zu ordnen. Das schafft die Möglichkeit, drittens, Lücken und Auslassungen zu erkennen, die gedanklich zu ergänzen sind. Dann kann man, viertens, versuchen,

den dergestalt zusammengestellten Film „vorzuführen", um ein nun schon dynamisches Bild zu erhalten, natürlich immer eingedenk der Tatsache, daß die Restauration hypothetisch erfolgt ist.
Um eine solche Arbeit erfolgreich vollbringen zu können, muß der Restaurator ein Drehbuch verfassen oder, was noch besser wäre, das ursprüngliche Drehbuch auffinden, nach dem der entsprechende Film seinerzeit entstanden ist. Gelingt es nicht, dieses ursprüngliche Drehbuch aufzufinden, so muß es zunächst einmal irgendwie zusammengestellt werden, und sei es noch so hypothetisch: andernfalls ist es kaum möglich, die Restaurationsarbeiten auf diesem Gebiet vorzunehmen. Wie jede Hypothese, so wird auch ein solches gedanklich verfaßtes Drehbuch in der Folge präzisiert und von falsch konzipierten Momenten bereinigt, bis sich als Ergebnis der gesamten Arbeit ein in höchstem Grade wahrscheinliches und maximal begründetes sowie (unter den gegebenen Umständen) überprüftes Drehbuch ergibt.
Wir werden uns bemühen, in eben dieser Weise die Aufgabe zu lösen, den Verlauf des Denkens eines Wissenschaftlers im Moment des Zustandekommens einer Entdeckung zu rekonstruieren. Dazu möchten wir zwei Vorbemerkungen machen. Erstens: Man muß den allgemeinen Charakter der Entdeckung kennen, die Geschichte ihres Verlaufs und die Rolle des Wissenschaftlers bei ihrem Zustandekommen. Zweitens: Wir müssen stets dessen eingedenk sein, daß es in diesem Falle keine wichtigen und unwichtigen Ereignisse, keine wesentlichen und unwesentlichen Fakten und keine ernsthaften und weniger ernsthaften Dokumente gibt, sobald sie nur diese Entdeckung betreffen. Alle Fakten ohne Ausnahme, selbst die auf den ersten Blick nebensächlichsten und unbedeutendsten, können sich als überaus wichtig und zuweilen als entscheidend erweisen.

6. Das Verfahren bei der Restauration einer wissenschaftlichen Entdeckung

Womit also hat die Forschung zu beginnen? Offenkundig wie immer mit der *Sammlung* und Analyse des bereits bekannten und insbesondere des veröffentlichten Materials. Dies bildet das erste, vorbereitende Stadium der Forschung. Dazu gehört die Klärung der Geschichte der Entdeckung, d. h. ihres Eintritts in die Wissenschaft, ihrer Aufnahme durch die Wissenschaftler jener Zeit und ihrer heutigen Beurteilung durch die Wissenschaftshistoriker und die zeitgenössischen Wissenschaftler. Dazu gehört weiter die Sammlung der verschiedensten Zeugnisse, die die betreffende Entdeckung angehen. Das können die Erinnerungen des Autors selbst sein, seine Erklärungen zur Geschichte der eigenen Entdeckung, oder auch die Erzählungen derjenigen, die der Autor seinerzeit über diese Dinge informiert hat, und schließlich Angaben von lebenden Zeugen der betreffenden Entdeckung. Für unseren Fall gilt, daß der Entdecker selbst schon nicht mehr am Leben ist, so daß es unmöglich ist, von ihm zusätzliche Angaben zu erhalten. Lebt der Autor der Entdeckung dagegen noch, so erhält die Forschung eine etwas andere Richtung, wovon noch zu reden sein wird.

Es versteht sich, daß die gesammelten Zeugnisse äußerst widersprüchlich sein können. Es kann sich erweisen, wie das in der Wirklichkeit nicht selten der Fall ist, daß nicht alle Angaben der Zeugen richtig sind, daß vieles in ihnen unklar und manches sogar einfach erfunden ist. Die Geschichte der Wissenschaft kennt viele Legenden und Anekdoten, deren Zuverlässigkeit sehr zweifelhaft ist. Darum muß das während des Vorbereitungsstadiums gesammelte Material sorgfältig überprüft werden. Eine solche Überprüfung muß auch in den folgenden Stadien der Forschung immer wieder erfolgen.

Die Analyse des gesammelten bekannten Materials ist vor allem darauf gerichtet, den Knotenpunkt (oder das Wesen) der betreffenden Entdeckung sichtbar zu machen. Es kommt darauf an zu erkennen, *was* sich im schöpferischen Denken des Wissenschaftlers vollziehen mußte, bis man sagen konnte, daß in diesem Moment die Entdeckung in ihrer Hauptsache getan war, daß der entscheidende Gedanke geboren war, der für die betreffende Entdeckung ausschlaggebend wurde.

Vom psychologischen Standpunkt aus funktioniert im Verlauf jeder wissenschaftlichen Entdeckung ein „innerer Mechanismus“, der folgendermaßen arbeitet: Auf dem Weg zur Entdeckung entsteht vor dem wissenschaftlichen Denken eine Art von Barriere in Gestalt der Besonderheiten der Kenntnisse über das vorliegende Objekt, die bereits früher gewonnen wurden und sich im Bewußtsein des Wissenschaftlers festgesetzt haben. Diese Barriere hindert den Wissenschaftler, tiefer in das Forschungsobjekt einzudringen. Mehr noch, der Wissenschaftler bemerkt oft gar nicht, daß er vor einem Hindernis steht. Er gibt sich mit dem früher erreichten und schon gefestigten Wissen zufrieden und ist bestrebt, alles neue Wissen über das Objekt in dem Rahmen der alten Vorstellungen unterzubringen.

Unter diesem Gesichtspunkt besteht das Wesen der Entdeckung darin, daß das schöpferische Denken des Entdeckers die auf dem Wege zu einer vollständigeren Kenntnis des Forschungsobjektes liegende Barriere überwindet und zu einer höheren Ebene des Wissens vordringt. Die weitere Entwicklung der damit vollzogenen Entdeckung besteht dann in der folgerichtigen *Ausdehnung* der geborenen Idee auf das gesamte

jeweilige Gebiet der Erkenntnis, in ihrer Überprüfung an den Details und in der Ausarbeitung einer umfassenden Darstellung, die den betreffenden Kreis von Erscheinungen im ganzen erklärt.
Die neue Idee findet in dem später veröffentlichten Material, besonders in der endgültigen Formulierung der gemachten Entdeckung, meist ihren präzisen Ausdruck. Der Verlauf der Entdeckung selbst wird dabei jedoch keineswegs erhellt. Im Gegenteil, er wird durch die folgende Einordnung der erzielten Ergebnisse in ein festgefügtes, logisches System geradezu verdunkelt. In der Literatur stellt sich der Verlauf einer Entdeckung oft ganz anders dar, als er im Moment ihres Vollzugs tatsächlich war. Ein adäquates Bild läßt sich nur gewinnen, wenn neue Archivmaterialien, die nicht die Ergebnisse der Entdeckung, sondern ihren Verlauf betreffen, gefunden und bearbeitet werden.
Das nächste Stadium ist deshalb das der *Recherche*. Hier geht es um die Suche bislang unbekannter Dokumente in den Archiven, um deren Sammlung und um die Feststellung von Orten, an denen möglicherweise solche Dokumente zu finden sein könnten. Von Interesse sind dabei Materialien jeder Art, sobald sie nur die jeweilige Entdeckung und die Tätigkeit ihres Autors — vor allem in jenem Zeitraum, in dem die Entdeckung erfolgte — betreffen. Das können jede Art von vorläufigen Entwürfen, Pläne, Auszüge, Randbemerkungen in vom Autor durchgesehenen Büchern und Aufsätzen, Tagebuchnotizen und Briefe sein, mit einem Wort: alles, was Spuren jener Gedanken enthält, die den Wissenschaftler in der uns interessierenden Zeit bewegten. Natürlich schließt die Suche auch die Dechiffrierung der neu aufgefundenen Dokumente und die Enträtselung der oft äußerst komplizierten und widersprüchlichen Notizen ein, deren Sinn lange unklar und rätselhaft bleibt und nicht selten ganz unerwartet in einem erst viel späteren Stadium der Forschung deutlich wird.
Selbstverständlich gibt es eine so scharfe Abgrenzung der einzelnen Stadien, wie wir sie oben vorgenommen haben, in Wirklichkeit nicht. Alle Stadien sind vielmehr eng miteinander verflochten und gehen ineinander über, und man muß deshalb beinahe an jeder Stelle zu bereits durchlaufenen Abschnitten der Forschung zurückkehren. Wir haben hier indes die logische Reihenfolge der Forschungsschritte im Auge, da aus begreiflichen Gründen die Dechiffrierung der Notizen erst nach ihrer Auffindung, die Auffindung erst nach der Suche und die Suche erst nach der Aufstellung des „Drehbuchs" erfolgen können. Dieses „Drehbuch" bildet den Ausgangsplan der ganzen Arbeit. Die Suche setzt voraus, daß man weiß, was gesucht werden muß; nur dann wird das gesuchte und benötigte Material dem Gesichtsfeld des Forschers auch nicht entgleiten.

Die Dechiffrierung der Aufzeichnungen steht in unmittelbarem Zusammenhang mit einer anderen sehr bedeutsamen Operation, der *Datierung* von Dokumenten, die selbst kein bestimmtes Datum aufweisen. Die Datierung der Materialien macht es möglich, sie chronologisch zu ordnen. Auf diese Weise entsteht vor uns eine Reihe von Ereignissen, aus deren einzelnen Gliedern sich die gesamte, einstmals lebendige und unzerreißbare Kette ergibt. Bei der Datierung wird eine Gliederung der Dokumente nach größeren Zeitabschnitten vorgenommen. So werden z. B. folgende Gruppen von Dokumenten unterschieden: a) Dokumente, die die ganze der Entdeckung vorangehende Zeit betreffen; b) Dokumente aus der Zeit des Zustandekommens der Entdeckung; c) Dokumente aus der folgenden Zeit. Innerhalb jedes dieser Abschnitte werden wieder kürzere Zeiträume unterschieden bis hin zu den aufeinanderfolgenden Stufen der Vollendung der Entdeckung innerhalb eines Tages.
Um zu einer richtigen chronologischen Ordnung der Materialien zu kommen, müssen sie interpretiert und in einen logischen Zusammenhang gebracht werden. Das ist zum Beispiel der Fall, wenn entschieden werden muß, welche von zwei Notizen die frühere ist. Wenn in einer von ihnen eine These vorbereitet wird, die in der anderen ausgesprochen ist, und in dieser anderen eine in der ersten ausgesprochene These weiterentwickelt wird, so ergibt sich die chronologische Folge der beiden Aufzeichnungen nicht aus der direkten Datierung der Dokumente, sondern aus der gezeigten logischen Verbindung zwischen ihnen.
Dies alles erfordert natürlich eine weitgehende Benutzung des logischen Apparates und insbesondere die Aufstellung von Hypothesen, die eine mutmaßliche Erklärung des Zusammenhangs zwischen den Dokumenten liefern. Das Stadium der Interpretation der Archivmaterialien, in dem der Zusammenhang zwischen den einzelnen Dokumenten ermittelt wird, bildet also eines der wichtigsten Stadien der wissenschaftsgeschichtlichen und zugleich psychologischen Erforschung wissenschaftlicher Entdeckungen. Es ist nicht übertrieben, hier von einem entscheidenden Stadium zu sprechen.
Ist das gesamte vorhandene Material, das schon länger bekannte wie auch das neu aufgefundene, in einen inneren logischen Zusammenhang gebracht, so wird es möglich, die fehlenden Glieder zu rekonstruieren und so in bestimmtem Maße den ganzen Prozeß der Entdeckung — von ihrem Beginn bis zu ihrem Abschluß — gedanklich zu erfassen. Ist dies — wir wiederholen: soweit das möglich ist — getan, so kann man nun schon, im abschließenden Stadium der Forschung, damit beginnen, das ganze Geschehen sozusagen neu ablaufen zu lassen, das Denken des Entdeckers gewissermaßen wiederzubeleben und es zu veranlassen, sich zu

bewegen, folgerichtig von einer Phase zur anderen überzugehen, so, wie wir das in unserem Beispiel mit dem zu rekonstruierenden Film gezeigt haben. Die gestellte Aufgabe ist dann erfüllt, der konkrete Verlauf des Denkens des Wissenschaftlers im Moment des Vollzugs der wissenschaftlichen Entdeckung ist (bis in die möglichen Details) nachvollzogen.
Schließlich verlangt jedes der genannten Stadien, daß es durch Vergleich mit der Gesamtheit der Angaben, über die der Forscher verfügt, ständig überprüft wird. Dasselbe trifft auch für jedes einzelne Glied der Kette, für jeden einzelnen Fakt und seine Interpretation zu. Sein Sinn und seine Bedeutung erschließen sich erst dann, wenn die einzelnen Tatsachen nicht für sich und voneinander isoliert betrachtet werden, sondern wenn sie in ihrem wechselseitigen Zusammenhang und, was das wichtigste ist, aus der Sicht der Gesamtheit der vorhandenen Angaben gesehen werden.
Solcherart also sind die Mittel und Wege zur Restauration des Verlaufs einer wissenschaftlichen Entdeckung auf der Basis von Archivquellen. Im Ergebnis langjähriger Forschungen zur Geschichte der Chemie und einzelner chemischer Entdeckungen haben wir uns in der Praxis von der Richtigkeit des oben Ausgeführten überzeugen können. Dazu gehören unsere Arbeiten zur Geschichte der Entdeckung des Periodischen Gesetzes durch D. I. Mendelejev, der Schaffung der chemischen Atomistik durch John Dalton, des wissenschaftlichen Schöpfertums M. V. Lomonossovs u. a. Im folgenden werden wir uns lediglich mit der Mendelejevschen Entdeckung befassen.

7. Die Arbeit an der Geschichte der Mendelejevschen Entdeckung

Die Aufgabe, den Verlauf einer vor langer Zeit erfolgten wissenschaftlichen Entdeckung zu rekonstruieren, stellte sich uns das erstemal vor mehr als 20 Jahren. Damals hatten wir gerade mit dem Studium der Materialien über das Periodische Gesetz begonnen, die im Archiv des Mendelejev-Museums der Leningrader Universität aufbewahrt werden. Archiv und Museum befinden sich in der ehemaligen Wohnung Mendelejevs, die im Universitätsgebäude gelegen ist und in der auch die uns interessierende Entdeckung gemacht wurde.
Zu unserer kleinen Forschungsgruppe gehörte auch die Tochter des großen Chemikers, Marija Dmitrievna Mendeleeva-Kuz'mina, die bis zu ihrem Tode im Jahre 1952 Direktor des genannten Museums war. Bereits in den ersten Tagen unserer Arbeit stellten wir eine erstaunliche Tatsache fest: Mendelejev hat buchstäblich alles Handschriftliche und

Gedruckte, das ihm unter die Finger kam, gesammelt — Briefe, Notizen, Theaterzettel, Speisekarten, Fahrkarten, Hotelrechnungen usw. Auf der Rückseite mancher Blätter machte er Berechnungen. Offensichtlich besaß er die bei geistig arbeitenden Menschen nicht selten anzutreffende Gewohnheit, mit unbeschriebenem Papier äußerst sparsam umzugehen. Die ganze, praktisch unermeßliche Vielzahl der verschiedenartigsten Mendelejevschen Dokumente war von Marija Dmitrievna (die gar keine Vorstellung von deren wissenschaftlichem Wert besaß — sie war nicht Chemikerin) sorgsam aufbewahrt worden. Diese Materialien machten es dann nach ihrem Studium möglich, ein hinreichend genaues Bild sowohl von der Entdeckung selbst als auch von ihrem Vorbereitungsstadium und der Arbeit Mendelejevs nach Vollendung der Entdeckung zu gewinnen.

Übrigens hängt die Existenz oder das Fehlen eines derartigen Archivs ganz von der psychologischen Eigenart des Wissenschaftlers, von seinen persönlichen Neigungen und Gewohnheiten ab. Manche vernichten alle ihre Urschriften und Entwürfe. Sie werfen alles, was sie nicht mehr brauchen und was zu einer schon abgeschlossenen Etappe ihrer Arbeit gehört, als für die Wissenschaft nun nutzlosen Kram weg. Den Verlauf des schöpferischen Denkens solcher Wissenschaftler zu restaurieren ist natürlich sehr schwer, wenn nicht gar unmöglich.

Andere dagegen bewahren ihre Werke und Überlegungen, die im Prozeß der Suche nach der Wahrheit entstanden sind, für sich und ihre Nachkommen auf. So führte zum Beispiel Dalton systematisch ein wissenschaftliches Tagebuch, in dem er den Verlauf seiner Gedanken täglich festhielt. Die erhaltenen Tagebuchaufzeichnungen ermöglichten es, nach fast hundert Jahren den Entwicklungsverlauf seines Gedankens im Moment der Entdeckung der Gesetze der chemischen Atomistik zu rekonstruieren.

Mendelejev hat kein systematisches Tagebuch geführt; es finden sich bei ihm lediglich mitunter zusammenhanglose Tagebuchnotizen. Dafür besaß er die seltsame Angewohnheit, alles zu sammeln, was auf Papier gedruckt oder geschrieben war. Heute müssen wir ihm für diese Angewohnheit sehr dankbar sein, denn sie hat uns einen unschätzbaren Dienst bei der Erforschung seines wissenschaftlichen Schaffens überhaupt und insbesondere bei der Erforschung der Geschichte der Entdeckung des Periodensystems geleistet.

Unsere Arbeiten mit dem wissenschaftlichen Nachlaß Mendelejevs, soweit er das Periodische Gesetz betrifft, gliedern sich in zwei Phasen: a) von 1938 bis 1948 (abzüglich der Kriegsjahre); in dieser Phase studierten wir die bereits veröffentlichten Materialien zum Periodischen Gesetz;

b) den Zeitraum von Januar 1949 bis zum Ende der sechziger Jahre, der der Ordnung und Analyse neu erschlossener Archivquellen gewidmet war. Wir machen nun den Versuch, die von uns in der zweiten Phase geleistete Arbeit unter dem Blickwinkel der Psychologie des wissenschaftlichen Schöpfertums kurz zu charakterisieren.

Im Januar 1949 zeigte mir Marija Dmitrievna das in russischer Sprache verfaßte handschriftliche Original eines Artikels von Mendelejev aus dem Jahre 1871. Der Artikel war seinerzeit ins Deutsche übersetzt und in einer deutschen chemischen Zeitschrift veröffentlicht worden. Damals zeigte mir Marija Dmitrievna auch zwei Tabellen chemischer Elemente (eine Urschrift und die Reinschrift), die von der Hand ihres Vaters geschrieben waren. Die Reinschrift war von Mendelejev an eine Druckerei geschickt worden und trug das Datum des 17. Februar 1869. Beide Tabellen sind von uns sorgfältig studiert und dechiffriert worden. Zusammen mit dem Artikel aus dem Jahre 1871 wurden sie als einzelnes Buch unter dem Titel „D. I. Mendelejev. Novye materialy po istorii otkrytija periodičeskogo zakona" („D. I. Mendelejev. Neue Materialien zur Geschichte der Entdeckung des Periodischen Gesetzes") im Verlag der Akademie der Wissenschaften der UdSSR, 1950, veröffentlicht. Den Mendelejevschen Materialien wurde unser Artikel „K istorii otkrytija periodičeskogo zakona D. I. Mendelejeva" („Zur Geschichte der Entdeckung des Periodischen Gesetzes D. I. Mendelejevs") beigefügt. In diesem Artikel wurde zum erstenmal der Versuch gemacht, den Verlauf der Mendelejevschen Entdeckung zu restaurieren.

Eine umfassende Mitteilung zu dieser Frage machten wir Anfang 1952 auf der Zweiten Konferenz zur Geschichte der Chemie in Leningrad. Sie ist in die Konferenzmaterialien eingegangen, die unter dem Titel „Materialy po istorii otečestvennoj chimii" — Sbornik dokladov na Vtorom Vsesojuznom soveščanii po istorii otečestvennoj chimii („Materialien zur Geschichte der vaterländischen Chemie" — Sammelband der Vorträge auf der Zweiten Allunionskonferenz der Geschichte der vaterländischen Chemie) im Verlag der AdW der UdSSR, 1953, erschienen. Kurz vorher war in der Zeitschrift „Uspechi fizičeskich nauk" („Erfolge der Physikalischen Wissenschaften") (Bd. XVII, Ausg. 1, 1952) unser Aufsatz „Periodičeskij zakon D. I. Mendelejeva i inertnye gazy" („Das Periodische Gesetz D. J. Mendelejevs und die Edelgase") erschienen. Der Aufsatz behandelt die Voraussagen Mendelejevs hinsichtlich noch unbekannter Elemente, die sich dann als Edelgase erwiesen.

Damals erschien auch ein Sammelband verschiedener Archivmaterialien, die die Arbeit Mendelejevs am Periodischen Gesetz im Zeitraum vom 17. Februar 1869 bis zum 11. Dezember 1871 betreffen. Der Sammelband

trug den Titel: „D. I. Mendelejev. Naučnyj archiv, t. 1. Periodičeskij zakon" („D. I. Mendelejev. Wissenschaftliches Archiv. Bd. 1. Das Periodische Gesetz"), Verlag der AdW der UdSSR, 1953. Er vereinigte 19 verschiedene Publikationen. Die Kommentare zu den einzelnen Publikationen sowie zum gesamten in diesem Band veröffentlichten Archivmaterial stammen ebenso wie ein Begleitartikel, der dem Band beigefügt wurde, vom Autor der vorliegenden Arbeit. Er hat auch die Dechiffrierung der hauptsächlichen Materialien vorgenommen.
Noch einige Jahre später wurden die Monographie des Autors „Den' odnogo velikogo otkrytija" („Der Tag einer großen Entdeckung"), Sozialökonomischer Verlag, 1958, und eine Arbeit verallgemeinernden Charakters „Filosofskij analiz pervych trudov D. I. Mendelejeva o periodičeskom zakone (1869—1871)" („Philosophische Analyse der ersten Arbeiten D. I. Mendelejevs über das Periodische Gesetz, 1869—1871"), Verlag der AdW der UdSSR, 1959, veröffentlicht. Die letztere Arbeit enthält verschiedene früher geschriebene und veröffentlichte Aufsätze, darunter auch den Vortrag „K voprosu o psichologii naučnogo tvorčestva" („Zur Frage der Psychologie des wissenschaftlichen Schöpfertums"), den der Autor der vorliegenden Arbeit auf der Konferenz der sowjetischen Psychologen gehalten hat und der in der Zeitschrift „Voprosy psichologii" („Fragen der Psychologie") (vyp. 3—6, 1957) abgedruckt worden war. Die englische Übersetzung dieses Vortrages wurde vor kurzer Zeit in einer amerikanischen Überblickspublikation (1966/67) veröffentlicht. Professor G. A. Simon, der Übersetzer des Artikels, stellt in einem Vorwort zur Übersetzung fest, daß der Artikel von großem Interesse für das Studium des Problems der Lösbarkeit und des Schöpfertums sei. Der Herausgeber seinerseits unterstreicht, daß ungeachtet dessen, daß der Artikel bereits vor 10 Jahren in der UdSSR erschienen ist, er noch heute die Aufmerksamkeit der Forscher finde.
Schließlich wurden von uns in der Serie „Klassiker der Wissenschaft" sämtliche Arbeiten Mendelejevs zum Periodischen Gesetz in zwei Bänden herausgegeben, und zwar 1. „D. I. Mendelejev. Periodičeskij zakon" („D. I. Mendelejev. Das Periodische Gesetz"), Verlag der AdW der UdSSR, 1958, und 2. „D. I. Mendelejev. Periodičeskij zakon. Dopolnitel'nye materialy" („D. I. Mendelejev. Das Periodische Gesetz. Zusätzliche Materialien"), Verlag der AdW der UdSSR, 1960. Die Kommentare und Begleitartikel in diesen Bänden wurden vom Autor der vorliegenden Arbeit verfaßt. Er publizierte weitere Artikel und hielt Vorträge über die Entdeckung und die fernere Ausarbeitung des Periodischen Gesetzes im Verlauf der gesamten fünfziger und sechziger Jahre.

Alle diese Bücher und Aufsätze, deren Gesamtumfang mehr als 250 Druckbögen beträgt, enthalten Material, das nicht nur die Geschichte der genannten Entdeckung betrifft, sondern auch die Probleme des wissenschaftlichen Schöpfertums überhaupt und insbesondere die uns jetzt interessierende Frage einer Theorie der wissenschaftlichen Entdeckung berührt. Was ist der Inhalt dieser Veröffentlichungen? Wie bot sich das „Drehbuch" der genannten Entdeckung vor der Veröffentlichung dieser Arbeiten dar, und wie zeigt es sich heute? Bemühen wir uns, auf diese Frage zu antworten.

8. Das „Drehbuch" der Mendelejevschen Entdeckung auf Grund früher bekannter Materialien

Das Schaffen Mendelejevs, soweit es das Periodensystem betrifft, zerfällt in ungefähr vier Stadien, die in ihrer zeitlichen Ausdehnung und ihrer Bedeutung sehr verschieden sind. Es sind dies: a) das Vorbereitungsstadium, das etwa 15 Jahre währte: von 1854 bis 1869; b) der Zeitpunkt der Entdeckung: sie erfolgte im Verlauf eines Tages, des 17. Februar (1. März) 1869; c) die Ausarbeitung der gemachten Entdeckung, die sich auf etwa drei Jahre erstreckte: vom 18. Februar (2. März) 1869 bis zum Dezember 1871; d) die anschließende Arbeit an der Überprüfung und Vervollkommnung sowie an der Durchsetzung der Entdeckung in der Wissenschaft; daran arbeitete Mendelejev mehr als drei Jahrzehnte. nämlich von 1872 bis zu seinem Tode im Jahre 1907. In der Folge werden wir uns nur mit jenem einen Tag befassen, an dem die Entdeckung gemacht wurde.

Wenden wir uns zunächst der Frage zu, wie sich das Bild der Entdeckung vor der Veröffentlichung der neuen Archivmaterialien, d. h. auf Grund der Veröffentlichung des Entdeckers selbst und einiger seiner Kommentatoren, darbot. Zu unserem großen Erstaunen zeigte sich, daß die früher veröffentlichten Quellen überhaupt keine Möglichkeit gaben, eine klare Vorstellung vom Verlauf der Entdeckung zu gewinnen. In dem ersten Artikel, den Mendelejev gleich nach der vollendeten Entdeckung schrieb (Ende Februar – Anfang März 1869) wird folgendes Bild gezeichnet: Zunächst wurden alle chemischen Elemente nach der Größe ihrer Atomgewichte in einer Reihe angeordnet; danach wurde in dieser Reihe eine Periodizität in der Wiederholung der Eigenschaften der Elemente festgestellt, und die Gesamtreihe wurde in einzelne Stücke (Perioden) aufgeteilt; diese letzteren wurden schließlich untereinandergesetzt, woraus am Ende das allseits bekannte Periodensystem der Elemente entstand.

Im gleichen Sinne äußerten sich auch lebende Zeugen (unter ihnen der Freund Mendelejevs, der tschechische Chemiker Brauner, und Mendele-

jevs Sohn Ivan Dmitrievič), die angeblich von Mendelejev selbst gehört haben, daß die Entdeckung eben auf diese Art erfolgt sei. Die Erfahrungen lehren jedoch, daß die Aussagen lebender Zeugen oft überaus subjektiv und einfach falsch sind. Das zeigte sich auch in diesem Falle.
Ein Zeuge (ein Freund Mendelejevs, Professor Inostrancev) erlebte den Moment der Entdeckung selbst und berichtete davon ein halbes Jahrhundert später dem Philosophen I. I. Lapšin, der diese Mitteilung veröffentlichte. Hier hieß es, Mendelejev habe die Entdeckung im Traum gemacht (Mendelejev hätte die Tabelle im Traum gesehen und sie dann so, wie sie ihm im Traum erschienen sei, nach dem Erwachen niedergeschrieben. Es sei dann nur noch an einer Stelle eine Korrektur nötig gewesen). Dieses Zeugnis erschien sehr zweifelhaft, obwohl es auch später noch von einigen Personen unterstützt wurde.
Mendelejev ist oft danach gefragt worden, wie er das Periodische Gesetz entdeckt habe. In seinem Werk „Osnovy chimii" („Grundlagen der Chemie") gibt er in allgemeiner Form eine Antwort auf diese Frage. Er erläutert, daß er die Angaben über die Elemente auf einzelne Kärtchen geschrieben und damit begonnen habe, Elemente mit nahe beieinander liegenden Atomgewichten und in ihren Eigenschaften ähnliche Elemente miteinander zu vergleichen. Das führte schnell zu der Entdeckung, daß es eine periodische Abhängigkeit der Eigenschaften der Elemente von ihren Atomgewichten gibt. Die genannten Kärtchen sind offensichtlich nicht erhalten geblieben, so daß es unmöglich erscheint, sich den Verlauf dieser so erstaunlichen „chemischen Patience" genau vorzustellen. Der in Frankreich unter dem vielversprechenden Titel „Wie ich das Periodensystem der Elemente fand" („Comment j'ai trouvé le système périodique des éléments") veröffentlichte Artikel Mendelejevs erwies sich in Wahrheit als der Abdruck eines anderen seiner Artikel, in dem zu der uns interessierenden Frage überhaupt nichts gesagt wird.
Schließlich findet sich bei Mendelejev selbst mehr als einmal der Gedanke, daß für die Entdeckung vor allem eines wesentlich war: der Vergleich chemisch *verschiedener* Elemente nach der Größe ihrer Atomgewichte, während vorher nach diesem Merkmal immer nur die chemisch *ähnlichen* Elemente (innerhalb der sogenannten „natürlichen Gruppen" – Halogene, Alkalimetalle u. a.) verglichen wurden. Die bereits erwähnte Barriere bestand also nach Mendelejevs eigenem Zeugnis darin, daß im System der Elemente immer nur das Ähnliche (nach dem Merkmal der Identität), nicht aber das Verschiedene miteinander verglichen wurde. Man kann annehmen, daß die Überwindung dieser Barriere erfolgt war (oder genauer: begonnen hatte), sobald Mendelejev der Gedanke gekommen war, unähnliche Elemente miteinander zu vergleichen. Denn

von diesem Moment an begann Mendelejev, chemisch (qualitativ) verschiedene Elemente nach der (quantitativen) Ähnlichkeit ihrer Atomgewichte zu vergleichen.
Nachdem wir ein *solches* „Drehbuch“ aufgestellt hatten und angenommen hatten, daß alle früher veröffentlichten Quellen eine strenge Überprüfung auf ihre Zuverlässigkeit hin erfordern, gingen meine Mitarbeiter und ich Anfang 1949 an die Suche und anschließend an die Interpretation der neu aufgefundenen Archivmaterialien und der Materialien, die noch im Mendelejev-Archiv der Leningrader Universität und in anderen Archiven gefunden werden konnten.

9. Die Suche nach neuen Archivmaterialien. Die Feststellung der „Zeitnot“

Zunächst ist festzustellen, daß bei der Lösung aller Aufgaben, die sich im Verlaufe der Recherche, des Auffindens, der Dechiffrierung und Datierung von Archivmaterialien über das wissenschaftliche Schöpfertum im allgemeinen und wissenschaftliche Entdeckungen im besonderen ergeben, ständig logische und psychologische Überlegungen und Argumente herangezogen werden müssen. So war es auch in diesem Falle. Nachdem das Datum, daß sich auf der schon erwähnten Reinschrift-Tabelle befindet, als das genaue Datum der Entdeckung identifiziert war, ergab sich für uns die Aufgabe, das gesamte Mendelejevsche Archiv nach jeder Art von Materialien durchzusehen, die dasselbe oder ein zeitlich nahes Datum tragen.
Es war bekannt, daß Mendelejev Anfang März 1869 in den genossenschaftlichen Käsereien des Tversker und anderer Gouvernements geweilt hat. Besonders sorgfältig wurde deshalb die Abteilung des Archivs studiert, die der Landwirtschaft gewidmet ist und die natürlich auch die genossenschaftliche Käseherstellung einschließt. Unter den Dokumenten, die anscheinend in keinerlei Beziehung zur Entdeckung des Periodischen Gesetzes standen, wurden Materialien gefunden, die das Datum der Entdeckung oder ein in dessen Nähe liegendes Datum tragen.
Von ganz außerordentlichem Interesse war für uns ein Brief des Sekretärs der Petersburger Freien ökonomischen Gesellschaft, A. I. Chodnev, an Mendelejev, der das Datum des 17. Februar, also des Tages der Entdeckung, trägt. Der Brief selbst ist vom Inhalt her wenig interessant. Der Schreiber erkundigt sich danach, ob man sich im Namen der Gesellschaft an den Rektor der Universität, an der Mendelejev lehrte, wenden solle, um für Mendelejev einen Urlaub zur Besichtigung der genossenschaftlichen Käsereien zu erwirken.

Andere von uns aufgefundene Dokumente, darunter die Bestätigung des Urlaubs, die Mendelejev von der Universität erhalten hatte, beweisen, daß Mendelejev tatsächlich vorhatte, gerade am 17. Februar 1869 Petersburg zu verlassen und sich in Angelegenheiten der genossenschaftlichen Käsereien in das Gouvernement Tver und andere Gouvernements zu begeben. Es ist anzunehmen, daß er Chodnev durch denselben Boten, der den Brief gebracht hatte, geantwortet hat, er fahre heute zu den Käsereien.

Wir stellten also fest, daß genau am Tag der Entdeckung Mendelejev Petersburg in Angelegenheiten verlassen mußte, die mit dem Periodischen Gesetz nicht das geringste zu tun haben. Außerdem hatte er vor (und dies war für ihn möglicherweise ein nicht unwesentlicher Grund für die Reise), sein Gut Boblovo (unweit von Klin) zu besuchen, auf dem sich damals ein Teil seiner Familie befand. Man kann sich vorstellen, wie er sich beeilt hat, möglichst schnell aus Petersburg abzureisen, und welche Anstrengungen er gemacht hat, um die bei der Urlaubsgewährung entstehenden Schwierigkeiten zu überwinden.

Und gerade in dem Moment, in dem alles zur Abreise bereit war und der gewünschte Urlaub gewährt war, entstand bei Mendelejev plötzlich die Idee des zukünftigen Systems der Elemente, genauer gesagt: wurde das Prinzip der Systematisierung der Elemente nach ihren Atomgewichten geboren. Davon zeugen die ersten Entwürfe, die Mendelejev auf der unbeschriebenen Rückseite des Chodnevschen Briefes zu Papier brachte. Folglich ist auf dem Papier dieses Briefes die allererste Etappe der Entdeckung des Periodischen Gesetzes festgehalten. Eben darin besteht der unschätzbare Wert dieses Dokuments. Wir werden später darlegen, wie wir die Tatsache feststellten, daß die Notizen Mendelejevs auf diesem Brief wirklich den Anfang der Entdeckung wiedergeben; jetzt möchten wir die Aufmerksamkeit auf einen anderen wichtigen Umstand lenken, der in direkter Beziehung zur Frage einer künftigen Theorie der wissenschaftlichen Entdeckung steht.

Dieser Umstand besteht darin, daß die Entdeckung des Periodischen Gesetzes anscheinend in einem denkbar *ungünstigen* Moment begann. Mendelejev saß buchstäblich auf den Koffern und war in Eile, um zum Zug zu gelangen. Natürlich lag ihm daran, alle anderen Dinge, die nicht mit seiner Abreise zu tun hatten, endlich abzuschließen. Eine ungünstigere Zeit für die Vollendung einer wissenschaftlichen Entdeckung läßt sich kaum vorstellen. Und als die Entdeckung begann, setzte Mendelejev verständlicherweise — man muß sich einmal in seine Lage versetzen! — alles daran, die begonnene Entdeckung in der extrem kurzen Zeit zu Ende zu führen und dennoch zur Abreise zurechtzukommen. Die Folge

war, ähnlich wie bei einem Schachspiel unter derartigen Bedingungen, eine unglaubliche Zeitnot, in der die „Züge“ fast blitzartig nacheinander erfolgen mußten.
In einer solchen Zeitnot verlief die ganze Entdeckung von Anfang bis Ende. Sie wurde innerhalb eines einzigen Tages vollendet (bis zur Absendung einer Reinschrift der Elemententabelle in die Druckerei)! Man kann annehmen, daß sie unter anderen Bedingungen und ohne eine solche Zeitnot weitaus mehr Zeit in Anspruch genommen hätte und nicht so zielstrebig und konzentriert verlaufen wäre.
Das Äußere des Briefes von Chodnev gibt die Möglichkeit sich vorzustellen, wie die Entdeckung begonnen haben kann: er trägt die Spur eines Glases mit Flüssigkeit. Das läßt die Vermutung zu, daß Mendelejev den Brief wahrscheinlich früh am Morgen erhalten hat, als er bereit zur Abreise, in seiner Wohnung in der Universität frühstückte. Offensichtlich diente der Brief zuerst als Unterlage für das Gefäß, aus dem Mendelejev trank, und danach begann Mendelejev auf seiner Rückseite die ersten Aufzeichnungen zu machen, die das zukünftige System der Elemente betrafen. Daß er dazu die Rückseite des Briefes benutzte, kann seinen Grund in seiner Sparsamkeit mit Papier gehabt haben, vielleicht hatte er auch gerade kein anderes Papier zur Hand.
Im weiteren wurden vollständigere Berechnungen sowie die Entwürfe einer Tabelle der Elemente gefunden. Sie alle tragen das Datum des 17. Februar. Insgesamt sind es etwa 10 Dokumente, die unmittelbar den Tag der Entdeckung betreffen. Nun war es schon möglich, ein vorläufig noch hypothetisches Bild vom chronologischen Verlauf der Entdeckung von ihrem ersten Moment (die Berechnungen auf dem Brief Chodnevs) bis zu ihrem abschließenden Moment (die in die Druckerei geschickte Tabelle) zu gewinnen.
Wir hatten somit, nachdem wir das ganze Mendelejevsche Archiv durchforscht hatten, außerordentlich wichtige Materialien gefunden, die, obwohl sie sich in der Abteilung über die Landwirtschaft befanden, den Schlüssel für die Enträtselung des *Verlaufs* der großen Entdeckung Mendelejevs lieferten. Die auf den ersten Blick völlig unbedeutenden Dokumente, die sich auf die Abreise Mendelejevs zu den genossenschaftlichen Käsereien bezogen, gaben die Möglichkeit festzustellen, womit das Denken Mendelejevs an diesem Tage beschäftigt war und warum es für seine schöpferische Arbeit an diesem Tage zu der in allen Lebenssituationen so unerträglichen extremen Zeitnot kam.
Der letztere Umstand verdient es, daß wir uns genauer damit beschäftigen. Heute, da die optimalen Bedingungen für das wissenschaftliche Schöpfertum und die Tätigkeit des Wissenschaftlers überhaupt erforscht

werden, sind zwei extreme Lösungen möglich (und dies ist auch ein Gegenstand der zukünftigen Theorie der wissenschaftlichen Entdeckung). Die erste besteht darin, daß für den Wissenschaftler künstlich eine Situation maximaler Ruhe und völliger Isolation von äußeren Erregungen konstruiert wird. Es wird angenommen, daß sich das schöpferische Denken unter solchen „Treibhausbedingungen" ungestört und durch nichts und niemand abgelenkt am besten auf die gesuchte Lösung konzentrieren und sie in kürzester Frist finden kann.

Es ist durchaus möglich, daß sich eine solche Situation unter bestimmten Voraussetzungen förderlich auf die Produktivität der wissenschaftlichen Arbeit auswirkt, zum Beispiel auf die literarische Bearbeitung einer bereits gemachten Entdeckung. Es ist aber auch nicht ausgeschlossen, so scheint uns, daß sie in anderen Fällen zu einer Erschlaffung des Denkens und zum Verlust seiner notwendigen Spannung führt, da sich die inneren Stimuli (z. B. die Begeisterung) als nicht ausreichend erweisen können, den allgemeinen Tonus der schöpferischen Tätigkeit aufrechtzuerhalten. Möglicherweise hängt dies jedoch weitgehend von der allgemeinen psychischen Eigenart des Wissenschaftlers, von seiner Erziehung, seinen allgemeinen Gewohnheiten und seinen Gewohnheiten bei der wissenschaftlichen Arbeit ab. In jedem Falle erfordert die genannte Lösung eine sorgfältige Überprüfung und Konkretisierung hinsichtlich einzelner Wissenschaftler oder Wissenschaftlergruppen.

Die andere Lösung, als deren klassisches Beispiel die Geschichte der Entdeckung des Periodischen Gesetzes durch Mendelejev gelten kann, besteht in der Berücksichtigung des Umstandes, daß gerade in der Situation der Zeitnot alle geistigen Kräfte des Wissenschaftlers mobilisiert und auf das äußerste angespannt werden, um möglichst schnell die Antwort auf die entstandene Aufgabe zu finden. Kann man diesen Effekt künstlich erzeugen? Auf diese Frage gibt es heute noch keine Antwort, all dies muß sorgfältig erforscht werden. Jedoch erlaubt die Geschichte der Entdeckung, mit der wir uns hier beschäftigen, die Feststellung: Was zunächst als eine für die Vollbringung der Entdeckung ungünstige Situation erschien (die Zeitnot), hat sich tatsächlich ganz im Gegenteil als die günstigste Bedingung und als Stimulus für das schöpferische Denken erwiesen, seine Arbeit zu beschleunigen. Die Zeitnot hat den Wissenschaftler gewissermaßen die ganze Zeit gejagt, hat ihm nicht erlaubt, auch nur eine Minute in seinem Suchen innezuhalten und die begonnene Forschung wenigstens für eine kurze Frist zu unterbrechen. Das Ergebnis war, daß die Suche in einer Rekordfrist erfolgreich war — innerhalb eines Tages!

Es ist auch zu vermuten, daß gerade wegen der Zeitnot, die am Tag der

Entdeckung herrschte, das Denken des Wissenschaftlers aus der Vielzahl der möglichen Wege und Mittel zu seiner Vorwärtsbewegung sozusagen jedesmal die rationellsten herausgriff. Dabei hielt er sich mit zweitrangigen Fragen oder Fragen, die den Wissenschaftler vom Hauptweg der Entwicklung der sich vollziehenden Entdeckung wegführten, nicht lange auf. Das läßt sich am Beispiel des „Versuchs eines Systems der Elemente" zeigen, den Mendelejev am 17. Februar 1869 aufzeichnete. Er klammerte hier sieben damals noch wenig erforschte Elemente aus, für die er nicht gleich einen Platz im System fand. Es ist durchaus möglich, daß er, wenn ihm damals mehr Zeit zur Verfügung gestanden hätte, sich mit diesen wenig erforschten Elementen beschäftigt hätte und die begonnene Entdeckung nicht so schnell zu ihrem logischen Abschluß geführt hätte.

Mit einem Wort: Der Brief Chodnevs und andere Dokumente, die in Beziehung zur Reise Mendelejevs in die genossenschaftlichen Käsereien stehen, machen es möglich, die Situation zu rekonstruieren, in der die genannte Entdeckung erfolgte. Sie erlauben es, ernsthaft die Frage zu stellen, ob Zeitnot ein Hindernis für eine wissenschaftliche Entdeckung bildet oder ob sie maximal zum erfolgreichen Verlauf der Entdeckung beiträgt. Übrigens befaßt sich auch Professor Simon, der unseren Artikel über die Psychologie des wissenschaftlichen Schöpfertums übersetzt hat, in seinem Vorwort speziell mit der Frage der Zeitnot und vertritt die Ansicht, daß dies eine für die psychologische Analyse der Geschichte wissenschaftlicher Entdeckungen wichtige Frage ist.

Wenden wir uns nun der Frage zu, wie die Mendelejevschen Notizen auf dem Brief Chodnevs und auf den anderen Dokumenten analysiert wurden.

10. Die Analyse des Inhalts der neu aufgefundenen Materialien

Große Entdeckungen sind häufig bei der Niederschrift einer systematischen Darstellung des jeweiligen Gegenstandes, insbesondere bei einer solchen Darstellung zu Lehrzwecken, gemacht worden. Das ist nicht verwunderlich, denn gerade bei der Verallgemeinerung und Systematisierung des umfangreichen Faktenmaterials, das die Wissenschaft zusammengetragen hat, werden die gesetzmäßigen Zusammenhänge sichtbar, die in diesem Faktenmaterial verborgen liegen und bei seiner theoretischen Bearbeitung zutage treten. In den Naturwissenschaften bedeutet die Feststellung solcher Zusammenhänge meistens die Entdeckung eines neuen Naturgesetzes. Das war nicht nur bei Mendelejev, sondern auch bei vielen anderen Wissenschaftlern der Fall, insbesondere bei Dalton.

Mendelejev selbst hat berichtet, daß er seine Entdeckung bei der Niederschrift seines Werkes „Grundlagen der Chemie" machte. Während des ganzen Jahres 1868, das der Entdeckung vorausging, schrieb er an diesem Werk und gab es in Teilen heraus. Die ersten, vom Autor selbst aufgestellten Pläne dieses Buches sind erhalten geblieben und wurden im Archiv aufgefunden. Aus ihnen ist ersichtlich, daß Mendelejev, als er an die Niederschrift seines Buches ging, sich von den Prinzipien der sogenannten „Typen-Theorie" Gerhardts leiten ließ, als dessen Anhänger er sich betrachtete. Nach dieser Theorie mußten die chemischen Verbindungen entsprechend der Wertigkeit der in sie eingehenden Elemente gruppiert werden.

So ging Mendelejev in den Plänen zu den „Grundlagen der Chemie" dann auch vor. Am Anfang standen bei ihm die sogenannten „typischen Elemente" in der Reihenfolge der Zunahme ihrer Wertigkeit: vom einwertigen Wasserstoff bis zum vierwertigen Kohlenstoff: H, O, N und C. Das ergab den allgemeinen Teil des ganzen Buches. Danach folgte ein systematischer Teil, in dem die Elemente in ihren natürlichen Gruppen beschrieben werden mußten. Wieder standen im Plan am Anfang die einwertigen Elemente, in diesem Falle die Haloide (nach der heutigen Terminologie: Halogene) und die Alkalimetalle. Danach folgten Elemente mit einer immer größeren Wertigkeit.

Ende 1868 beendete Mendelejev die zweite Lieferung der „Grundlagen der Chemie" (sie bildete mit der ersten zusammen den ersten Band des Buches) mit den Kapiteln über die Halogene (Cl, F, Br, J) und gab sie in Druck. Im Januar 1869 begann er mit der Niederschrift der ersten Kapitel der dritten Lieferung des Buches (2. Band). Sie begann mit den Alkalimetallen (Na, Li, K, Rb, Cs). So etwa war der Stand Mitte Februar 1869, d. h. zum Zeitpunkt der Entdeckung des Periodischen Gesetzes. Die Alkalimetalle waren abgeschlossen, und vor Mendelejev als dem Autor des Buches stellte sich unausweichlich die Frage, was als nächstes dargestellt werden sollte.

Er hätte zweiwertige Elemente behandeln können, z. B. die Erdalkalimetalle (Ca, Sr, Ba), die hinsichtlich ihrer Eigenschaften den Alkalimetallen nahestehen. Wollte man jedoch streng nach dem Prinzip der Wertigkeit vorgehen, so hätte man zwischen den Alkalimetallen und den Erdalkalimetallen solche Elemente plazieren müssen, die sich sowohl einwertig als auch zweiwertig verhalten können. Das tun zum Beispiel Quecksilber und Kupfer.

Gerade zu dem Zeitpunkt, zu dem er in das Gouvernement Tver und andere Gouvernements fahren sollte, stand Mendelejev vor dieser Frage. Es ist zu vermuten, daß er qualvoll überlegt hat, welche Metalle weiter-

beschrieben werden müßten. Er mochte sich nicht von irgendwelchen zufälligen Überlegungen leiten lassen, er suchte ein fest fundiertes Prinzip, das es noch nicht gab und das es zu finden galt. Aber wo und wie es zu suchen war, lag noch völlig im dunkeln.
Allem Anschein nach traf der Brief Chodnevs gerade in einem Moment ein, in dem Mendelejevs Gedanken mit diesem Thema beschäftigt waren. So kam es, daß Mendelejev auf der Rückseite dieses Briefes die ersten Skizzen machte, die das zukünftige System betrafen: Er verglich zunächst K und Cl (offensichtlich nach der Größe ihres Atomgewichts, obwohl Ziffern hier noch fehlen). Nach dem Kalium folgten einige weitere Elemente, und zum Schluß werden zwei Gruppen von Elementen miteinander verglichen: die Alkalimetalle sowie Magnesium, Zink und Kadmium, und zwar schon nach der Größe ihrer Atomgewichte (mit der Angabe der entsprechenden Zahlen). Das heißt, hier ist wirklich der erste Moment der Entdeckung abgebildet, der zeigt, wie das Prinzip der ganzen Entdeckung gefunden wurde und zu wirken begann (wie das „Drehbuch" Wirklichkeit zu werden begann): der Vergleich und die Annäherung chemisch unähnlicher Elemente auf Grund ihres Atomgewichts.
Die Annäherung solcher ihrer chemischen Natur nach diametral entgegengesetzten Elemente wie Kalium und Chlor, die aber über ähnliche Atomgewichte verfügen, konnte durchaus den Ausgangspunkt der ganzen Entdeckung abgeben. Mendelejev selbst hat später berichtet, daß er bei der Aufstellung des Periodischen Gesetzes von dem Gedanken ausgegangen sei, man müßte nicht nur die ähnlichen Elemente miteinander vergleichen, wie das vor ihm getan wurde, sondern auch diejenigen, die sich in ihrem chemischen Verhalten nicht ähnlich sind bzw. die sich chemisch entgegengesetzt verhalten, aber ein ähnliches quantitatives Merkmal (Atomgewicht) besitzen. Hieraus entstand die Idee, qualitativ verschiedene Elemente nach der Größe ihrer Atomgewichte zusammenzustellen.
Die inhaltliche Analyse der Notizen, die Mendelejev auf dem Brief Chodnevs gemacht hat, beweist unzweifelhaft, daß die Vorstellungen vom Verlauf der Entdeckung, die auf Grund der früher bekannten Quellen entwickelt wurden, absolut falsch waren. Es hat nicht die Spur einer Reihe von Elementen gegeben, die von Anfang an nach zunehmendem Atomgewicht geordnet worden wäre. Es sind nicht einzelne Elemente zu einer Gesamtreihe zusammengestellt worden, sondern ganze Gruppen von Elementen wurden miteinander verglichen. Auf dem Brief Chodnevs ist das zunächst nur mit zwei Gruppen geschehen, den Alkalimetallen und der Gruppe Mg, Zn, Cd. In den folgenden Materialien, die unmittelbar

nach den Notizen auf dem Brief Chodnevs entstanden sind, wird dieser Umstand noch deutlicher.
Als die Aufnahme mehrerer Gruppen in die Gesamttabelle zur Bildung vertikaler Reihen führte, d. h. den zukünftigen Perioden im entstehenden System der Elemente, da entstanden die Perioden nicht durch die Teilung der Gesamtreihe aller Elemente, sondern die Gesamtreihe ergab sich im Gegenteil aus der Aneinanderreihung der einzelnen Perioden. Das läßt sich aus einem der Archivdokumente ersehen, das zur Zeit der Entdeckung des Periodischen Gesetzes entstanden ist.
Jedoch beruhte die *Formulierung* des entdeckten Gesetzes darauf, daß, wenn man alle Elemente nach der Größe ihres Atomgewichtes (entsprechend seiner Zunahme) ordnet, sich eine gesetzmäßige Wiederholung der Eigenschaften nach einer bestimmten Zahl von Elementen (Periode) ergibt. Dies bedeutet aber nur, daß die logische Verallgemeinerung einer Entdeckung ganz anders aussehen kann als die Art und Weise, in der sie erfolgt ist.
Kehren wir zu den Notizen auf dem Brief Chodnevs zurück. Es geschieht nun folgendes: Auf dem Brief ist schon kein Platz mehr für Notizen. Mendelejev nimmt ein neues, unbeschriebenes Blatt Papier, setzt das Datum — den 17. Februar 1869 — darauf und beginnt damit, ganze Gruppen von Elementen aufzuschreiben und eine Gesamttabelle der Elemente zu entwickeln. Er hat auf diesem Blatt zwei derartige Tabellen aufgestellt, eine obere und eine untere. Beide erwiesen sich als unvollständig. Mendelejev stand aber vor der Aufgabe, eine *vollständige* Tabelle aufzustellen, die alle damals bekannten Elemente erfaßte.

11. Die Verfahren zur Datierung der Archivdokumente. Die Besonderheit der Gedächtnisarbeit von Mendelejev

Wie läßt sich feststellen, in welcher Reihenfolge die Aufzeichnungen gemacht und die Tabellen aufgestellt wurden? Außer den genannten Dokumenten wurden ja noch viele andere aufgefunden, und man kann sich leicht irren, indem man eine spätere Tabelle als eine frühere ansieht und umgekehrt. Damit würde natürlich das ganze Bild der Entdeckung zerstört werden, und der Zusammenhang zwischen den Ereignissen ginge verloren, geradeso, als ob die einzelnen Teile eines Films verkehrt zusammengesetzt würden. Ein solcher Film wäre dann kaum oder gar nicht verständlich. Die Schwierigkeit, vor der wir standen, lag darin, daß nur ein kleiner Teil der Dokumente von Mendelejev datiert worden war. Der übrige, weitaus größere Teil war nicht datiert.

Große Hilfe erwiesen uns bei der Lösung dieser Frage einige Besonderheiten des Gedächtnisses von Mendelejev. Er vergaß oft Kleinigkeiten und hat selbst bekannt, daß er ein schlechtes Gedächtnis habe, was Kleinigkeiten angehe.
So zeigte sich, daß er sich die Symbole einiger damals noch wenig erforschter Elemente schlecht eingeprägt hatte. In seinen Urschriften notierte er sie zunächst auf seine Weise (falsch), später, wenn er die Tabellen und Artikel zur Veröffentlichung vorbereitete, berichtigte er seine „persönlichen" Bezeichnungen und brachte sie in Übereinstimmung mit der allgemein üblichen Symbolik. Da aber die Publikationsdaten bekannt sind, läßt sich das Datum dieses oder jenes Archivdokuments ziemlich genau (manchmal auf den Monat oder sogar den Tag genau) bestimmen.
So wird zum Beispiel Bor den ganzen 17. Februar 1869 mit „Bo" wiedergegeben, und erst am Ende des Tages verwendet Mendelejev das Symbol „B", an das er sich dann auch im weiteren hält. Rhodium wird am gleichen Tage als „Ro" notiert, und diese Benennung wird bis Ende Februar 1869 aufrechterhalten. Erst in der publizierten Tabelle, die das Datum des 1. März 1869 trägt, erscheint es als „Rh". Palladium wird bis Januar 1871 durch das Symbol „Pl" bezeichnet, danach wird es in den Korrekturfahnen zu „Pd" berichtigt, und später wird nur noch dieses Symbol verwendet. Dies alles bedeutet, daß ein origineller Schlüssel zur Datierung der Dokumente gefunden wurde, ein Schlüssel psychologischer Art.
Einen anderen derartigen Schlüssel zur Bestimmung der Entstehungszeit der Archivdokumente bildet die Präzisierung des Atomgewichts einiger Elemente durch Mendelejev. So nahm er zum Beispiel bis November 1870 für Wolfram, Wismut, Selen und Aluminium gleiche Atomgewichte an, während er sie später etwas veränderte. Das bedeutet, daß die Tabellen mit den korrigierten Werten einer späteren Zeit, also der Zeit nach dem November 1870, angehören. So nahm Mendelejev bis November 1870 für Aluminium das Atomgewicht Al = 27,4 an, später setzte er Al = 27,3. Tabellen, die den ersteren Wert zeigen, müssen also als vor diesem Zeitraum entstanden angesehen werden; Tabellen dagegen, die den zweiten Wert enthalten, sind offenbar später entstanden. Noch etwas früher (im Herbst desselben Jahres) korrigierte Mendelejev die Werte für das Atomgewicht solcher Elemente wie Indium, Uran, Thorium, u. a., und auch diese Tatsache liefert eine Grundlage für die Datierung der entsprechenden Dokumente.
Wir benutzten auch noch andere Kennzeichen, z. B. die Verwendung einer bestimmten Anordnung der Elemente innerhalb einzelner Gruppen usw. Die gleichzeitige Berücksichtigung aller Merkmale ermöglichte es,

die Datierung der Dokumente mit hinreichender Genauigkeit vorzunehmen. Wir stellten sogar spezielle Matrizen auf, mit deren Hilfe wir dann bei unseren Untersuchungen die ungefähren Daten der einzelnen Materialien feststellten. Zum Schluß gab es kein einziges Mendelejevsches Dokument, das wir nicht mehr oder weniger genau hatten datieren können.

Bei der Datierung der Dokumente gingen wir auch von logischen Überlegungen aus: Nehmen wir an, wir hätten zwei oder mehr Texte eines Artikels oder Varianten einer Elemententabelle, die von Mendelejev stammen und alle ungefähr derselben Zeit angehören. Ihre Reihenfolge muß dem Übergang des Denkens von einem weniger ausgearbeiteten Text zu einem vollständiger ausgearbeiteten oder von einer weniger genauen Tabelle zu einer genaueren entsprechen. Logisch betrachtet muß dies der Entwicklungsgang des Mendelejevschen Gedankens gewesen sein: vom weniger präzisen Wissen zum präziseren, und wenn er in seine Aufzeichnungen irgendwelche Präzisierungen eingetragen hatte, so übernahm er sie in die folgenden Aufzeichnungen.

Bei der Analyse und der Feststellung der Beziehungen zwischen scheinbar ganz verschiedenartigen Materialien hat uns die Kenntnis der erwähnten Spezifik des Mendelejevschen Gedächtnisses mehr als einmal gute Dienste geleistet. Bemerkenswert ist noch eine andere erstaunliche Eigenart seines Gedächtnisses: Ein Gedanke, der nicht in der Hauptrichtung der Entdeckung lag, an der Mendelejev arbeitete, konnte völlig in Vergessenheit geraten, wie wichtig er für sich genommen auch sein mochte. Ende Februar 1869, kurz nach der Entdeckung, bereitete Mendelejev die erste Mitteilung darüber vor (nachdem er die Reise zu den Käsereien und zu seiner Familie in Boblov vorerst aufgeschoben hatte). Damals stellte er viele Tabellen auf, darunter auch eine ganz spezielle Tabelle, in der die Elemente nicht einfach nach der Größe ihrer Atomgewichte angeordnet waren, sondern in zwei parallelen Säulen. Die eine (die linke) enthielt die Elemente mit ungerader Wertigkeit und die andere (die rechte) die Elemente mit gerader Wertigkeit (oder, wie Mendelejev schrieb, die zweiwertigen).

Die Gesetzmäßigkeiten in der Zunahme der Atomgewichte bestimmte Mendelejev hier nicht für alle Elemente nacheinander, wie er es gewöhnlich tat, sondern für jede Säule besonders. Damals stellte er fest, daß in der rechten Säule mindestens drei Elemente fehlten: 1. x = 20? (zwischen Fluor und Natrium); 2. x = 36? (zwischen Cl und K); 3. x = 2 (zwischen H und Lithium) — an Stelle des letzteren figuriert in der Tabelle der molekulare Wasserstoff H^2. Es läßt sich leicht zeigen, daß hier sozusagen die künftigen Edelgase — Helium, Neon und Argon — vorausgesagt sind. Mendelejev führte diese Voraussage jedoch nicht zum Abschluß. Später „vergaß“ er sie gänzlich, so daß er, als 25 Jahre später die Edelgase wirklich entdeckt wurden, sich weigerte, sie als Elemente anzuerkennen, da sie zu Anfang keinen Platz im Periodensystem fanden. Indessen stellte sich bald heraus, daß sie eben auf die Plätze gehörten, die schon im Februar 1869, d. h. 25 Jahre vor ihrer Entdeckung, von Mendelejev für drei unbekannte Elemente bezeichnet worden waren.

Betrachten wir nun den vollständigen Entwurf der Tabelle, in der sich der Prozeß der Entdeckung des Periodischen Gesetzes niedergeschlagen hat. Wir hatten schon gesagt, daß es nicht gelungen ist, die bewußten Kärtchen mit den Angaben über die einzelnen Elemente ausfindig zu machen. In dem Buch Mendelejevs (das gerade zum Zeitpunkt der Entdeckung gedruckt wurde) sind jedoch in alphabetischer Reihenfolge alle damals bekannten Elemente mit den notwendigen Angaben über sie aufgeführt, und ihre wichtigsten Eigenschaften, die Atomgewichte, sind von Mendelejev handschriftlich am Rand der bedruckten Buchseiten hinzugefügt worden. Nach den Werten für die Atomgewichte zu urteilen, sind diese Notizen eben zu der Zeit gemacht worden, als die Entdeckung gerade begonnen hatte. Es ist anzunehmen, daß all diese Angaben, die gedruckten und die von Hand hinzugefügten, danach von Mendelejev auf einzelne Kärtchen übertragen worden sind, worauf dann die berühmte „chemische Patience“ begann.

Halten wir noch einen aus psychologischer Sicht wichtigen Umstand fest, der unter anderen Bedingungen keinerlei Beziehungen zur Entdeckung des Periodischen Gesetzes hätte, in der vorliegenden Situation jedoch von außerordentlicher Bedeutung war. Mendelejev legte nämlich in der Freizeit tatsächlich gern Patiencen und griff auch in der wissenschaftlichen Arbeit zu diesem Mittel. Im Verlauf der Entdeckung stellte sich heraus, daß die Aufstellung von Tabellen auf Papier große Schwierigkeiten bereitete: ein auf einen bestimmten Platz gesetztes Element mußte nicht selten an eine andere Stelle verlegt werden, um zu probieren, ob es dahin paßte, und später wieder von neuem umgesetzt werden. Das führte auf dem Papier zu endlosen Streichungen und Übertragungen, was die Arbeit des schöpferischen Denkens sehr erschwerte. Da jedesmal das ganze Bild der jeweiligen Anordnung der Elemente übersehen werden mußte, machte sich ein anderes, bewegliches Modell des sich herausbildenden Systems der Elemente erforderlich. Das Schema einer ausgelegten Patience paßte besser als alles andere zur Spezifik der entstandenen Aufgabe, und Mendelejev benutzte seine häusliche Gewohnheit, sich bei einer Patience zu erholen, für die Lösung dieser streng wissenschaftlichen Aufgabe. Eine Gewohnheit hat in diesem Falle die Form der wissenschaftlichen Forschung souffliert. Selbstverständlich betraf das aber eben nur die *Form*, denn der Inhalt der Forschung hatte keinerlei Ähnlichkeit mit einer Patience, bei der die anfängliche Anordnung der Karten ganz und gar zufällig ist. Hier hat es kein „Mischen" der Karten mit den Elementen und keine zufällige Auslegung der Karten vom Stapel gegeben. Von Anfang an wurde der gesetzmäßige Zusammenhang zwischen den Elementen gesucht.

Wie verlief nun die „chemische Patience" bei Mendelejev? Man darf annehmen, und so sind wir auch in unserem „Drehbuch" verfahren, daß sich die Erkenntnis im großen und ganzen vom Bekannten zum Unbekannten bewegte, sich auf das Bekannte stützte und von ihm ausging und entsprechend vom Bekannteren, mehr Erforschten, zum weniger Bekannten, weniger Erforschten, verlief. Dafür sprechen einige (anders nicht erklärbare) Notizen auf dem vollständigen Entwurf der Tabelle. Der Charakter dieser Notizen und ihr Vergleich mit den beiden vorausgehenden (unvollständigen) Tabellen — der oberen und der unteren — lassen darauf schließen, daß Mendelejev offenbar zuerst die Kärtchen aller 63 damals bekannten Elemente in drei große Stapel aufgeteilt hat: 1. die gut erforschten Elemente, 27 an der Zahl; 2. die weniger erforschten Elemente, 30 an der Zahl, und 3. die 6 erst kürzlich entdeckten und darum überhaupt noch nicht erforschten Elemente.

Vermutlich notierte Mendelejev parallel zur Auslegung der Patience jeden Schritt der Patience auf einem Blatt Papier. Wenn ein Kärtchen von einem Platz auf einen anderen gelegt wurde, so wurde es auf dem Papier dort, wo es zuerst gestanden hatte, gestrichen und an der neuen Stelle notiert. In diesem Falle würde der Charakter der Notizen auf dem vollständigen Entwurf der Tabelle vom Verlauf der „Patience" selbst zeugen. Die Kärtchen aus dem ersten Stapel wurden gleich an ihre Plätze gelegt.

Weiter, so kann man annehmen (eine andere Erklärung gibt es nicht), hat Mendelejev nach der Verteilung der ersten 27 bekannten Elemente gleich die übrigen Stapel der Elementenkärtchen verteilt und in die Felder des Tabellenentwurfs eingetragen. Dabei hat er den zweiten Stapel allem Anschein nach in zwei weitere Stapel aufgeteilt: in die leichten und die schweren Elemente. Sobald ein Kärtchen aus dem Stapel genommen und in die „Patience" eingeordnet wurde, wurde es in der entsprechenden Liste gestrichen. Wurden mehrere Kärtchen auf einmal genommen, so wurden die betreffenden Elemente in der Liste mit einem Federstrich gelöscht. Die Reihenfolge der Streichungen der Elemente in der Liste gibt die Möglichkeit, den Verlauf des Einschlusses der Kärtchen in die „Patience" zu rekonstruieren, und ihre wiederholte Streichung,

nun schon innerhalb des Tabellenentwurfs selbst, läßt auf die Umlegung der Kärtchen an eine andere Stelle schließen.
Nehmen wir als Beispiel das Beryllium. Es stand zuerst ganz unten (in der unteren Liste aus 18 Elementen). Offensichtlich hat es Mendelejev gleich gestrichen, als er das entsprechende Kärtchen Be = 14 das erste Mal vor Aluminium und über Lithium legte und in den Entwurf der Tabelle eintrug. Dann jedoch strich er es, schon nicht mehr mit Tinte, sondern mit Bleistift, dort aus und notierte es, ebenfalls mit Bleistift, unter B = 11. Dabei veränderte er die Formel des Berylliumoxyds von Be_2O_3 zu BeO und berichtigte das Atomgewicht von Be auf 9,4 (vorher 14). So ergibt sich eine streng logisch begründete Kette der Ereignisse nach den Stadien ihrer Entwicklung: 1. das Kärtchen Be liegt im Stapel; 2. es wird mit dem Atomgewicht 14 in die Reihe des Aluminiums (vor Al = 27,4) über Lithium (Li = 7) gelegt; 3. das Atomgewicht des Berylliums wird auf 9,4 umgerechnet; 4. das Kärtchen Be wird endgültig auf den Platz unter Bor (B = 11) im Zentrum der Tabelle gelegt.
Wir haben nicht die Möglichkeit, den ganzen Tabellenentwurf Schritt für Schritt zu untersuchen, da dies sehr viel Zeit erfordern würde. Wir möchten lediglich folgendes feststellen: Wenn man von den erwähnten Positionen an die Analyse der Mendelejevschen Materialien herangeht und die genannten Forschungsmethoden (und andere analoge Methoden) anwendet, so kann man überaus detailliert die Reihenfolge der Notizen in der Tabelle feststellen und damit den gesamten Verlauf der „Patience“ von ihrem Anfang bis zu ihrem Abschluß.
Gehen wir indes noch auf einige andere interessante Momente ein. Es wurde schon gesagt, daß der Schlüssel für die ganze Entdeckung im Vergleich chemisch unähnlicher Elemente nach ihren Atomgewichten bestand. Auf diese Weise wurde die Barriere überwunden, die daran hinderte, den Weg zur Lösung der Aufgabe, ja die Aufgabe selbst zu erkennen. Diesen Schlüssel hat Mendelejev ganz am Anfang seiner Entdeckung gefunden (denken wir an seine Notizen auf dem Brief Chodnevs). Die Entdeckung an sich aber, die in der Feststellung der *Periodizität* der Veränderung der Eigenschaften der nach der Größe des Atomgewichtes geordneten Elemente besteht, erfolgte bedeutend später, wenn auch am gleichen Tage.
In dem vollständigen Entwurf der Tabelle läßt sich verfolgen, wie Schritt für Schritt die vertikalen Gruppen entstanden und sich allmählich in die zukünftigen Perioden verwandelten: Zuerst stand Lithium = 7 in einer Zeile mit Natrium = 23 und K = 39; dann erschien unter Natrium Fluor = 19 und unter Kalium Chlor = 35,5; weiter unten folgten O = 16 und Schwefel = 32, noch tiefer N = 14 und entsprechend P = 31;

unter diese wurden C = 12 und Silizium = 28 gesetzt; unter dem Kohlenstoff stand B = 11 und unter Bor Be = 9,4. Und da zeigte sich, daß Beryllium direkt an Lithium stieß, was zu Anfang bei Mendelejev nicht der Fall war, weil Be mit dem falschen Atomgewicht 14 über Lithium in eine Reihe mit Aluminium gestellt worden war. Nach der Versetzung des Berylliums vom oberen Rand der Tabelle in ihr Zentrum aber wurde mit ihm zugleich auch das Aluminium = 27,4 in die benachbarte Gruppe versetzt, und unter ihm stand nun das schon vorher dahin gelangte Magnesium = 24.

Am Ende ergab sich, daß auch in der Nachbargruppe, die mit K = 39 begann (darüber wurde Ca = 40 gesetzt), das gleiche wie in der vorhergehenden Gruppe geschehen war: Ihr unteres Ende (Magnesium = 24) schloß sich direkt an das obere Ende der vorhergehenden Gruppe (Na = 23) an. Das heißt, alle Gruppen schlossen sich zu einer einheitlichen Reihe der Elemente zusammen, die nach der Größe ihrer Atomgewichte geordnet war. Und dabei wiederholte sich ihre Eigenschaft periodisch: Zuerst kam Lithium; nach sechs Elementen (auf dem siebenten Platz, von Li aus gerechnet) stand Natrium, das die Eigenschaft eines Alkalimetalls wiederholte; weitere sechs Plätze weiter (auf dem siebenten Platz, von Natrium aus gerechnet) folgte wieder ein Alkalimetall, nämlich Kalium, usw. Obwohl sich das Bild im weiteren komplizierter gestaltete, kann man doch annehmen, daß der Gedanke von einem Gesetz der Periodizität bereits in dieser Etappe der Entdeckung entstanden ist und eine hinreichend bestimmte Form angenommen hat, die sich zunächst lediglich auf die am meisten erforschten Elemente stützte.

Aus dem Gesagten ergibt sich, daß die Wendung „eine Entdeckung machen“ in einem außerordentlich weiten Sinne begriffen werden muß. Darunter ist keineswegs irgendein kurzer Moment zu verstehen, in dem plötzlich eine neue Idee im Hirn des Wissenschaftlers geboren wird oder ein neuer Gedanke entsteht, der wie ein Blitz den ganzen Weg der wissenschaftlichen Forschung erhellt. Es ist dies, im Gegenteil, oft ein überaus komplizierter und langwieriger Prozeß, der Zeit erfordert und verschiedene Phasen (oder Stadien) seiner Entwicklung durchmacht. Dazu gehören, wenn man einmal von der mehr oder weniger langwierigen Vorbereitung der Entdeckung, die bei Mendelejev fast 15 Jahre dauerte, absieht, folgende Stadien: 1. das Ausfindigmachen des Schlüssels zur Überwindung der Barriere, die die Sicht auf den Weg zur Entdeckung versperrt (Mendelejev hat dazu möglicherweise nur wenige Augenblicke gebraucht, als er damit begann, Notizen auf dem Brief Chodnevs zu machen, und tatsächlich der Gedanke aufblitzte, unähnliche Elemente nach der Größe ihrer Atomgewichte zu vergleichen); 2. der Eintritt des

Höhepunktes der Entdeckung, d. h. des Augenblickes, in dem es dank dem gefundenen Schlüssel möglich geworden ist, das Hauptergebnis — ein neues Naturgesetz — zu sehen (bei Mendelejev dauerte dies einige Stunden, und zwar bis zu dem Moment, da alle gut erforschten Elemente und einige weniger erforschte, darunter Beryllium, ihren Platz im Entwurf der Tabelle, d. h. in der „Patience", gefunden hatten); 3. die Hinführung der begonnenen Entdeckung bis zu ihrem ersten relativen Abschluß (dies machte bei Mendelejev unter den Bedingungen äußerster „Zeitnot" den ganzen Rest des 17. Februar 1869 aus, bis alle 63 Kärtchen in der „Patience" Platz gefunden hatten); 4. die Darlegung des Inhalts der Entdeckung in einer folgerichtigen, logisch abgerundeten Form im Hinblick auf die Veröffentlichung der Entdeckung (bei Mendelejev nahm die Niederschrift des ersten Artikels über das Periodische Gesetz etwa 8 bis 10 Tage ein).

Wie schon weiter oben ausgeführt, können zu diesen Stadien auch die Weiterentwicklung der entsprechenden Entdeckung und ihre Ausdehnung auf das ganze Gebiet der untersuchten Erscheinungen gerechnet werden, womit Mendelejev etwa drei Jahre beschäftigt war (von März 1869 bis Dezember 1871), sowie die nachfolgende Überprüfung und Präzisierung der früher gemachten Entdeckung im Zusammenhang mit späteren Entdeckungen Mendelejevs selbst und anderer Wissenschaftler. Die letztere Phase füllte das ganze folgende Leben Mendelejevs bis zu seinem Tode aus, d. h. noch etwa 35 Jahre.

Der Begriff „Entdeckung" schließt also die ganze Geschichte einer Entdeckung ein, die oft (wie auch im vorliegenden Falle) viele Jahrzehnte umfaßte und der ein Wissenschaftler faktisch sein ganzes Leben (im Falle Mendelejevs ungefähr 53 Jahre) widmet.

12. Die Auflösung der „Bilder-" und „Silbenrätsel". Die Überprüfung der Berichte der Zeugen

Da es recht viele Materialien gibt, die den Tag der Entdeckung betreffen, und da es hier nicht möglich ist, sie alle detailliert zu behandeln, werden wir kurz nur noch zwei Momente aus dem Verlauf dieses Tages berühren.

Eines der uns interessierenden Momente betrifft das Terbium. Sein Symbol erscheint am Rande der Tabelle (rechts oben) unter den wenig erforschten Elementen, ist jedoch in der Tabelle selbst nicht enthalten. Das heißt, ein entsprechendes Kärtchen war ausgefüllt worden, ist aber in die „Patience" nicht eingeordnet worden. Warum? Am Rande unter dem Symbol des Terbiums stehen die Buchstaben: „ne su po b". Sie ent-

halten vermutlich die Lösung des Rätsels, weshalb Terbium nicht in die „Patience" aufgenommen wurde. Es war schwierig, dieses „Silbenrätsel" zu lösen, aber schließlich konnte es als „*ne suščestvuet po B*unzenu"* dechiffriert werden. Mendelejev beruft sich hier mehrmals auf Chemiker, die die Elemente des 3. Kartenstapels studiert hatten, und unter diesen Chemikern ist auch der Name Bunsens erwähnt. Was die Art der Abkürzung angeht, so ist sie entgegen den grammatischen Regeln von Mendelejev oft benutzt worden. Unsere Vermutung über den Sinn der Notiz „ne su po b" bestätigte sich beim Studium der Arbeiten Mendelejevs, die etwa zur gleichen Zeit veröffentlicht worden waren und in denen es tatsächlich heißt, daß nach Meinung Bunsens Terbium überhaupt nicht existiert.
Ein zweites „Silbenrätsel" stellt die Deutung einer Bleistiftnotiz unter der Tabelle dar. Die Notiz lautete: „Nevzo In Er Th Yt"; die letzten drei Elemente waren durchgehend mit Bleistift gestrichen. Es war anzunehmen, daß auch hier der Name eines Chemikers erwähnt war, der sich mit der Erforschung der genannten Elemente befaßt hatte. Das konnte, sagen wir, irgendein Nevzorov oder (falls der Name in lateinischen Buchstaben geschrieben war) Hebson sein. Aber Chemiker mit solchen Namen konnten nicht ermittelt werden. Einige Kritiker unserer Arbeiten vermuten, daß Mendelejev hier auf deutsch „Ueber" (im Sinne von: zu übertragen nach oben, höher) geschrieben habe, da alle genannten Elemente dann im obersten Teil der Tabelle eingetragen worden waren. Eine solche Erklärung war sehr zweifelhaft, umsomehr, als die Gestalt der Buchstaben zu einer derartigen Deutung offensichtlich nicht paßte.
Die Lösung kam unerwartet: „Nevzo" bedeutete „ne vzošli". Diese Redewendung ist manchmal bei Mendelejev zu finden: „ne vzošli"** an Stelle von „ne vošli"*** abgekürzt hier (wie schon in der vorigen Abkürzung) auf Vokal. Das bedeutet, daß in dem Moment, in dem die Notiz niedergeschrieben wurde, bereits 59 Kärtchen in die Tabelle (die „Patience") aufgenommen worden waren, nur diese letzten vier Elemente waren noch nicht „eingegangen" und wurden erst nach der Notiz „Nevzo" hineingenommen.
Folglich war hiermit die abschließende Etappe der Aufstellung jenes vollständigen Tabellenentwurfs gefunden worden, der den gesamten Verlauf der „Patience" und ihr Endergebnis widerspiegelt.

* „existiert nicht laut Bunsen" – d. Ü.
** „sind nicht aufgegangen" – d. Ü.
*** „sind nicht eingegangen" – d. Ü.

Der Tag der Entdeckung war reich an Momenten höchster Anspannung. Eben in einem solchen Moment besuchte Inostrancev den Autor unserer Entdeckung und fand ihn an seinem geliebten Schreibpult stehen. Dies geschah offenbar, bevor Mendelejev damit angefangen hatte, seine „Patience" aufzustellen, denn dieser Umstand wäre dem Besucher sicher aufgefallen, und er hätte kaum vergessen können, daß er Mendelejev bei der Auslegung einer seltsamen „Patience" angetroffen hatte. Inostrancev berichtete, daß ihm Mendelejev in jenem Augenblick gesagt habe, daß im Kopf alles schon fertig wäre, nur auf dem Papier der Tabelle wolle es nicht gelingen.

Weiter bezeugte Inostrancev, daß ihm Mendelejev später erzählt habe, er habe sich ermüdet hingelegt, um sich etwas zu erholen (als die Entdeckung noch nicht gemacht war und die vollständige Tabelle noch nicht gelungen war), und im Traum habe er die endgültige Tabelle gesehen, in der die Elemente in der richtigen Reihenfolge standen. Als Mendelejev erwacht war, schrieb er die Tabelle, die er geträumt hatte, auf dem Papier nieder: Sie gelang so gut, daß, den Worten Mendelejevs zufolge, später nur an einer Stelle eine Berichtigung nötig war. Konnte das der Fall sein? Und was bedeuteten die Worte „in der richtigen Reihenfolge"? Da Inostrancev der einzige lebende Zeuge war, der bei der Entdeckung anwesend war und der sich darüber mit Mendelejev unterhalten hatte, besitzt sein Zeugnis natürlich einen außerordentlichen Wert. Dennoch ist zu fragen, ob Inostrancev in jenem Augenblick alles richtig verstanden hat. Und hat er sich wirklich richtig erinnert? Versuchen wir es nachzuprüfen, so schwierig das auch 100 Jahre nach der erfolgten Entdeckung sein mag.

Mendelejev begann die Tabelle in der Weise aufzustellen, daß er die schwereren Elemente oben und die leichteren darunter schrieb, so, wie das meist bei arithmetischen Berechnungen geschieht, wenn die Differenz zweier Zahlen festgestellt werden soll. Deshalb steht bei Mendelejev unter K = 39,1 Cl = 35,5 (Differenz 3,6) usw. So entstand der Entwurf der Tabelle, in der die Elemente in den Säulen nicht nach zunehmenden, sondern nach abnehmenden Atomgewichten geordnet waren.

Das Rätsel war also aufgegeben, aber seine Lösung fehlte, und nichts, so schien es, deutete auf sie hin. Das Ganze stellte sich so dar: Der Chemiker Mendelejev machte 1869 dem Geologen Inostrancev einige Mitteilungen. Im Jahre 1919, d. h. 50 Jahre später, hat Inostrancev diese Mitteilung an den Philosophen I. I. Lapšin weitergegeben. Lapšin hat sie 1922 veröffentlicht. Um die Richtigkeit der genannten Mitteilung zu überprüfen, mußte demnach geklärt werden: Gibt es ein Dokument, das am 17. Februar 1869 verfaßt wurde und das bestätigen kann, daß, erstens, diesmal die Elemente in der richtigen Reihenfolge eingetragen waren

(d. h., vorher standen sie anders, falsch) und daß, zweitens, Mendelejev in dieser Tabelle später nur eine Korrektur anzubringen hatte?
Geht man davon aus, daß richtig ist, was Inostrancev I. I. Lapšin erzählt hat, dann kann vermutet werden, daß in einer folgenden Tabelle, die zeitlich unmittelbar nach dem Entwurf der Tabelle entstanden ist, die Elemente in umgekehrter Reihenfolge gegenüber dem Tabellenentwurf angeordnet sind. In diesem Falle würde der Ausdruck „in der richtigen Reihenfolge" nur eines bedeuten: die Anordnung der Elemente nicht entsprechend der Abnahme der Atomgewichte (wie im Tabellenentwurf), sondern entsprechend der Zunahme des Atomgewichts.
Eine solche Tabelle hat es wirklich gegeben, und sie wurde im Mendelejevschen Archiv gefunden: Es ist das Original der Reinschrift, das in die Druckerei gegeben wurde. In ihm ist (im Vergleich mit der gedruckten Tabelle) tatsächlich *nur an einer Stelle* (bei der Korrektur) eine Berichtigung vorgenommen worden: zwei zunächst vermutete Elemente ? = 8 und ? = 22 (in der Reihe von H und Kupfer) wurden gestrichen. Daraus folgt also, daß es fast 100 Jahre nach der Entdeckung gelungen ist festzustellen, *was* Mendelejev im Traum gesehen haben kann, nachdem er die Aufstellung des Tabellenentwurfs, in dem die ganze Entdeckung schon enthalten war, beendet hatte. Folglich entbehrt die Version Lapšins, Mendelejev habe sein Gesetz im Traum entdeckt, jeder Grundlage: Im Traum konnte Mendelejev nur eine günstigere Fassung des von ihm schon entdeckten Gesetzes gesehen haben.
Zum Abschluß unseres Berichtes darüber, wie die Zugehörigkeit der aufgefundenen Archivmaterialien zum Tag der Entdeckung (dem 17. Februar 1869) und die Reihenfolge ihrer Niederschrift festgestellt wurden, führen wir eine endgültige Liste der eindeutig identifizierten Dokumente in ihrer chronologischen Ordnung an:

. . . . (a)

1. Die Notizen auf dem Brief Chodnevs (der datiert ist).
2. Die obere unvollständige Elemententabelle (datiert).
3. Die untere unvollständige Elemententabelle (datiert).

. . . . (b)

4. Die Liste der Atomgewichte der Elemente in Form von Randnotizen (ohne Datumsangabe).

. . . . (c)

5. Der vollständige Tabellenentwurf mit der „Patience" (ohne Datumsangabe).

. . . . (d)

6. Die vollständige Tabelle der Elemente in Reinschrift (datiert).

. . . . (e)

Unter Berücksichtigung der Tatsache, daß es uns gelungen war, die Reihenfolge der Aufzeichnungen im vollständigen Entwurf der Tabelle, d. h. die Reihenfolge der Auslegung der „Patience", festzustellen, konnten wir nun zu den Schlußfolgerungen übergehen. Wir besaßen nun alles, was notwendig und hinreichend war, um Schritt für Schritt den *ganzen* Prozeß der Entdeckung, der innerhalb eines einzigen Tages abgelaufen war, zu rekonstruieren. Zwischen seinen einzelnen, durch die entsprechenden Dokumente charakterisierten Stadien konnten folgende Ereignisse gelegen haben, die oben durch die punktierten Linien gekennzeichnet sind:

a) vor 1: Mendelejev erhielt während des Frühstücks den Brief von Chodnev, auf dessen Rückseite er dann die ersten Notizen machte;
b) zwischen 3 und 4: Mendelejev war zu der Überzeugung gekommen, daß es auf dem Papier unmöglich war, die Aufgabe zu lösen, und zerbrach sich den Kopf darüber, wie man einen Ausweg aus dieser Schwierigkeit finden könnte. In diesem Moment besuchte ihn Inostrancev. Später hatte Mendelejev die Idee mit der „Patience". Er begann eine Liste der Atomgewichte aller Elemente aufzustellen, um sie dann auf Kärtchen zu übertragen;
c) zwischen 4 und 5: nach der Aufstellung einer Liste mit den Atomgewichten aller Elemente begann Mendelejev, die Kärtchen für die „Patience" auszufüllen, und machte sich dann an die Auslegung der „Patience";
d) zwischen 5 und 6: nach Abschluß der „Patience" konnte sich Mendelejev hinlegen und einschlummern und im Traum seine Tabelle so umgeschrieben sehen, wie sie dann auf dem folgenden Dokument erscheint, also die Reinschrift-Tabelle;
e) nach 6: Mendelejev schickte die sauber abgeschriebene Tabelle zum Satz in die Druckerei.
Die genannten Ereignisse zeugen von äußerst angespannter Arbeit im Verlauf dieses einen Tages.

13. Der Vergleich mit den veröffentlichten Arbeiten. Der Schlüssel zur Lösung der „Bilderrätsel"

Unter den obengenannten Fällen gab es solche, deren Klärung dadurch ermöglicht wurde, daß analoge Situationen in den früheren, veröffentlichten Arbeiten Mendelejevs entdeckt wurden. Führen wir noch einige Beispiele dafür an, wie uns dies bei auf den ersten Blick außerordentlich rätselhaften Bemerkungen und Zeichen gelungen ist, die Mendelejev auf

seinen Manuskripten hinterlassen hat. Dabei bestätigt sich ein weiteres Mal, daß Wissenschaftsgeschichte und Psychologie des wissenschaftlichen Schöpfertums eng miteinander verflochten sind.
Im Verlauf einiger Jahre nach der Entdeckung und auch im Prozeß der Entdeckung selbst zeigten sich bei Mendelejev zwei gegensätzliche Tendenzen, und zwar 1. die Tendenz zur Aufstellung der sogenannten „langen" Tabelle, in der nur die wichtigsten Beziehungen und Zusammenhänge zwischen den Elementen der Hauptgruppe widergespiegelt wurden, und 2. die Tendenz zur Aufstellung einer „kurzen" (später klassisch gewordenen) Tabelle, in der neben den hauptsächlichen auch viele andere wichtige, aber nicht so deutlich ausgeprägte Beziehungen zwischen den Elementen berücksichtigt wurden; beide Arten von Beziehungen werden graphisch so ausgedrückt, daß die Elemente bekannterweise entweder in den Hauptgruppen oder den Nebengruppen der kurzen Tabelle stehen. In einem Kästchen, aber in verschiedenen Untergruppen stehen zum Beispiel Rubidium und Silber, Strontium und Kadmium usw. Graphisch unterscheiden sich beide Arten von Tabellen dadurch, daß die zweite sozusagen eine „Verdoppelung der Reihen" enthält, die in der ersten vorhanden sind. Die Idee einer solchen „Verdoppelung der Reihen" ist in einem kleinen Tabellenentwurf Mendelejevs enthalten: Eine Zickzacklinie zeigt hier an, daß Kupfer und Silber neben den Alkalimetallen (Rubidium u. a.) und Zink und Kadmium neben den Erdalkalimetallen (Strontium u. a.) stehen müssen. Nur ein Zeichen (die Zickzacklinie) enthüllt so die tiefere Absicht Mendelejevs, deren Verwirklichung ungefähr eineinhalb Jahre erforderte (1869—1870).
Überhaupt lassen sich der Sinn und die Begründung fast ausnahmslos aller Manuskriptnotizen Mendelejevs auf irgendeine Art klären, wenn man seine veröffentlichten Arbeiten in Betracht zieht. In diesen wird dann eine Erklärung für die jeweilige Anordnung der Elemente oder die Notwendigkeit ihrer Veränderung gegeben. Wir haben das schon bei der Bezugnahme auf die Meinung Bunsens gesehen, daß Terbium nicht existiere. Als Beispiel dafür kann auch die Veränderung der Formel des Berylliumoxyds von Be_2O_3 zu BeO dienen. Die erste (dem Aluminiumoxyd entsprechende) Formel war in Übereinstimmung mit der damals üblichen Schreibweise verwendet worden; außerdem gibt es wirklich eine gewisse Ähnlichkeit zwischen den Oxyden von Al und Be. Auf der zweiten (dem Magnesiumoxyd ähnlichen) Formel hatte schon vorher Avdeev bestanden; Mendelejev übernahm sie, als er feststellte, daß Be nicht auf den Platz über Lithium oben im Tabellenentwurf paßte. Darüber hat er 20 Jahre nach der Entdeckung in seinem Werk „Faradejevskoje čtenie" ausführlich berichtet.

Noch ein Beispiel: Am obersten Rand des Blattes mit dem Tabellenentwurf steht die Notiz: „Nado teploem Ca, Ba i Sr"*. Der ursprüngliche Platz der Erdalkalimetalle war vermutlich auf Grund ihrer Äquivalentgewichte (nicht aber der wirklichen Atomgewichte) festgelegt worden. Danach wurden sie dort ausgestrichen, und es erschien oben über der Tabelle die genannte Notiz. Warum? In den „Grundlagen der Chemie", die etwa zur gleichen Zeit geschrieben wurden, heißt es, daß zur Bestimmung der wirklichen Atomgewichte dieser Metalle die Wärmekapazität von Ca, Ba und Sr festgestellt werden müsse. Hier ist sogar die Anordnung der Elemente die gleiche wie im Tabellenentwurf (Strontium steht nicht wie gewöhnlich zwischen Ca und Ba, sondern nach ihnen).
All dies erlaubt es nicht nur, den Verlauf des Denkens Mendelejevs zeitlich zu verfolgen (im Sinne der chronologischen Reihenfolge der Aufzeichnungen), sondern ihn auch zu erklären, mit anderen Worten: zu verstehen, was Mendelejev in diesem oder jenem Moment gedacht hat (oder besser: gedacht haben konnte), als er seine Aufzeichnungen machte. Besonders aussagekräftig sind in Hinblick darauf beispielsweise seine Skizze einer spiralförmigen Gestalt des Periodensystems der Elemente sowie die ersten Entwürfe der Pläne zu den „Grundlagen der Chemie", denn gerade im Verlauf der Arbeit an den „Grundlagen der Chemie" wurde das Periodische Gesetz entdeckt.
Auf diese Weise gelingt es, in das schöpferische Laboratorium einzudringen und gleichsam der Entwicklung seines Denkens beizuwohnen. Dadurch erschließt sich auch die psychologische Seite des schöpferischen Prozesses, und zwar in seinem angespanntesten Moment: im Moment einer großen Entdeckung.
Überaus verlockend ist die Idee, einen Film herzustellen, in dem man mit der Methode des Trickfilms den ganzen Verlauf der Entdeckung des Periodischen Gesetzes darstellen könnte. Es wäre damit möglich, die Psychologie des wissenschaftlichen Schöpfertums noch greifbarer zu machen und sie sozusagen visuell darzustellen, und zwar so, daß der schöpferische Akt nicht in Form einer Reihe nebeneinandergelegter Dokumente, sondern als dynamischer Prozeß vor unseren Augen ersteht. Den Begleittext (des Sprechers) zu einem solchen Film könnte man auf der Grundlage der veröffentlichten Werke Mendelejevs zusammenstellen: Er könnte aus Worten bestehen, die vom Autor der Entdeckung selbst stammen. Die notwendigen mündlichen Erläuterungen aller „Bilder-" und „Silbenrätsel", an denen die Manuskripte so reich sind, würden den Arbeiten Mendelejevs entnommen. So würde es in einem

* („Nötig Wärmekapazität Ca, Ba und Sr" — d. Ü.)

solchen Film zu einer organischen Verbindung zwischen der Wissenschaftsgeschichte und der Psychologie des wissenschaftlichen Schöpfertums kommen.

Zugleich ermöglichen es solche Versuche (falls sie erfolgreich sind), die statisch auf dem Papier fixierten Gedanken dynamisch darzustellen, tiefer in den Gehalt der Gedanken selbst einzudringen, sie in ihrer Bewegung und Entwicklung zu verstehen, anstatt sie lediglich einen nach dem anderen aufzuzählen. Es ließe sich dies sicher auch am Beispiel der Analyse jener Aufzeichnungen verdeutlichen, die Lenin in den „Philosophischen Heften" und Engels in der „Dialektik der Natur" gemacht haben. Die oben angewendete Methode zur Dechiffrierung und zur Klärung der Reihenfolge der Notizen leistet hier unschätzbare Dienste. Unter Anwendung derselben Methode gelang es auch hier, von einem statischen Vergleich der Aufzeichnungen und Skizzen zu einer dynamischen Vorstellung davon zu kommen, wie eine Notiz chronologisch nach der anderen erfolgte und warum sich die eine Notiz aus der anderen ergab.

Die Psychologie des wissenschaftlichen Schöptertums bildet eines der am wenigsten ausgearbeiteten und zugleich eines der anziehendsten und hervorstechendsten Gebiete sowohl der Wissenschaftsgeschichte als auch der psychologischen Wissenschaft selbst. Wenn es uns gelungen sein sollte, wenigstens in einem gewissen Grade zu zeigen, daß zwischen der Psychologie und der Wissenschaftsgeschichte eine Brücke geschlagen werden kann und daß hier die Möglichkeit für eine gegenseitige Annäherung des forschenden Denkens zeitgenössischer Wissenschaftshistoriker und Psychologen besteht, dann haben wir unser Ziel erreicht.

Wir stellen mit Befriedigung fest, daß wir Gelegenheit hatten, unsere Gedanken in den Tagen der Arbeit des XVIII. Internationalen Psychologenkongresses (1966) in Anwesenheit und unter der Beteiligung einer Reihe von Delegierten zu äußern. Später bot sich diese Möglichkeit bei einem Vortrag auf dem XII. Internationalen Kongreß zur Geschichte der Wissenschaft in Paris (August 1968) sowie im März 1969 in Moskau und Leningrad bei einer Reihe von Vorträgen und Reden anläßlich des 100. Jahrestages der Entdeckung des Periodischen Gesetzes.

II. Die Wissenschaftslogik und die Psychologie des wissenschaftlichen Schöpfertums

(Analyse des erkenntnis-psychologischen „Mechanismus" der wissenschaftlichen Entdeckung)

14. Der logische Aspekt einer wissenschaftlichen Entdeckung

Im wissenschaftlichen Schaffen gibt es so viel Individuelles, unwiederholbar Einmaliges, daß es auf den ersten Blick scheinen mag, als gebe es hier keine Logik und könne es sie auch nicht geben. Die Logik ist die Wissenschaft von den Gesetzen des Denkens, das zur Wahrheit führt und die Wahrheit erkennt. Daher besitzt die Logik ebenso wie die Gesetze des Denkens allgemeinen Charakter. Sie abstrahiert von allem Zufälligen und Einmaligen, das die Tätigkeit des individuellen Denkens, den Prozeß der Suche und Auffindung der Wahrheit durch den einzelnen Menschen kennzeichnet.

Ähnlich wie die objektive, d. h. vom Bewußtsein des Menschen unabhängige Wahrheit nicht davon abhängt, wer sie wo, wann und wie (unter welchen Umständen und mit welchen Mitteln) entdeckt hat, so erforscht auch die Logik den Prozeß der Wahrheit in seiner allgemeinsten Form und abstrahiert dabei davon, wer, wo, wann und wie die Wahrheit gesucht und gefunden hat. Die Logik sieht sogar davon ab, welchen speziellen Inhalt die jeweilige Wahrheit hat, also auf welchen Bereich der Wirklichkeit sie sich bezieht.

Den Astronomen interessieren jene spezifischen Verfahren, mit denen er bei der Erforschung der Sternenwelt zur Wahrheit gelangt. Der Physiker bemüht sich um die Auffindung spezieller Mittel, die ihn beispielsweise bei der Erforschung der inneratomaren Welt die Wahrheit erkennen lassen. Die Aufgabe der Logik hingegen besteht darin, die allgemeinen Verfahren zu klären, mit deren Hilfe die Übereinstimmung unserer Vorstellungen und Begriffe mit der objektiven Realität erzielt wird, sowie zu klären, auf welchen Wegen diese Übereinstimmung ständig präzisiert wird und uns über eine unendliche Folge relativer Wahrheiten der absoluten Wahrheit näherbringt.

Die Logik betrachtet den Prozeß der Entdeckung der Wahrheit, z. B. eines Naturgesetzes, als einen vielstufigen Prozeß (wir haben hier immer die dialektische Logik im Sinn). Jedes Gesetz (also auch jedes Naturgesetz) ist Ausdruck des Allgemeinen hinsichtlich des jeweiligen Bereiches der gegenständlichen Welt. Um das Allgemeine eines bestimmten Kreises von Erscheinungen zu erkennen, muß man jedoch über ein Ausgangsmaterial von Fakten verfügen, dessen Verallgemeinerung dann das jeweilige Gesetz darstellt. Es ist unmöglich oder jedenfalls außerordentlich schwierig, unmittelbar aus der rohen, unbearbeiteten und nicht systematisierten Vielzahl von Einzelfakten auf ihren inneren Zusammenhang und die in ihnen verborgene Gesetzmäßigkeit zu schließen.

Um die Entdeckung eines neuen Naturgesetzes zu ermöglichen, muß die Summe der gesammelten Fakten vorher analysiert und auf eine bestimmte Weise gruppiert werden. Dabei werden diejenigen Fakten vereint, die ähnliche Dinge und Erscheinungen oder ähnliche Seiten und Eigenschaften dieser Dinge und Erscheinungen betreffen und, von anderen Fakten getrennt, die unähnliche, unterschiedliche Dinge und Erscheinungen oder deren Seiten und Eigenschaften betreffen. So werden alle Fakten mit Hilfe der Verfahren der Identifizierung und der Differenzierung in Gruppen eingeteilt. Erst danach, wenn der innere Zusammenhang zwischen den gebildeten Gruppen von Fakten (Erscheinungen usw.) aufgedeckt wird, erschließt sich das allgemeine Gesetz, das dem gesamten jeweiligen Kreis von Erscheinungen zugrunde liegt.

Folglich verläuft der Prozeß des wissenschaftlichen Schöpfertums (im vorliegenden Falle die Vorbereitung und der Vollzug der Entdeckung fenes Naturgesetzes), vom Standpunkt der Logik her gesehen, als der oligerichtige Aufstieg vom Einzelnen E (der Feststellung der Einzelfakten) zum Besonderen B (zur Einteilung der Fakten in besondere Gruppen) und weiter vom Besonderen B zum Allgemeinen A (der Entdeckung des neuen Naturgesetzes). Dieser Aufstiegsprozeß sei kurz durch die Formel (1) ausgedrückt:

$$E \rightarrow B \rightarrow A \qquad (1)$$

Wir werden uns jetzt nicht weiter mit der wichtigen Tatsache befassen, daß in der realen Geschichte der wissenschaftlichen Erkenntnis die Übergänge zwischen den drei genannten Stufen (E, B, A) auf verschiedene Weise erfolgen können. Dabei kann sich auch die Reihenfolge des Entstehens und der Formierung der entsprechenden logischen Kategorie, die diese oder jene der drei genannten Erkenntnisstufen widerspiegelt, verändern. So entsteht die Idee von A nicht selten schon lange bevor es möglich ist, die Einzelfakten (E) zu sammeln und sie zu gruppieren (B). Die Idee von A steht gewissermaßen schon lange als Vermutung oder Hypothese vor dem geistigen Auge des Forschers.

Erst nachdem die Stadien der Faktensammlung (E) und der Faktengruppierung (B) durchlaufen sind, wird die Idee von A aus einer Vermutung zu einem wissenschaftlichen Gesetz oder einer wissenschaftlichen Theorie. Das war zum Beispiel in der Geschichte der Atomistik der Fall. Betrachtet man den Verlauf der Erkenntnis von seinem Ergebnis her, so kann entsprechend, ganz unabhängig von der konkreten Form, in der sich der Übergang zwischen E, B und A in der realen Geschichte der Wissenschaft vollzieht, der logisch verallgemeinerte Verlauf der Erkenntnis (der Entdeckung eines Naturgesetzes) auf das oben angeführte Schema E → B → A gebracht werden.

15. Der psychologische Aspekt der wissenschaftlichen Entdeckung in seinem Verhältnis zum logischen Aspekt

Außer dem logischen Aspekt der Entwicklung der wissenschaftlichen Erkenntnis, der den Verlauf dieser Erkenntnis in der Form einer rein logischen Folge sich entwickelnder und auseinander hervorgehender Kategorien (als Stufen der Erkenntnis) darstellt, existiert und wirkt immer auch ein konkreter psychologischer „Apparat" (oder „Mechanismus"), mittels dessen der allgemeine logische Verlauf der Erkenntnis Wirklichkeit wird. Jeder beliebige schöpferische Akt erfolgt ja nicht irgendwo im luftleeren Raum als Ergebnis der Tätigkeit eines weltumspannenden menschlichen Bewußtseins, sondern vollzieht sich im Kopf dieses oder jenes konkreten Individuums (Wissenschaftlers).
Es wäre unsinnig, diesen Prozeß auf eine andere Art, außerhalb des Kopfes des einzelnen Menschen oder einer Reihe von einzelnen Menschen, begreifen zu wollen. Der Verlauf des forschenden, wissenschaftlichen Denkens im Hirn des einzelnen Wissenschaftlers (oder in den Hirnen der einzelnen Wissenschaftler) kann indes ganz anders aussehen als jenes logisch verallgemeinerte, logisch bearbeitete Endergebnis, mit dem es die Logik zu tun hat. Natürlich ist das Endergebnis (z. B. die Entdeckung eines neuen Naturgesetzes) nicht von dem Weg abhängig, auf dem es erzielt wurde: Gereinigt von allem Zufälligen und Nebensächlichen, von allem Subjektiven, das die Tätigkeit des jeweiligen konkreten Wissenschaftlers (oder der jeweiligen Wissenschaftler) kennzeichnet, ist das gefundene Körnchen Wahrheit ein Körnchen der objektiven Wahrheit, die vom Menschen und der Menschheit unabhängig ist.
Der Prozeß selbst jedoch, der zur Erlangung einer solchen Wahrheit führt, erweist sich als außerordentlich launenhaft, überraschend und verwickelt, da er von der gleichzeitigen Wirkung einer Vielzahl der verschiedensten Faktoren und zufälligen Umstände psychologischer und sozialer Art abhängt. Die Analyse der Geschichte dieser oder jener wissenschaftlichen Entdeckung auf diesem oder jenem Gebiet der Wissenschaft kann daher Forschungsgegenstand für verschiedene Wissenschaften sein: für die Logik, die Psychologie, die Geschichte der Naturwissenschaften u. a. Jede dieser Wissenschaften übernimmt einen speziellen,

nur ihr eigenen Aspekt der Analyse der jeweiligen Entdeckung; nur in ihrer Gesamtheit machen es alle diese Aspekte möglich, die Geschichte der jeweiligen Entdeckung in ihrer Ganzheit und Konkretheit zu studieren.
Da uns jetzt nur zwei Aspekte — der logische und der psychologische — sowie ihr Wechselverhältnis interessieren, so werden wir uns im folgenden auf sie beschränken und die soziale Grundlage der wissenschaftlichen Entdeckung, ihren Zusammenhang mit der Technik, ihre letztendliche Bedingtheit durch die Bedürfnisse der Produktion usw. außer Betracht lassen.
Das Psychologische und das Logische in einer wissenschaftlichen Entdeckung verhalten sich zueinander vor allem wie das Einzelne zum Allgemeinen, wie das Individuelle zum Allgemeinmenschlichen, wie der Zufall zur Notwendigkeit. Näheres dazu werden wir am Ende der Arbeit ausführen. Der Psychologe berücksichtigt bei der Analyse einer wissenschaftlichen Entdeckung die gleichen Grundstufen E, B und A, die auch das Forschungsobjekt der Logik darstellen.
Während sich jedoch die Logik (Dialektik) in erster Linie für die inhaltliche Seite der Erkenntnis interessiert, die in diesen logischen Formen eingeschlossen ist (denn die Erkenntnis bewegt sich von Inhalt zu Inhalt), so besteht das Hauptinteresse der Psychologie darin, den konkreten psychologischen „Mechanismus" der Herausbildung dieser oder jener Stufen der Erkenntnis und insbesondere den „Mechanismus" des Übergangs von einer Stufe zur anderen aufzudecken. Es versteht sich von selbst, daß dabei vor allem der „Mechanismus" jenes Übergangs interessiert, der die eigentliche Entdeckung bildet. Für die Entdeckung eines neuen Naturgesetzes (A) ist dies offenkundig der Übergang von der vorhergehenden Stufe (B) zur Stufe (A).
Um dies genauer zu klären, werden wir eine wissenschaftliche Entdeckung betrachten, deren Analyse es erlaubt, ihren logischen und ihren psychologischen Aspekt zu verfolgen und die Wechselwirkung beider zu klären. Als eine solche Entdeckung dient uns die bereits detailliert behandelte Entdeckung des Periodischen Systems der chemischen Elemente durch D. I. Mendelejev. Wir werden ihre Geschichte nun von der logischen Seite her analysieren. Zuvor wollen wir jedoch ihre Vorgeschichte betrachten.

16. Logische Analyse der Entdeckung des Periodischen Gesetzes durch D. I. Mendelejev

Bis zur zweiten Hälfte des 18. Jahrhunderts wurden die chemischen Elemente als einzelne, durch nichts miteinander verbundene Arten des Stoffes entdeckt. Dies war das Stadium E in der Erkenntnis der Elemente.

In der zweiten Hälfte des 18. Jahrhunderts begann der Übergang zur Entdeckung ganzer Gruppen in Abhängigkeit vom Vorhandensein gemeinsamer Gruppeneigenschaften (besonderer Eigenschaften). So wurden eines nach dem anderen die Elemente entdeckt, die in freier Form in gasförmigem Zustand vorkommen. Ebenso wurden die Mitglieder der Eisen-Familie entdeckt, die unter natürlichen Bedingungen zu den Begleitern des Eisens gehören.

Von den ersten Jahren des 19. Jahrhunderts an nimmt die gruppenweise Entdeckung neuer Elemente immer größere Maßstäbe an: Mit Hilfe der Elektrolyse werden zuerst die Gruppe der Alkalimetalle und dann die Gruppe der Erdalkalimetalle entdeckt. Es wird die Familie der Platinmetalle (der Begleiter des Platins) entdeckt, man findet die Begleiter des Schwefels usw. Zu Beginn der sechziger Jahre des 19. Jahrhunderts werden mit Hilfe des Spektroskops neue Elemente aus der Gruppe der Alkalimetalle und aus der künftigen dritten Gruppe des Periodensystems entdeckt.

Die gruppenweise Entdeckung neuer Elemente bringt die Chemiker auf den Gedanken, daß es möglich sei, die Elemente zu besonderen „natürlichen" Gruppen oder Familien nach dem Merkmal ihrer chemischen Ähnlichkeit zu vereinigen: z. B. sind alle Alkalimetalle untereinander sehr ähnlich und unterscheiden sich deutlich von den Erdalkalimetallen, die ihnen nach ihrer chemischen Eigenart am nächsten stehen, von anderen Elementen ganz zu schweigen. Dasselbe trifft auf die Haloide (Halogene) und die anderen Gruppen zu.

So entstand die Idee von der Einteilung der chemischen Elemente in natürliche Gruppen entsprechend dem Merkmal der Gemeinsamkeit ihrer chemischen Eigenschaften innerhalb der Gruppe und dem Unterschied dieser Eigenschaften der Elemente der einen Gruppe von den Eigenschaften der Elemente aller anderen natürlichen Gruppen. Dies war das Stadium B in der Erkenntnis der chemischen Elemente. Es bildete sich Ende des ersten bis Anfang des zweiten Viertels des 19. Jahrhunderts heraus.

Es ist festzustellen, daß der Übergang von E zu B bei der Erforschung der Elemente ohne besondere Schwierigkeiten erfolgte: Um die gemeinsamen Gruppeneigenschaften der Elemente einer Gruppe, z. B. der Erdalkalimetalle, zu finden, reichte es aus, die genannten Metalle erstens untereinander zu vergleichen und, zweitens, sie mit anderen Metallen zu vergleichen, von den Nichtmetallen (Metalloiden) ganz zu schweigen. Die Anwendung der bekannten Verfahren der Induktion (der Methoden der Übereinstimmung und des Unterschieds) ermöglichte es, die jeweilige Gruppe von Elementen sofort auszusondern. Diese Operation wurde außerdem dadurch erleichtert, daß die ganze Gruppe gleichzeitig mit Hilfe desselben physikalisch-chemischen Verfahrens entdeckt wurde. Aber auch jene Gruppen, deren Elemente einzeln entdeckt wurden (die Halogene zum Beispiel), fügten sich leicht einer induktiven Bearbeitung, so daß auch ihre Aussonderung eine logische Begründung fand.

Im weiteren wurde es jedoch bedeutend schwieriger: Die Gruppierung der Elemente nach Merkmalen B wurde zur Tradition und festigte sich im Bewußtsein der Chemiker. Sie wurde schließlich zur stärksten Bremse für den weiteren Fortschritt der Wissenschaft, da sie den Übergang des Denkens der Chemiker vom Stadium B zum Stadium A in der Erkenntnis der chemischen Elemente behinderte. In der Tat: Die Gruppierung der Elemente nach Merkmalen B setzt voraus, daß nur chemisch ähnliche Elemente miteinander verglichen und einander angenähert werden, während chemisch unähnliche (verschiedene) und insbesondere chemisch polare Elemente nicht miteinander verglichen und jedenfalls nicht einander angenähert werden.

Hingegen setzt der Übergang zu A, d. h. die Entdeckung des allgemeinen Naturgesetzes, das *alle* Elemente erfaßt (entsprechend also auch die Schaffung eines Gesamtsystems *aller* Elemente), unbedingt die Annäherung nicht nur der ähnlichen, sondern auch, was besonders wichtig ist, der *unähnlichen* Elemente voraus. Die bereits zu einer gefestigten Gewohnheit gewordene Tendenz, das Ähnliche zu nähern und das Unähnliche zu trennen, behinderte jedoch die Lösung der Aufgabe, beim Studium der chemischen Elemente von B zu A überzugehen. Die Tradition war so zu einer Barriere auf dem Weg des weiteren wissenschaftlichen Fortschritts geworden.

Daher konnte das Atomgewicht als das einzige damals bekannte gemeinsame Merkmal *aller* Elemente nicht der Ausarbeitung eines Gesamtsystems der Elemente zugrunde gelegt werden, denn in einem solchen Falle hätten so chemisch unähnliche, polar entgegengesetzte Elemente wie die Halogene und die Alkalimetalle (z. B. Cl = 35,5 und K = 39,1) unmittelbar nebeneinandergestellt werden müssen.

Dieses Hindernis, das auf dem Wege von B zu A entstanden war, wurde von Mendelejev überwunden. Der entscheidende Schritt war getan, als Mendelejev die genannten zwei Gruppen der in ihren Eigenschaften polar entgegengesetzten Elemente unmittelbar nebeneinanderstellte:

Li = 7	Na = 23	K = 39,1	Rb = 85	Cs = 137
	F = 19	Cl = 35,5	Br = 80	J = 123

Später wurde oben die Gruppe der Erdalkalimetalle hinzugesetzt:

Ca = 40   Sr = 87   Ba = 137

„In diesen drei Gruppen wird das Wesen der Sache sichtbar", schrieb Mendelejev später. „Die Haloide verfügen über Atomgewichte, die geringer sind als die der Alkalimetalle, und die Atomgewichte der letzteren sind geringer als die der Erdalkalimetalle ... Und daher erhält man, wenn man alle Elemente nach der Größe ihres Atomgewichtes anordnet, eine *periodische Wiederholung der Eigenschaften*. Dies wird durch das Gesetz der Periodizität ausgedrückt."[4]

Mendelejev hat jenes Haupthindernis, das dem Übergang von B zu A in diesem Wissenschaftsgebiet entgegenstand, ausgezeichnet erkannt. Schon in dem ersten Artikel, der dem gerade entdeckten Gesetz der Periodizität gewidmet war, schrieb er: „Das Ziel meines Artikels wäre vollkommen erreicht, wenn es mir gelungen ist, die Aufmerksamkeit der Forscher auf jene Verhältnisse in der Größe des Atomgewichtes *unähnlicher Elemente* zu lenken, die, soweit mir bekannt ist, bislang fast unbeachtet geblieben sind."[5]

Diesen gleichen Gedanken hat Mendelejev auch später unterstrichen: „... man hat nach irgendwelchen exakten und einfachen Relationen zwischen den Atomgewichten unähnlicher Elemente nicht einmal gesucht; aber nur auf diesem Wege war es möglich, die richtige Wechselbeziehung zwischen der Veränderung der Atomgewichte und den anderen Eigenschaften der Elemente zu erkennen".[6]

Als Mendelejev davon sprach, wie das Gesetz entdeckt wurde, führte er aus: „... die periodische Abhängigkeit der Eigenschaften unähnlicher Elemente und ihrer Verbindungen vom Atomgewicht der Elemente konnte erst dann festgestellt werden, nachdem diese Abhängigkeit für die *ähnlichen* Elemente bewiesen war. Im Vergleich *unähnlicher* Elemente besteht auch ein, wie mir scheint, äußerst wichtiges Merkmal, durch das sich mein System von den Systemen meiner Vorgänger unterscheidet. Ich habe, mit einer kleinen Ausnahme, die gleichen Gruppen analoger Elemente wie meine Vorgänger übernommen, hatte mir dabei jedoch das Ziel gesetzt, die Gesetzmäßigkeit im gegenseitigen Verhältnis der Gruppen zu erforschen. Dabei gelangte ich zu dem obengenannten Prinzip, das auf alle Elemente anwendbar ist".[7]

Aus den Ausführungen Mendelejevs können folgende Schlußfolgerungen gezogen werden: 1. Die Vorgänger Mendelejevs beschränkten sich auf

[4] Mendelejev, D. L., Periodičeskij zakon. Dopolnitel'nye materialy, Moskva 1960, S. 349

[5] Mendelejev, D. I., Periodičeskij zakon, Moskva 1958, S. 31

[6] Mendelejev, D. I., Novye materialy po istorii periodičeskogo zakona, Moskva 1950, S. 23

[7] Mendelejev, D. I., Periodičeskij zakon... a. a. O., S. 388

die Einteilung ähnlicher (analoger) Elemente in einzelne, voneinander isolierte Gruppen (folglich gingen diese Chemiker nicht über B hinaus). 2. Die Entdeckung des Periodischen Gesetzes (A) erfolgte durch den Vergleich bereits früher bekannter Gruppen (B); dabei kam es zum Vergleich nicht nur ähnlicher Elemente (innerhalb der Gruppen), sondern auch unähnlicher Elemente (die sich in verschiedenen Gruppen befinden); damit war der Übergang von B zu A erfolgt. 3. Dieser Übergang war durch die Gewohnheit der Chemiker, sich auf die Annäherung nur der ähnlichen Elemente (d. h. nur dessen, was in B ausgedrückt ist) zu beschränken und den Rahmen von B bei der Erforschung der chemischen Elemente nicht zu überschreiten, behindert worden. 4. Das Verdienst Mendelejevs besteht darin, daß er es vermochte, diese Barriere entschlossen zu überwinden.

17. Ausdehnung der logischen Analyse auf andere wissenschaftliche Entdeckungen

Wenn wir andere Entdeckungen der Naturwissenschaften, z. B. die Aufstellung neuer physikalischer und chemischer Theorien oder die Entdeckung neuer Naturgesetze, analysieren, so bietet sich uns dem Wesen nach das gleiche Bild wie im Falle der Entdeckung des Periodischen Gesetzes. So hatten sich zum Beispiel vom 17. Jahrhundert an in dem Bereich der Physik, der die Lichterscheinungen erforscht (der Optik), zwei verschiedene Konzeptionen herausgebildet: Die eine betrachtete das Licht als einen Strom von Lichtteilchen (Korpuskulartheorie), die andere als einen Prozeß der Ausbreitung von Wellen in einem kompakten materiellen Medium (dem „Lichtäther"). Im 19. Jahrhundert gewann dank einer Reihe von physikalischen Entdeckungen, beginnend mit der Entdeckung der Diffraktion und der Interferenz des Lichtes, die Wellentheorie des Lichtes die Oberhand. In der Chemie dagegen festigte sich etwa zur gleichen Zeit die entgegengesetzte atomistische Konzeption, die den Stoff als im Endeffekt aus diskontinuierlichen, diskreten Gebilden (aus Atomen) bestehend ansah.

Im Verlauf des gesamten 19. Jahrhunderts blieb der Unterschied in den Auffassungen dieser beiden Zweige der Naturwissenschaft — der Optik (Lehre vom Licht) einerseits und der Chemie sowie der Molekularphysik (Lehre vom Stoff) andererseits erhalten: Das Licht besitzt ausschließlich Wellencharakter, also kontinuierlichen Charakter; der Stoff besitzt ausschließlich diskreten, also diskontinuierlichen Charakter. Diese Vorstellungen wurden von beiden Lehren (der Lehre vom Licht und der

Lehre vom Stoff) im Rahmen von B fest aufrechterhalten: *entweder Kontinuität* (Licht) oder *Diskontinuität* (Stoff). Die Entdeckung des Elektrons (des „Atoms" der negativen Elektrizität) schien die letztere Ansicht noch weiter zu bestätigen, indem es das Elektron als stoffliches Teilchen einführte.
An der Grenze des 19. Jahrhunderts zum 20. Jahrhundert aber wurde der diskontinuierliche Charakter (der Quantencharakter) der Strahlung entdeckt. Infolge dieser Entdeckung entstanden innerhalb der Optik zwei besondere Gebiete und begannen nebeneinander zu existieren: die Lehre von der Emission und Absorption des Lichtes (hier wurde die Idee der Quanten, d. h. der Diskontinuität, zugrunde gelegt) und die Lehre von der Ausbreitung des Lichtes (hier herrschte weiter die Idee der Welle, d. h. der Kontinuität). Diese Aufgliederung der Optik in zwei besondere Bereiche verhinderte es, daß der Rahmen von B (entweder Diskontinuität oder Kontinuität) verlassen wurde. Das Bestreben, physikalische und chemische Erscheinungen entweder als nur diskontinuierlich (ein Typ B) oder als nur kontinuierlich (der andere Typ B) zu behandeln, zeigt, daß auch in diesem Falle, wie wir das bei den Vorgängern Mendelejevs beobachten konnten, das Denken hartnäckig an der Stufe B festhielt. Selbst die Entdeckung Plancks (die Quantentheorie) vermochte es, für sich genommen, noch nicht völlig, das Denken der Wissenschaftler über die Stufe B hinwegzuheben, obwohl sie von großer revolutionierender Wirkung auf die gesamte Physik war und einen mächtigen Anstoß zum Übergang von B zu A auf dem betreffenden Gebiet der Physik bedeutete.
Der Übergang von B zu A auf dem Gebiet der Lehren vom Stoff und vom Licht erfolgte später, nach 1923/1924, nachdem Louis de Broglie zum erstenmal die Idee von der Einheit der Wellen- und der Korpuskularnatur sowohl der Mikroobjekte des Lichts als auch der Mikroteilchen des Stoffes entwickelt hatte. Nach de Broglie sind jedem Mikroteilchen (jeder Korpuskel des Stoffes oder des Lichts) bestimmte Wellen zugeordnet und jeder Welle bestimmte Mikroteilchen. Die Diskontinuität und die Kontinuität, die so lange völlig voneinander isoliert als besondere Charakteristika (B) nur einer bestimmten Kategorie physikalischer Prozesse aufgetreten waren, offenbarten sich nun in ihrer inneren Einheit als ein allgemeines Charakteristikum *beliebiger*, d. h. der verschiedensten Mikroobjekte (und also als A).
Damit war zum erstenmal der Übergang von B zu A auf diesem Gebiet der Erforschung der gegenständlichen Welt erfolgt. Dies bedeutete den Anfang jener tiefgreifenden Revolution in der modernen Physik, die mit der Schaffung der Quantenmechanik verknüpft war.

Die Ähnlichkeit ist offensichtlich: So, wie das Haupthindernis auf dem Wege zur Entdeckung des Periodischen Gesetzes (A) in der Tendenz der Chemiker bestand, fest im Bereich von B zu bleiben und dessen Grenzen nicht zu überschreiten, so bestand in der Geschichte der Schaffung der Quantenmechanik (A) das Hindernis im Bestreben der Physiker, um jeden Preis innerhalb von B (entweder Diskontinuität oder Kontinuität) zu bleiben und die Grenzen dieses B nicht zu überschreiten.

Noch auf eine andere Entdeckung kann hingewiesen werden, die von der gleichen Tatsache zeugt: Lange Zeit hielten jene Vertreter der organischen Chemie, darunter auch Kekulé, die Anhänger der Strukturtheorie waren, die kettenförmige Verbindung der Kohlenstoffatome für die einzige mögliche Art (die Atome vereinigen sich zu offenen Ketten, ähnlich —C—C—C—C— ... usw.). Diese Art der Verbindung der Kohlenstoffatome ist für organische Stoffe einer bestimmten Klasse charakteristisch, für die Verbindungen der sogenannten Fettreihe (B).

Eine große Klasse anderer Verbindungen der sogenannten aromatischen Reihe konnte aber mit diesem Verfahren nicht dargestellt werden. Das betraf zum Beispiel auch den einfachsten Vertreter der aromatischen Reihe, das Benzol. Die Strukturformel des Benzols konnte lange Zeit nicht aufgestellt werden, weil das Denken der Chemiker von der Idee befangen war, daß einzig die gerade entdeckten Kohlenstoffketten (B) existieren. Um die Frage nach der Struktur des Benzols lösen zu können, mußte jedoch die Annahme zugelassen werden, daß die Atome des Kohlenstoffs außer offenen Ketten auch Ringe (Zyklen) bilden können. In diesem Falle erreicht die Vorstellung von den Möglichkeiten der Kohlenstoffatome, Verbindungen zu bilden, die Stufe A, die beide Erscheinungen des Besonderen erfaßt, nämlich die Fähigkeit, sowohl offene Ketten als auch geschlossene Ringe zu bilden.

Eben diese Entdeckung machte Kekulé vor gut 100 Jahren, nachdem er das Hindernis, das in dem betreffenden Wissensgebiet auf dem Wege von B zu A entstanden war, überwunden hatte.

Es ließen sich noch viele wissenschaftliche Entdeckungen anführen, deren Wesen in dem gleichen Aufstieg von B zu A bestand und bei denen im Prozeß des Aufstiegs das auf dem Wege von B zu A befindliche Hindernis, welches das Denken der Wissenschaftler auf den Bereich von B beschränkt, überwunden wurde. In Übereinstimmung damit modifiziert und präzisiert die Psychologie des wissenschaftlichen Schöpfertums die Formel (1), die von der Wissenschaftslogik zum allgemeinen Ausdruck des Prozesses der Entdeckung eines neuen Naturgesetzes aufgestellt wurde. Zwischen B und A wird nun vor der Spitze des Pfeils, der den

Übergang zwischen den beiden genannten Erkenntnisstufen bezeichnet, ein dünner vertikaler Strich gezeichnet; er stellt die Barriere dar, die auf dem Weg dieses Übergangs entsteht:

$$E \rightarrow B \rightarrow |A \qquad (2)$$

Diese Formel (2) kann als eine Entwicklung der Formel (1) angesehen werden: sie fixiert nicht das äußerst verallgemeinerte Ergebnis der Bewegung der Erkenntnis, wie das die Formel (1) tut, sondern den Prozeß des Übergangs von B zu A, genauer gesagt, die Schwierigkeit, die bei diesem Übergang entsteht.

18. Der erkenntnispsychologische „Mechanismus" der wissenschaftlichen Entdeckung. Der Begriff der „Barriere"

Versuchen wir nun, einige Schlußfolgerungen hinsichtlich des erkenntnispsychologischen „Mechanismus" zu ziehen, der im Verlauf einer wissenschaftlichen Entdeckung wirkt. Unzweifelhaft ist die Tatsache, daß ein bestimmtes Hindernis durch das Festhalten des Denkens der Wissenschaftler an der vorhergehenden Stufe der Erkenntnis (B) entsteht. Dieses Hindernis verlegt dem Denken den Übergang zur höheren Stufe (A) und muß deshalb auf irgendeine Art überwunden werden. Außer Zweifel steht auch, daß dieses Hindernis die Erkenntnis allgemein betrifft und zugleich psychologischer Art ist, daß es weder von der Individualität des Wissenschaftlers noch von der spezifischen Natur des Forschungsobjektes abhängt.

Versuchen wir, eine mögliche Erklärung dieser erkenntnispsychologischen Erscheinung zu formulieren. Richten wir unsere Aufmerksamkeit darauf, daß es in jedem Prozeß der Veränderung, Bewegung und Entwicklung immer ein Moment der relativen Stabilität und Beständigkeit gibt. Bei jeder Veränderung eines Dinges bleibt gewöhnlich etwas an ihm unverändert, wird etwas von seinem früheren Zustand erhalten. Dadurch wird der kontinuierliche Zusammenhang zwischen den verschiedenen aufeinanderfolgenden Stufen oder Phasen der Entwicklung hergestellt.

Das Gesagte trifft auch auf die geistige Sphäre des menschlichen Lebens einschließlich der schöpferischen wissenschaftlichen Tätigkeit des Menschen zu. Auch im Prozeß des Fortschritts des menschlichen Denkens läßt sich ein Moment der relativen Stabilität, eine mehr oder minder lange Periode der Erhaltung der erreichten Erkenntnisstufe feststellen. Infolgedessen läßt sich die Entwicklung des wissenschaftlichen Denkens nicht mit einer geradlinig und stetig aufsteigenden Linie vergleichen, sie erfolgt vielmehr stufenförmig. Solange die schon erreichte Stufe der Erkenntnis nicht in einem bestimmten Grade (und dieser Grad hängt von einer Vielzahl von Umständen und Faktoren ab) ausgeschöpft ist und damit der Übergang zur nächsten, höheren Stufe der Erkenntnis nicht in ausreichendem Maße vorbereitet ist, so lange arbeitet das Denken der Wissenschaftler in Richtung auf die maximale Ausschöpfung der einmal erreichten Stufe.

Zu diesem Zwecke wirkt ein besonderer erkenntnispsychologischer „Mechanismus", der darauf gerichtet ist, das Denken des Wissenschaftlers auf der jeweiligen Stufe festzuhalten und ihm einen vorzeitigen, unvorbereiteten Sprung auf die höhere Stufe zu verwehren.

Ein solcher „Mechanismus", wenn er wirklich existiert, muß beim Menschen offensichtlich automatisch entstehen und das wissenschaftliche Denken für eine mehr oder minder lange Frist im Rahmen der erreichten Stufe der Erkenntnis halten. Man kann diesen „Mechanismus" mit den Scheuklappen vergleichen, die dem Pferd aufgesetzt werden, damit es nicht bemerkt, was seitlich von ihm vorgeht, und allein den vor ihm liegenden Weg sieht. Im allgemeinen ähnelt dieser „Mechanismus" dem Verkehr auf Schienen oder auf einer anderen streng vorgeschriebenen und vorher angelegten Bahn: die Abweichung von der Bahn (z. B. die Entgleisung eines Zuges) wird unter diesen Bedingungen zu einem außerordentlichen Ereignis, ja zu einer Katastrophe.

Folglich spielt der vermutete erkenntnispsychologische „Mechanismus" in der ersten Etappe seiner Entstehung und seines Funktionierens eine wichtige positive Rolle: Er hilft und zwingt sogar dazu, die erreichte Stufe der Erkenntnis möglichst vollständig auszuschöpfen, und er verhindert einen vorzeitigen Übergang zur höheren Stufe. Denn ein solcher unvorbereiteter Übergang kann die Erlangung wirklichen Wissens über das Forschungsobjekt, etwa die Entdeckung eines neuen Naturgesetzes oder die Aufstellung einer neuen wissenschaftlichen Theorie, nicht gewährleisten.

Aber noch eine andere Besonderheit des vermuteten „Mechanismus" ist festzustellen: Während seine Entstehung automatisch erfolgt, stellt er sein Wirken nach der Erschöpfung seiner positiven Rolle keineswegs automatisch ein. Im Gegenteil, selbst dann, wenn der Übergang zu einer höheren Stufe der Erkenntnis nicht nur möglich, sondern auch eindeutig notwendig geworden ist, wenn also die früher erreichte Stufe der Erkenntnis hinreichend erschöpft ist, wirkt der genannte „Mechanismus" ebenso automatisch, stetig und zuverlässig in der einmal eingeschlagenen Richtung weiter. Er behindert nun den Übergang des Denkens des Wissenschaftlers zu einer höheren Erkenntnisstufe.

Der oben benutzte Vergleich läßt sich hier fortsetzen: Das Pferd kann nicht von allein auf die Idee kommen, die ihm angelegten Scheuklappen abzustreifen, es bemerkt sie nicht einmal. Deshalb sieht es den Seitenweg, der sich auftut und in den es längst hätte einbiegen müssen, nicht nur nicht, es vermutet nicht einmal die Existenz eines solchen Weges. Die Scheuklappen bringen es dazu, weiter in der bisherigen Richtung zu laufen, obgleich sich eine solche Bewegung bereits erübrigt und ihren früheren Sinn verloren hat.
Auf Grund des andauernden Automatismus seiner Wirkung besitzt der von uns betrachtete angenommene erkenntnispsychologische „Mechanismus" die Tendenz, von einer Entwicklungsform der Erkenntnis (wenn er seine erkenntnisfördernde Funktion wahrnimmt) zu ihrer Bremse zu werden (wenn seine positive Rolle erschöpft ist, er jedoch automatisch weiter existiert und das Denken des Wissenschaftlers künstlich auf der früher erreichten Stufe der Erkenntnis festhält). Im letzteren Falle muß das Denken des Wissenschaftlers, um den Übergang auf die höhere, bereits voll vorbereitete Stufe der Erkenntnis zu vollziehen, auf diese oder jene Art den sinnlos gewordenen „Mechanismus" überwinden und das Hindernis überspringen, in das sich dieser „Mechanismus" verwandelt hat. Eben in einer solchen Überwindung und einem solchen Überspringen bestanden — aus erkenntnispsychologischer Sicht gesehen — jene wissenschaftlichen Entdeckungen, von denen oben die Rede war.
Die Annahme der Existenz eines derartigen allgemeinen „Mechanismus" erscheint uns begründet und plausibel. Der Beweis seiner Existenz und seiner Allgemeinheit erfordert jedoch eine vollständigere und tiefere Analyse der schöpferischen Tätigkeit des Menschen. Bevor wir zu diesem Beweis übergehen, wollen wir jedoch unter dem betrachteten erkenntnispsychologischen Gesichtspunkt den Prozeß des Aufstiegs von B zu A in der Entwicklung des wissenschaftlichen Denkens charakterisieren.
Wenn alles oben Gesagte wahr ist, so beginnt das Denken des Wissenschaftlers, das einmal in die Bahn B geraten ist, sich auf dieser Bahn zu bewegen, wird durch sie begrenzt und ist der Möglichkeit beraubt, auf eine andere Bahn (die Stufe A) überzuspringen. Es scheint, als entstünde zwischen der Stufe B und der Stufe A eine Art erkenntnispsychologische „Barriere", die das Denken des Wissenschaftlers daran hindert, den Übergang von B zu A zu vollziehen. Deshalb besteht eine wissenschaftliche Entdeckung, wenn sie herangereift ist, darin, daß das Denken des Wissenschaftlers die zwischen B und A entstandene „Barriere" überwindet oder, besser gesagt, daß es einen Weg findet, über sie hinwegzu-

springen. Das läßt sich durch eine weitere Entwicklung der Formeln (1) und (2) ausdrücken:

$$E \rightarrow B \rightarrow \overset{\curvearrowright}{|} A \tag{3}$$

Den vermuteten erkenntnispsychologischen „Mechanismus" des Denkens des Wissenschaftlers beim Vollzug einer wissenschaftlichen Entdeckung werden wir im weiteren *die Überwindung der Barriere* zwischen B und A nennen, und das Hindernis selbst, das beim Übergang von B zu A entsteht, *die erkenntnispsychologische* Barriere, oder kurz: die *Barriere.*

19. Elementare Modelle des Entstehens der „Barriere"

Wenn es richtig ist, daß im schöpferischen Denken der Wissenschaftler, d. h. auf den höchsten Ebenen der Tätigkeit des menschlichen Intellekts, eine Barriere zwischen B und A entsteht, die daran hindert, A zu sehen, und dazu zwingt, sich automatisch in der Bahn von B zu halten, so muß etwas Derartiges in einer embryonalen, elementaren Form auch auf den niedrigsten Ebenen der Denktätigkeit des Menschen anzutreffen sein. In diesem Falle können die erkenntnispsychologischen Prozesse, die auf den unteren elementaren Ebenen ablaufen, als besondere *Modelle* der schöpferischen Tätigkeit der Wissenschaftler und des Vollzugs wissenschaftlicher Entdeckungen durch die Wissenschaftler dienen.

Analysieren wir einige einfache Aufgaben psychologischen Charakters. Es wird zum Beispiel die Aufgabe gestellt: „Zeigen Sie, wie ein stummer Kunde dem Verkäufer zu verstehen gibt, daß er einen Hammer braucht!" Als Antwort erfolgen Schlagbewegungen mit der rechten Hand. Sodann wird die Aufgabe fortgesetzt: „Gut. Und nun zeigen Sie, wie ein Blinder zu verstehen gibt, daß er eine Schere braucht!" Als Antwort werden mit zwei Fingern der rechten Hand (dem Zeigefinger und dem Mittelfinger) Bewegungen gemacht, die an die einer Schere erinnern. Dabei ist es offensichtlich, daß zum Unterschied vom Stummen der Blinde der Gestensprache gar nicht bedarf und in Worten sagen kann, was er benötigt.

Lassen Sie uns diese Aufgabe analysieren. Offenkundig stellt die Gestensprache eine besondere Form zur Übermittlung der Gedanken (B) unter besonderen Umständen (im Falle der Stummheit) dar. Die Aufgabe baut darauf auf, daß jeder normale Mensch die Fähigkeit besitzt, eine Barriere zwischen B und A zu bilden. Sobald das Denken dessen, dem die Aufgabe gestellt wurde, in die Bahn B gelenkt worden war (Ersatz der Lautsprache durch Gestensprache), entstand eine Barriere, die es nun ver-

hinderte, außer der Gestensprache noch andere Ausdrucksformen der Gedanken, insbesondere die Möglichkeit der Lautsprache, zu sehen.
Natürlich ist die betrachtete Aufgabe künstlich so aufgebaut, daß die Aufmerksamkeit des Befragten von der allseits bekannten Tatsache abgelenkt wird, daß zwar Stummen die Fähigkeit zu sprechen fehlt, nicht aber Blinden, Tauben, Lahmen usw. Allein die Tatsache, daß auf die Frage, wie sich ein Blinder in analogen Fällen verhalten würde, eine Antwort erfolgt, die automatisch die Antwort auf die erste Frage nach dem Stummen fortsetzt, zeigt jedoch, daß hier tatsächlich eine Barriere entsteht, die die Bewegung des Denkens längs dieser Barriere, in der Bahn B, fixiert.
Nehmen wir eine andere, analoge Aufgabe. Man zeigt beide Hände mit gespreizten Fingern und fragt: „Wieviel Finger sind das?" Antwort: „Zehn". Nächste Frage: „Und an zehn Händen sind es wieviel?" Antwort: „Hundert". Hier wird wieder die Barriere ausgenutzt, die sich diesmal aus der Gewohnheit zum automatischen Rechnen ergibt: Wenn bei einer Zunahme um soundso viel mal die Zahl „10" genannt wird, so braucht man der vorhergehenden Zahl nur eine Null anzufügen.
In den genannten beiden Beispielen entstand die Barriere entweder gleich nach der ersten Frage (Aufgabe „stummer Käufer"), oder sie existierte faktisch schon vor der Fragestellung (Aufgabe „100 Finger").
Besonders interessant sind jedoch die Fälle, in denen die Barriere allmählich entsteht, bis plötzlich ihr Vorhandensein festgestellt wird. Wenn man zum Beispiel direkt fragen würde, wie groß ein Winkel im Quadrat ist, so würde die Antwort sicher einhellig lauten: 90°. Geht man jedoch anders vor, so kann sich infolge des Entstehens der Barriere das Bild wesentlich verändern. Zu diesem Zwecke fragt man folgendermaßen: „Wie groß ist 1 im Quadrat?" Antwort: „1". Nächste Frage: „Wie groß ist 2 im Quadrat?" Antwort: „4". „Wie groß ist 3 im Quadrat?" usw. In irgendeinem Moment stellt man die neue Frage: „Wie groß ist ein Winkel im Quadrat?"
Auf diese Frage erfolgt meist die Gegenfrage: „Wie kann es das geben — ein Winkel im Quadrat?" Dann wird die gestellte Frage bekräftigt: „Ja, wie groß ist ein Winkel im Quadrat?" Es dauert darauf ziemlich lange, bis der Befragte begreift, daß hier ein Übergang von einem B (dem arithmetischen, zahlenmäßigen) zu einem anderen B (dem geometrischen) erfolgt ist. Bis er dies bemerkt und begreift, wird er streiten und einwenden, daß ein Winkel im Quadrat (im Sinne einer Multiplizierung mit sich selbst) Unsinn sei.
Die Bildung einer Barriere wird hier besonders deutlich. Diese Barriere veranlaßt das Denken des Menschen, sich in einer vorher künstlich ge-

schaffenen Bahn zu bewegen, wobei es in der Regel unfähig ist, diese Bahn sofort und unmittelbar zu verlassen.
Man könnte sehr viele solche Aufgaben anführen. Sie alle zeugen entweder von der Existenz oder von der Entstehung einer Barriere in der Denktätigkeit des Menschen unter völlig normalen Bedingungen. Derartige Aufgaben können sich bei der Erforschung der schöpferischen Tätigkeit im allgemeinen und der wissenschaftlichen Entdeckung im besonderen als gute Modelle erweisen.

20. Elementare Modelle für die Überwindung der „Barriere" Der Begriff des „Sprungbretts"

Wir wollen nun versuchen, an den gleichen Beispielen („Modellen") den „Mechanismus" zur Überwindung der im Denken des Menschen entstandenen Barriere genauer zu betrachten. Es geht um das sogenannte „Vorsagen", um „gezielte Fragen". Bei der Aufgabe „100 Finger" gibt es verschiedene Möglichkeiten, das Denken zur richtigen Antwort zu führen, indem die Aufmerksamkeit des Menschen auf jene Seite der Sache gelenkt wird, die ihm entgangen ist. Beim Zeigen der Hände wird an Stelle der Frage: „Wieviel Finger?" die Frage von Anfang an konkreter gestellt: „An zwei Händen sind wieviel Finger?" Der Zusatz „an zwei Händen" (besonders wenn betont wird „an *zwei* Händen") gibt hier Hilfestellung.
Man kann auch anders vorgehen. Zuerst wird eine Hand gezeigt und gefragt: „Wieviel Finger?" Dann: „Und an zwei Händen?" usw. Möglich ist auch folgendes Vorgehen: Nach Erhalt der falschen Antwort („An 10 Händen sind 100 Finger") fragt man: „Wenn an 10 Händen 100 Finger sind, wieviel sind dann an einer Hand?" Die Teilung durch 10 ergibt eine unsinnige Antwort: „An einer Hand sind 10 Finger."
Das Vorsagen kann auch allein durch eine Geste erfolgen. Die Aufgabe „Zwei Männer beim Überqueren eines Flusses" enthält eine Barriere, die dadurch geschaffen wird, daß die Bedingungen der Aufgabe nicht eindeutig angegeben sind: Zwei Männer kommen an einen Fluß und bitten einen Fischer um sein Boot. Er gibt es ihnen unter der Bedingung, daß man es ihm nach der Überfahrt an den Ausgangsort zurückbringt und daß nicht mehr als eine Person im Boot sitzen darf. Man kann die Lösung ohne Worte vorsagen, indem man mit den Zeigefingern beider Hände eine gegenläufige Bewegung macht (denn die zwei sind auf entgegengesetzten Ufern an den Fluß gekommen).
Ein solches Vorsagen kann als eine Art erkenntnispsychologisches Sprungbrett angesehen werden, das dem menschlichen Denken bei seiner Be-

wegung von B zu A hilft, die entstandene Barriere zu überwinden. Wenn die Barriere, die wir mit Scheuklappen verglichen haben, die Bewegung des Denkens innerhalb der einmal entstandenen Grenzen von B hält, so enthüllt das „Sprungbrett“ auf gewisse Weise das, was hinter diesen Scheuklappen verborgen ist; es zeigt gewissermaßen („sagt vor“), wie die vorhandene Barriere übersprungen werden kann. Dementsprechend können die Formeln (1), (2) und (3) jetzt weiter detailliert werden:

$$E \rightarrow B \rightarrow \widehat{|}\, A \qquad (4)$$

Das „Sprungbrett“ ist in der Formel (4) als eine Abstufung dargestellt, die über dem vertikalen Strich (der Barriere) liegt, der B von A trennt. Diese Abstufung erleichtert es, über das Hindernis (die Barriere) zu springen und A zu erreichen.

Hier ging es freilich um elementarste Fälle, in denen der Fragesteller die Lösung der Aufgaben kennt und also die Gedanken des Partners auf diese oder jene Weise an ihre Lösung heranführen kann. In komplizierten Fällen jedoch, wenn es sich um eine wissenschaftliche Entdeckung oder eine technische Erfindung handelt, kennt niemand die Lösung der Frage, vor die der Forscher gestellt ist. Diese Lösung muß erst gefunden werden. Die Rolle des Souffleurs übernimmt hier eine zufällig entstehende *Assoziation*, die sich — oft ganz unerwartet — als geeignet erweist, völlig unterschiedliche Bereiche der Wirklichkeit auf Grund einer — oft ganz äußerlichen — Analogie in Relation zueinander zu setzen.

So hat sich Kekulé später erinnert, daß ihm der Gedanke von der Ringstruktur des Benzols kam, als er vom Dach eines Londoner Omnibusses beobachtete, wie sich Affen, die in einem Käfig saßen, untereinander verhakelten. Nach einer anderen Version hat er angeblich im Traum einen Drachen oder eine Schlange gesehen, die sich in den Schwanz biß (das Emblem der Alchimisten). Man kann sich jedoch auch ein alltäglicheres (und deshalb nicht so fest im Gedächtnis haftendes) Zusammentreffen von Umständen vorstellen, die eine solche Lösung „vorsagen“. Zum Beispiel, wenn man beobachtet, wie die Ehefrau eine Perlenkette anlegt: Die Perlen sind den Atomen vergleichbar; zuerst sind sie in einer offenen Kette angeordnet, und dann schließt sich die Kette um den Hals zu einem Ring.

Die Geschichte der wissenschaftlichen Entdeckung kennt viele derartige Beispiele dafür, daß eine zufällig entstandene Assoziation die Lösung der Aufgabe soufflierte. Besonders viele solcher Beispiele gibt es in der Geschichte der technischen Erfindungen. In allen diesen Fällen machte es eine Assoziation, die infolge eines zufälligen Zusammentreffens, eines

Sich-Kreuzens zweier notwendiger, aber voneinander völlig unabhängiger Reihen von Ereignissen entstand, möglich, die Barriere zu überwinden, die sich durch Festigung der früher erreichten Erkenntnisstufe gebildet hatte.
Das bedeutet, daß die zufällige Assoziation selbst zu einem notwendigen Moment der Lösung der jeweiligen wissenschaftlichen oder technischen Aufgabe wird, da sie dazu beiträgt, jene Barriere zu überwinden, die die gesuchte Lösung verbirgt und bei ihrer Auffindung behindert. Unsere bildhafte Ausdrucksweise beibehaltend, haben wir diese Assoziation „Sprungbrett“ genannt, denn sie ermöglicht es, die auf dem Lösungsweg der jeweiligen Aufgabe entstandene „Barriere“ psychologisch zu überwinden.

21. Der „Mechanismus“ der Entstehung der notwendigen Assoziation. Die Arbeit der Intuition

Bislang haben wir vorwiegend den psychologischen Aspekt der Frage behandelt. Betrachtet man unter diesem Aspekt nun den Prozeß der wissenschaftlichen Entdeckung oder der technischen Erfindung, so kann dieser als Ergebnis einer *Intuition* charakterisiert werden. Entsprechend kann auch der Weg definiert werden, auf dem die von uns oben angeführten Modellaufgaben (oder analoge Aufgaben) gelöst werden: In allen diesen Fällen hing die Schnelligkeit der Lösung letzten Endes von einer entwickelten Fähigkeit zum intuitiven Denken ab.
Die Intuition wird meistens als eine alogische (oder außerlogische) Form der geistigen Tätigkeit des Menschen definiert, nicht selten sogar als unbewußte (oder unterbewußte) Tätigkeit des menschlichen Intellekts. Tatsächlich kann ein Mensch, in dessen Kopf die Intuition ihre Arbeit getan hat und dem sie eine richtige Lösung souffliert hat (auf die richtige Idee gebracht hat, einen fruchtbaren Gedanken eingegeben hat), nicht *selbst erklären*, wie dies konkret bei ihm geschehen ist. Er kann den inneren „Mechanismus“, der in seinem eigenen Kopf das betreffende Ergebnis zustande gebracht hat, selbst nicht begreifen. Denn für ihn ist dies alles ganz unmittelbar geschehen, anscheinend ohne jegliche Zwischenstufen, zu denen die Logik Beziehung hätte.
Betrachten wir nun genauer, wie dies vor sich geht.
Bei der Suche nach der Lösung der Aufgabe arbeitete das Denken des Menschen unablässig in einer bestimmten Richtung (α). In einem bestimmten Moment, in dem anscheinend nichts den erfolgreichen Abschluß der Suche versprach, entstand plötzlich und absolut zufällig eine andere Richtung des Denkens (β), die durch irgendwelche offenkundig

fremden Ereignisse hervorgerufen wurde; diese andere Richtung überlagerte oder kreuzte sich gewissermaßen mit jener Richtung, in der das Denken des Wissenschaftlers oder Erfinders bislang arbeitete.
In dem Moment, in dem eine derartige Überlagerung (oder Kreuzung) erfolgte, setzte plötzlich die Intuition ein: sie soufflierte (gleichsam als innere Stimme oder gar als „Stimme von oben"), daß der Schlüssel zur gesuchten Lösung in der zweiten, zufällig hier eingedrungenen Kette von Ereignissen liege. Mit anderen Worten, die zweite Kette von Ereignissen spielte eben die Rolle des Sprungbretts für die erste Kette der Ereignisse, brachte das „Vorsagen" der gesuchten Lösung und wies den Weg zur Überwindung der Barriere, die zwischen B und A entstanden war. Präzisiert man die Formeln (1), (2), (3) und (4) weiter, so lassen sich eine derartige Kreuzung zweier unabhängiger Ereignisreihen (α) und (β) und die Bildung einer zufälligen Assoziation am Punkt ihres Zusammentreffens folgendermaßen darstellen:

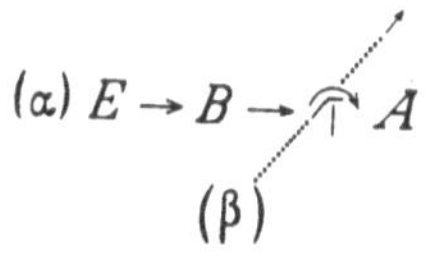

(5)

Die Formel (5) kann als eine konkrete Illustration der bekannten These Plechanovs angesehen werden, daß der Zufall an der Kreuzungsstelle zweier voneinander unabhängiger notwendiger Ereignisreihen entsteht.
Für jemanden, der wenig in die Geheimnisse und „Mechanismen" des wissenschaftlichen Schöpfertums eingeweiht ist, kann dies alles natürlich wie ein Wunder, eine Offenbarung oder Erleuchtung erscheinen, und erscheint es zuweilen auch. In Wirklichkeit dagegen ist alles viel komplizierter.
Erstens: Ohne eine *vorhergehende*, oft überaus langwierige und qualvolle Arbeit des Denkens des Wissenschaftlers oder Erfinders *kann keine Intuition ein fruchtbringendes Ergebnis zur Folge haben.* Nur nach vorhergehender, vorbereiteter Arbeit des Denkens (im Sinne der Suche nach der Lösung) kann die Intuition einsetzen und zur gesuchten Lösung führen. Das gegenseitige Verhakeln von Affen oder die Anlegung einer Perlenkette hatten zum Beispiel schon viele Menschen gesehen, darunter sicher auch Kekulé. Eine bestimmte Lösung bei der Ausarbeitung der Strukturtheorie der organischen Chemie konnten diese Alltagserscheinungen jedoch nur unter der Bedingung soufflieren, daß die entstandene

wissenschaftliche Aufgabe bekannt und bereits eine mehr oder minder lange (bislang aber ergebnislose) Forschung in dieser Richtung erfolgt war.

Zweitens: Die *Intuition als Form eines direkten Schlusses* macht es auf Grund ihrer Besonderheit (der Unmittelbarkeit des Schlusses) unmöglich, ihren Mechanismus *zu erklären.* Denn jede derartige Erklärung setzt den Hinweis auf irgendwelche Glieder voraus, die unsere Schlüsse und Folgerungen vermitteln. Solche Glieder fehlen hier aber. Eine Erklärung im üblichen Sinne erweist sich hier deshalb als unmöglich.

Drittens, kann die *Arbeit der Intuition*, deren Ergebnis das Auffinden einer bestimmten Lösung ist, teilweise oder sogar ganz *der Aufmerksamkeit* oder *dem Gedächtnis des Betroffenen selbst entgleiten.* Das ist besonders dann der Fall, wenn der Anstoß zur Assoziation ganz unwesentlich, nicht markant und nicht einprägsam war. Dann werden im Gedächtnis des Menschen nur der Prozeß selbst und das Ergebnis der plötzlichen „Einsicht", der „Erleuchtung" u. dgl. bewahrt, während der geringfügige äußere Anlaß, der diese „Einsicht", „Erleuchtung" usw. hervorgerufen hat, überhaupt unfixiert bleibt oder vergessen wird.

Die Arbeit der Intuition stellt also nur ein (und dazu meist äußerst kurzes) Moment in der langen Kette der Ereignisse dar, die die schöpferische Tätigkeit des wissenschaftlichen oder erfinderischen Denkens eines Menschen kennzeichnen. Außerhalb dieser Kette, die eine Voraussetzung für das Auftreten und die Arbeit der Intuition bildet, erscheint die letztere völlig unbegreiflich und unerklärlich. Der Umstand, daß sie oft außerhalb der gesamten Kette betrachtet wird, ist auf ihre außerordentliche Prägnanz sowie die Intensität und Eindringlichkeit zurückzuführen, die dem Kulminationspunkt jeder Entwicklung eigen sind, insonderheit aber der Entwicklung der intellektuellen, schöpferischen Tätigkeit des Menschen.

22. Die Intuition als Form der Verallgemeinerung. Der Unterschied zwischen dem Verlauf und dem Ergebnis einer Entdeckung

Die Intuition ist nicht nur eine Form der psychologischen Tätigkeit des Menschen, sondern auch eine bestimmte logische Form des Denkens, und zwar eine Form der *Verallgemeinerung.* Die Besonderheit ihrer Wirkung hängt damit zusammen, daß zwischen zwei logisch aufeinanderfolgenden Stufen der Erkenntnis eine Barriere entsteht, die den Übergang des Gedankens von der niederen Stufe auf die höhere behindert. Eine solche Barriere kann auch beim Übergang von der Stufe des Einzelnen (E) zur Stufe des Besonderen (B) entstehen. Dann tritt auch hier an

Stelle der für diesen Fall üblichen induktiven Verallgemeinerung die Intuition in Erscheinung: eben sie schafft die Möglichkeit, die zwischen E und B entstandene Barriere zu überwinden.
Sobald aber die Barriere zwischen E und B überwunden ist, führt die folgende Arbeit des Denkens diesen mit Hilfe der Intuition bewirkten Übergang auf die gewöhnlichen logischen Formen des induktiven Schlusses zurück. Das mit Hilfe der Intuition gewonnene Resultat wird anderen Menschen in den üblichen und gewohnten Formen zur Kenntnis gebracht, ohne jeglichen Hinweis auf die Intuition. Im Endergebnis erweisen sich Intuition und Induktion als zwei verschiedene Verfahren (oder Formen) der Verallgemeinerung: die Intuition im Prozeß des schöpferischen Suchens, die Induktion im Prozeß der Vermittlung bereits gewonnener Informationen.
Dies trifft auch für den schwierigeren und komplizierteren Übergang von B zu A (zum Allgemeinen) zu. Hier ist es überhaupt unmöglich, die Stufe A durch einfache Induktion zu erreichen. Dazu bedarf es nicht nur einer Kombination der Induktion mit der Deduktion (zur Überprüfung der induktiv erspürten Verallgemeinerung), sondern auch der Analyse mit der Synthese sowie einer wechselseitigen Ergänzung der Methoden des Aufstiegs vom Konkreten zum Abstrakten und des entgegengesetzten Aufstiegs vom Abstrakten zum Konkreten.
Im Moment des eigentlichen Übergangs von B zu A aber, z. B. im Augenblick der Entdeckung eines neuen Naturgesetzes oder der Schaffung einer neuen wissenschaftlichen Theorie, wenn zwischen B und A vorher eine Barriere entstanden war, erfolgt dieser Übergang (unter Benutzung des entsprechenden „Sprungbretts“) immer mittels der Intuition. Letztere erweist sich auch hier als eine Form (oder ein Verfahren) der Verallgemeinerung, denn der Übergang von B zu A (zum Allgemeinen) kann nur durch eine Verallgemeinerung erfolgen.
Nachdem jedoch der Übergang von B zu A mit Hilfe der Intuition vollzogen ist, ermöglicht es die weitere logische Bearbeitung der gefundenen Lösung, diese in die gewohnten logischen Formen zu bringen (Induktion und Deduktion, Analyse und Synthese, Aufstieg vom Konkreten zum Abstrakten und vom Abstrakten zum Konkreten usw.).
Dies alles wurde oben an der Geschichte der Entdeckung des Periodischen Gesetzes durch Mendelejev gezeigt. Wir haben gesehen, daß der Weg der Entdeckung bei Mendelejev über den Vergleich von Elementen verschiedener Gruppen erfolgte, die über ähnliche Atomgewichte verfügen (der Alkalimetalle mit den Haloiden und danach mit den Erdalkalimetallen usw.). Nachdem die Entdeckung jedoch gemacht war, stellte Mendelejev ihr Ergebnis vollkommen anders dar. Er schlug vor, alle

Elemente in einer Reihe nach der Größe ihrer Atomgewichte anzuordnen, beginnend mit H = 1, und nicht einzelne, bereits früher übliche Gruppen untereinander zu vergleichen, wie er das selbst getan hatte. Bei den so in eine einheitliche Reihe gebrachten Elementen konnte leicht die periodische Wiederholung der Eigenschaften festgestellt werden: Nach dem Alkalimetall (Na) folgte Mg, dann Al und andere, und dann erschien in der allgemeinen Reihe der Elemente wieder ein Alkalimetall (K), dann Ca (analog dem Magnesium) usw.

So und nicht anders informierte Mendelejev über seine Entdeckung, nachdem sie erfolgt war. Er tat dies, weil auf diese Weise das *Wesen* der Entdeckung leichter zu verstehen war. In der Tat: Um die periodische Abhängigkeit der Eigenschaften der Elemente von ihrem Atomgewicht zu erkennen, war es keinesfalls notwendig, denselben Weg zu wiederholen, den Mendelejev selbst bei der Entdeckung des Periodischen Gesetzes durchschritten hatte, als er begann, eine Gruppe unter die andere zu schreiben, um eine Ähnlichkeit in den Atomgewichten ihrer Elemente zu finden. Das Wesen der Entdeckung konnte sehr viel schneller und einfacher sichtbar gemacht werden, indem man nun unmittelbar mit der Aufstellung einer allgemeinen Reihe aller Elemente begann.

Das zeigt, daß von der logischen Seite her der Verlauf einer wissenschaftlichen Entdeckung nicht mit ihrem Ergebnis übereinstimmen muß. Der Verlauf der Entdeckung des Periodischen Gesetzes entsprach dem Schema E → B → A, die Information darüber aber basierte schon auf einem anderen Schema, nämlich E → A → B. Das Gesetz (A) wurde jetzt aus der unmittelbaren Zusammenstellung der einzelnen Elemente (E) nach der Größe ihrer gemeinsamen Eigenschaft (des Atomgewichtes) abgeleitet. Die einzelnen Gruppen von Elementen (B) dagegen wurden gebildet, indem die allgemeine Reihe der Elemente in einzelne Abschnitte (Perioden) unterteilt wurde und sodann die Perioden untereinander angeordnet wurden.

Folglich kann festgestellt werden: 1. Es existiert eine Logik des Vollzugs einer Entdeckung, z. B. eines Naturgesetzes (A), und die Form des verallgemeinernden Denkens ist hier die Intuition. 2. Es existiert eine Logik der Bearbeitung der erfolgten Entdeckung und der Information über die Entdeckung, die sich von der zuerst genannten Logik wesentlich unterscheidet; als Formen des verallgemeinernden Denkens treten hier die in jeder Logik bekannten Mittel und Verfahren (Operationen) der Induktion und Deduktion, der Analyse und Synthese usw. in Erscheinung.

In der Logik der Entdeckung sind diese Verfahren ebenfalls enthalten, allerdings implizite verborgen hinter dem summarischen Prozeß der

Arbeit der Intuition, wobei ihre Aufeinanderfolge und der Charakter ihres Zusammenwirkens je nach der Spezifik der betreffenden Intuition ganz verschieden sein können. Dagegen treten in der Logik der Information und der Bearbeitung der erfolgten Entdeckung alle diese logischen Formen Verfahren, Mittel und Operationen nicht nur explizite, sondern auch in jener streng logischen Reihenfolge in Erscheinung, die der logisch geordneten Entwicklung des menschlichen Denkens entspricht.

23. Verlauf und Ergebnis der Entdeckung der Gesetze der chemischen Atomistik durch Dalton

Befassen wir uns zur Bestätigung des Gesagten mit der Geschichte der Schaffung der chemischen Atomistik durch Dalton. Der reale Weg der Entwicklung der schöpferischen Idee Daltons war folgender: Mit der Beobachtung meteorologischer Erscheinungen beschäftigt, interessierte sich Dalton für den Prozeß der Diffusion verschiedener Gase. Er lehnte die chemische Hypothese Berthollets (Gase vermischen sich, weil sie einander anziehen und sich ineinander lösen) ab. Im Jahre 1801 stellte Dalton eine mechanische Hypothese auf: Die Teilchen verschiedener Gase haben einen verschiedenen Umfang, und deshalb dringen die einen gewissermaßen in die Zwischenräume ein, die von den anderen gebildet werden, ähnlich wie feiner Sand zwischen große Steine fällt.
Um seine Hypothese zu überprüfen, wandte sich Dalton den Ergebnissen der chemischen Analyse zu. Um den relativen Durchmesser der Teilchen verschiedener Gase zu bestimmen, mußte das Gesamtvolumen eines Gases durch die Gesamtzahl seiner Teilchen dividiert werden. Um die Gesamtzahl der Teilchen zu ermitteln, mußte das Gesamtgewicht der jeweiligen Gasmenge durch das relative Gewicht eines einzelnen Teilchens dividiert werden. Setzte man das Gewicht des Wasserstoffs als Maßeinheit an ($H = 1$), so konnten davon ausgehend die Werte für die relativen (relativ zu H) Gewichte der Teilchen anderer Elemente und ihrer Verbindung bestimmt werden. Da aber die Atome als unteilbar galten, so konnten auf ein Atom des eines Elements ein oder zwei oder drei usw. (d. h. nur eine ganze, keinesfalls aber eine gebrochene Zahl) Atome eines anderen Elements entfallen.
So wurde von Dalton im September 1803 das Gesetz der multiplen Proportionen hypothetisch vorausgesagt. Die Ergebnisse der chemischen Analyse solcher Verbindungen wie der Oxyde des Stickstoffs, des Schwefels und des Kohlenstoffs, die von anderen Chemikern stammten, schienen seine Hypothese zu bestätigen. Ein Jahr später, im August

1804, beschloß Dalton, seine Hypothese durch eigene Analysen zu überprüfen. Er bestimmte die chemische Zusammensetzung von Äthylen (C_2H_4) und Methan (CH_4) und fand, daß im ersten Falle auf die gleiche Menge Wasserstoff doppelt soviel Kohlenstoff wie im zweiten Falle kommt. Dies war die direkte experimentelle Bestätigung der aufgestellten Hypothese und damit der theoretischen Grundlagen der gesamten chemischen Atomistik.

Gerade zu dieser Zeit erhielt Dalton den Besuch von Thomson, dem er von seiner Entdeckung erzählte. Seine Information baute Dalton jedoch völlig anders auf, als die Entdeckung tatsächlich verlaufen war. Er begann damit, womit er seine Forschung abgeschlossen hatte, d. h. mit den Ergebnissen der Analyse der chemischen Zusammensetzung des Äthylens und des Methans. Das erstere enthält 85,7% C und 14,3% H, das letztere 75% C und 25% H. Diese Prozentzahlen sagen über die in ihnen verborgene Gesetzmäßigkeit noch gar nichts aus. Nimmt man jedoch Wasserstoff als Einheit ($H = 1$), so ergeben sich folgende Relationen: 6 Teile C auf einen Teil H im Äthylen und 3 Teile C auf einen Teil H im Methan. Folglich ist im ersten Falle doppelt soviel Kohlenstoff vorhanden wie im zweiten Falle (bei gleicher Menge H).

Weiter nimmt Dalton das Gewicht eines Atoms C mit 6 an (in Wirklichkeit ist $C = 12$); bei $H = 1$ erhält er nun zwei Formeln: CH (für Äthylen) und CH_2 (für Methan).

Diese Information ging also von den unmittelbaren experimentellen Daten (der chemischen Analyse) aus, führte von hier zur Formulierung des Gesetzes der multiplen Proportionen und weiter über die Einführung des Begriffs des Atomgewichts zur theoretischen Erklärung (mittels atomistischer Vorstellungen) des Gesetzes. In logischer Hinsicht war sie harmonischer und folgerichtiger als jener verschlungene und verwickelte Weg, den das Denken Daltons tatsächlich genommen hatte. Deshalb wurde die Information, die Dalton gab, von Thomson auch sehr leicht begriffen und von ihm und allen Chemikern als der tatsächliche Verlauf der von Dalton gemachten Entdeckung charakterisierend aufgefaßt.

Der idealisierte Verlauf der Überlegungen, der Daltons Information über die Entdeckung der chemischen Atomistik zugrunde lag, entsprach dem gewohnten Schema, der Formel (1): $E \rightarrow B \rightarrow A$. Hier sind E die einzelnen Fakten, also die Ergebnisse der chemischen Analyse; B ist das besondere Gesetz der chemischen Zusammensetzung besonderer Stoffe, die in unterschiedlichen Verhältnissen aus denselben Elementen zusammengefaßt sind; A ist die allgemeine Idee vom atomistischen Aufbau des Stoffes.

In Wirklichkeit war der Verlauf der Daltonschen Entdeckung genau entgegengesetzt jener Vorstellung, die Thomson auf Grund der unmittelbar von Dalton erhaltenen Information gewonnen hatte. Die Entdeckung begann in Wirklichkeit (wie fast 100 Jahre später durch eine Analyse der Tagebuchaufzeichnungen Daltons festgestellt werden konnte) mit allgemeinen atomistischen und physikalischen (und sogar mechanischen) Überlegungen und endete mit der experimentellen Erforschung der chemischen Zusammensetzung verschiedener Stoffe.
Folglich entsprach der reale Verlauf der Entdeckung einem ganz anderen Schema, nämlich A → B → E. Er begann mit der Idee vom Allgemeinen (A — atomistische Vorstellungen) und führte über die Voraussage eines besonderen Gesetzes (B — Gesetz der multiplen Proportionen) zur abschließenden Überprüfung des vorausgesagten Gesetzes und damit zugleich auch der atomistischen Vorstellungen durch die Ergebnisse der chemischen Analyse (E — Analyse der einzelnen Stoffe).
Das heißt, auch in diesem Falle stimmt der psychologische Aspekt der Entdeckung nicht mit der logischen Bearbeitung des gewonnenen Resultats überein, die zum Zwecke der Information über die Entdeckung vorgenommen wurde.

24. Der wechselseitige Zusammenhang zwischen der psychologischen und der logischen Seite einer wissenschaftlichen Entdeckung

Im Prozeß der wissenschaftlichen Entdeckung bilden die psychologische und die logische Seite (oder der psychologische und der logische Aspekt) eine Einheit und sind nicht voneinander zu trennen. Ihr Zusammenhang ist der des *Besonderen* (des Spezifischen, Individuellen) mit dem *Allgemeinen* (dem Universellen, Allgemeinmenschlichen). Das Individuelle spiegelt sich in der individuell-psychologischen Seite des Geschehens, das Allgemeinmenschliche sowohl in der allgemein-psychologischen als auch in der logischen Seite des Geschehens wider.
Die konkrete Form und die relative Festigkeit der Barriere, die zwischen B und A als den allgemeinen Stufen der Erkenntnis entsteht, hängt von den individuellen Besonderheiten der Erkenntnistätigkeit des jeweiligen Subjekts, von seinen persönlichen Fähigkeiten und Gewohnheiten ab. Von diesen hängen auch in noch höherem Grade der Charakter und die Art und Weise der Herausbildung des Sprungbretts ab, das dazu beiträgt, die jeweilige Barriere zu überwinden, sowie auch die Spezifik der Wirkungsweise der Intuition bei der Überwindung der Barriere. All dies

kann die individuell-psychologische Seite der wissenschaftlichen Entdeckung genannt werden.

Die Tatsache jedoch, daß überhaupt eine derartige Barriere zwischen B und A entsteht und daß ihre Überwindung nur durch die schöpferische Arbeit der Intuition erfolgen kann, stellt eine Gesetzmäßigkeit allgemeinmenschlichen Charakters dar, die nicht nur auf dieses oder jenes Individuum und seinen Erkenntnisapparat, sondern auf alle Menschen überhaupt zutrifft. Wir können sie deshalb als die allgemein-psychologische Seite des Prozesses der wissenschaftlichen Entdeckung betrachten.

Die eine wie die andere gehören zur Sphäre der Psychologie. Diese umfaßt all das Spezifische, was den Denkprozeß, so wie er im Kopf eines einzelnen Menschen bzw. einzelner Menschen verläuft, kennzeichnet. Die Sphäre der Logik hingegen ist das Allgemeine, das jedem Denkprozeß eigen ist, insofern er auf die Suche und Entdeckung der Wahrheit, auf ihre Überprüfung und Bestätigung in der Wissenschaft gerichtet ist.

Wesentlich für die Logik sind: a) die Reihenfolge der Erkenntnisstufen (E, B, A), die von der Wissenschaft beim Aufstieg von E zu B und von B zu A durchschritten werden; b) die faktische Verwendung dieser oder jener Erkenntnisverfahren — explizite oder implizite (was nicht so wichtig ist) — im Prozeß des jeweiligen Aufstiegs des menschlichen Denkens zur Wahrheit. Die Logik interessiert in der Geschichte der Wissenschaft und in der modernen Wissenschaft nur das, was sich auf die Aufdeckung der Wahrheit schlechthin bezieht. Denn, wie Lenin feststellte, „Logik = Frage nach der Wahrheit".[8] Die Logik abstrahiert deshalb völlig von allen jenen einmaligen Wegen und Umwegen und von allen speziellen Weisen, auf denen die Übergänge zwischen E, B und A im Kopf einzelner Wissenschaftler erfolgt sind oder erfolgen. Dies alles schließt sie aus ihrem spezifischen (logischen) Untersuchungsbereich aus und überläßt es ganz der Psychologie des wissenschaftlichen Schöpfertums.

Da nun im Prozeß jeder wissenschaftlichen Entdeckung neben der Wirkung psychologischer Faktoren immer auch letztlich ein Übergang von E zu B oder von B zu A enthalten ist, so kann und muß dieser Prozeß jedoch immer auch Gegenstand nicht nur psychologischer, sondern auch logischer Forschung sein. Da ganz allgemein die Form, in der ein Prozeß abläuft, untrennbar mit seinem Inhalt verbunden ist, so kann die vollständige Erforschung des vorliegenden Prozesses nur mittels gemeinsamer logischer und psychologischer Verfahren erreicht werden. Es bedarf also einer einheitlichen logisch-psychologischen Untersuchung.

[8] Lenin, V. I., Konspekt zu Hegels „Wissenschaft der Logik", a. a. O., S. 164

Schlußbemerkungen. Erste Ergebnisse und Perspektiven der Forschung

25. Wissenschaftsgeschichte, Wissenschaftslogik und Psychologie des wissenschaftlichen Schöpfertums

Wir haben das Verhältnis der Psychologie des wissenschaftlichen Schöpfertums zu zwei Wissenszweigen untersucht: zur Wissenschaftsgeschichte und zur Wissenschaftslogik. Dabei haben wir weder im Falle der Wissenschaftsgeschichte die Fragen der Logik der wissenschaftlichen Forschung außer acht gelassen, noch im Falle der Wissenschaftslogik die der Geschichte der wissenschaftlichen Erkenntnis. Es handelte sich immer um unterschiedliche *Akzente* des einheitlichen, ganzheitlichen Prozesses der wissenschaftlichen Entwicklung. Jetzt aber, am Schluß, möchten wir die Ganzheitlichkeit und Unteilbarkeit jenes Erkenntnisprozesses betonen, den wir Wissenschaft nennen. Seine historische, logische und psychologische Seite sind voneinander nicht zu trennen; nur in unserer Abstraktion können sie mehr oder weniger selbständig und isoliert voneinander betrachtet werden.

Weiter oben haben wir von der Notwendigkeit eines Brückenschlags zwischen der Wissenschaftsgeschichte und der Psychologie des wissenschaftlichen Schöpfertums gesprochen. Eine solche Brücke muß es auch zwischen der Wissenschaftslogik und der Psychologie des wissenschaftlichen Schöpfertums geben, also zwischen allen drei Komponenten oder Seiten der wissenschaftlichen Erkenntnis. Was das Verhältnis zwischen Wissenschaftsgeschichte und Wissenschaftslogik betrifft, so ist es bereits seit langem geklärt und definiert als Verhältnis zwischen dem Historischen und dem Logischen, wobei das letztere das Fazit, die Verallgemeinerung, das Resumé, die Schlußfolgerung, die Quintessenz usw. des ersteren bildet. Als Beispiel für die logische Verallgemeinerung der Geschichte der Entdeckung von Naturgesetzen kann die Formel (1) dienen. Wir werden jedoch diese Frage hier nicht weiter ausführen und stellen ihre Erörterung zurück.

Im Zentrum unserer Aufmerksamkeit steht die Psychologie des wissenschaftlichen Schöpfertums als ein überaus wichtiger Bestandteil einer neuen Wissenschaft, die die Bezeichnung „Wissenschaftspsychologie" (im Sinne von: Psychologie der wissenschaftlichen Tätigkeit) erhalten hat. Alle anderen Fragen, die die Wissenschaftsgeschichte und die Wissenschaftslogik betrafen, haben wir im Zusammenhang mit dieser Psychologie des wissenschaftlichen Schöpfertums betrachtet. Die vergleichende Analyse der psychologischen, logischen und wissenschaftshistorischen Seiten ein und derselben Entdeckung offenbarte deren wechselseitigen Zusammenhang, zugleich aber auch die wesentlichen Unterschiede zwischen ihnen. So zeigte die wissenschaftshistorische Untersuchung anschaulich und überzeugend, daß in einer Reihe von Fällen der reale Verlauf einer Entdeckung, wie seltsam dies auch sein mag, später ihrem Autor immer undeutlicher wird oder ganz aus dem Gedächtnis entschwindet.

Offensichtlich gibt es hier ein paradoxes Zusammentreffen von Umständen, das dazu führt, daß sich die Wissenschaftler nach der Vollendung einer Entdeckung selbst nicht mehr daran erinnern, wie sich die eigene Arbeit an der Entdeckung konkret entwickelt hat.

Am Beispiel der grundlegenden chemischen Entdeckungen Mendelejevs und Daltons läßt sich feststellen: Die abschließende Information der Autoren einer Entdeckung darüber, *was* sie entdeckt haben, unterscheidet sich mitunter um 180° davon, was sich tatsächlich im Prozeß ihrer Arbeit vollzogen hat, d. h. davon, *wie* die Entdeckung gemacht wurde. Wir sind geneigt, daraus zu schließen, daß Psychologen, die es mit Zeitgenossen zu tun haben und die „Psychologie der Wissenschaft" (im Sinne von: Psychologie der Wissenschaftler) studieren, unter gewissen Umständen weniger exakte Ergebnisse über die Prozesse der wissenschaftlichen Entdeckung erhalten als die Wissenschaftshistoriker, die mit Archivdokumenten arbeiten.

Für den Psychologen wird die Situation auch noch dadurch erschwert, daß der Autor einer Entdeckung mitunter überhaupt vergessen kann, wie die von ihm gemachte Entdeckung wirklich verlaufen ist. In extremen Fällen kann sogar die Tatsache selbst, daß er einen originellen Gedanken hervorgebracht oder eine Vermutung oder Voraussage gemacht hat, völlig aus dem Gedächtnis des Wissenschaftlers entschwinden, so, wie das bei Mendelejev hinsichtlich der späteren Edelgase der Fall war, wovon wir berichtet haben.

Klar ist jedenfalls, daß die einzelnen schöpferischen Akte und Prozesse einer wissenschaftlichen Entdeckung außerordentlich ungewöhnlich und überraschend sein können und daß sie in Gestalt plötzlicher schöpferischer „Explosionen" und unerwarteter, anscheinend unmotivierter Zickzackbewegungen verlaufen können. All dies darf weder der Psychologe noch der Wissenschaftshistoriker ignorieren. Es wäre ein Fehler anzunehmen, daß die Kenntnis des Ergebnisses einer Entdeckung uns automatisch bereits die Kenntnis des gedanklichen Entwicklungsprozesses liefert, der zu diesem Ergebnis geführt hat. Natürlich stellt das Ergebnis gewissermaßen die Summe des gesamten Erkenntnisprozesses dar, doch bedeutet das keineswegs, daß auf Grund des Ergebnisses auch schon der Entwicklungsverlauf dieses Prozesses festgestellt werden kann.

Das Verhältnis zwischen der Logik, der Wissenschaftsgeschichte und der Psychologie des wissenschaftlichen Schöpfertums läßt sich in gewisser Weise mit dem Verhältnis zwischen einem fertigen Gebäude (dem Ergebnis) und dem Baugerüst vergleichen, in dem sich das Baugeschehen abgespielt hat (dem Prozeß der Erzielung des wissenschaftlichen Ergebnisses in allen seinen Einzelheiten). Ähnlich, wie der heutige Mensch nur das fertige, vom ehemaligen Baugerüst gänzlich befreite Gebäude vor sich sieht, so bietet sich dem gedanklichen Blick der heutigen Menschen auch allein das logisch bearbeitete Ergebnis des schöpferischen Aktes (der wissenschaftlichen Entdeckung). Sein ganzer verschlungener Weg aber bleibt außerhalb des Gesichtsfeldes, ebenso wie die Baugerüste, die lediglich für den Bau notwendig waren und nach seiner Vollendung überflüssig, ja störend wurden.

Die Baugerüste, die das Gebäude umgeben, solange es im Bau ist, sind analog der wissenschaftsgeschichtlichen und der psychologischen Seite jenes schöpferischen Prozesses, den wir als wissenschaftliche Entdeckung bezeichnen. Das fertige, von den Gerüsten befreite Gebäude ist hier die Logik der Wissenschaft, die die objektive Wahrheit in jener Form widerspiegelt, in der sie in die Wissenschaft eingeht: frei von allem Subjektiven, das im Verlauf der wissenschaftlichen Entdeckung hineingekommen ist. In der Wissenschaft bleibt nur die objektive Wahrheit, die an der Praxis überprüft worden ist. Die „Gerüste" aber, mit deren Hilfe sie gefunden wurde, verbleiben in den wissenschaftlichen Archiven und, soweit es sich um eine Entdeckung jüngeren Datums handelt, im Gedächtnis jener Menschen, die zur Suche und Entdeckung dieser Wahrheit Bezug gehabt haben. Und so wird es bleiben, solange sich die Psychologie und die Wissenschaftsgeschichte nicht aktiv in diesen Bereich der wissenschaftlichen Forschung einschalten.

Mitunter stellt sich unser Problem so dar: Man sieht ein fertiges Gebäude und soll feststellen, auf welche Weise es seinerzeit errichtet wurde. Im Leben befaßt sich mit solchen Fragen die Geschichte des Bauwesens und der Bautechnik. Eine ähnliche Aufgabe ist nun den Historikern der Wissenschaft, den Logikern und den Psychologen gestellt, die an den Problemen der Wissenschaftsentwicklung und an der Erforschung der Geschichte wissenschaftlicher Entdeckungen arbeiten.

Lebt der betreffende Wissenschaftler, so kann er selbst über die von ihm gemachte Entdeckung berichten. In diesem Falle stellt sich die Aufgabe der psychologischen Forschung natürlich etwas anders, und hier bietet sich dem Psychologen ein reiches Arbeitsfeld. Doch auch in diesem Falle ergeben sich große Schwierigkeiten, die man, wie mir scheint, nie aus den Augen verlieren sollte, wenn man eine derartige Forschung in Angriff

nimmt. Wie die Arbeiten am Mendelejevschen Nachlaß gezeigt haben, kann es tatsächlich vorkommen, daß der Wissenschaftler selbst nicht in der Lage ist, den Verlauf seiner Entdeckung richtig zu rekonstruieren. Nicht selten verdrängt die Endphase der Entdeckung die vorhergehenden Phasen, so daß im Gedächtnis des Wissenschaftlers nicht nur die Einzelheiten gelöscht werden, sondern sogar der ganze Verlauf und die Richtung seines Denkens im Prozeß der sich vollziehenden Entdeckung selbst.
In einem solchen Falle wird die reale Geschichte der Entdeckung durch eine idealisierte, abgerundete Geschichte ersetzt. An dieser Geschichte läßt sich ablesen, wie sich der Wissenschaftler, dem die Entdeckung gelungen ist, nun bemüht, anderen möglichst klar und logisch von dieser Entdeckung Nachricht zu geben. Wenn die Information, die andere vom Autor der Entdeckung erhalten haben, dann als der eigentliche Verlauf der Entdeckung angesehen wird, so kommt es zu Mißverständnissen.
Es kann sich tatsächlich herausstellen, daß die Entdeckung diametral anders verlaufen ist, als das in logisch verallgemeinerter Form bei der Zusammenfassung ihres Ergebnisses dargestellt wurde. Dies läßt sich insbesondere am Beispiel der Schaffung der chemischen Atomistik durch Dalton beweisen. Thomas Thomson gewann aus den Worten Daltons ein Bild von der Geschichte der Entdeckung, das in Wirklichkeit falsch war. Aber in dieser Form entsprach sie durchaus der bereits erfolgten Entdeckung, die damit frei von allen (unnötig gewordenen) psychologischen „Gerüsten" war, mit denen sie (ähnlich einem im Bau befindlichen Gebäude) in den vorhergehenden Stadien umgeben gewesen war. Dies ist der Grund für die Entstehung der verschiedensten Legenden und Anekdoten, die, wie die Analyse der Archivmaterialien über Mendelejev, Dalton und viele andere Wissenschaftler zeigt, oft der Wirklichkeit in keiner Weise entsprechen.

26. Die Aufgaben der weiteren Forschung

Das oben dargelegte Material und seine Erörterung erlauben einige Schlußfolgerungen hinsichtlich der weiteren Arbeit. Vor allem ist es notwendig, die von uns aufgestellte Hypothese über den „Grundmechanismus" des Prozesses einer wissenschaftlichen Entdeckung und über die Prozesse mehr elementaren Charakters, die als psychologisches Modell für die wissenschaftliche Entdeckung dienen können, sorgfältig zu überprüfen.
Insbesondere gilt es zu prüfen, ob tatsächlich beim Menschen eine *Barriere* entstehen kann, die am Übergang zu einer höheren Stufe der Erkenntnis hindert und die im Verlauf der Entwicklung der Erkenntnis durch ein Abgehen von der veralteten, sich im Bewußtsein der Menschen

gefestigten Denkweise und der früheren Methode zur Erklärung der erforschten Erscheinungen überwunden wird. Weiter geht es um die Nachprüfung des vermuteten „Mechanismus" zur Überwindung der genannten Barriere mit Hilfe eines sog. „*Sprungbrettes*", das durch eine zufällig entstandene Assoziation gebildet wird. Und schließlich ist in diesem Zusammenhang die Rolle der *Intuition* als eines logischen Verfahrens genauer zu klären, insbesondere ihre Rolle als Form der Verallgemeinerung unter Bedingungen, unter denen sich die übliche Methode der induktiven Verallgemeinerung als ungeeignet oder unwirksam erweist.

Eine solche Überprüfung müßte in interdisziplinärer Arbeit erfolgen, an der nicht nur Psychologen (Fachleute auf dem Gebiet der Psychologie des wissenschaftlichen Schöpfertums), sondern auch Wissenschaftshistoriker, Biographen hervorragender Wissenschaftler sowie Vertreter jenes Bereichs der Logik beteiligt sein sollten, der Wissenschaftslogik genannt wird.

Von großem Interesse ist weiterhin das Studium von Keimformen der wissenschaftlichen Entdeckung, darunter auch jener Formen, in denen die schöpferische Tätigkeit beim Kind und beim Jugendlichen verläuft. Das Studium der schöpferischen Fähigkeiten und Neigungen bei Kindern und Jugendlichen, vor allem bei Schülern verschiedenen Alters, kann klären helfen, wie es zu gewissen Modellen der wissenschaftlichen Entdeckung kommt, die jenen analog sind, von denen in der vorliegenden Arbeit die Rede war.

Wir unterscheiden zwei Arten von Modellen: Strukturmodelle und genetische Modelle. Die ersteren bilden in abstrakter und z. B. verkleinerter Form gewisse Züge der Struktur eines existierenden Gegenstandes nach. Die zweiten stellen unentwickelte Keimformen des untersuchten Gegenstandes oder Prozesses dar, aus denen sich unter bestimmten Umständen der jeweilige Gegenstand oder Prozeß entwickeln kann. In beiden Fällen handelt es sich um den Versuch, im Einfacheren das Kompliziertere widerzuspiegeln. Im Strukturmodell wird dies durch den Verzicht auf eine Reihe zweitrangiger Momente des bereits existierenden Gegenstandes erreicht, im genetischen Modell durch die gedankliche Reproduktion der ursprünglichen Entwicklungsstufe des jeweiligen Gegenstandes.

So gesehen sind jene Modelle, die bei der Erforschung des wissenschaftlichen Schöpfertums und insbesondere wissenschaftlicher Entdeckungen benutzt werden, genetische Modelle. Sie sollen die genetischen Ursprünge, d. h. die Herkunft solcher psychologischer Erscheinungen, aufdecken, die von uns als Barriere, Sprungbrett, soufflierende Assoziation usw. charakterisiert wurden. Wenn sich solche Seiten und Erscheinungen bereits im Kindesalter bemerkbar machen oder sogar herausbilden, dann muß ihr Zusammenhang mit den höheren Entwicklungsstufen des menschlichen Intellekts geklärt werden, auf denen diese Seiten und Erscheinungen bereits die wissenschaftliche Tätigkeit betreffen und deren Erfolg bestimmen, d. h., auf denen sie sich im Moment des Zustandekommens einer wissenschaftlichen Entdeckung voll entfalten können. Diese Frage ist für die Ausarbeitung einer künftigen Theorie der wissenschaftlichen Entdeckung von entscheidender Bedeutung.

27. Zur Ausarbeitung der Methode der psychologischen Erforschung des wissenschaftlichen Schöpfertums

Besonders kompliziert erscheint uns die Sammlung von Material zur Psychologie des wissenschaftlichen Schöpfertums, also auch wissenschaftlicher Entdeckungen, mittels Befragung lebender Zeugen, d. h. der Autoren und Teilnehmer dieser Entdeckungen. Da es überzeugende Beweise dafür gibt, daß sich der Prozeß der Entdeckung im Gedächtnis derjenigen, die mit dieser wissenschaftlichen Entdeckung zu tun hatten, oft ganz anders ausnimmt, als er in Wirklichkeit verlaufen ist, so muß dieser Umstand bei der Durchführung entsprechender Befragungen in Rechnung gestellt werden.
Die Situation in diesem Falle erinnert etwas an diejenige, in der sich ein Arzt befindet, der eine Diagnose stellen soll: Die subjektiven Angaben des Kranken sind von großer Bedeutung, können jedoch von Nebenumständen stark beeinflußt sein, beispielsweise von der Ängstlichkeit des Kranken oder, im entgegengesetzten Fall, von seiner Sorglosigkeit gegenüber der eigenen Gesundheit. Der Arzt beschränkt sich deshalb nicht auf die Befragung des Kranken, sondern richtet sein Hauptaugenmerk auf objektive Kennzeichen, die allein die Möglichkeit geben, eine endgültige Diagnose der Erkrankung zu stellen.
Es ist anzunehmen, daß auch auf dem Gebiet der Erforschung des wissenschaftlichen Schöpfertums die subjektiven Angaben des Wissenschaftlers in bestimmter Weise durch objektive Daten ergänzt werden müssen. Die Parallele zwischen dem Stellen einer Diagnose durch den Arzt und der Rekonstruktion des Verlaufs einer wissenschaftlichen Entdeckung scheint uns einer gewissen Berechtigung nicht zu entbehren: Der Mensch, der eine wissenschaftliche Entdeckung macht, befindet sich in einem Zustand der schöpferischen Aufwallung, in einem Zustand der höchsten Erregung und Anspannung seines Intellekts, in dem sich die Intuition mit besonderer Stärke auswirkt und sich der Kontrolle dessen, in dessen Kopf sie ihr Werk tut, überhaupt entzieht. Dies ist ein Zustand, der vom normalen Zustand eines Menschen weit entfernt ist, jenem Zustand, in

dem der Mensch der Entwicklung seiner Gedanken in Ruhe folgen und jeden ihrer Schritte in die eine oder andere Richtung fixieren kann.
Man kann von einem Menschen, der im Moment des Zustandekommens einer wissenschaftlichen Entdeckung oft eine blitzartige Ablösung einer Entwicklungsetappe des Gedankens durch die andere erlebt und bei dem gleichzeitig alle geistigen Kräfte und Potenzen in Bewegung gesetzt sind, kaum erwarten, daß er das ganze Kaleidoskop von Gefühlen, Vermutungen und Einsichten, die durch die plötzlich auflebende Intuition ausgelöst werden, im Gedächtnis behalten oder fixieren kann. Nicht nur in diesem Moment, sondern auch später, wird er sich, wie uns scheint, Rechenschaft nur über einzelne, fragmentarisch bewußt gewordene Momente jenes stürmischen schöpferischen Prozesses geben können, der sich in ihm abgespielt hat. Jedenfalls stellt sich uns so das Bild des Verlaufs der Entdeckung des Periodischen Gesetzes durch Mendelejev dar..
Unschätzbare Dienste können hier Notizen leisten, die der Wissenschaftler im Moment der Entdeckung zu Papier gebracht hat, denn in ihnen sind bestimmte Entwicklungsstadien des Prozesses der jeweiligen Entdeckung festgehalten. Wie kann man aber den Wissenschaftler veranlassen, im Moment der Entdeckung solche Notizen zu machen? Und wird er diesem Rat folgen, wenn dies nicht der Verlauf der Entdeckung selbst erfordert? Wie soll sich der Psychologe verhalten, der von dem Wissenschaftler, der eine Entdeckung gemacht hat, die für die Forschung notwendigen Angaben erhalten will?
Ausgehend von den Erfahrungen bereits durchgeführter Untersuchungen, die besagen, daß vieles von den Entdeckern selbst vergessen wird und vieles dann von den Zeugen, die mit den Entdeckern gesprochen haben, verzerrt wird, sollte der Psychologe, der den schöpferischen Prozeß studiert, vor allem anderen feststellen: *Was* wird vergessen und entschwindet nach der Vollendung der Entdeckung aus dem Gesichtsfeld? Und: *Was* wird als der wahrscheinlichste oder sogar wahre Verlauf der Entdeckung angesehen?
Offenkundig muß der Psychologe gemeinsam mit dem Wissenschaftshistoriker zunächst sorgfältig die Situation studieren und dann auf der Grundlage der bereits vorhandenen Kenntnisse eine hypothetische Variante des „Drehbuches“ aufstellen. Danach, wenn klar ist, in welcher Richtung die Entdeckung idealisiert und logisiert worden sein kann, müssen der Psychologe und der Wissenschaftshistoriker die möglichen Wege zur Restaurierung des wirklichen Verlaufs der vorliegenden Entdeckung bestimmen. Dazu wird auf der Basis der, wenn auch zu Anfang sehr spärlichen, objektiven Daten über den Verlauf der Entdeckung ein — natürlich wieder hypothetisches — „Drehbuch“ aufgestellt.

Die Aufgabe der Forscher — des Psychologen und des Wissenschaftshistorikers — besteht nun darin, eine Reihe von Fragen auszuarbeiten, die dem Autor der Entdeckung helfen können, sich an das zu erinnern, was im Moment der Entdeckung vorgegangen ist, sich also gedanklich in die Situation zurückzuversetzen, in der die Entdeckung geschah. Die Aufstellung und Begründung solcher Fragen, die den ganzen Verlauf der Forschung bestimmen, stellen unserer Meinung nach den wichtigsten und arbeitsaufwendigsten Teil der ganzen Forschung dar, die sich mit der Sammlung von Faktenmaterial über das wissenschaftliche Schöpfertum befaßt.

Mit einem Wort: Es geht um die Ausarbeitung der wissenschaftlichen Methode zur Durchführung derartiger psychologischer und zugleich wissenschaftshistorischer Untersuchungen. Ähnlich wie der Naturwissenschaftler nicht einfach das fotografiert, was er in der Natur vorfindet, sondern die Natur *ausforscht*, ihr Antworten auf die ihn interessierenden Fragen abzwingt, müssen auch die Wissenschaftshistoriker und Psychologen bei der Sammlung von Faktenmaterial vorgehen, das wissenschaftliche Entdeckungen und wissenschaftliches Schöpfertum überhaupt betrifft.

Es erscheint uns also völlig ungenügend, bekannte Wissenschaftler zu bitten: „Erzählen Sie uns, wie Sie ihre Entdeckungen gemacht haben!“ Derartige Fragen haben übrigens seinerzeit bei Mendelejev immer starke Verärgerung ausgelöst. Hätte man ihm jedoch konkrete Fragen stellen können, z. B.: „Welche zwei Gruppen haben Sie als erste nach der Größe ihres Atomgewichts verglichen?“ oder: „Woraus haben Sie geschlossen, daß das Atomgewicht von Be und die Formel seines Oxyds Be_2O_3 falsch sind?“, so ist anzunehmen, daß Mendelejev versucht haben würde, sich daran zu erinnern und die Fragen ebenso konkret zu beantworten, wie sie gestellt wurden.

Der Psychologe und der Wissenschaftshistoriker, die nicht zufällige und bruchstückhafte Erinnerungen der Entdecker, sondern exaktes Faktenmaterial erhalten wollen, müssen sowohl die Entdeckung selbst als auch ihre gesamte Geschichte so vollständig wie nur immer möglich kennen. Darin liegt die Garantie für ein weitaus größeres positives Ergebnis der Forschung. Aber selbst in der Form von Erinnerungen und bruchstückhaften Angaben ist jedes Material, das den Verlauf wissenschaftlicher Entdeckungen betrifft, von unzweifelhaftem Interesse und muß gesammelt werden. Es kommt nur darauf an, dieses Sammeln auf das Niveau einer streng wissenschaftlichen Forschung zu bringen. Dann wird solches Material tatsächlich zum Ausgangspunkt für die Ausarbeitung einer Theorie der wissenschaftlichen Entdeckung werden können.

M. G. Jaroševskij

Über drei Verfahren der Interpretation des wissenschaftlichen Schöpfertums

In diesem Aufsatz werden drei Arten der Behandlung des wissenschaftlichen Schöpfertums untersucht:

1. diejenige, die zur Erklärung des wissenschaftlichen Schöpfertums den Begriff der Intuition benutzt;
2. diejenige, die verschiedene Verfahren der Formalisierung des schöpferischen Prozesses verwendet;
3. diejenige, die den Prozeß des wissenschaftlichen Schöpfertums in den historisch konkreten Kontext einschließt.

Der Terminus „Schöpfertum" ist bekanntlich außerordentlich vieldeutig. Er wird zur Beschreibung aller Formen produktiver, schöpferischer Tätigkeit des Menschen benutzt und gelegentlich sogar im Hinblick auf Naturkräfte verwendet. Die Entwicklung der Wissenschaft als eines besonderen sozialhistorischen Gebildes ist jedoch nicht allein durch geniale Einfälle, durch das Entstehen neuer Ideen, durch das Hervorbringen neuer geistiger Produkte gekennzeichnet, also nicht allein durch schöpferische Tätigkeit. In der Wissenschaft sind auch viele andere Momente, die der psychologischen Analyse bedürfen, bedeutsam. Zu ihnen gehören zum Beispiel die Motivationsfaktoren, die Wissenschaftler veranlassen, bestimmte Ideen nach ihrer Entstehung zu verteidigen oder abzulehnen; es gehören dazu die Formen der Kommunikation zwischen Wissenschaftlern und Wissenschaftlergruppen und der Einfluß von verschiedenen Organisationsformen auf den Charakter und das Ergebnis der wissenschaftlichen Tätigkeit.

Es ist nicht üblich, diese Momente zur Charakterisierung des schöpferischen Prozesses selbst hinzuzuziehen. Der schöpferische Prozeß selbst wird gewöhnlich verstanden als etwas, was sich „innerhalb" der intellektuellen Sphäre des Individuums vollzieht (als eine ungewöhnliche Verkettung von Ideen, als intuitive Einsicht, als „verborgene" Gedankenarbeit u. ä.).

Wer aber könnte behaupten, daß die Werturteile der Wissenschaftler, die Kommunikationsflüsse in der wissenschaftlichen Arbeit, die Mittel ihrer Organisation und andere im Hinblick auf die eigentlich „schöpferischen Prozesse" zunächst als „äußere" Faktoren erscheinende Gegebenheiten überhaupt irrelevant sind für den psychologischen Inhalt derjenigen Prozesse, deren Ziel das schöpferische Produkt ist?

Da Gegenstand unserer Erörterungen die verschiedenen Typen der Interpretation schöpferischer Aktivität als einer besonderen psychischen Aktivität sind, wird diese Aktivität in Verbindung mit der umfassenderen Aufgabe behandelt, eine *Psychologie der Wissenschaft* zu entwickeln. Dies ist eine neue Richtung interdisziplinärer Forschungsarbeit, die die Faktoren und Gesetzmäßigkeiten der Tätigkeit des Menschen im System der Wissenschaft aufdecken soll [10]. Dadurch, daß die Probleme des Schöpfertums in den Gegenstandsbereich der Psychologie der Wissenschaft aufgenommen werden, muß unvermeidlich eine Umorientierung bei der Analyse dieser Prozesse erfolgen. Analog der Wandlung im biologischen Denken, die dadurch hervorgerufen wurde, daß die Auffassung, der Organismus sei eine Art Monade, immer mehr von der Auffassung des Prinzips der Einheit von Organismus und Umwelt verdrängt wurde, verändert sich das psychologische Denken dadurch, daß das schöpferische Subjekt nicht mehr isoliert, sondern in der Gesamtheit seiner Beziehungen zum objektiven Prozeß der Wissensentwicklung gesehen wird. Man könnte sagen, daß in den Begriff „schöpferisches Subjekt im wissenschaftlichen Arbeitsprozeß" auch das wissenschaftliche Milieu als Komponente aufgenommen werden muß. (Dabei sind unter „Milieu" das System der Wissenschaft und seine historisch veränderliche Organisationsform zu verstehen.)

In der Periode der wissenschaftlich-technischen Revolution, in der die Rolle der Wissenschaft für die Entwicklung der Gesellschaft nicht täglich, sondern stündlich wächst, ist die gesellschaftliche Verantwortung der Psychologie außerordentlich gewachsen. Eine ihrer dringendsten Aufgaben besteht heute darin, neben dem System „Mensch-Technik" das System „Mensch-Wissenschaft" zu erforschen. Die Struktur der schöpferischen Persönlichkeit und die Bedingungen ihrer Entwicklung, die Mechanismen des produktiven Denkens und der produktiven Phantasie, die Motivation der Tätigkeit des Wissenschaftlers, die Altersdynamik des Schöpfertums, die psychologischen Aspekte der Zusammensetzung eines Wissenschaftlerkollektivs und viele andere Fragen, die sich aus der Praxis der Wissenschaftsleitung ergeben, haben den Kreis der traditionellen psychologischen Themen wesentlich erweitert und die Psychologen an die wissenschaftskundliche Problematik herangeführt. Kernpunkt der

Wissenschaftskunde aber ist das Schöpfertum, und so war es natürlich, daß sich die Untersuchungen in erster Linie auf die schöpferischen Komponenten der wissenschaftlichen Tätigkeit konzentrierten. Auch früher gab es schon Versuche zu erfassen, wodurch sich die Determination schöpferischen menschlichen Verhaltens von der unschöpferischen Verhaltens unterscheidet. Heute jedoch, nachdem sich gezeigt hat, daß die Volkswirtschaft der Nationen und Staaten zunehmend abhängiger wird von der Nutzung ihrer geistig-schöpferischen Ressourcen, ist das Bedürfnis nach der Erforschung der Gesetzmäßigkeiten und Faktoren des schöpferischen Denkens außergewöhnlich dringlich geworden.
Wie kann die moderne Wissenschaft diesem Bedürfnis gerecht werden? Mit anderen Worten: In welchem Grade stehen uns schon heute wissenschaftliche Methoden zur Verfügung, die eine Erforschung des wissenschaftlichen Schöpfertums erlauben? Welche Möglichkeiten und realen Perspektiven bietet die Anwendung empirischer, experimenteller, mathematischer und anderer Methoden bei Objekten, die wir „schöpferischer Akt", „schöpferische Persönlichkeit", „schöpferischer Prozeß", „schöpferische Tätigkeit" etc. nennen.
Es ist offenkundig, daß die wissenschaftliche Erforschung des Schöpfertums zur Selbsterkenntnis der Wissenschaft, zur Erkenntnis ihrer eigenen Mittel, Prozesse und Entwicklungsbedingungen beiträgt.
Über die Eigenart von Persönlichkeitseigenschaften und Besonderheiten der Tätigkeit von Wissenschaftlern ist vieles aus deren Selbstzeugnissen, aus Berichten von Zeitgenossen und aus künstlerischen und biographischen Werken bekannt. Obwohl das auf diese Weise gesammelte Material zweifellos von erkenntnistheoretischem Wert ist, weist es jedoch, wie jedes unterhalb des Bereiches der unmittelbaren Wissenschaft vorhandene Wissen, gewisse Schwächen auf. Die von Helmholtz, Poincaré, Einstein, N. E. Vvedenskij, Bohr, V. I. Vernadskij und vielen anderen hervorragenden Naturwissenschaftlern geäußerten Gedanken über das Schöpfertum und über die Grundlagen und die Dynamik wissenschaftlicher Tätigkeit können lediglich als Ausgangsmaterial für die Erarbeitung *wissenschaftlicher* Auffassungen über jene Prozesse angesehen werden, mittels derer neue Wahrheiten entdeckt und Hypothesen widerlegt, theoretische Systeme aufgebaut und experimentelle Modelle erarbeitet werden. Diese Prozesse müssen ebenso objektiv erforscht und die Forschungsergebnisse müssen ebenso durch die Praxis überprüft werden, wie die natürlichen (physikalischen, biologischen u. a.) Objekte erforscht werden. Die von berühmten Mathematikern und Naturwissenschaftlern stammenden Berichte über die Eigenart ihrer schöpferischen Aktivität sind notwendigerweise in einer Sprache formuliert, die sich

von der abgeschliffenen, strengen Sprache der Mathematik und der Naturwissenschaften selbst unterscheidet. Die naive Überzeugung, daß niemand den schöpferischen Akt besser darstellen könne als das Subjekt, das ihn ausgeführt hat, beruht auf dem Glauben, der psychische Prozeß sei identisch mit seiner Abbildung im Bewußtsein des Individuums. Dies ist ein Postulat des Introspektionismus, dessen Überwindung erst das Entstehen einer objektiven Psychologie ermöglichte. Gegenüber der These, daß sich die „Tiefe" des schöpferischen Aktes niemandem mit solcher Offensichtlichkeit erschließe wie seinem Akteur, muß mit aller Entschiedenheit die Notwendigkeit betont werden, diesen Akt in dem gleichen objektiven Beziehungssystem zu analysieren, in dem der Wissenschaftler jedes Phänomen der von ihm untersuchten Realität erforscht. Die historisch entstandenen Kriterien wissenschaftlicher Erkenntnisgewinnung müssen auch auf die Analyse psychischer Prozesse angewandt werden. Da jedoch jedes Objekt nur über ein System wissenschaftlicher Kategorien der Erforschung zugänglich ist, kann der schöpferische Prozeß nur dann zum Objekt wissenschaftlicher Erkenntnis werden, wenn er in den von der Psychologie ausgearbeiteten kategorialen Schemata interpretiert wird. Diese Schemata selbst haben sich historisch entwickelt. Sie haben sich nicht spontan, sondern im Gefolge der allgemeinen Ergebnisse des naturwissenschaftlichen Denkens entwickelt, und zwar in dem Maße, wie dieses die Kausalzusammenhänge physikalischer, biologischer und biochemischer Erscheinungen erkannte. Als die Psychologie unter dem Druck der bereits gekennzeichneten sozialökonomischen Situation gezwungen war, sich bislang so wenig untersuchten Erscheinungen wie denen der Persönlichkeit und der Tätigkeit des Wissenschaftlers zuzuwenden, konnte sie nicht anders vorgehen, als ihre früheren erklärenden Begriffe und Schemata auf dieses neue Objekt anzuwenden.
Mit gewissen Einschränkungen, die noch zu erläutern sein werden, können diese Begriffe und Schemata in drei Gruppen eingeteilt werden: in solche der Erlebnispsychologie, der Verhaltenspsychologie und der Kulturpsychologie. Die Erlebnispsychologie geht von der Annahme aus, daß die psychische Realität bewußter und unbewußter Erscheinungen im — diese Erscheinungen erlebenden — Subjekt beginnt und endet. Die Verhaltenspsychologie legt den Akzent auf die objektiv beobachtbaren Handlungen, die der Organismus ausführt, um sich verschiedenen Umweltsituationen anzupassen. Die Kulturpsychologie schließlich sieht die psychischen Akte des Individuums in ihrem Abhängigkeitsverhältnis von übersubjektiven, auf eigenen (sozialen, nationalen, historischen) Grundlagen beruhenden kulturellen Gegebenheiten. Jede der drei genannten

Richtungen hat Traditionen, die die jeweilige Erklärung der schöpferischen Elemente der Denktätigkeit bestimmend beeinflußten.
In der Erlebnispsychologie ist der Begriff der Intuition der Schlüssel für die Erklärung schöpferischer Akte.
Die Verhaltenspsychologie orientiert sich auf die Dynamik derjenigen Beziehungen zwischen dem „input“ und dem „output“ des Organismus, die der objektiven Beobachtung und Kontrolle zugänglich sind. Sie sieht dabei von den inneren Zuständen ab. Dieser Ansatz wurde zum Ausgangspunkt der verschiedenen formalisierten Heuristiken, die die Lösung beliebiger, also auch schöpferischer Probleme auf Operationen mit Zeichen zurückführen.
Die Kulturpsychologie schließlich, die weitaus weniger ausgearbeitet ist als die anderen beiden Richtungen, verbindet die schöpferische Aktivität der Persönlichkeit mit deren Vergegenständlichung in kulturellen Werten und Produkten.
Um einen Überblick über die methodologischen Grundlagen konkreter Untersuchungen schöpferischer Prozesse zu bekommen, muß man sich zunächst den kategorialen Ausgangspunkten der genannten allgemeinpsychologischen Richtungen zuwenden.

1. Die Intuition

Obwohl für die Bewertung eines schöpferischen Phänomens seine objektive Verkörperung — sei es als neue Theorie, Konstruktion, Methodik, oder auch als neue Pflanzensorte oder als Medikament — entscheidend ist, konzentrieren sich die Untersuchungen des Schöpferischen natürlich auf die psychologischen Mechanismen, die diese Produkte hervorbrachten, und nicht auf die Produkte selbst.
Bei der Frage nach dem Verhältnis zwischen dem Prozeß und dem Produkt schöpferischer Tätigkeit geht man davon aus, daß das Produkt etwas Originales, Einmaliges, vorher in der Erfahrung ganz Unbekanntes sein müsse. Müssen aber jene inneren psychischen Prozesse und die ihnen zugrunde liegenden Zustände im Vergleich zu anderen psychischen Prozessen ebenso einmalig und ungewöhnlich sein?
Kann man überhaupt von einem spezifisch schöpferischen Denken sprechen, das anders ist als jene geistigen Abläufe, die eine von uns nicht als schöpferisch bezeichnete Tätigkeit determinieren? Es hat sich die Meinung herausgebildet, daß nicht nur das Endprodukt der gedanklichen Aktivität des Wissenschaftlers, sondern auch diese Aktivität selbst durch besondere Merkmale gekennzeichnet ist, und zwar vor allem durch die sogenannte geistige Intuition.

Die Annahme, daß die Intuition ein besonderer Akt sei, der sich vom abwägenden, diskursiven Denken unterscheidet, entstand zuerst in der Philosophie und besaß einen bestimmten erkenntnistheoretischen Gehalt [2]. Die Hauptmerkmale, nach denen man die Intuition und ihre Produkte unterschied von der verbalisierten und formalisierten Form des Denkens, das über eine Reihe bestimmter Zwischenglieder zum Ergebnis führt, werden als unmittelbares Erkennen von Wesentlichem und als unmittelbar, unabhängig von einem Beweis gegebene Evidenz der Richtigkeit der Erkenntnis beschrieben. Als empirische „Grundlage" intuitiver Prozesse werden Hypothesenbildungen, Akte schöpferischer Phantasie und eine unmittelbare Ideenproduktion genannt. Kennzeichnend für eine solche unmittelbare Ideenfindung ist, daß die Idee nicht Resultat des Durchdenkens einer logischen Schlußkette ist, sondern eben „unmittelbar" hervorgebracht wird.
Die Unzulänglichkeit der Definition, nach der wissenschaftliche Erkenntnis als eine kontinuierlich verlaufende, formalisierbare Tätigkeit angesehen wird, bei der sich jede Phase bestimmten logischen Gesetzen zufolge aus der vorhergehenden ergibt, bestärkte die Überzeugung, daß das wahrhaft schöpferische Wesen des Denkens auf intuitive Prozesse zurückzuführen sei.
Der Gedanke, die Intuition als ein besonderes psychisches Phänomen anzusehen, festigte sich jedoch nicht nur wegen der Begrenztheit des traditionellen formallogischen Schemas, sondern auch dadurch, daß es sich als unmöglich erwies, den schöpferischen Akt mit jenen Begriffen zu erklären, die die bewußt-willkürliche Verhaltensregulation beschreiben. Unser Verhalten unterliegt bekanntlich der Willenskontrolle. Wir können es planmäßig verändern, es auf entsprechend programmierte Ziele hin ausrichten und die Bewegung auf diese Ziele hin beschleunigen oder verlangsamen. Es ist jedoch sinnlos, den schöpferischen Prozeß durch eine Willensanstrengung beschleunigen zu wollen.
Große Wissenschaftler, deren Tätigkeit zu erstaunlichen und bewundernswerten Ergebnissen führte, betonen einmütig die Unmöglichkeit, bewußt „gute Ideen" zu erzwingen.
Helmholtz, der jene Tätigkeitsgebiete vorzog, in denen die Arbeit nicht von Zufällen abhängt, betonte, daß er Tätigkeiten nicht liebe, bei denen der Erfolg plötzlich, ohne Anstrengung, „wie durch eine Eingebung" zustande kommt. Dessenungeachtet hat er diese Besonderheit des schöpferischen Prozesses detailliert beschrieben und die Umstände vermerkt, unter denen gute Ideen am häufigsten auftreten. Er stellte dabei auch fest, daß solche Ideen nicht selten unbeachtet bleiben und daß ihre Wichtigkeit erst später bewußt zu werden beginnt. Es lassen sich viele

Zeugnisse von Wissenschaftlern dafür anführen, daß die wertvollsten Gedanken, die den Höhepunkt des schöpferischen Prozesses bilden, außerhalb des „Bewußtseinsfeldes" entstehen oder jedenfalls nicht im „Brennpunkt" des Bewußtseins.

In den philosophischen Systemen des 17. Jahrhunderts wurde die intuitive Erkenntnis als die klarste überhaupt mögliche Erkenntnisform angesehen. Die Beschreibungen, die diese Form der Erkenntnis als Erlebnis eines konkreten Individuums schildern, beschreiben sie als plötzliche „Erleuchtung", die durch das Wirken dunkler, unterbewußter Kräfte vorbereitet wird.

In den Auffassungen über schöpferische Prozesse in der wissenschaftlichen Arbeit widerspiegeln sich zwei unvereinbare Grundannahmen: einmal die, daß dieses Schöpfertum vom Wissenschaftler eine gewaltige Konzentration seiner Bewußtseinskräfte, eine Anspannung seiner gesamten psychischen Aktivität erfordere, und zum anderen die, daß das Wesentlichste des schöpferischen Prozesses durch das Bewußtsein nicht erfaßt und vom Bewußtsein nicht kontrolliert werden könne, da es eine gänzlich andere Quelle habe, nämlich die unterbewußten psychischen Prozesse.

Die verschiedenen Hypothesen über das eigentliche Wesen schöpferischer Prozesse beziehen sich seit jeher auf jene Zustände, die als „Eingebung", „Erleuchtung", „Aha-Erlebnis", Einsicht u. ä. beschrieben werden. Solche Hypothesen gehören zum Bestand verschiedenartiger Schemata, durch die versucht wird zu rekonstruieren, wie sich die Dynamik des schöpferischen Aktes als Aufeinanderfolge unterschiedlicher Phasen darstellt. Eines der ersten Schemata dieser Art stammt von Poincaré. Poincaré ordnet die bewußten Prozesse in der Arbeit des Wissenschaftlers einer Vorbereitungsphase zu, auf die eine unterbewußte, intuitive Phase folgt, in der unter verschiedenen Möglichkeiten eine bestimmte Idee ausgewählt wird. Da diese Auswahl das Ergebnis einer vorhergehenden, unbewußten Aktivität ist, spiegelt sie sich im Bewußtsein als plötzliches Auftreten der gesuchten Ideenkombination wider. Dem Inhalt nach ähnlich ist die Konzeption von G. Wallas, der vier Hauptstadien unterscheidet [27]: die Vorbereitung, das Heranreifen (Inkubation), die Erleuchtung (Illumination) und die Überprüfung (Verifikation). Alle späteren Beschreibungen des schöpferischen Prozesses (z. B. Ghiselin [8], Arnheim [1]) untergliedern ihn in weitgehend ähnlicher Art. In allen Fällen wird die „Erleuchtung" oder das intuitive Erfassen als das spezifisch schöpferische Moment des Denkprozesses, das sich von der gewöhnlichen Denktätigkeit unterscheidet, hervorgehoben. Es wird angenommen, daß dem schöpferischen Subjekt im Stadium des bewußten Überlegens wesentliche Elemente der Problemsituation entgehen, deren Synthese zu einem Erkenntnisgewinn (z. B. zu einer wissenschaftlichen Entdeckung) führt. Erst auf der Ebene der unterbewußten Verallgemeinerung werden die notwendigen Assoziationen hergestellt. Von dieser verborgenen psychischen Aktivität zeugt ihr Produkt — der schöpferische Einfall.

Die Konzeption vom schöpferischen Akt als „Erleuchtung" führt nicht hinaus über die Beschreibung des Phänomens. Diese Beschreibung wiederum macht die Begrenztheit der Selbstbeobachtung deutlich, denn offensichtlich kann die Entstehung schöpferischer Ideen nicht aus jener Gesamtheit von Elementen und ihren Verbindungen erklärt werden, über die das Individuum einen verbalen, bewußten Bericht zu geben imstande ist. Daher rührt auch die Vermutung, daß die wirkliche Quelle des Schöpfertums im Unbewußten oder Unterbewußten zu suchen sei.

Entsprechend den theoretischen Überlegungen werden praktische Empfehlungen abgeleitet. Es werden verschiedene Mittel und Verfahren vorgeschlagen, die Grenzen der gewöhnlichen Bewußtseinsstruktur zu durchbrechen, ihre Stereotypien und Kontrollmechanismen auszuschalten und eine besondere Einstellung hervorzurufen, um das Entstehen origineller Ideen und Assoziationen zu begünstigen. Auch die Anwendung psychopharmakologischer Mittel wird dabei erwogen.

Bringt die Hypothese von unbewußt verlaufenden psychischen Prozessen die Erforschung des Schöpfertums vom Gesichtspunkt der Wissenschaftspsychologie aus voran? Diese Hypothese hat große Bedeutung für die Überwindung jener Auffassungen, die wissenschaftliche Erkenntnistätigkeit mit bewußt ablaufenden intellektuellen Operationen identifizieren. Wissenschaftliche Erkenntnistätigkeit ist eine Einheit von bewußten und unbewußten Komponenten.

Die gesamte Phänomenologie schöpferischer Prozesse ist keinesfalls eine Fiktion. Es gibt tatsächlich Fälle, in denen richtige Hypothesen sich plötzlich einstellen, in denen die Lösung eines Problems „erkannt" wird, noch ehe der logische Beweis dafür vorliegt. Es gibt Perioden der Inkubation, des Heranreifens von Ideen. Eine gewisse Phasenhaftigkeit im Verlauf der Denkprozesse ist festzustellen, wenn auch ohne strenge Gliederung in Stadien, die einander folgerichtig ablösen. Es gibt Momente besonderen Auftriebs, die ein unter anderen Bedingungen unerreichbares Ergebnis liefern. Allein der Hinweis auf unbewußt ablaufende Denkprozesse trägt indessen nicht dazu bei, das Verständnis für die genannten Erscheinungen zu vertiefen. Der Begriff des Unbewußten gewinnt erst dann einen positiven Sinn, wenn er mehr bezeichnet als die bloße Vermutung, daß irgendein psychischer Inhalt seinem Träger (seinem Subjekt) nicht bewußt wird. Lassen wir es dabei bewenden zu sagen, der entsprechende Inhalt werde nicht bewußt, so ergibt sich sofort die Frage, wodurch er sich in Funktion und sachlichem Gehalt von jenem Inhalt unterscheidet, der im Bewußtsein dargestellt und der verbalen Analyse zugänglich ist. Wenn die Antwort darauf hinausläuft, daß das Nichtbewußte (Unbewußte, Unterbewußte) sich inhaltlich in nichts von dem im Bewußtsein Dargestellten unterscheidet als dadurch, daß es dem „inneren Blick“ des Subjekts verborgen ist, so ist wenig gewonnen. In diesem Falle muß das Unbewußte nach dem Muster der Dynamik psychischer Erscheinungen gedacht werden, wie sie sich dem gewöhnlichen Bewußtsein darstellt. Die Interpreten schöpferischer Prozesse aber waren doch gerade deshalb gezwungen, den Begriff des Unbewußten (Unterbewußten, Intuitiven etc.) einzuführen, weil sich von den Prozessen des Bewußtseins her (oder besser — aus dem Bericht des schöpferischen Subjekts über sie) das Hervorbringen neuer Ideen nicht erklären ließ!

Die gegenwärtig von einigen Psychologen unternommenen Versuche, die unbewußte Komponente schöpferischer Tätigkeit mit kybernetischen Termini zu erklären, trägt kaum zur Verbesserung der Situation bei. Es wird der Begriff des „dynamischen Informationsmodells“ geprägt, das „im Verlauf der Orientierung über die Bedingungen der Aufgabe, im Verlauf der Analyse und Synthese dieser Bedingungen, also im Prozeß der aktiven bewußten Tätigkeit gebildet wird“ [20, S. 134]. Nachdem es als Ergebnis bewußter Tätigkeit im Gehirn entstanden ist, beginnt das Hirnmodell — diesem Standpunkt zufolge — ein selbständiges Leben zu führen. Die Spuren der einen Objekte treten von selbst in Wechselwirkung mit den Spuren der anderen. „Im Ergebnis dieser dynamischen Wechselwirkung, die in den Nervenzellen des Gehirns erfolgt, werden neue Verbindungen und Beziehungen zwischen den Elementen der Problemsituation hergestellt, was dann auch zur Lösung der Aufgabe führt. Die Beschreibungen des Prozesses der Entdeckung oder Erfindung lassen die Annahme zu, daß das dynamische Modell der Problemsituation zu autonomer Arbeit fähig und in einem bestimmten Maße von der Bewußtseinstätigkeit des Menschen unabhängig ist. Nachdem die Aufgabe gelöst ist, werden die Ergebnisse der Arbeit des Modells gewissermaßen an den Menschen ausgegeben, der die Aufgabe gelöst hat“ [20, S. 134].

Obwohl in Überlegungen dieser Art neue Wörter verwendet werden — „Informationsprozesse“, „Hirnmodell“ —, entspricht die Charakterisierung des schöpferischen Prozesses der Problemlösung der Beschreibung, die bereits Poincaré gab: zuerst Bewußtseinstätigkeit, die aber wegen der Unvollständigkeit der Angaben und der Analyse nicht die gewünschte Wirkung hat, dann unterbewußte Arbeit des Verstandes, die „automatisch" (unabhängig von der Aktivität des Bewußtseins) die Lösung findet, und schließlich die „Ausgabe" dieser Lösung an das Subjekt. Eine solche vom Standpunkt der Phänomenologie schöpferischer Prozesse zutreffende Beschreibung sagt nicht aus über die spezifische Eigenart dieser Prozesse. Der Hinweis auf die „dynamische Wechselwirkung in den Nervenzellen des Gehirns" erweitert unser Wissen über die Mechanismen dieser Prozesse ebensowenig wie die Hypothese von der unbewußten Aktivität des Verstandes. Die ganze Frage läuft also wiederum auf die Alternative hinaus: Entweder erfolgt die genannte dynamische Wechselwirkung, durch die neue Verbindungen und Beziehungen hergestellt werden, nach dem gleichen Muster wie die Operationen des bewußten Denkens (die aus der Logik und den Selbstbeobachtungen des Subjekts bekannt sind), oder sie bringt etwas Neues, dem Bewußtsein Unzugängliches, etwas von den bekannten logischen Schemata Abweichendes hervor. Im ersten Falle leidet die Erklärung unter dem gleichen Mangel wie alle anderen Konzeptionen, die das Unbewußte nur negativ, nämlich als etwas, dem das Attribut der Bewußtheit, der Präsenz im Bewußtsein fehlt, charakterisieren. Im zweiten Falle führt sie zu produktivem Weiterdenken.

Wir wollen in diesem Zusammenhang feststellen, daß der Weg, den Freud und seine Anhänger bei der Charakterisierung des Unbewußten beschritten haben, für die Wissenschaftspsychologie nicht akzeptabel ist. Die psychoanalytische Theorie stattete das Unbewußte mit Merkmalen aus, die sich von denen bewußter Phänomene unterscheiden. Dadurch gelang es, die vom Introspektionismus entwickelte inhaltslose Vorstellung vom Unbewußten zu überwinden. In der Psychoanalyse jedoch hat diese Vorstellung einen irrationalen Gehalt bekommen. Schöpferische Prozesse, darunter auch die in der wissenschaftlichen Arbeit auftretenden, werden danach von geheimnisvollen individualpsychologischen Mechanismen — sexueller, aggressiver, defensiver u. a. Art — beeinflußt.

Der Freudianismus beeinflußte und beeinflußt weiterhin die Theoriebildung zur Frage der Persönlichkeit des Wissenschaftlers und seiner Tätigkeit. Aber gerade der Freudianismus hat die Aussichtslosigkeit von Versuchen gezeigt, schöpferische Prozesse aus der Wirkung solcher unbewußten Kräfte zu erklären, die sich ihrem Wesen nach von den rationalen Formen der menschlichen Erkenntnistätigkeit unterscheiden. Nach dieser Auffassung ist nicht die historisch, im gesellschaftlichen Kontext entstandene Form der wissenschaftlichen Tätigkeit, die sich nach objektiven Gesetzen entwickelt, Hauptvoraussetzung für das Entstehen solcher psychischer Eigenschaften des Individuums, die eben diese Tätigkeit ermöglichen, sondern bestimmende Grundlage wissenschaftlicher Arbeit sind die angeblich unveränderlichen biologischen Konstanten des Individuums.

Auf der Suche nach dem Mechanismus des schöpferischen Prozesses in die „Tiefe" des Psychischen hinabzusteigen, wenn die Analyse der „Oberfläche" kein Licht auf diesen Prozeß werfen kann, bedeutet einen Schritt tun, von dessen Falschheit schon die Rede war. Das Subjekt schöpferischer Prozesse in der wissenschaftlichen Arbeit erscheint in diesem Falle als geschlossenes System. In diesem System wird jedoch die Komponente des wissenschaftlichen Milieus vernachlässigt.

Die Information, die aus den Selbstzeugnissen von Wissenschaftlern zu gewinnen ist, beschreibt die Eigenart schöpferischer Phänomene, sie reicht jedoch nicht aus, sie auch zu erklären. Unter der Oberfläche solcher Phänomene wie Vermutung, Erleuchtung, Antizipation, Inkubation usw. verlaufen tatsächlich Tiefenprozesse, die der Selbstbeobachtung entzogen sind. Aber die „Tiefe", von der die Rede ist, ist nicht im Bereich des Unterbewußten an sich zu suchen, sondern in der realen Integration des Wissenschaftlers in das System der Wissenschaft und in den Einflüssen entscheidender Wendungen seines Lebens auf seine Arbeit in diesem System. Weder die bewußten, noch die unbewußten psychischen Prozesse können außerhalb jenes historisch-konkreten Gehaltes begriffen werden, der durch sie realisiert wird. Ohne diesen Gehalt sind sie leer.

Die traditionelle Lehre vom Unbewußten als einem Faktor, der den schöpferischen Prozeß charakterisiert, ist das Produkt eines bestimmten kategorialen Schemas, das von jener Richtung entwickelt wurde, die wir Erlebnispsychologie genannt haben. Diese Richtung ignoriert die gegenständliche Ausrichtung psychischer Prozesse, sie betrachtet das Individuum als ein unabhängiges Zentrum geistiger Kräfte, und sie stützt sich ausschließlich auf die Selbstbeobachtung.

Die Konzeption der Gestaltpsychologie ist dieser Richtung verwandt, gleichzeitig geht sie aber über sie hinaus. Diese psychologische Schule vertritt die These, daß die schöpferische (produktive) Lösung von Problemen durch eine plötzliche Umstrukturierung des „Wahrnehmungsfeldes", durch den Übergang von einem strukturellen Ganzen (der Gestalt) zu einem anderen erreicht wird. Schöpferisches Element der psychischen Tätigkeit sei eine neue Sicht der Situation, die als plötzliche Erleuchtung, als Einsicht erlebt wird. Der Begriff der Einsicht wurde zum Gegenstand einer lebhaften Diskussion zwischen den Vertretern einer streng kausalen Auffassung von der psychischen Tätigkeit, für die jedes neue Element dieser Tätigkeit durch ein vorangegangenes bestimmt wird, und den Vertretern der Idee einer spontanen Strukturumwandlung.

Die der schöpferischen Lösung eigene Plötzlichkeit wurde von den Gestaltpsychologen nicht mit einem „Durchbruch" unbewußt entstandener Denkergebnisse in die Bewußtseinssphäre erklärt, sondern mit einem in der Bewußtseinssphäre selbst vor sich gehenden Verlagerungsprozeß. Sie lehnten auch die Vorstellung ab, nach der das Subjekt des Denkens, der Denkende, den Denkprozessen gegenüber ein Außenstehender ist, der diese Prozesse von außen reguliert. Der Begriff der Einsicht hatte bei aller Begrenztheit und Schwäche eine wichtige positive Bedeutung. Er betonte nämlich den Gedanken, daß die Suche nach der Lösung von den strukturell-gegenständlichen, inhaltlichen Besonderheiten der Situation abhängt. Nach dem Konzept des Einsicht-Erlebnisses spielt der begriffene Situationsinhalt eine bestimmende Rolle für die Aktivität des Subjekts. Dies ist ein erstes wichtiges Moment dieser Konzeption. Das zweite wichtige Moment ist darin zu sehen, daß die Aktivität selbst nicht als eine Art deus ex machina angesehen wird, sondern als Prozeß der Reorganisation und Rezentrierung des bewußt gewordenen Materials. Der Gedanke, daß induktive Denkoperationen im gegenständlichen Inhalt des bewußt gewordenen Materials ebenso enthalten sind wie in den verschiedenen Umwandlungen dieses Inhalts, war ein Schritt vorwärts im Vergleich zu jenen Auffassungen, die solche Umwandlungsprozesse auf das Wirken unbewußter psychischer Kräfte zurückführten. Die Vertreter der Gestaltpsychologie haben mit ihren experimentellen Arbeiten und ihrem neuartigen Herangehen an das Problem der „Einsicht" die Lehre vom produktiven Denken bereichert. Aber auch sie blieben im Phänomenologismus befangen. Die Tatsache, daß das Entdecken neuer Lösungsprinzipien, neuer Ideen plötzlich erfolgt, erfordert eine objektive Erforschung des Prozesses, ein Herangehen, das sich nicht auf jene Phänomene beschränken darf, die dem Bewußtsein direkt gegeben sind.

Den ersten Schritt in diese neue Richtung tat A. N. Leont'ev. In seiner Arbeit „Versuch einer experimentellen Erforschung des Denkens" [12] versuchte er, das objektive Beziehungssystem zu untersuchen, aus dem heraus die Versuchsperson plötzlich die richtige Vermutung gewinnt, aus dem heraus ihr das vorher unbekannte Lösungsprinzip bewußt wird. Die Arbeit A. N. Leont'evs erschien zu einer Zeit, als unter den Physiologen die Meinung vorherrschte, es gebe keine psychische Erscheinung, die nicht erschöpfend in Begriffen der klassischen Lehre von den bedingten Reflexen erklärt werden könnte. Leont'ev benutzte diese Begriffe, um die Besonderheiten der psychischen Verhaltensregulation eines Menschen aufzuzeigen, der geistige Aufgaben schöpferischer Art löst. Den Versuchspersonen, die nicht in der Lage waren, innerhalb einer bestimmten Zeit die richtige Lösung zu finden, wurde eine Zusatzaufgabe gestellt, die zur richtigen Lösung führte, die also die Funktion hatte, das Lösungsprinzip bekannt zu machen. So, wie der bedingte Erreger seine Signalfunktion nicht erfüllt, wenn er nicht vor, sondern nach der Bekräftigung in Aktion tritt, so wurde die Lösung der eigentlichen Aufgabe nicht erleichtert, wenn die Zusatzaufgabe vor der Arbeit an der eigentlichen Aufgabe gelöst wurde. „Weder die mehrfache Wiederholung einzelner Übungen noch ganzer Gruppen verschiedener Übungen... ergaben einen positiven Effekt. Die eigentliche Aufgabe wurde von den Versuchspersonen, die diese Übungen vorher absolviert hatten, nicht gelöst“ [12, S. 8]. Als die Übungen jedoch nach der Aufgabe, deren Lösungsprinzip gefunden werden sollte, absolviert wurden, ergab sich sofort ein anderes Bild. Die Kenntnis des Lösungsprinzips bewirkte, daß die Versuchspersonen das Einsichts-Phänomen erlebten und mitteilten, daß ihnen „irgendwie plötzlich“ der gesuchte Gedanke gekommen sei. Die wirklichen Umstände, die zu diesem Gedanken geführt hatten, und der Prozeß der Hinführung auf die Lösung der Aufgabe waren ihnen nicht bewußt geworden. Die beschriebenen Versuche lassen mindestens zwei wichtige Schlußfolgerungen hinsichtlich der Erscheinung der „Erleuchtung“ („Aha-Erlebnis“, Einsicht etc.) zu:

a) Die Einsicht, die die Versuchsperson unerwartet „erleuchtet“, ist durch die Umstände der vorangegangenen Tätigkeit der Versuchsperson determiniert. Diese Umstände sind der Versuchsperson selbst nicht bewußt, sind aber im System der realen Subjekt-Objekt-Beziehungen enthalten und können experimentell kontrolliert werden;

b) die genannten Umstände, z. B. die Lösung einer Zusatzaufgabe, die in die Richtung des gesuchten Ergebnisses führen kann, werden nur dann wirksam, wenn beim Individuum eine ausreichend hohe intellektuelle Motivation aufrechterhalten wird. Dank der Lösung der Zusatzaufgabe wird diese Motivation bekräftigt.

Diese wichtigen Schlußfolgerungen wiesen auf reale, objektive Faktoren hin, die hinter der phänomenologischen Beschreibung schöpferischer Prozesse stehen. Diese Faktoren gehören einerseits zu den Besonderheiten des schöpferischen Subjekts (zu seinen intellektuellen Bedürfnissen) und andererseits zu Besonderheiten des Objekts (zum Charakter des Problems, dessen Lösungsprinzip zu finden ist).

Die Ideen A. N. Leont'evs bildeten den Ausgangspunkt für die Hypothese J. A. Ponomarjovs, nach der die intuitive, für das Individuum unerwartete Lösung der Aufgabe dadurch erklärt werden könne, daß sich ein (nichtbewußtes) Nebenprodukt der geistigen Tätigkeit in ein direktes, bewußtes Produkt verwandelte. „Auf der Grundlage dieser Hypothese kann angenommen werden, daß sich jenes Teilergebnis der Tätigkeit, das (durch die der eigentlichen Problemlösung vorangehende Lösung der Zusatzaufgabe) den Schlüssel zur Aufgabenlösung liefert ..., in der Situation eines Nebenproduktes befindet. Es wird nicht bewußt und kann deshalb nicht unmittelbar als Mittel zur Lösung der Aufgabe genutzt werden. Unter bestimmten Umständen jedoch (wenn die eigentliche Aufgabe vor und nach der Zusatzaufgabe gestellt wird) ergibt sich die Möglichkeit, daß dieses Teilergebnis der Tätigkeit bewußt wird, d. h., daß das *Nebenprodukt in ein direktes Produkt* verwandelt wird und die Aufgabe demzufolge gelöst wird" [18, S. 240].

Das Hinausgehen über die Grenzen der im Bewußtsein repräsentierten Fakten (darunter auch eines solchen Faktums wie der „Erleuchtung", der Einsicht) hin zur Kennzeichnung der objektiven Wechselwirkung zwischen dem schöpferisch tätigen Subjekt und dem Objekt der Tätigkeit beendet die Verwendung des Begriffes Intuition im Sinne eines *erklärenden* Begriffes.

Erinnern wir uns jedoch daran, daß wir uns der Problematik der Intuition im Hinblick auf die Perspektiven der zu entwickelnden Wissenschaftspsychologie zugewandt hatten. Wenn Wissenschaftler von den Besonderheiten ihrer schöpferischen Tätigkeit berichten, so beschreiben sie deren Phasenhaftigkeit. Sie berichten vom plötzlichen Auftreten einer neuen Idee und davon, daß solche Ideen vor einer entsprechenden logischen Argumentation entstanden. Wenn sie über diese Fakten sprechen, so beschränken sie sich nicht auf die Beschreibung. Sie versuchen, diese Fakten zu interpretieren. Mangels einer anderen Sprache benutzen sie dabei die Sprache jener Psychologie, die alles, was über die Grenzen bewußt werdender Zusammenhänge hinausgeht, einer unbewußten, intuitiven geistigen Aktivität zuschreibt.

Die neueste experimentelle Psychologie hat einen Schritt voran in Richtung auf die Enträtselung der Realisierungsbedingungen des schöpferischen Aktes getan. Sie hat dabei jedoch jene Aufgaben nicht vorhergesehen, die zur Entstehung der Wissenschaftspsychologie führten. Natürlich können die an experimentellen Modellen schöpferischer Prozesse gewonnenen Ergebnisse unschwer auf gewisse Besonderheiten der wissenschaftlichen Arbeit übertragen werden. So weist zum Beispiel J. A. Ponomarjov darauf hin, daß man, wenn man die Aussagen seiner Versuchsergebnisse auf die Bedingungen der realen schöpferischen Tätigkeit des Menschen übertrage, sagen könne, „daß der Erfolg des

Entstehens einer intuitiven Lösung davon abhängt, wie weit sich der Forscher von schablonenhaften Lösungsansätzen befreien und vom Weiterverfolgen aussichtsloser, wenn auch früher benutzter Wege abgehen kann, sich dabei aber die Begeisterung für die Aufgabe bewahren kann" [18, S. 24]. Die Richtigkeit dieser Schlußfolgerung steht außer Zweifel. Die wissenschaftspsychologische Analyse muß indessen weitergehen und ein Verfahren finden, das die Gesamtheit der Bedingungen erklärt, unter denen Unzufriedenheit mit schablonenhaftem Denken sich verbindet mit einer starken Motivation. Dazu müssen die konkrethistorischen Besonderheiten der Tätigkeit des Wissenschaftlers und der Charakter jener Aufgaben bekannt sein, bei deren Lösung ungeachtet aller Mißerfolge die Motivationsspannung erhalten bleibt.
Es ist jedoch offensichtlich, daß solche Informationen nur wissenschaftsgeschichtlichen Analysen entnommen werden können, für deren Erarbeitung die Sprache der „reinen" Psychologie (so genau sie auch sein mag) schon nicht mehr geeignet ist.
Ohne die Wichtigkeit und die Möglichkeiten der Untersuchung gewisser allgemeiner Organisationsprinzipien der produktiven Denktätigkeit bestreiten zu wollen, sind wir der Ansicht, daß die Wissenschaftspsychologie nur in untrennbarer Verbindung mit der Logik der Wissenschaftsentwicklung[1] entwickelt werden kann. Dazu später mehr.
Abschließend kann hier gesagt werden, daß die Erforschung der wissenschaftlichen Tätigkeit durch jene psychologische Richtung, die wir „Erlebnispsychologie" genannt haben, zu einer Vervollständigung der Phänomenologie des Schöpfertums geführt hat, daß durch sie die positive Erklärung schöpferischer Aktivität jedoch nicht vorangebracht wurde, da der reale Inhalt solcher Termini wie Intuition, Unbewußtes, Einsicht u. ä. nicht über die Grenzen eben dieser Phänomenologie hinausführte.

2. *Die Formalisierung*

Gehen wir zu den Theorien über, die sich im Bereich der Verhaltenspsychologie entwickelten. Die grundlegende Wandlung psychologischer Auffassungen, die zu Beginn unseres Jahrhunderts durch die „behavioristische Revolution" verursacht wurde, führte zu einer völligen Umorientierung bei der Untersuchung der geistigen Aktivität des Menschen. Der

[1] Unter Logik der Wissenschaftsentwicklung verstehen wir in diesem Falle sowohl die realen, sich historisch wandelnden Formen des Aufbaus und der Umwandlung von Kenntnissen als auch die Verfahren zur Darstellung dieser Formen, ihrer strukturellen Wechselbeziehungen und Dynamik.

Behaviorismus verkündete, daß die wissenschaftliche Psychologie keinen anderen Gegenstand haben könne als das objektiv beobachtbare Verhalten. Die geistige Aktivität wurde als ein Prozeß der Anpassung an sich ändernde (Problem-)Situationen aufgefaßt, in dessen Verlauf sich allmählich für den Organismus günstige Verbindungen zwischen bestimmten Reizen und bestimmten Reaktionen festigen. Dem Behaviorismus lag ein neues kategoriales Schema zugrunde, das der Evolutionsbiologie mit ihrem Prinzip des wahrscheinlichkeitstheoretischen Determinismus entlehnt war. Der Begriff des Zieles eines Verhaltensaktes wurde als objektive Aufgabe (und nicht als subjektive Vorstellung) aufgefaßt. Es wurde angenommen, daß die Problemlösung dadurch erfolge, daß mögliche Verhaltensvarianten durchmustert werden, von denen ein Teil zufällig zum Ziel führt (Versuch-Irrtum-Methode). Dieser neuen Konzeption entsprach das experimentelle Modell eines Labyrinths, in dem das Versuchstier Schritt für Schritt, Sackgassen (falsche Gänge) vermeidend, die nötige Reaktionsformel (in Form einer objektiven Verhaltensstruktur) erarbeitet. Das Labyrinth-Modell wurde seiner formalen Einfachheit wegen und weil damit viele Arten von Aufgaben beschrieben werden können (darunter auch solche, die offenkundig zu den schöpferischen zu zählen sind, z. B. Schachaufgaben), zum zentralen Modell kybernetischer Theorien über das Denken und das Schöpfertum.

Bei der Beurteilung des Behaviorismus wird meist hervorgehoben, daß er das Bewußtsein aus der psychologischen Forschung verdrängt und an seine Stelle körperliche Verhaltensakte gesetzt habe, wodurch das der psychischen Regulatoren beraubte Verhalten zu einem rein mechanischen Reagieren geworden sei. Er wird deshalb als eine mechanistische Theorie angesehen. Wenn man sich jedoch mit dieser allgemeinen Einschätzung begnügt, dann übersieht man den progressiven Charakter des behavioristischen Ideensystems, das, entgegen den Behauptungen seiner Gegner, keinesfalls eine Wiederholung des mechanistischen Schemas von Descartes war. Ähnlich wie der Darwinismus eine kausale Erklärung der natürlichen Teleologie in der organischen Welt anstrebte, so suchte der Behaviorismus nach kausalen Begründungen der natürlichen Teleologie des Verhaltens. Er bemühte sich, diese Teleologie aus der Anpassung des Organismus an Problemsituationen abzuleiten, wobei der Ausgang aus der Problemsituation als das objektive Ziel von Verhaltensakten aufgefaßt wurde, die entsprechend den äußeren Bedingungen variieren. Das Prinzip der Maschinenartigkeit erhielt einen neuen Sinn, da vom behavioristischen Standpunkt aus das organismische System, das Aufgaben löst, die der Anpassung an die Bedingungen der Umwelt dienen, keine von vornherein festgelegte Konstruktion aufweist. Es kann seine Verhaltensweise ändern, wenn sich die Umstände ändern. Es erarbeitet seine Verhaltensweisen selbst, d. h., es programmiert sich selbst. Zu diesem Zweck nutzt es Reize aus, die nicht nur eine energetische Funktion, sondern auch eine Signalfunktion (eine informationelle Funktion) erfüllen. Es wählt aus, vergleicht und wertet, führt also im allgemeinen solche Handlungen aus, die Maschinen früheren Typs nicht ausführen konnten, die aber auch von kybernetischen Maschinen bewältigt werden.

Die gesamte frühere Psychologie ging davon aus, daß die Lösung von Aufgaben, speziell aber die Lösung solcher Aufgaben, die dem Individuum neu sind und die deshalb ein im weiten Sinne schöpferisches Herangehen erfordern, eine innere geistige Arbeit, ein Operieren mit Bildern und Gedanken erfordert. Das Erkennen eines Zieles, die Entwicklung von Vorstellungen über die Mittel der Zielerreichung, die Zuordnung von Ziel und Mitteln, die Wertung des Ergebnisses usw. — dies alles wurde üblicherweise als etwas betrachtet, was sich im Inneren des Bewußtseins abspielt und was dem außenstehenden Beobachter nicht zugänglich ist, weil es nicht empirisch überprüft werden kann. Der Behaviorismus dagegen transponierte das Ziel, die Mittel, die Wertung und alle übrigen Komponenten des auf die Lösung von Problemen gerichteten Verhaltens auf die Ebene realer, beobachtbarer Handlungen. Diese Handlungen können nicht nur beobachtet, sondern auch reproduziert und künstlich hervorgerufen werden. Die Erfahrungen, die der Behaviorismus bei der objektiven Erforschung des zweckgerichteten Verhaltens (Verhalten vom Typ Problemlösen) gesammelt hat, haben — dies möchten wir noch einmal betonen — eine wichtige Rolle bei der Vorbereitung der kybernetischen Synthese gespielt. Dadurch, daß er die Rechtmäßigkeit und die Möglichkeit einer objektiven Untersuchung des teleologischen Aspektes des Verhaltens begründete, übte der Behaviorismus einen Einfluß auf die Ausarbeitung kybernetischer Systeme aus, die eben diesen Aspekt modellieren[2].

Die beiden zentralen Begriffe des Behaviorismus — Lernen (learning) und Problemlösen (problem-solving) — weisen darauf hin, daß es dieser Richtung in erster Linie darum ging zu erforschen, wie neue Verhaltensvarianten in Situationen gebildet werden, für die noch keine vorbereiteten Reaktionsformen vorhanden sind. Es ist offenkundig, daß die Thematik des Behaviorismus von Anfang an dem Kreis jener Erscheinungen nahe war, die durch das äußerst unbestimmte Wort „Schöpfertum“ zusam-

[2] Den Terminus „teleologisch“ benutzen wir nach dem Beispiel vieler anderer Autoren als Synonym für den Terminus „zweckmäßig“.

mengefaßt werden. Jedenfalls befaßte sich diese Richtung seit ihrem Entstehen vorrangig mit der Untersuchung der Problemhaftigkeit von Situationen (der Gerichtetheit auf die Lösung eines Problems), der Neuartigkeit der Reaktion auf das Problem und der objektiven Zweckmäßigkeit der Suche nach dem Lösungsweg.

Die Konzeption der „Einsicht" entstand in der Gestaltpsychologie als Gegenthese zur behavioristischen Auffassung, nach der neue Verhaltensweisen nach dem Prinzip von Versuch und Irrtum durch zufälligen Erfolg erworben werden. Für die Behavioristen waren neue Verhaltensformen das Ergebnis einer langwierigen, allmählichen Auswahl jener Reaktionen aus der Gesamtmenge der möglichen, die sich zufällig als richtig erwiesen hatten. Für die Gestaltpsychologen waren sie Ergebnis einer plötzlichen, blitzartigen Entdeckung der den Umständen adäquaten Verhaltensweise.

Indessen standen hinter den Konzeptionen des Behaviorismus und der Gestaltpsychologie bestimmte kategoriale Schemata von weitaus größerer Bedeutung, als dies in der Gegenüberstellung von allmählicher, „blinder" Suche und plötzlicher Einsicht zum Ausdruck kommt.

Von behavioristischer Seite wurde ein wahrscheinlichkeitstheoretisches Zeichenoperationsmodell des Verhaltens ausgearbeitet. Man ging davon aus, daß sich das Subjekt im abstrakten Raum des Labyrinths an Signalen orientiert, die die Auswahl des nächsten Schrittes, der nächsten Operation bestimmen. Welche zusätzlichen und dabei manchmal sehr wesentlichen Momente der Behaviorismus später auch in dieses Modell einbrachte: die Begriffe der Hypothese, der Antizipation, der Erwartung (Tolman), der Macht der Gewohnheit und des Bedürfnisses (Hull), der zentralen Prozesse (Hebb u. a.), seine auf Zeichenoperationen beruhende Grundstruktur blieb das zentrale Glied der gesamten behavioristischen Konstruktion. Zeichen (Signale) als Operationsdeterminanten, die Operationen selbst als „Umstellung" im abstrakten Raum und schließlich das Erreichen eines gewissen Punktes in diesem Raum als Lösung des Problems — dies sind die gemeinsamen Grundlagen aller Varianten der behavioristischen Doktrin. Ihre Hauptschwäche bestand nicht im Ignorieren des Bewußtseins als phänomenal gegebener Gesamtheit von Erlebnissen. (Die faktische Existenz des Bewußtseins haben die Behavioristen bekanntlich nicht bestritten; sie meinten aber, daß es nicht Gegenstand objektiver, folglich also auch nicht naturwissenschaftlicher Erforschung sein könne.) Die Hauptschwäche dieser Doktrin bestand vielmehr im Ignorieren der gegenständlichen Bedeutung (des Inhalts) der Zeichen und Operationen, einer Bedeutung, die ebenso objektiv ist wie die Zeichen und Operationen selbst. Die jeweilige gegenständliche Bedeutung der

Zeichen wurde dadurch, daß sie nur als Reiz betrachtet wurde, auf ein Minimum reduziert. Auf ein Minimum wurde auch die gegenständliche Handlung reduziert — sie wurde als (äußere oder innere) Reaktion aufgefaßt. Dadurch gelang es, die ganze Struktur der Tätigkeit in allen ihren Gliedern zu formalisieren. Hierin besteht die Stärke des Behaviorismus, denn der Zeichenoperationsaspekt des Verhaltens ist keine Fiktion. Er existiert real in der Wechselwirkung lebender Systeme mit der Umwelt. Seine Herausgliederung — selbst in verwandelter und inadäquater Form — und seine Erforschung mit experimentellen und mathematischen Mitteln haben die Entwicklung wissenschaftlicher Vorstellungen über das Verhalten fruchtbringend beeinflußt.

So, wie die behavioristische Konzeption von „Versuch und Irrtum" nicht gleichzusetzen ist mit der Vorstellung von einem „blinden" Durchmustern von Varianten beim Problemlösen, sondern, wie wir gerade festgestellt haben, die Konzeption einer wahrscheinlichkeitstheoretischen Analyse von Zeichenoperationen enthält, so bedeutet die „Einsicht" der Gestaltpsychologie nicht, daß eine wissenschaftliche Lösung blitzartig das Gehirn „erleuchtet". Die Gestaltpsychologie hob gerade jenen Aspekt hervor, der von der behavioristischen Theorie ignoriert worden war: den gegenständlichen Inhalt, der in Form einer neuen Struktur durch das Phänomen der Einsicht begriffen wird. Für die Gestaltpsychologie ist das Wesentliche nicht das Zeichen, sondern die Bedeutung, deren Umgestaltung nach gewissen universalen Gesetzen des Aufbaus einer guten „Gestalt" erfolgt.

Dadurch, daß sie den gegenständlichen Inhalt als dem Bewußtsein immanent gegeben und ihm nicht äußerlich gegenüberstehend akzeptierte, hatte die Gestaltpsychologie keineswegs zugleich die abstrakt-formale Behandlung des Schöpfertums überwunden. Nach der Konzeption der Gestaltpsychologie erfolgen die Transformationen dieses Inhalts ebenso wie Veränderungen aller anderen psychischen Phänomene, nämlich durch eine Umstrukturierung, die auf der Ebene des produktiven Denkens als Einsicht erlebt wird. Die Vertreter der Gestaltpsychologie waren bekanntlich nicht in der Lage, einen solchen Übergang kausal zu erklären. Sie ließen das für die Psychologie des Schöpfertums zentrale Problem der Unterschiede und des Verhältnisses zwischen *Produkt* und *Prozeß* außer acht, das mit der Entwicklung der Kybernetik große Aktualität gewonnen hat.

Die Erfolge der Kybernetik beruhten auf der Ausarbeitung eines Apparates — sowohl des mathematisch-logischen als auch des technischen —, der es einem neuen Typ von Maschinen möglich machte, Aufgaben zu lösen, die in der ganzen vorhergehenden Geschichte allein das menschliche

Gehirn hatte lösen können. Am „Ausgang" des Computers erschien das gleiche Produkt wie am „Ausgang" des Gehirns. Die Konstruktion von Maschinen, die in der Lage sind, Funktionen wahrzunehmen, die früher allein den mit Bewußtsein und Willen ausgestatteten Wesen vorbehalten zu sein schienen, bedeutete eine echte Revolution in der wissenschaftlich-technischen Entwicklung für die Leitung von Produktionsprozessen. Aber in welchem Umfang konnte die Analogie zwischen dem natürlichen und dem künstlichen Verstand vom Produkt auf den Prozeß, von der objektiven Wirkung auf die inneren Mechanismen, durch die das Produkt erreicht wird, übertragen werden?

In dem bekannten Aufsatz Turings „Kann die Maschine denken?" wird als Kriterium des Denkens das Produkt, das Ergebnis, vorgeschlagen. Wenn eine Jury, die der Maschine Fragen stellt, an den Antworten nicht unterscheiden kann, ob ein Mensch oder die Maschine die Antwort gab, so besteht nach der Meinung Turings kein Grund, die Denkfähigkeit des Digitalrechners zu bestreiten. Diese Auffassung war unbefriedigend für die Psychologie. Die rein äußerliche Korrelation zwischen Reiz und Reaktion war für die Psychologie seit langem nicht einmal mehr auf der Ebene elementarer sensomotorischer Akte akzeptabel. Die Logik der wissenschaftlichen Entwicklung führte immer wieder zu der Frage nach den „zentralen" Prozessen, nach den inneren Mechanismen, die in dem rätselhaften, der objektiven Beobachtung unzugänglichen Bereich zwischen dem „Eingang" und dem „Ausgang" wirken.

Schon bei den ersten kybernetischen Programmen zur Imitation von menschlichen Verhaltensformen wie dem Schachspiel und der Sprachübersetzung wurde deutlich, daß ein dem menschlichen ähnliches Ergebnis von der Maschine durch Programme und Operationen erreicht wird, die sich von denen des natürlichen Verstandes völlig unterscheiden. Die Idee, daß es möglich sei, die Methoden der Kybernetik zur Modellierung des Problemlösungsprozesses selbst zu benutzen und nicht nur mit anderen Mitteln dasselbe Resultat zu erreichen, das durch das menschliche Problemlösen erreichbar wird, fand indessen immer mehr Anhänger.

Mit den Ende der fünfziger Jahre von Newell, Shaw und Simon für Rechenmaschinen ausgearbeiteten Programmen zur Lösung komplizierter Aufgaben begann die sogenannte heuristische Programmierung. Ihr Unterschied zu früheren Programmen intellektueller Prozesse für Elektronenrechner bestand darin, daß Angaben über die Prozesse des menschlichen Problemlösens als Ausgangsmaterial dienten. Aber woher konnten diese Angaben genommen werden? Gerade diese Prozesse waren ja jenes „zentrale Glied", das mit Hilfe der Modellierung auf Elektronenrechnern erforscht werden sollte. Ihretwegen war die heuristische Programmierung ja entstanden. Es gab für die Initiatoren der neuen Richtung keinen anderen Weg, als sich Protokollen über konkretes, menschliches Problemlösungsverhalten zuzuwenden. Der Schritt von der „reinen“, abstrakten Kybernetik zur experimentellen Psychologie erwies sich als fruchtbringend für beide Richtungen. Einerseits entstanden Programme, die auf dem Prinzip einer begrenzten, nicht vollständigen Durchmusterung der möglichen Lösungsvarianten aufgebaut waren (denn nach diesem Prinzip verläuft das menschliche Denken). Andererseits schien es möglich, auf diese Art eine objektive und exakte Theorie der Denkprozesse erarbeiten zu können. Wenn nicht nur die Produkte, sondern die Prozesse des menschlichen Denkens in technischen Anlagen reproduzierbar waren, konnte es dann ein besseres Mittel für ihre objektive Analyse geben?

„Unter dem Gesichtspunkt von Informationsprozessen vorzugehen, gibt uns die Möglichkeit, unsere Vorstellungen von den zentralen Prozessen und Strukturen objektiv und genau mit Hilfe formalisierter Sprachen auszudrücken, wobei unmittelbar mit assoziativen Strukturen und komplizierten Wechselbeziehungen zwischen Symbolen operiert wird“, schreibt Rejtman, einer der Vertreter der heuristischen Programmierung [22, S. 37]. Die Vorzüge einer Formalisierung und Mathematisierung unserer Kenntnisse über psychische Prozesse und über die Lösung geistiger Aufgaben durch den Menschen sowie die Ausarbeitung von Modellen, die am Elektronenrechner überprüft werden können, sind offensichtlich, wenn man sie mit den unbestimmten und verschwommenen Vorstellungen über die Mechanismen des Denkens vergleicht, auf die die Psychologen bis heute angewiesen sind. Jeder Schritt in der neuen Richtung kann die deterministische Erkenntnis von geistigen Prozessen und Erscheinungen bereichern und damit die Möglichkeiten der Psychologie erweitern — sowohl in prognostischer Hinsicht als auch hinsichtlich der direkten Einflußnahme auf die konkrete geistige Arbeit, also auch auf die wissenschaftliche Arbeit. Die heuristische Programmierung hat ihre Möglichkeiten schon heute dadurch bewiesen, daß sie es vermochte, viele Aufgabenstellungen der Ökonomie und der materiellen Produktion effektiv zu lösen. Die Psychologie des Schöpfertums jedoch ist durch die heuristische Programmierung vor Probleme gestellt worden, die einer speziellen Analyse bedürfen. Man darf die Bedeutung der heuristischen Programmierung (und der Kybernetik überhaupt, deren Zweig sie ist) für die Entwicklung von Technik und Produktion und für die Ausarbeitung von Leitungssystemen nicht verwechseln mit ihrer Bedeutung für die Entwicklung der psychologischen Theorie, insbesondere der Theorie des wissenschaftlichen Schöpfertums.

Eben der Anspruch dieser Richtung, eine Theorie des schöpferischen Denkens ausarbeiten zu wollen, ist denn auch zum Streitpunkt zwischen Kybernetikern und Psychologen geworden. Erstere meinen, daß dank der heuristischen Programmierung die Gesetzmäßigkeiten jener speziellen Prozesse der „Informationsverarbeitung" entdeckt würden, die der Lösung schöpferischer Aufgaben zugrunde liegen.

„Es ist die prinzipielle Möglichkeit sichtbar geworden, die Arbeit zu modellieren, die das Gehirn bei der Lösung vielfältiger, dem Wesen nach ‚schöpferischer' Informationsaufgaben leistet" [16, S. 6]. Da jedoch die Programmierung den Aufbau eines Algorithmus voraussetzt, ergab sich durch die Vorstellung, daß es möglich sei, einen Algorithmus des schöpferischen Prozesses aufzustellen, ein merkwürdiger Widerspruch. Oft wird unter heuristischer Programmierung „nur die Ausarbeitung solcher Programme verstanden, die unmittelbares Verhalten regeln, z. B. die Arbeit eines Dispatchers oder eines Bankangestellten. Wenn wir von der Rolle heuristischer Programme bei der Erforschung der Arbeitsweise des Gehirns sprechen, so sind damit heuristische Programme höherer Ebene gemeint. Programme höherer Ebene nähern sich in ihren Eigenschaften dem Begriff des Algorithmus. Sie haben Eigenschaften wie Allgemeinheit, Bestimmtheit und Effektivität" [16, S. 6].

Wenn also in vorkybernetischer Zeit mit dem Begriff schöpferischer Akt das Erreichen eines solchen Ergebnisses (Produkts) gemeint war, das durch das Verfahren des Übergangs von einer Operation zur anderen nach feststehenden Regeln nicht hätte erzielt werden können, so verliert dieser Begriff jetzt, angesichts „heuristischer Programme höherer Ebenen", die über die Eigenschaften Allgemeinheit, Bestimmtheit und Effektivität verfügen, seinen Sinn. Der Begriff „schöpferische Tätigkeit" ist demnach in Anführungsstriche zu setzen, wie das auch der zitierte Autor tut, denn „algorithmiertes Schöpfertum" klingt nicht besser als „hölzernes Eisen".

Die heuristische Programmierung hat eine Reihe wesentlicher Vorzüge psychologischen Konzeptionen gegenüber, die eine Formalisierung und maschinelle „Anwendung" nicht zulassen. Es wäre für die Psychologie ein unverzeihlicher Fehler, diese Vorzüge zu ignorieren oder zu glauben, daß es aussichtslos sei, die heuristische Programmierung für die Untersuchung gewisser Besonderheiten der geistigen Tätigkeit des Menschen zu benutzen. Ein nicht weniger grober Fehler wäre es aber auch, würden die Heuristiker und Kybernetiker jene Realität vernachlässigen, die sie in ihren Modellen zu reproduzieren hoffen.

Der Begriff „psychische Tätigkeit" ist um nichts ärmer als der Begriff „Informationsprozesse". Die Effektivität heuristischer Programme hängt davon ab, in welchem Maße es gelingt, die realen menschlichen Verfahren der Steuerung des Problemlösungsprozesses und den psychologischen Gehalt der Spezifik wissenschaftlicher Tätigkeit in eine formalisierte Sprache zu fassen und adäquat zu beschreiben. Angesichts der Eigenart dieser Prozesse erweist sich auch die *prinzipielle* Beschränktheit der heuristischen Programmierung in ihrer historisch entstandenen Form, (d. h. nicht nur die durch die Dürftigkeit der vorhandenen Mittel der Formalisierung und technischen Realisierung bedingte Beschränktheit).

Die heuristische Programmierung wirft den Gedanken einer „verkürzten Durchmusterung der Varianten" auf. Sie geht dabei davon aus, daß bereits effektive Verfahren und Strategien bekannt sind. Es komme nur darauf an, diese aus der Vielzahl der anderen, weniger effektiven auszusondern und, nachdem man sie mathematisch beschrieben habe, einen entsprechenden Lösungsalgorithmus aufzustellen. Eben in der Ermittlung des „bereits Bekannten" besteht jedoch die Hauptschwierigkeit. Es kann nur durch intensives Suchen aus der Vielfalt der gegenständlichen Welt gewonnen werden. Dieses Suchen aber setzt auf dem Wege zum Ziel (der Lösung der Erkenntnisaufgabe) eine Vielzahl von Schritten voraus, die, betrachtet man sie vom Gesichtspunkt des Endergebnisses, uneffektiv sein können. Sie können manchmal einfach falsch sein oder in eine Sackgasse führen. „Im Leben wie in der Wissenschaft wird fast jedes Ziel auf Umwegen erreicht, und der gerade Weg wird dem Verstand erst dann sichtbar, wenn das Ziel bereits erreicht ist" [4, S. 70]. Nachdem das Ziel erreicht worden ist und alle Denkwege analysiert und bewertet wurden, kann die geleistete Arbeit natürlich Material für heuristische Regeln liefern. Diese Regeln können aber in jedem Falle nur eine begrenzte Bedeutung haben, denn die Unerschöpflichkeit der Welt als Erkenntnisobjekt bedingt zugleich die Unerschöpflichkeit der Erkenntnisverfahren. Mit jedem Schritt voran hinsichtlich des Inhalts und der Struktur des Denkens (der wichtigsten Kennziffer des wissenschaftlichen Fortschritts) verändert sich auch der Bestand des „bereits Bekannten", d. h. der Objekte für heuristische Modelle. Wie erstaunlich auch die Erfolge der kybernetischen Heuristik sein mögen, der künstliche Verstand kann sich nur auf der Basis des natürlichen entwickeln.

In letzter Zeit haben viele Autoren die Einseitigkeit der heuristischen Programmierung kritisiert. Sie gingen dabei sowohl von theoretischen Überlegungen als auch von experimentellen Untersuchungen aus. Hauptpunkt der Kritik war die psychologische Spezifik schöpferischer Aufgaben. Als schöpferische Aufgaben wurden von der Mehrheit der genannten Autoren solche Aufgaben angesehen, für die kein Lösungs-

algorithmus existiert. Auf dieser Grundlage wurde der heuristischen Programmierung (die, wie jede andere Form der Maschinenprogrammierung, ohne algorithmische Vorschriften undenkbar ist) das Recht abgesprochen, Anspruch darauf erheben zu können, eine adäquate Theorie oder ein adäquates Modell des schöpferischen Prozesses zu geben. Obwohl trotz mancher Erfolge der experimentellen Psychologie die Beschreibung des schöpferischen Prozesses in psychologischen Begriffen noch äußerst dürftig ist und in vielem über das Niveau phänomenologischer Charakteristiken nicht hinausgeht, so trifft sie doch wesentliche Punkte der geistigen Tätigkeit des Menschen. Sie weist auf die Rolle von Motivationsfaktoren, von nichtverbalisierbaren Komponenten und anderen Aspekten des Schöpfertums hin, die von der heuristischen Programmierung ignoriert werden. Für die letztere erschöpft sich das Denken, wie bereits festgestellt wurde, in Zeichenoperationen.
In der realen Erkenntnistätigkeit sind Subjekt, Objekt (der Inhalt, der erkannt wird) und Produkt zu unterscheiden. Das Produkt entsteht im Ergebnis der Reproduktion des Objekts in einer Form oder einem System, das unabhängig von den psychischen Eigenschaften des konkreten Subjekts existieren kann. Eine solche Triade ist nur für das menschliche Erkenntnisverhalten charakteristisch. Die vormenschliche Ebene charakterisiert eine duale Erkenntnistätigkeit: auf dieser Ebene des Psychischen orientiert sich der Organismus in der Welt der ihn umgebenden Objekte, um sich ihnen mittels entsprechender Körperbewegungen anzupassen. Man sollte annehmen, daß sich der Behaviorismus, der eben von diesem biologischen Modell ausgeht, gerade von diesem „dualen" Verhältnis (dem Verhältnis „Subjekt — Objekt") hätte leiten lassen müssen. Auf den ersten Blick ist das auch der Fall. Im Labyrinth oder in der Problembox löst das Tier die Aufgabe, einen Ausweg aus der Problemsituation zu finden. Haben wir hier nicht den Prototyp des Subjekts (Organismus) und den Prototyp des Objekts (das Ziel, das erreicht wird) vor uns? Erinnert man sich jedoch daran, daß der Behaviorismus (in seiner radikalen Variante) dem Subjekt keinerlei psychische Akte und Zustände zubilligte und daß als Objekt lediglich der „Ausgang" (nicht aber der Inhalt, der erkannt wird) angesehen wurde, so wird offensichtlich, daß im behavioristischen Schema vom Verhalten lediglich der operative Teil übriggeblieben ist. Dies gilt auch für die heuristischen Programme: in ihnen gibt es weder Subjekt noch Objekt; in ihnen wird alles auf die Berechnung der Unterschiede, auf das Ausfindigmachen des die Unterschiede beseitigenden Operators, auf das Weglassen irrelevanter Merkmale usw. zurückgeführt. Das bedeutet natürlich nicht, daß heuristische Programme inhaltslos seien. Ihr Inhalt ist in entsprechenden Zeichen

kodiert. Außer dem menschlichen Bewußtsein gibt es jedoch keine Dekodierungseinrichtung, die uns zu den Objekten zurückführen und damit die Begrenztheit der heuristischen Programmierung überwinden kann. Wenn wir von Zeichen sprechen, so setzen wir voraus, daß ihnen ein gegenständlicher Inhalt entsprechen muß, der im menschlichen Denken existiert. Wie steht es aber um die Übereinstimmung zwischen den Zeichenoperationen der heuristischen Programme und den logisch-psychologischen Operationen des Verstandes?

A. N. Leont'ev und D. J. Panov, die sich mit der Frage des Verhältnisses zwischen den Funktionen von Mensch und Maschine beschäftigt haben, vertreten die Ansicht, daß mit kybernetischen Mitteln nur die Ausführungsarten einer Handlung, d. h. einer Operation, modelliert werden können. Zum technischen Bestand der Tätigkeit gehörend (und diesen Bestand zugleich gänzlich verdeckend), sind die Operationen relativ unabhängig. Sie sind psychologisch entpersönlicht und können deshalb, wenn sie vom Menschen losgelöst werden, eine eigene objektive Existenz gewinnen und sich entwickeln und damit zu einer Art „äußere Umwelt" des Menschen werden. „Kybernetische Maschinen können beliebige, sogar die kompliziertesten mathematischen und logischen Operationen ausführen. Der Mensch kann der Maschine die verschiedenartigsten Funktionen seines Gehirns übertragen, allerdings unter der Bedingung, daß sie formalisiert werden können. Andernfalls ist es unmöglich, sie technisch zu modellieren. Funktionen jedoch, die dieser Bedingung entsprechen, sind nichts als Prozeßoperationen, die sozusagen schon im Gehirn selbst formalisiert und ‚technisiert' sind" [13, S. 42].

Dem wäre nach unserer Meinung noch hinzuzufügen, daß die Formalisierung, von der hier gesprochen wird, besonderer Art ist. Sie kann nämlich nur in einer der Maschine zugänglichen Sprache erfolgen. Deshalb gibt es keine Übereinstimmung zwischen den (logischen, sprachlichen) Formen, in denen im menschlichen Gehirn der reale Denkprozeß verläuft, und den Formen, die ihm zum Zwecke der Programmierung, und sei es der heuristischen, gegeben werden. Andernfalls könnten wir tatsächlich von letzteren auf erstere schließen und durch Beobachtung der Arbeit des Computers eine Vorstellung vom Operationsschema des denkenden Gehirns gewinnen. Bis jetzt ist die heuristische Programmierung der Ausarbeitung eines solchen Schemas um keinen Schritt nähergekommen. Ihre Entwicklung wird durch zwei Faktoren gehemmt:

a) durch die Besonderheiten der Sprache, in die das Wissen über die Lösung schöpferischer Aufgaben, wie sie beim Menschen erfolgt, „übersetzt" werden kann;

b) durch die Begrenztheit dieses Wissens selbst.

Es wird gesagt, daß die heuristische Programmierung danach strebt, den Prozeß der Problemlösung zu modellieren, und nicht nur danach, mit Hilfe des Elektronenrechners ein Ergebnis zu erhalten, das mit dem Ergebnis der Arbeit des menschlichen Gehirns übereinstimmt (das Gewinnen einer Schachpartie, die Übersetzung von einer Sprache in die andere, das Treffen einer operativen Entscheidung usw.). Während wir jedoch für die Beurteilung des Produktes (Resultats) über objektive Kriterien verfügen, die es erlauben, die Ergebnisse des Menschen und der Maschine zu vergleichen, so besitzen wir hinsichtlich des Prozesses, der Operationen, der Handlungsweisen solche Kriterien nicht. Wenn man freilich, wie die Vertreter der heuristischen Programmierung, unter Prozessen elementare Informationsprozesse (z. B. Operationen wie „Erkennen des Symbols, es mit einem anderen vergleichen, es löschen" etc.) versteht, aus deren Kombination alle übrigen abgeleitet werden, dann hat es kaum einen Sinn, eine derartige Vorstellung zur Analyse der Arbeit des denkenden Subjekts heranzuziehen.
Die Anhänger der heuristischen Programmierung können sagen, daß die lebendige Arbeit von ihnen berücksichtigt wird, da ihre Programme Angaben über die Lösung von Aufgaben durch den Menschen berücksichtigen. Der bekannte Psychologe Claparède hat seinerzeit den Versuchspersonen vorgeschlagen, bei der Aufgabenlösung „laut zu denken". Diese Methode haben die Anhänger der heuristischen Programmierung weitgehend benutzt und die Antworten der Versuchspersonen protokolliert, um sie später zu formalisieren. Dieses „laute Denken" ist zwar ein interessantes Hilfsverfahren, es ist jedoch nicht imstande, die prozessuale Seite des Denken zu erhellen. Das ist schon deshalb unmöglich, weil das Subjekt, das die Aufgabe löst, über deren objektive Zusammensetzung und den gegenständlichen Inhalt nachdenkt, nicht aber über jene Prozesse, Verfahren und Operationen, mittels deren es den Inhalt in die Lösungsformel umwandelt.
Wenn man annimmt, daß es möglich sei, durch die Formalisierung von Protokollaufzeichnungen von „lautem Denken" die realen Prozesse der denkerischen Aktivität des Subjekts aufzudecken, so entspricht das der Annahme, es sei möglich, nach Spuren im Schnee die psychophysiologischen Mechanismen der Fortbewegung eines Tieres zu bestimmen.
Was aber ist denn nun jener rätselhafte „zentrale Prozeß", der hinter den Objektivierungen des Denkens verborgen ist? Die Psychologie weiß bis heute sehr wenig darüber.
Die Unzulänglichkeit des psychologischen Wissens begrenzt die Perspektiven der heuristischen Programmierung. In welchen Termini kann die Psychologie Operationen beschreiben? Es ist üblich, hierbei den Ver-

fahren der Analyse und Synthese den ersten Rang einzuräumen. Da jedoch die Beschreibung dieser Verfahren äußerst allgemein und deshalb unvergleichlich formaler ist als die Schemata zur Lösung von Aufgaben, die in heuristischen Programmen benutzt werden, hat der Arbeitswert der Begriffe „Analyse“ und „Synthese“ angesichts der Ergebnisse der modernen Psychologie und Heuristik stark abgenommen. Es bleibt offen, welchen neuen Begriffen sie werden Platz machen müssen. Offen bleibt auch eine andere Frage: Können Operationen (Handlungsvollzüge) durch logische Kennzeichen erschöpfend abgebildet werden, oder erhalten sie im Kontext der psychischen Tätigkeit des Individuums zusätzliche Besonderheiten, die nicht mit den Mitteln der Logik formalisiert werden können?

Die Frage nach dem Verhältnis zwischen formalisierten und nichtformalisierten Komponenten des Denkprozesses ist gerade im Zusammenhang mit der Entwicklung der heuristischen Programmierung außerordentlich wichtig geworden.

Es gibt eine Vielzahl von wissenschaftshistorischen und experimentalpsychologischen Angaben darüber, daß neue Ergebnisse nur durch Überwindung der traditionellen logischen Stereotypen erzielt werden können. Neue wissenschaftliche Schlußfolgerungen können durchweg nicht allein durch das Befolgen logischer oder heuristischer Regeln erhalten werden.

Andererseits sind diese Regeln an sich nie eine Garantie für das Zustandekommen wissenschaftlicher Ergebnisse. Das zeigen zum Beispiel die scholastischen und naturphilosophischen Konzeptionen, die voll und ganz nach den Regeln der formalen Logik entwickelt wurden.

Im Verlauf der wissenschaftlich-technischen Revolution ist das Interesse für gerade jene Denkabläufe gestiegen, die traditionelle Formen auflösen. Es ist richtig, daß prinzipiell neue Ergebnisse immer nur dadurch erreicht wurden, daß über die Grenzen der bestehenden logischen Schemata hinausgegangen wird. Wir können uns jedoch nicht der Meinung anschließen, daß dabei die Grenzen der Logik überhaupt überschritten werden und statt dessen ein Gebiet der Intuition und des Unterbewußten (im traditionellen Sinne) wirksam wird. Das Denken kann bestimmte Formen nicht anders sprengen, als daß es neue schafft, die den Erfordernissen der Wissenschaftsentwicklung besser entsprechen. Es geht von einer „Logik“ (von einem System von Formen, Kategorien und Operationen) zu einer anderen über, und die Aufgabe besteht eben darin, jene individuellen und sozialpsychologischen Faktoren zu erkennen, die diesen Übergang bewirken. Aus diesem Grunde haben wir kein Recht, den schöpferischen Prozeß als eine Art Antithese zur Formalisierung zu behandeln,

denn sein tiefstes Wesen besteht eben in der Hervorbringung neuer Formen, neuer Handlungsweisen, Überlegungsschemata, Kategorien usw.
Diese dem schöpferischen Prozeß eigene Formalisierung unterscheidet sich wesentlich von der Formalisierung gewissermaßen zweiter Ordnung, die den Denkprozeß, um heuristische Programme aufstellen zu können, in einer speziellen mathematisch-logischen Sprache beschreibt. Wie wir gesehen haben, kann aber eine solche Beschreibung nicht Ausgangspunkt der Analyse des schöpferischen Prozesses sein, der sich in der realen Tätigkeit des Wissenschaftlers entwickelt. In dieser Tätigkeit werden neue Erkenntnisse nur dank der Unteilbarkeit der formalen und der nichtformalen Komponenten des Denkaktes erworben.
Heißt das nun, daß die Entwicklung der heuristischen Programmierung (und anderer Spielarten der kybernetischen Programmierung) für die Wissenschaftspsychologie uninteressant ist?
Die Arbeiten zum Problem der künstlichen Intelligenz werden heute nur unter dem Aspekt der Modellierung geistiger Funktionen des Menschen für aktuell gehalten. Es gibt dabei jedoch noch einen anderen für die Psychologie wichtigen Aspekt. Er hängt damit zusammen, daß die Ergebnisse der Kybernetik und die wachsenden Möglichkeiten, gewisse geistige Operationen auf elektronische Einrichtungen zu übertragen, eine Veränderung der Eigenart wissenschaftlicher Arbeit hervorrufen.
In der Forschung wird die elektronische Rechentechnik schon heute umfassend genutzt. Zweifellos ist dies nur der Anfang. Der Wissenschaftler der Zukunft wird nicht nur inmitten von Geräten, die seine experimentellen Vorhaben ausführen, sondern auch inmitten von Apparaten, die für ihn in einer bestimmten Richtung „denken", leben müssen. Die Verwendung dieser Apparate erleichtert nicht nur die Ausführung standardisierter Operationen, sondern sie beeinflußt auch die allgemeine Eigenart denkerischer Aktivität wesentlich.
Die Übergabe formalisierter Routinefunktionen an „intelligente" Automaten erhöht das schöpferische Potential der wissenschaftlichen Produktion. Ebenso wie die Sprache verfügt aber die Wissenschaft nicht nur über äußere Formen, die vom Inhalt unabhängig betrachtet werden, sondern auch über innere, durch deren Veränderung der wissenschaftliche Fortschritt ebenfalls bestimmt wird. Diese Formen sollen im folgenden Abschnitt untersucht werden.

3. *Die historische Betrachtungsweise*

Die Auffassungen vom Schöpfertum, die von den theoretischen Annahmen und Begriffsverwendungen der beiden bisher betrachteten Richtungen (der Erlebens- und der Verhaltenspsychologie) abgeleitet werden, sind auf das Individuum gerichtet. Es gibt indes auch eine andere Orientierung, die bestrebt ist, die Abhängigkeit der psychischen Eigenschaften des Individuums von der historischen Entwicklung der Kultur zu verfolgen. In den sechziger Jahren des vorigen Jahrhunderts, als die Psychologie begann, sich aus einem Zweig der Philosophie in eine selbständige Erfahrungswissenschaft zu verwandeln, bildeten sich zwei Hauptrichtungen psychologischer Forschung heraus. Neben dem Programm der experimentellen Psychologie entstand die Konzeption, die psychische Aktivität des Individuums über deren Objektivierung in schöpferischen Produkten der Kultur zu erforschen. Diese Gedanken vertraten die Jungherbartianer (Steinthal, Lazarus u. a.). Sie bemühten sich, ihn zu konkretisieren, und stützten sich dabei auf Fakten der Sprachgeschichte, der Religionsgeschichte usw. Diesen Gedanken entwickelte auch der junge Wundt. Er wies nach, daß die Psychologie aus zwei Gebieten bestehen müsse: aus dem der Physiologie nahestehenden naturwissenschaftlichen Gebiet, das mit naturwissenschaftlichen Methoden zu erforschen sei; und aus dem kulturhistorischen Gebiet („Völkerpsychologie"), dessen Objekt die höchsten psychischen Prozesse seien. Diese Prozesse seien durch die Analyse kulturhistorischer Produkte — der Sprache, der Mythen, der Kunst, der Bräuche usw. — zu erforschen.

Im gleichen Zeitraum trat W. Dilthey mit einem Programm zur Schaffung einer besonderen Disziplin hervor. [6] Während die Psychologie nach dem Muster der Naturwissenschaften entstand, sollte diese besondere Disziplin die Grundlage einer Wissenschaft vom „Geist" bilden. Das individuelle Bewußtsein wurde in Beziehung gesetzt zur Welt der kulturhistorischen Werte. Diese Welt wurde jedoch zutiefst idealistisch verstanden, und die Verbindungen des Bewußtseins mit ihr wurden als von jeder kausalen (deterministischen) Begründung frei angesehen. Dieser Weg führte unvermeidlich weg von der Hauptlinie des psychologischen Fortschritts in die Sackgasse der Phänomenologie und des Irrationalismus. Zugleich aber enthielten die Konzeptionen der Jungherbartianer, Wundts und Diltheys auch ein rationales Element. Dies äußerte sich in den nicht-spekulativen Versuchen, durch Analyse eines umfangreichen empirischen Materials eine Beziehung zwischen der Psychologie und der Entwicklung der Kulturformen herzustellen.

Die Anhänger dieser kulturhistorischen Richtung bezogen die Wissenschaft nicht als besonderen Gegenstand in ihre Analyse ein. Da jedoch das Problem „Mensch und Wissenschaft" nur eine Variante des Problems „Mensch und Kultur" ist, haben die Vorstellungen und Zielsetzungen dieser Richtung auch eine Beziehung zur Erforschung der psychologischen Seite wissenschaftlicher Tätigkeit.

Es bildeten sich bald zwei Positionen heraus, die ihren extremsten Ausdruck in der Antithese „Psychologismus — Antipsychologismus“ fanden. Sollte man die Genesis und Herausbildung kultureller Werte und Produkte mit den psychologischen Begriffen der Assoziation, Apperzeption usw. erklären, oder waren die kulturgeschichtlichen Gebilde und Systeme als etwas selbständig außerhalb des individuellen Bewußtseins Existierendes zu betrachten, das von außen in dieses Bewußtsein eindringt? Es ist offensichtlich, daß diese Alternative auf die ursprüngliche Gegenüberstellung der Erscheinungen der „inneren Welt“ der Persönlichkeit, deren Mechanismen gleichsam eine eigene Basis besitzen, und der Prozesse kulturhistorischer Art, die wiederum ihren eigenen Verlauf unabhängig von den Bestrebungen und Möglichkeiten der menschlichen Seele nehmen, zurückzuführen ist.

Wie scharf man diese Alternative auch immer kritisieren mag, keine kritischen Argumente können die Aktualität dieser auch für die Wissenschaftspsychologie grundlegenden Frage nach dem Verhältnis von Persönlichem und Überpersönlichem in der kulturgeschichtlichen Entwicklung vermindern. Es wäre naiv anzunehmen, daß allein der Beweis der Falschheit der genannten Alternative für die positive Lösung dieses Problems genügt. Von der Beantwortung dieser Frage hängt das Sein oder Nichtsein der Psychologie der Wissenschaft, Kunst, Religion, Sprache und anderer Formen der Kultur ab. Nichts ist für den Fortschritt der Forschung, insbesondere der psychologischen Forschung, gefährlicher, als die reale Lösung eines Problems durch eine verbal-deklarative zu ersetzen. Der Zusammenhang von Persönlichem und Überpersönlichem (Logischem, Sozialem, Kulturgeschichtlichem) in der wissenschaftlichen Tätigkeit ist tatsächlich ein unbekanntes Feld in unseren wissenschaftlichen Erkenntnissen über die Psyche.

Hinsichtlich der Beantwortung dieser Frage waren die Aussagen der traditionellen Kulturpsychologie sehr dürftig. Diese Richtung entstand von Anfang an in konträrer Gegenüberstellung zu einer experimentellen und deterministischen Erforschung der psychischen Tätigkeit. Dilthey und seine Anhänger kultivierten die Beschreibung seelischer Prozesse als Gegengewicht zu deren kausaler und experimenteller Analyse. Sie behaupteten, daß die Psychologie eine verstehende, nicht aber eine erklärende, eine „ideographische“, nicht aber eine „nomothetische“ Wissenschaft sein müsse und daß alle Versuche, die naturwissenschaftliche Methodologie mit ihren Verfahren der Zergliederung von Fakten und ihrer Ableitung aus allgemeinen Gesetzen auf den ganzheitlichen Menschen auszudehnen, abzulehnen seien. Der Bruch zwischen den „zwei Psychologien“ — der naturwissenschaftlichen und der historischen —

hat sich sehr negativ auf die psychologische Erforschung kultureller Erscheinungen ausgewirkt. Bis heute ist dies das am wenigsten ausgearbeitete Gebiet psychologischer Forschung.
Es ist nicht verwunderlich, daß die in der Mitte unseres Jahrhunderts entstandene Wissenschaftspsychologie sogleich begann, sich bei ihrer Theorienbildung auf die Faktorenanalyse, auf die Konzeption der Assoziationstheorie und auf die Gestaltpsychologie zu stützen, obwohl sich für sie eigentlich die reichen Erfahrungen der Kulturpsychologie als besonders nützlich erweisen konnten.
Man darf nicht vergessen, daß die Wissenschaftspsychologie als theoretische Grundlage für die Lösung konkreter Fragen der Optimierung wissenschaftlicher Arbeit entwickelt werden soll. Für eine gezielte aktive Einwirkung auf Prozesse des realen Lebens ist ein phänomenologisches, beschreibendes Vorgehen ungeeignet. Es kann zwar eine vorbereitende Etappe der Forschung sein, nicht aber ihr Endziel.
Das Aufblühen der Psychologie im ganzen war gerade dadurch bedingt, daß sie von der Beschreibung zur Erklärung überging, daß sie Gesetzmäßigkeiten der Wahrnehmung, des Gedächtnisses und anderer Verfahren der psychischen Verhaltensregulierung aufdeckte. Nur auf einer solchen Grundlage konnten ihre Ergebnisse diagnostischen und prognostischen Wert gewinnen und Einfluß auf die Praxis ausüben.
Es ist ganz natürlich, daß auch auf die Wissenschaftspsychologie gerade jener Kurs eine große Anziehungskraft ausübt, dessen Erfolge sich auf die Anwendung experimenteller und anderer empirischer Methoden und auf die Formalisierung und Mathematisierung des Wissens zurückführen lassen. Dieser Kurs entspricht aber einem methodischen Vorgehen, das nach Meinung der Anhänger der traditionellen kulturgeschichtlichen Schule nicht zur Erforschung der Wechselwirkung zwischen Persönlichkeit und Welt der Kultur angewandt werden darf.
Bekanntlich hat die Lehre von Marx einen radikalen Umschwung in den Ansichten über die soziale Determination des Bewußtseins bewirkt. In der Marxschen Lehre wird die Tätigkeit als ein Prozeß der Objektivierung der Wesenskräfte des Menschen aufgefaßt. Indem sie die Produkte der jeweiligen Tätigkeit schaffen, erzeugen und entwickeln die Menschen ihre eigenen Gefühle und ihr Bewußtsein. Der reale historische Prozeß der Produktion kultureller Güter erweist sich demnach als Grundlage und primäre Quelle der inneren psychologischen Momente des Schöpfertums. Die Wechselwirkung zwischen Bewußtsein und Welt besteht in der gegenständlichen Tätigkeit, die sowohl die äußere Natur als auch den Menschen selbst verwandelt. Hiermit wurde das Prinzip des Historismus zum ersten Mal materialistisch interpretiert. An die

Stelle der dualen Beziehung „Subjekt — Objekt“ trat eine triadische: „Subjekt — Produkt (der materiellen und geistigen Produktion) — Objekt“. Eben darin wurde die Spezifik der sozialhistorischen Determination gegenüber der natürlich-biologischen gesehen. Die beschriebene triadische Beziehung setzte implizit die Einbezogenheit des schöpferischen Subjektes in ein System von Beziehungen mit anderen Menschen voraus. Sie weist hin auf die Mittelbarkeit seiner Denkakte trotz ihrer scheinbaren Exklusivität, auf die innere Verbindung des Subjekts mit anderen Teilnehmern des Kommunikationsprozesses, auf den ständigen unsichtbaren Dialog mit ihnen. „Allein auch wenn ich *wissenschaftlich* etc. tätig bin, eine Tätigkeit, die ich selten in unmittelbarer Gemeinschaft mit anderen ausführen kann, so bin ich *gesellschaftlich*, weil als *Mensch* tätig“, betonte Marx [14, S. 538].
Produktivität (im Sinne des Produzierens objektiver Produkte durch die Wechselwirkung des Menschen mit der Welt) und Sozialität (d. h. die Untrennbarkeit des individuellen Bewußtseins von Kontakten und Konflikten mit anderen Teilnehmern der Produktion dieser Produkte) sind also die konstituierenden Merkmale des Bewußtseins im ganzen und zugleich auch die des schöpferischen Aktes. Es ist leicht festzustellen, daß der Marxismus die Grundlage schöpferischer Aktivität als etwas betrachtet, das dem Bewußtsein von Anfang an eigen ist. Erinnern wir daran, daß viele philosophisch-psychologische Lehren behaupten, daß das Bewußtsein seinem Wesen nach nicht schöpferisch sein könne, weil Schöpfertum undenkbar sei ohne Phantasie, weil es von der Wirklichkeit absehe, weil es ein freies Spiel geistiger Kräfte sei. Das Bewußtsein jedoch sei durch die Notwendigkeit gefesselt, sich der Umwelt anpassen zu müssen, da der Organismus zugrunde geht, wenn das Bewußtsein aufhört, diese Dienstfunktion wahrzunehmen. Das Bewußtsein sei deshalb konservativ. Es sei nicht daran interessiert, daß sich die bestehende Ordnung der Dinge ändere, wenn bereits ein Gleichgewicht zwischen Organismus und Umwelt hergestellt sei. Es diene als eine Art „Zensor“ (Freud), der alle Gedanken zurückhalte, die keine Beziehung zu den unmittelbaren Bedürfnissen des Organismus haben. Erst unter der Schwelle des Bewußtseins, wo ein freies, von den praktischen Bedürfnissen unabhängiges Spiel psychischer Kräfte möglich sei, sei demnach die Quelle schöpferischer Leistungen zu suchen. Grundlage solcher Auffassungen ist der Gedanke, daß das Bewußtsein einzig und allein die Aufgabe habe, das Gleichgewicht zwischen Organismus und Umwelt aufrechtzuerhalten. Für das einfachste Niveau der Lebenstätigkeit — die Ebene der homöostatischen Regulation — ist eine solche Aufgabe tatsächlich entscheidend. Aber auch im biologischen Bereich nimmt das Verhalten schon

aktiven Charakter an und geht über die Grenzen der Notwendigkeit, die Stabilität des Systems zu erhalten, hinaus. Die Aktivität des Menschen jedoch, deren Ursprünge, wie Marx gezeigt hat, im Arbeitsprozeß liegen, gewinnt eine prinzipiell andere, nämlich eine sozialhistorische Bedeutung, und diese bestimmt die schöpferische Natur des menschlichen Bewußtseins.

Die Marxsche Lehre schuf die methodologische Grundlage zur Ausarbeitung neuer, konkret-wissenschaftlicher, darunter auch psychologischer Konzeptionen über das Bewußtsein und die Tätigkeit. Es ist notwendig, diese Konzeptionen unter dem Gesichtspunkt der Bedürfnisse der Psychologie des Schöpfertums und der Wissenschaftspsychologie kritisch einzuschätzen.

Die methodologischen Errungenschaften der sowjetischen Psychologie beruhen vor allem auf den Arbeiten von L. S. Vygotskij und S. L. Rubinštejn. Sie waren die ersten, die marxistische Ideen in die konkret-psychologische Arbeit einführten. Vygotskij, der sich bemühte, die idealistische Auffassung vom Bewußtsein und die mechanisch-biologische Auffassung vom Verhalten zu überwinden, entwickelte eine kulturhistorische Theorie, derzufolge das Zeichen (als äußeres Mittel, ähnlich wie ein Arbeitswerkzeug) die Beziehung des Menschen zum Gegenstand und zu anderen Menschen vermittelt. Mit Hilfe von Zeichen, die eine Art „gesellschaftlicher Organe" sind, beherrscht das Individuum sein Verhalten, zuerst das äußere und dann das innere (die höchsten psychischen Funktionen). Nachdem er zunächst mit einer formalistischen Interpretation des Zeichens begonnen hatte, ging Vygotskij später zu seiner inhaltlichen Behandlung über. Er nahm dabei an, daß Zeichen und Bedeutung eine Einheit bilden. Dies war ein erster Versuch, ein triadisches Herangehen an die psychische Tätigkeit zu entwickeln. In den konkreten experimentellen Untersuchungen, die aus der Schule Vygotskijs hervorgingen, trug dieser Versuch reiche Früchte. Vygotskij hat mehr als irgendein anderer sowjetischer Psychologe für die Einführung des historischen Prinzips in das psychologische Denken getan. Das Problem des Schöpfertums wurde von ihm jedoch nicht bearbeitet.

Dasselbe muß auch von Rubinstein gesagt werden. Bei der Ausarbeitung der philosophischen Grundlagen der sowjetischen Psychologie hat S. L. Rubinsteins Begründung des Prinzips der Einheit von Bewußtsein und Tätigkeit eine wichtige Rolle gespielt. Im weiteren ergab sich jedoch eine offensichtliche Diskrepanz zwischen dem philosophischen Inhalt des genannten Prinzips und den experimentellen Modellen, mit denen man bestrebt war, es zu belegen. Wir meinen hier besonders die Modelle des Denkprozesses, die von der Schule Rubinsteins ausgearbeitet wurden. Diese

Modelle entwickelten die experimental-psychologische Tradition weiter. Ihre Schwäche bestand indes darin, daß die Struktur der Modelle selbst es unmöglich machte, die Abhängigkeit der Dynamik des Denkprozesses von solchen Faktoren zu erforschen wie: a) Motivation; b) kategorialer Apparat, Überlegungsschemata und andere objektiv gegebene Schemata, die (für das jeweilige Individuum) a priori den Charakter der Aufgabe und die Verfahren zu ihrer Lösung bedingen; c) wahrhaft schöpferische Komponenten zum Unterschied von nichtschöpferischen; d) direkte und vermittelte Kommunikationsprozesse. Mehr oder weniger deutliche Hinweise auf diese Momente kann man in der schöpferischen Präambel zum experimentellen Teil der genannten Untersuchungen finden. Man muß jedoch immer zwischen den Ansprüchen einer Konzeption und ihren realen Möglichkeiten, das konkrete Problem wissenschaftlich zu lösen, unterscheiden.

In philosophischer Hinsicht war in den Werken S. L. Rubinštejns die Betonung der bestimmenden Rolle des gegenständlichen Inhalts der sinnlichen und geistigen Abbilder außerordentlich wichtig. Im Gegensatz zur introspektiven Betrachtungsweise sieht Rubinstein Ding und Abbild als von Anfang an verbunden an. Es bedarf deshalb keiner zusätzlichen Operation der Zuordnung, um von der Sphäre des Bewußtseins in die Sphäre des Seins überzugehen. Quelle der geistigen Aktivität ist die äußere Welt, und der Inhalt der geistigen Aktivität kann nur aus dieser äußeren Welt stammen. Diese gnoseologische Orientierung ist wesentlich für die Psychologie. In der wissenschaftlichen Erkenntnis und mit besonderer Schärfe bei der Analyse des Schöpfertums treten jedoch Probleme auf, für deren Bearbeitung es nicht ausreicht festzustellen, daß Bild und objektiver Korrelat voneinander untrennbar sind. Eine solche Feststellung verweist auf die Ursache der *Adäquatheit* von Abbild und Ding, sie erklärt jedoch nicht die *Nichtadäquatheit* des Verhältnisses und auch nicht das Prinzip des Übergangs vom weniger Adäquaten zum mehr Adäquaten. Im übrigen ist zu sagen: Wie gegenständlich die Erkenntnis auch grundsätzlich sein mag, sie nähert sich ihrem Objekt durch eine Vielzahl von umständlichen, ungenauen und manchmal auch falschen Schritten.

Wissenschaftsgeschichtliche Daten belegen, daß diese Annäherung nicht chaotisch, sondern einer bestimmten Logik entsprechend erfolgt. Die kategoriale Struktur des Denkens, das System der Begriffe und Operationen, durch die die Erkenntnis des Gegenstandes vermittelt wird, bilden den Kern dieser Logik. Die konstruktive, schöpferische Tätigkeit des menschlichen Verstandes und ihr Phasencharakter können nicht durch Termini des gegenständlichen Inhalts allein erklärt werden.

Nach S. L. Rubinstein besteht das Wesentliche des Denkprozesses darin, daß „aus dem Objekt ... gewissermaßen immer neuer Inhalt geschöpft wird, daß es sozusagen jedesmal auf eine andere Seite gedreht wird, daß an ihm immer neue Eigenschaften zum Vorschein kommen" [21, S. 71]. Diese Metaphern („Schöpfung aus dem Objekt", „Drehung des Objekts") beziehen sich wieder auf die gegenständlich-inhaltliche Eigenart des Erkenntnisprozesses, sie lassen jedoch jenes historische Organ im Schatten, dank dessen Arbeit dieses „Ausschöpfen" und „Drehen" erfolgt. Im Endeffekt haben wir es trotz der ständigen Erwähnung des historischen Wesens der Erkenntnis mit einem dualen Schema von Subjekt-Objekt-Beziehungen zu tun: das Subjekt (als Träger von Kenntnissen, Fähigkeiten, Fertigkeiten usw.), vor dem sich die Objekte drehen und das aus ihnen den Inhalt „schöpft". Die Mittel, über die das Subjekt verfügt, die Mittel, die in den realen Produkten, die ein vom Subjekt unabhängiges Leben zu führen beginnen, enthalten sind, und die Effekte der Anwendung dieser Mittel werden in die psychologische Erklärung des Denkprozesses nicht eingeschlossen. Vielleicht geschah das, weil S. L. Rubinštejn wußte, daß die Mittel, die von den Individuen genutzt werden, nicht psychologischer, sondern sozial-historischer Natur sind, er aber nach Wegen suchte, die eigentlich psychologische Eigenart des Denkens zu bestimmen? Diese Eigenart hatte er in den Operationen der Analyse und Synthese zu sehen vermeint — also in extrem formalen logischen Begriffen. Dadurch wurde das spezifisch Schöpferische im Denken verdeckt. Es nimmt nicht wunder, daß die konsequentesten Schüler Rubinsteins zu einer Negierung der Unterschiede zwischen produktivem und nichtproduktivem Denken gelangten und an der Berechtigung des Begriffes Phantasie zu zweifeln begannen. Schließlich ist es überall dasselbe: Analyse und Synthese, Ausschöpfung des Objekts etc. Weshalb sollte man dann ohne Notwendigkeit weitere Erscheinungen für wesentlich halten?
Gewiß könnte man die Art des Denkens und der geistigen Tätigkeit von Naturwissenschaftlern verschiedener Epochen in den Kategorien Analyse und Synthese beschreiben. Wir würden dadurch einerseits Information über den Inhalt des Wissens erhalten und würden andererseits dieses Wissen in die allgemeinsten Formen bringen. Aber könnten wir dadurch im Endeffekt eine historische Auffassung vom wissenschaftlichen Schöpfertum belegen? Von solchen Positionen aus ist es unmöglich, die Bedeutung der Probleme zu erfassen, die das Denken der Naturforscher in den verschiedenen Epochen aktiviert haben. Es ist unmöglich, die Kraft und die Begrenztheit der Mittel, über die sie verfügten, einzuschätzen, die Quellen der Irrtümer, der Konflikte, der plötzlichen Auf-

triebe und vieles andere zu verstehen, was im Leben der Wissenschaft und damit zugleich im Leben der Wissenschaftler von Bedeutung ist.

Die Erforschung der Tätigkeit der Wissenschaftler hat sich in der Mitte unseres Jahrhunderts in der internationalen Psychologie intensiv entfaltet. Das trifft insbesondere auf die USA zu, wo in den letzten zwei Jahrzehnten einige tausend Arbeiten zum Problem des wissenschaftlichen Schöpfertums erschienen sind. Das ist auf Anforderungen zurückzuführen, die sich aus der Entwicklung der Großforschung ergeben. Diese verzehrt in ständig zunehmendem Maße die materiellen und geistigen Ressourcen der Großmächte. Die Hauptanstrengungen der Psychologen konzentrierten sich auf die Erforschung der schöpferischen Persönlichkeit und ihrer Fähigkeiten. Da die Forderungen aus der Praxis vor allem Probleme der Kaderauswahl, der wissenschaftlichen Ausbildung und des Kadereinsatzes betrafen, ist das verständlich.

Um diese Forderungen zu erfüllen, wurden vor allem neue Tests konstruiert. An die Stelle der traditionellen Intelligenztests traten „Kreativitätstests" (Guilford, Barron [3] u. a.).

Da jedoch die durch Tests und statistische Analyse ermittelten Faktoren der Kreativität (Flexibilität, Divergenz u. a.) abstrakt und formal behandelt werden, erwies sich die Anwendung solcher Tests bei der Auswahl von Personal für wissenschaftliche Forschungseinrichtungen als wenig effektiv. Daraus folgt natürlich nicht, daß die Suche nach Methoden zur Diagnostizierung schöpferischer Fähigkeiten eine Pseudoaufgabe ist oder daß bei der Kaderauswahl keine wissenschaftlichen Begründungen, sondern nur Intuition und gesunder Menschenverstand erforderlich sind. Falsche Antworten auf eine Frage sagen noch nichts über die Richtigkeit der Frage aus. Wie dringend jedoch auch die von der Praxis gestellten Probleme sein mögen (und die genannten Probleme sind bekanntlich sehr schwer zu lösen), der Erfolg ihrer Bearbeitung hängt davon ab, daß es eine adäquate Theorie gibt. Das bedeutet nicht, daß die empirische Erforschung der Tätigkeit und der Persönlichkeit des Wissenschaftlers so lange gestoppt werden sollte, bis eine entsprechende Theorie vorhanden ist. Aber die Suche nach dieser Theorie muß mit wenigstens der gleichen Energie erfolgen wie die Sammlung empirischer Fakten der Wissenschaftspsychologie.

Werfen wir einen Blick auf die Entwicklung der Wissenschaftspsychologie in den USA. Vielfältige Untersuchungen über die Besonderheiten der Persönlichkeit von Wissenschaftlern erbrachten reiches Material. In diesen Untersuchungen wurden verschiedene Methoden verwendet — z. B. projektive Tests (Rorschach, TAT u. a.), die Befragung von Wissenschaftlern über die Bedingungen ihrer individuellen Entwicklung (Anne Roe [23], B. Eiduson [7]), Experimente zur Klärung der Reaktionsunterschiede bei mehr und bei weniger schöpferischen Mitarbeitern (Stein), die systematische Verhaltensbeobachtung im Wissenschaftlerkollektiv (Bruner). Obwohl dieses Material an einer neuen Kategorie von Versuchspersonen gewonnen wurde, erweiterte es unser Wissen von den spezifisch schöpferischen psychischen Eigenschaften nur wenig. Zeigt dies nicht die Beschränktheit der verwendeten Erklärungsschemata und Methodiken?

Unter der Vielzahl von Variablen, die durch solche Methodiken berücksichtigt und untersucht werden, fehlen außerordentlich wichtige Determinanten des Prozesses des wissenschaftlichen Schöpfertums, vor allem seine historische Determination durch die *Entwicklung der objektiven Inhalte*, in denen sich das Denken bewegt.

Was ist nun die Ursache dafür, daß die historische Betrachtungsweise, die anscheinend der Eigenart menschlichen Denkens überhaupt und insbesondere der Tätigkeit des Wissenschaftlers ganz besonders entspricht, in den konkret-psychologischen Untersuchungen unrealisiert bleibt. Die Antwort ist, wie wir meinen, nicht nur in der Psychologie selbst, sondern auch in der Bereitschaft des Begriffsapparates zu suchen, diese Idee zu assimilieren.

Als wir weiter oben die Versuche betrachteten, das erkenntnistheoretische Prinzip der „Ausschöpfung" des Inhalts aus dem Objekt auf das Gebiet der konkreten psychologischen Forschung zu übertragen, stellten wir fest, wie wichtig es ist, die abstrakte Behandlung des Umgangs mit diesem Objekt zu überwinden. *Das Objekt wird vom wissenschaftlichen Denken in Form eines Systems von Kategorien erfaßt. Diese Kategorien prägen das Niveau der Erkenntnis entsprechend dem jeweiligen Stand der Wissenschaftsentwicklung. Dementsprechend hat die geistige Tätigkeit in bezug auf dieses Objekt eine historisch-konkrete Grundlage* (nicht aber eine abstrakte, wie sie durch die Operationen Analyse, Synthese usw. dargestellt wird).

Bis in die heutige Zeit behandeln alle psychologischen Denktheorien (und die auf ihnen basierenden Methodiken) die Struktur und den Inhalt des Denkens ahistorisch. Experimentelle Aufgaben, Tests und Interviews werden im Hinblick auf das Denken „an sich" aufgebaut. Der historische Charakter der kategorialen Struktur und der Abläufe geistiger Tätigkeit wird außer acht gelassen. Die Art der experimentellen Aufgaben, der Interviews und Tests erweist sich letzten Endes als ungeeignet für die Erfassung der gegenständlich-historischen Charakteristika des menschlichen Denkens.

Woher aber kann die Psychologie diese Charakteristika nehmen, wenn doch die historische Entwicklung des wissenschaftlichen Denkens ihre eigene Dynamik und ihre eigenen Gesetzmäßigkeiten aufweist, die sich von denen unterscheiden, die die Psychologie erforscht?
Man kann die Situation in der Wissenschaftspsychologie mit der psychologischen Erforschung der Sprechtätigkeit vergleichen. Hätte diese Forschung ernsthafte Bedeutung gewonnen, wenn nicht die Sprachwissenschaft der Psychologie fundamentale Ergebnisse über Struktur und Funktion von Sprache und Sprechen geliefert hätte? Das theoretische Wissen über die Wissenschaft als ein sich historisch entwickelndes System und als eine historisch determinierte Form der Tätigkeit ist hinsichtlich Gehalt und Menge nicht mit den Ergebnissen der Sprachwissenschaft zu vergleichen, da die Wissenschaftskunde noch kaum entwickelt ist. Über das „historische Organ", das die Verbindung des erkennenden Subjekts mit der objektiven Welt vermittelt, kann sie fast nichts mitteilen.
Zu einer Lehre über die Logik der Wissenschaftsentwicklung sind gerade die ersten Fragmente vorhanden. Doch selbst aus ihnen wird klar ersichtlich, wie wichtig es ist, die *inneren Formen*, die Verfahren des Aufbaus von Wissen, aufzudecken, mit denen die „Ausschöpfung des Objekts" erfolgt. Zur Bezeichnung solcher Formen ist es nach unserer Meinung zweckmäßig, sich des Terminus kategoriale Struktur der Wissenschaft zu bedienen. Ein gegenständlich-historisches Vorgehen eröffnet der Wissenschaftspsychologie, in der gegenwärtig intensiv empirisch geforscht wird, in mancherlei Hinsicht neue Perspektiven. Gehen wir auf einige von ihnen ein. Immer offensichtlicher wird der Wert des Gedankens, daß sich schon in den frühen Stadien der Persönlichkeitsentwicklung ein schöpferisches Verhältnis zu den Eindrücken entwickeln muß, die aufgenommen werden. Die Ausrichtung allein auf die Festigung fertiger „richtiger" Kenntnisse, die bei ihrer Reproduktion positiv und bei beliebigen Fehlern und Abweichungen negativ bekräftigt wurden, kann leicht die Funken entstehenden schöpferischen Denkens ersticken. Wie aber kann man eine schöpferische Haltung entwickeln, d. h. Aufgeschlossenheit Problemen gegenüber erzeugen, die Fähigkeit, selbständig originelle Lösungen zu finden herausbilden, eine kritische Geisteshaltung hervorrufen u. ä.? Wie kann man erreichen, daß der sich entwickelnde Verstand nicht nur fertige Wahrheiten kennenlernt, sondern auch dahin geführt wird, den Prozeß ihrer Entdeckung nachzuvollziehen?
Eine Reihe amerikanischer Psychologen (Torrance [25], Barron [3], Crutchfield u. a.) geht in ihrer experimentellen Arbeit von der An-

nahme aus, daß sich eine schöpferische Denkhaltung allmählich entwickelt, wenn durch Übung erreicht wird, daß Standardsituationen und -reize mit unerwarteten und ungewöhnlichen Reaktionen beantwortet werden. Der gegenständliche Inhalt der ungewöhnlichen und unerwarteten Antwortreaktion und seine Funktion in der auf die Erkenntnis der Realität gerichteten geistigen Aktivität werden in diesen experimentellen Untersuchungen nicht berücksichtigt. Theoretische Grundlage dieser Versuchsanordnungen ist nämlich die Gegenüberstellung von Schöpfertum (als freie, durch nichts bedingte, intuitiv-unbewußte Tätigkeit) und Intellekt (als System standardisierter, logisch kontrollierter Operationen). Wir sehen also, daß die in den Theorien über schöpferische Tätigkeit implizit gegebene Antithese „intuitiver Prozeß — formalisierte Operation" auch die Praxis, in diesem Falle die Erziehung zum Schöpfertum, bestimmt. Ist es nicht möglich, durch das Prinzip des Historismus die Grundlagen dieser Antithese zu überwinden? Die Wissenschaftsgeschichte bietet in dieser Hinsicht aussichtsreiche Möglichkeiten, denn sie ist als Laboratorium zu verstehen, in dem das menschliche Denken hervorgebracht wird.

Die Schulen und Hochschulen stehen heute, in der Epoche der „Informationsexplosion", vor dem Problem, eine zweckmäßige Auswahl des Lehrstoffes zu treffen. Sie versuchen, sich vor Stoffüberlastungen zu retten, indem sie vor allem den historischen Stoff kürzen. Dieses Bestreben ist nur natürlich, besonders, wenn die Geschichte rein beschreibend behandelt wird. Kann die Geschichte aber nicht eine positive Bedeutung für die Entwicklung des zukünftigen Wissenschaftlers gewinnen, wenn er die Möglichkeit erhält, an ihrem Material eine Reihe von entscheidenden, manchmal außerordentlich dramatischen Situationen der Erkenntnisgewinnung „durchzuspielen"? In diesem Zusammenhang ergibt sich eine ganze Reihe von Problemen, die eine vertiefte Analyse erfordern, z. B.: In welchem Verhältnis steht die Phylogenese der Wissenschaft (im Sinne der Geschichte der sich entwickelnden Begriffe, Kategorien und allgemeinen Kenntnissysteme) zur Ontogenese des individuellen Intellekts? Wie läßt sich die Aneignung traditionellen Wissens verbinden mit der Erziehung zur Suche nach neuen Lösungen? Wie kann man Kenntnisse über den nichtkommunikablen „Kontext der Entdeckung" vermitteln? An welcher Art von Aufgaben kann zu Originalität, Produktivität, kritischer Einstellung und anderen Attributen schöpferischer Geisteshaltung erzogen werden?

Die bislang zu diesen Fragen durchgeführten empirischen Untersuchungen verwendeten Material, das die Logik des Erkenntnisfortschrittes nicht zum Ausdruck brachte. Bisherige Versuche, die historische Entwicklung des menschlichen Denkens mit der individuellen in Beziehung zu setzen (Werner [28], Brunswik), gingen über sehr allgemeine, dem Wesen nach formale Gegenüberstellungen nicht hinaus. Der Psychologe kann jedoch die Ontogenese des wissenschaftlichen Denkens nicht verstehen, wenn er nicht die wichtigsten Richtpunkte seiner Phylogenese kennt. Auf Schwierigkeiten, die durch die ungenügende Ausarbeitung der Logik des Erkenntnisfortschritts bedingt sind, stößt der Psychologe auch bei Versuchen, die Persönlichkeit des modernen Wissenschaftlers, die Altersdynamik des Schöpfertums oder verschiedene Aspekte der Organisation und der Tätigkeit „kleiner Gruppen" (wissenschaftlicher Kollektive) zu untersuchen.

Seit die Wissenschaft zum Objekt einer speziellen psychologischen Analyse geworden ist, ist nicht nur die psychologische, sondern auch die wissenschaftsgeschichtliche Forschung in eine neue Entwicklungsphase eingetreten. Die Angaben über den modernen Wissenschaftler, die von der Psychologie gesammelt werden, können als Beitrag zur Ausarbeitung einer „lebendigen Geschichte" angesehen werden, als die Aufzeichnung von Material, das selbst mit den Mitteln der Wissenschaft zusammengetragen wurde. Der Historiker analysiert die Vergangenheit (auch die jüngste), das Objekt des Psychologen hingegen sind Menschen, mit denen er unmittelbar umgeht. Über sie gewinnt er Informationen, die ohne ihn niemals gewonnen würden. Aber was ist das für Information? Unter welchem Gesichtswinkel wird sie gesammelt und analysiert? Welcherart ist das Programm des Psychologen? In den zur Zeit im Ausland laufenden Kreativitätsuntersuchungen wird der Motivation ein bedeutender Platz eingeräumt. Dies ist tatsächlich ein zentrales Problem der Psychologie des schöpferischen Prozesses und der schöpferischen Persönlichkeit.

Um das Motivationsgefüge eines Wissenschaftlers sichtbar zu machen, werden häufig Begriffe und Methoden der Psychoanalyse verwendet. Wir haben oben die Gründe dafür erläutert, daß das psychoanalytische Vorgehen keine zuverlässige Orientierung bei der Erforschung des wissenschaftlichen Schöpfertums sein kann. Der rationale Kern der psychoanalytischen Konzeption besteht in der Annahme, daß die Dynamik der Motive objektive, von ihrem Bewußtwerden unabhängige Grundlagen hat, die durch die Anwendung spezieller Verfahren der Interpretation des Erlebens und der Handlungen des Individuums aufgedeckt werden können. Da jedoch die Psychoanalyse die „Tiefe" des Unbewußten als die einzige reale Grundlage des Verhaltens ansieht, so erscheint in ihrer Sicht alles Denken, auch das wissenschaftliche, als von diesen „Tiefen" hervorgerufen.

Die wirklichen Antriebskräfte des Denkens liegen auf einer völlig anderen Determinationsebene, nämlich auf der kulturhistorischen. Deshalb erfordert die analytische Untersuchung dessen, was dem schöpferischen Subjekt bewußt wird (und was es in seinem Eigenbericht über den Ablauf des schöpferischen Prozesses beschreibt), die Hinwendung nicht zum Unterbewußten, sondern zum „Überbewußten", das heißt zum System von Beziehungen und Faktoren, die zwar außerhalb der Grenzen des individuellen Bewußtseins wirken, aber nicht in der vermuteten Sphäre globaler instinktiver Triebe zu suchen sind, sondern in der Sphäre der Wechselwirkung der Persönlichkeit mit der Welt der Kultur.

Dieser Sachverhalt stellt die Psychologie des Schöpfertums vor eine Aufgabe, die sie nur gemeinsam mit der Wissenschaftsgeschichte lösen kann. Die Technik der traditionellen Psychoanalyse ist darauf gerichtet, die Abhängigkeit der individuellen Bewußtseinsphänomene von der unter ihrer Oberfläche verborgenen Dynamik unbewußter Triebe aufzudecken. Von der Position der kulturhistorischen Determination individuellen Schöpfertums aus müssen neue Methoden für die psychologische Analyse der Persönlichkeit und der Tätigkeit des Wissenschaftlers entwickelt werden.

Als Beispiel für ein mögliches Verfahren einer solchen Analyse führen wir den von uns unternommenen Versuch an, die Eigenart der Beziehungen zwischen I. M. Sečenov und N. E. Vvedenskij zu verfolgen.

In der Literatur vorhandene dunkle Anspielungen auf einen Konflikt zwischen diesen beiden Wissenschaftlern veranlaßten uns, N. N. Malyšev, der zunächst der Assistent Sečenovs und später Vvedenskijs war, darüber zu befragen. Die Ergebnisse Sečenovs waren Voraussetzungen für die Leistungen Vvedenskijs. Aber später trennte sich der Schüler vom Lehrer in bezug auf die Einschätzung wesentlicher Grundprobleme der Physiologie. Es scheint, daß die Kluft zwischen Sečenov und Vvedenskij in erster Linie auf Grund unterschiedlicher Ansichten über die Hemmungserscheinungen entstand.

Das Problem der Hemmung kann nicht isoliert vom Gesamtsystem der Kategorien betrachtet werden, in dem die Funktionen des Nervensystems beschrieben und erklärt werden. Das Phänomen der Hemmung hatte seinerzeit das Interesse des jungen Physiologen Sečenov erregt, weil es „seltsam" und mit den üblichen Auffassungen von der Nerventätigkeit unvereinbar war.

In der Polemik mit jenen, die die Spezifität der Hemmung leugneten, die diese Erscheinung in den traditionellen mechanistischen Schemata beschreiben und sie auf Erschöpfung oder Überbeanspruchung zurückführen wollten, vertrat Sečenov die Auffassung, daß die Hemmung eine besondere physiologische Erscheinung sei, ohne die koordinierte Beziehungen im Nervensystem, d. h. Verhaltensregulierung überhaupt, undenkbar seien. Er führte diesen Begriff für immer in die Physiologie ein. Nach Sečenov war es unmöglich geworden, die Tätigkeit des Nervensystems darzustellen, ohne auf die Hemmung einzugehen. Auch Vvedenskij konnte nur von Sečenov die Auffassung von der Hemmung als einer ursprünglichen physiologischen, biologisch determinierten Erscheinung übernehmen. Die Tatsache, daß bei Reizung des Hirnstammes des Frosches eine Hemmung der Reflexe auftritt, verband sich im Bewußtsein Sečenovs jedoch mit einer bestimmten theoretischen Ansicht über die Nervenfunktionen. Diese Ansicht schloß sowohl die Konzeption der „anatomischen Grundlage“ als auch die der mechanischen (molekularen) Natur nervaler Erscheinungen ein. Obwohl Sečenov das ganze frühere System der Analyse der Nerventätigkeit aufhob, blieb er selbst jedoch in bestimmten Punkten nicht frei von diesem System. Sečenov faßte die Hemmung nie als nervalen Prozeß auf. Er kannte nur einen Prozeß, die Erregung.

Es ergaben sich eigenartige Widersprüche in den Ansichten Sečenovs. Einerseits entwickelte er die Idee von der Rolle des Nervensystems als des Integrators der Lebensfunktionen, der Koordinierungsbeziehungen zwischen den Zentren der Regulierung der Anpassungshandlungen und andere Ideen, die von einer weitgehend biologischen Einstellung zeugten. Andererseits verteidigte er die Existenz eines lokalen „Hemmungszentrums“ im Gehirn und die Auffassung, die Nervenerregung verlaufe analog einer Serie kleiner, aufeinanderfolgender Explosionen.

Wo liegen die Ursachen für diese Widersprüche? Es scheint uns, daß sie darin bestehen, daß Sečenov in unterschiedlichen Kategorien dachte, nämlich einmal in solchen, mit denen er die Lebenstätigkeit des Gesamtorganismus in seinen Wechselbeziehungen mit der Umwelt begriff (diese Kategorien beziehen sich auf die Ebene des Organismus und des Verhaltens), und zum anderen in jenen, die er auf der Ebene der Prozesse innerhalb des Organismus, seiner verschiedenen Organe und Gewebe verwendete.

Auf dieser ersten Ebene wurde Sečenov zum Umgestalter der gesamten Struktur des physiologischen und psychologischen Denkens. Auf der zweiten Ebene hingegen konnte er sich vom Einfluß jener Kategorien, die in der vorangegangenen Epoche entstanden waren, nicht frei machen. So erinnert sich zum Beispiel Vvedenskij daran, daß sich Sečenov entschieden weigerte, die von Vvedenskij festgestellte Tatsache der Unermüdbarkeit des Nervs anzuerkennen. Diese Tatsache widersprach der

Sečenovschen rein chemischen Erklärung des Reizungsprozesses. „Das ist jedem normalen Menschen zuwider!" rief Ivan Michajlovič aus [26, S. 40]. Zweifellos sind aber die von Vvedenskij demonstrierten Fakten der Unermüdbarkeit des Nervs „normalen Menschen" keineswegs „zuwider", wohl aber demjenigen, der an einer vorgefaßten Meinung festhält.

N. N. Malyšev berichtet, daß der hauptsächliche „Stein des Anstoßes" in den Beziehungen zwischen Sečenov und Vvedenskij die Frage der Hemmungszentren war.

Vvedenskij versuchte, Sečenov durch Fakten zu überzeugen. Aber sie sahen dasselbe mit verschiedenen Augen nicht deshalb, weil ihre unmittelbare Beobachtung nicht übereinstimmte, sondern auf Grund einer unterschiedlichen theoretischen Einstellung. Diese Nichtübereinstimmung hatte tiefe Ursachen. Um sie zu überwinden, hätte es einer Veränderung der Grundannahmen vom Funktionieren des Nervengewebes bedurft. Vvedenskij, der die alten Vorstellungen überwunden hatte, vermochte eine neue allgemeinbiologische Auffassung zu vertreten, die sich sowohl auf der Ebene der Makrobeziehungen als auch auf der Ebene der Mikrobeziehungen des Organismus mit der Umwelt anwenden ließ.

Vvedenskij betrachtete die Hemmung als einen spezifischen nervalen Prozeß, der eine Modifikation des Erregungsprozesses ist. Seiner Ansicht nach ist sie an kein spezielles morphologisches Substrat gebunden, wie das Sečenov angenommen hatte. Sie entwickelt sich aus der Erregung in zeitlichen Mikrointervallen in Abhängigkeit von der Veränderung der Labilität (der funktionalen Beweglichkeit) des Nervensystems. Diese Auffassungen dehnten die gleichen entwicklungsbiologischen Kategorien, dank denen Sečenov eine neue Ära in der Lehre vom Verhalten eröffnet hatte, auch auf die Erforschung des Nervensystems aus. In den genannten Kategorien ist der äußere Erreger nicht nur als „Zünder", sondern auch als ständiger Determinator des inneren Prozesses aufzufassen. Diese Kategorien führen als wichtigsten Faktor die Abhängigkeit des Endeffektes von der Geschichte des Systems, von den in ihm erhalten gebliebenen Spuren ein.

Sečenov akzeptierte diese Theorie nicht. Obwohl die Unstimmigkeiten zwischen ihnen nicht zu einer offenen Diskussion in der Fachpresse führten, wuchsen die Mißhelligkeiten. Dafür gibt es sowohl direkte als auch indirekte Zeugnisse. Es ist nicht ausgeschlossen, daß unter der Vielzahl von Faktoren, die den Beschluß Sečenovs, die Petersburger Universität zu verlassen, bestimmt haben, der Streit mit Vvedenskij eine bedeutende Rolle gespielt hat. Über die Ursachen seines Wegganges wurden verschiedene Vermutungen geäußert.

Vvedenskij bemerkt, daß die Motive für den Rücktritt Sečenovs ziemlich komplizierter Natur gewesen seien: Ermüdung von der Lehrtätigkeit, der Wunsch, im Ausland zu leben und sich wissenschaftlich-literarischen Arbeiten zu widmen; außerdem habe in Sečenov die „seltsame Befürchtung" gelebt, „daß er den jungen Kräften den Weg versperre" [26, S. 25].
Sečenov selbst erklärt seinen Rücktritt damit, daß er verbittert gewesen sei, da es ihm nicht gelungen sei, eine gesuchte theoretische Erklärung bei der physikalisch-chemischen Erforschung von Lösungen zu finden.
Es ist möglich, daß auch dies eine Rolle gespielt hat. Es ist jedoch wenig wahrscheinlich, daß der Führer der physiologischen Schule an der Petersburger Universität, der sich eng verbunden fühlte mit einem freundschaftlich gesinnten Kollektiv hervorragender Gelehrter und den die Studenten verehrten, die Universität deswegen verlassen hat, weil es ihm nicht gelungen war, eine theoretische Lösung auf einem Gebiet zu finden, das abseits von seinen eigentlichen physiologischen Interessen lag. Aufmerksamkeit verdient die oben zitierte Bemerkung Vvedenskijs, daß Sečenov befürchtet habe, „den jungen Kräften den Weg zu versperren". Vvedenskij nennt diese Befürchtung „seltsam". Berücksichtigt man jedoch, daß die Sečenovschen Vorstellungen über die Nervenerregung, die Hemmung usw. für die „jungen Kräfte", das heißt für Vvedenskij und seine Mitarbeiter, unannehmbar waren, so kann man die Befürchtungen Sečenovs kaum allein auf dessen übertriebene Ängstlichkeit zurückführen. Vielleicht begann er sich selbst als Anhänger von Auffassungen zu fühlen, die seine Schüler als veraltet betrachteten.
Sečenov überläßt den Lehrstuhl Vvedenskij, der die neue, progressive Richtung in der Neurophysiologie vertritt. Diese Richtung war durch die Sečenovsche allgemeinbiologische Betrachtung der Nervenerscheinungen vorbereitet worden. Nun aber war diese Auffassung auf die Ebene der Mikrobeziehungen des Organismus mit der Umwelt übertragen worden, auf ein Gebiet, auf dem Sečenov nicht gearbeitet hatte. Indem er die Petersburger Universität verließ, überließ Sečenov dieses Gebiet Vvedenskij und dessen neuer Schule.
Es könnte gesagt werden, daß die Aufdeckung der Motive, aus denen heraus Sečenov sich von Vvedenskij trennte, zwar wichtig für das Verständnis ihrer gegenseitigen Beziehungen ist, jedoch kein Licht auf die Spezifik des Schöpfertums und die Faktoren einer wissenschaftlichen Entdeckung wirft. Das ist aber nicht so. Denn die Diskussionen, die zwischen den beiden Physiologen stattfanden, betrafen wichtige wissenschaftliche Entdeckungen: die zentrale Hemmung und die Unermüd-

barkeit des Nervs. Es ging darum, ob experimentelle Fakten als Entdeckung anerkannt wurden oder nicht. Und dies hing wiederum ab von jenem kategorialen Schema, durch dessen Prisma die beobachteten Erscheinungen wahrgenommen wurden. Außerdem ist zu beachten, daß die theoretische Diskussion dazu anregte, die Experimente zu variieren und neue Experimente zu erfinden, bei deren Durchführung wiederum wichtige Phänomene entdeckt wurden. Eine der wichtigsten Entdeckungen in der Elektrophysiologie des vorigen Jahrhunderts — die Entdeckung spontaner Kombinationen der Biopotentiale im Gehirn durch Sečenov — war das Produkt von Versuchen, die Sečenov angestellt hatte, um seine Konzeption der zentralen Hemmung gegen die Kritik Vvedenskijs zu behaupten. Die Fakten und ihre Interpretation sind nicht zwei selbständige Erscheinungsreihen, sondern sie bilden eine komplizierte Legierung, in der es manchmal unmöglich ist, das kategoriale Schema von den anscheinend für sich selbst sprechenden Phänomenen zu trennen.

Betrachten wir nun die Diskussion zwischen Sečenov und Vvedenskij von einer anderen Seite. Wie wurde ihnen selbst der Inhalt dieser Diskussion bewußt? Gibt es Gründe dafür anzunehmen, daß ihnen selbst klar war, daß es nicht nur darum ging, wie das Nervenzentrum oder der nervöse Prozeß aufzufassen ist, sondern daß es um tiefere Divergenzen kategorialer Ordnung ging?[3] Es gibt keinen Grund für eine solche Annahme. Die Kategorien, mittels deren die Umwelt begriffen und erforscht wird, sind für den Naturwissenschaftler kein Gegenstand unmittelbarer Reflexion. Er ist ganz von der Erkenntnis der Natur der Dinge in Anspruch genommen, nicht aber von der Reflexion über das Organ dieser Erkenntnis. Dieses historische Organ bedarf einer speziellen Erforschung mit speziellen Methoden. Es können dies nur die Methoden der Logik der Wissenschaftsentwicklung sein, der zentralen Richtung der Wissenschaftskunde.

Ohne die Kenntnis der Logik der Wissenschaft ist es dem Psychologen unmöglich, die Dynamik der Motive, die nicht nur das innere, sondern auch das äußere Verhalten des Wissenschaftlers steuern, zu verstehen. Die Berichte und Reflexionen von Wissenschaftlern über ihre wissenschaftliche Tätigkeit geben nur Symptome wieder. Sie sind keine eindeutige Projektion der Tiefenprozesse, von denen ihre Arbeit gelenkt wird. Es wäre naiv anzunehmen, daß sich das Faktenmaterial der Wissen-

[3] Diese Meinungsverschiedenheiten illustrieren den Unterschied zwischen dem kategorialen und dem formallogischen Apparat des Denkens. Es waren Differenzen des kategorialen Apparates, die einem gegenseitigen Verständnis von Sečenov und Vvedenskij im Wege standen.

schaftspsychologie auf die Mitteilungen der Wissenschaftler über ihre Vorhaben und Erlebnisse und auf die Beschreibung ihrer Arbeitsumstände beschränkt. Die Selbstbeobachtungen der Wissenschaftler werden nur durch eine wissenschaftliche Interpretation bedeutsam. Uns scheint, daß eine Interpretation von den Positionen des Historismus aus unbestreitbare Vorzüge gegenüber allen anderen in der Psychologie üblichen Betrachtungsweisen aufweist. Sie ist eine Variante der objektiven Psychologie, unterscheidet sich jedoch grundlegend von der behavioristischen Richtung, die Anspruch auf eine streng objektive Behandlung der psychischen Fakten erhebt, diese jedoch nur um den Preis der Auflösung sowohl des realen Subjekts als auch des realen Objekts erreicht.

Die Erkenntnis der Realität und deren Neuschaffung in schöpferischen Produkten entsprechend der allgemeinen geschichtlichen Logik ist von einer Vielzahl von Variablen individual- und sozial-psychologischer Art abhängig. Diese Variablen stimulieren oder blockieren den schöpferischen Prozeß. Der theoretische und praktische Wert ihrer Erforschung ist offensichtlich. Indem die Psychologie des wissenschaftlichen Schöpfertums vom historisch-logischen Kontext der wissenschaftlichen Tätigkeit (der von der Wissenschaftsgeschichte beschrieben wird) ausgeht und ihn in Beziehung setzt zu den Zeugnissen des individuellen Bewußtseins, erhält sie die Möglichkeit, die von der Selbstbeobachtung nicht erfaßte reale Dynamik der Motive aufzudecken, die die Arbeit des Denkens regulieren.

Das Schöpfertum hat dynamischen Charakter. Seine Zyklen hängen nicht nur vom allgemeinen Rhythmus des psychischen Lebens ab, sondern auch vom Ablauf der Denkprozesse hinsichtlich eines bestimmten gegenständlichen Inhalts. Dieser Ablauf ist bedingt durch die objektiven Möglichkeiten des Denkens, in einem bestimmten Moment der Wissenschaftsentwicklung und der individuellen Entwicklung in den jeweiligen Inhalt einzudringen. Fehlen diese Möglichkeiten oder sind sie erschöpft, so kann die schöpferische Aktivität nicht aufrechterhalten werden. Die Persönlichkeit kann in diesem Falle nur dann weiter schöpferisch sein, wenn sie zu anderen Problemen übergeht, wenn ihr Denken sich also einem anderen gegenständlichen Inhalt zuwendet. Helmholtz zum Beispiel, der in den sechziger Jahren des vorigen Jahrhunderts die physiologische Optik geschaffen hatte, hat dieses Gebiet später nicht mehr wesentlich bereichern können. Seine spätere schöpferische Leistung betrifft andere Wissensgebiete.

Auch die Frage der Beziehung zwischen Lebensalter und Schöpfertum des Wissenschaftlers darf (bei aller Wichtigkeit statistischer Kennziffern) nicht nur abstrakt statistisch behandelt werden. Neben den psychophysiologischen Faktoren des Alterns sind auch das „Alter“ des Problems und das „Alter“ der Begriffe und Methoden zu berücksichtigen. mit denen dieses Problem untersucht wird. Von manchen Autoren wird die Meinung vertreten, daß nach dem Alter von 35—40 Jahren ein Rückgang der Kreativität einsetzt (Lehman [11]). Andere wiederum sind energische Gegner dieser Ansicht (Dennis [5] u. a.). Weder die einen noch die anderen haben jedoch den Versuch gemacht, die schöpferischen Zeiten eines Wissenschaftlers zu vergleichen mit der Dynamik der objektiven Situationen, die sich in der Wissenschaft ergeben, und das Auf und Ab individueller Aktivität zu dieser Dynamik in Beziehung zu setzen.

Die Fragen des schöpferischen Prozesses und der schöpferischen Persönlichkeit sind mit der Veränderung der Organisationsformen wissenschaftlicher Arbeit, vor allem durch die sprunghaft gewachsene Bedeutung „kleiner Gruppen“, auf neue Weise aktuell geworden. Das wissenschaftliche Schöpfertum war immer eine Einheit von Erkenntnis und Kommunikation. Dadurch, daß sich heute das ganzheitliche Gebilde Gruppe in ein Instrument zur Bearbeitung wissenschaftlicher Probleme verwandelt, hat diese Einheit indessen einen besonderen, unmittelbaren Ausdruck gefunden. Es entstand ein schwieriger Komplex von Fragen. Sie betreffen die Leitung der Gruppe, die Verteilung der Funktionen unter ihre Mitglieder, das Herstellen eines optimalen „Klimas“, das Überwinden verschiedenartiger Konflikte und Schwierigkeiten, die Ausarbeitung einer Technik des effektiven gemeinsamen Denkens usw. Das Verhältnis zwischen individuellem und kollektivem Schöpfertum wurde zum Gegenstand theoretischer Diskussionen und empirischer Forschung. In den USA erlangte die Technik des „brainstorming“ große Popularität. Bei dieser Technik geht es darum, von einer Gruppe möglichst viele originelle Ideen zu erhalten. Es werden auch andere Verfahren zur Stimulierung der Gruppenkreativität vorgeschlagen (z. B. die „Synectics“ Gordons [9]). Sowohl die Theorie als auch die praktische Handhabung der Organisation wissenschaftlicher Tätigkeit in kleinen Gruppen haben nicht wenig Neues zum Verständnis der Spezifik des Schöpfertums unter den heutigen Bedingungen beigetragen. Auch in diesen neuen Vorstellungen wirkt sich jedoch die Beschränktheit der traditionellen Modelle über den schöpferischen Prozeß und über die schöpferische Persönlichkeit aus.

Bei der Beschreibung und Erklärung der Gruppenkreativität werden nur drei Kategorien von Variablen berücksichtigt: 1. der Gesamtcharakter der Strukturierung und des Funktionierens der Gruppe (Anzahl der Mitglieder, Anteil der individuellen und der kollektiven Arbeit, Zeit der gemeinsamen Arbeit u. a.); 2. die individuellen und typologischen Besonderheiten der Gruppenmitglieder; 3. die Verteilung der Funktionen zwischen den einzelnen Individuen. Die Begriffe und Methoden der allgemeinen Kleingruppentheorie, der Persönlichkeitstheorie und der Rollentheorie werden entsprechend angewandt.

Eine so außerordentlich wichtige Variable wie der historisch bedingte Ablauf wissenschaftlicher Tätigkeit wird von der psychologischen Forschung jedoch nicht erfaßt.

Man kann natürlich fragen, ob die Einführung dieser Variablen es ermöglichen werde, über die Erklärung von Einzelsituationen hinaus zu einem verallgemeinernden Schema zu kommen, das als Instrument für die Optimierung der Tätigkeit anderer kleiner Gruppen benutzt werden kann. Vielleicht liegen die Vorzüge der historischen Betrachtungsweise nur in einer konkreteren, inhaltsreicheren Beschreibung „klinischer Fälle" — d. h. einzelner wissenschaftsgeschichtlicher Episoden. Es ist heute, wo eine Sozialpsychologie der Wissenschaft überhaupt noch nicht entstanden ist, sehr schwer, diese Frage zu beantworten. Offensichtlich kann die psychologische Erforschung kleiner Gruppen bei Vernachlässigung der gegenständlich-historischen „Matrix" nur formalstatistisch vorgehen.

Die Diskussion über das Verhältnis zwischen statistischen und „klinischen" Methoden, die in der Psychologie insgesamt überaus heftig geführt wird (vgl. z. B. [15]), ist auch für die Bestimmung der Perspektiven der Psychologie des Schöpfertums außerordentlich aktuell. In der Psychologie (wie auch in der Wissenschaftskunde) vollzieht sich eine gewisse Polarisierung der Forschung. Auf der einen Seite geht es um die quantitative Bearbeitung großer Faktenmengen und die Suche nach allgemeinen statistischen Gesetzmäßigkeiten, die zwar auch wichtig sind, die aber keine Kausalbeziehungen aufdecken. Auf der anderen Seite steht die detaillierte Analyse konkreter Erscheinungen und ihrer Entwicklungsbedingungen im Vordergrund, die jedoch wenig Hoffnung gibt, allgemeine Mechanismen und Prinzipien zu entdecken. Im Hinblick auf die schöpferische Persönlichkeit hat die Erforschung dieser allgemeinen Mechanismen und Prinzipien deshalb besondere Bedeutung, weil die Tätigkeit dieser Persönlichkeit der historischen Notwendigkeit untergeordnet ist. Ideen entstehen und vergehen durch die Einwirkung besonders determinierter Kräfte, die vom Bewußtsein und Willen derjenigen, die die Ideen hervorbringen, unabhängig sind.

Welche Rolle spielt in diesem Falle die Persönlichkeit in der Wissensentwicklung? E. Boring stellte auf dem XVII. Internationalen Psychologenkongreß die Frage einer „Entpersönlichung" der Geschichte der Wissenschaft zur Diskussion. „Die Wissenschaftsgeschichte würde wissenschaftlicher werden, wenn sie sich vom Personenkult frei machen könnte." Obwohl heute eine anonyme Geschichte der Wissenschaft noch nicht geschrieben werden kann, wird dieser Tag nach Meinung Borings ganz sicher einmal kommen, und dann „werden wir — oder, wahrscheinlicher, unsere Nachkommen — mit einem verzeihenden Lächeln auf die personifizierte Geschichte der Wissenschaft des 20. Jahrhunderts blicken und denken: Wie egozentrisch und unreif sie doch in jenen Zeiten waren" [4].

Ist es nicht erstaunlich, daß ausgerechnet ein Psychologe dazu aufruft, aus der Geschichte die sie schaffende Persönlichkeit zu eliminieren? Natürlich kann der reale Verlauf der menschlichen Erkenntnis auch vom logischen, genauer — logisch-historischen Standpunkt betrachtet werden. Aus dieser Sicht erscheinen die Besonderheiten des Lebens eines Wissenschaftlers als zufälliges Geschehen, über welches das seine eigene Bahn verfolgende System der Wissenschaft hinweggeht.

Aber die Ideen, die dieses System gebildet haben, sind doch wohl dank der Arbeit des einzelnen Wissenschaftlers zum Bestandteil dieses Systems geworden. Er mußte sie hervorbringen und sichtbar machen. Von den Prozessen des „Reifens" und der inneren Synthese neuer Ideen bleibt nichts übrig, wenn man einen so vielschichtigen Gegenstand wie die Wissenschaft nur unter einem Gesichtspunkt — dem logisch-historischen — subsumiert. Was würde dann aus den anderen Aspekten? Bis jetzt bestand das Ziel unserer Darlegungen darin zu zeigen, daß die Psychologie allein nicht über die Ressourcen verfügt, die Persönlichkeitsauffassung umzuorientieren auf eine gegenständlich-historische Betrachtungsweise und daß sie diese Aufgabe nur in Verbindung mit der Logik der Wissenschaftsentwicklung lösen kann. Wenn man jedoch den konkreten Wissenschaftler nur als Bestandteil dieser Logik, als ihr „Medium" ansieht, dann löst sich das Problem der Wechselbeziehungen zwischen Logischem und Psychologischem überhaupt auf,[4] da ein Glied der Beziehung mit dem anderen zusammenfällt. Eine solche Lösung wäre kaum besser als die gegenwärtige Situation, in der es überhaupt unmöglich ist, eine Brücke zwischen diesen beiden Richtungen (der logischen und der psychologischen) zu schlagen.

Aber nicht allein theoretische Überlegungen zeigen die reale Bedeutung dieses Problems.

[4] Wir erinnern daran, daß der Begriff des Logischen hier wie überhaupt im Kontext des vorliegenden Aufsatzes immer die Logik der Wissenschaftsentwicklung meint, nicht aber die Logik in ihrem traditionellen Verständnis (formale oder dialektische Logik). In der psychologischen Literatur wird der Terminus „logisch" bislang nur in der zweiten Bedeutung gebraucht.

Von den Positionen der logischen Idealisierung des historischen Prozesses der Wissensentwicklung aus mag es gleichgültig sein, in wessen Kopf dieses Wissen hervorgebracht wurde und wieviel individuelle Anstrengung einzelner Individuen dabei aufgewandt wurde. Bei der Lösung solcher für unsere Zeit lebenswichtigen Fragen wie der Erziehung, der Auswahl und des effektiven Einsatzes wissenschaftlich Tätiger haben wir es aber nicht mit logischen Idealisierungen, sondern mit konkreten Individuen, mit ihrem Intellekt und Charakter, mit ihren Emotionen und ihrem Willen, kurz — mit ihrer inneren psychologischen Welt zu tun, die in völlig anderen Termini beschrieben wird als die Megawelt der Wissenschaft. Boring hat überlegt, ob man die Geschichte der Naturwissenschaft nicht „entpersonifizieren" sollte. Die Naturwissenschaftler selbst aber rufen dazu auf, der psychischen Eigenart des Wissenschaftlers besondere Aufmerksamkeit zu schenken. So schreibt beispielsweise der Physikochemiker Polanyi [17], daß die Produktion des naturwissenschaftlichen Wissens neben seiner Objektivität, Reproduzierbarkeit, Formulierbarkeit usw. auch einen besonderen persönlichkeitsbezogenen Inhalt und einen tief persönlichkeitsbezogenen Sinn hat. In einer Zeit, wo sich die Struktur des wissenschaftlichen Denkens radikal ändert, ist es verständlich, daß das Interesse für die inneren, psychischen Aspekte des Lebens und der Tätigkeit des Wissenschaftlers wächst. Gerade an den Wendepunkten in der Geschichte der Erkenntnis bei plötzlichen, unvorhergesehenen Umschwüngen, wenn die früheren Begriffe sich auflösen, wird die Rolle des schöpferischen Menschen deutlich sichtbar.

Aber kehren wir damit nicht wieder in jenes unsichere Gebiet der Intuition zurück, auf dem es keine Kriterien der Kontrolle gibt? Kehren wir nicht zurück zu jenem Verfahren der Interpretation des wissenschaftlichen Schöpfertums, dessen Schwächen wir oben festgestellt haben? Uns scheint, daß die historische Betrachtungsweise es ermöglicht, die traditionelle psychologische Beschreibung der Intuition mit anderen Augen zu sehen.

Nicht nur das Wissen und die Verfahren seiner Gewinnung, wie sie in der objektiven Wissenschaftslogik dargestellt werden, haben sich historisch herausgebildet. Auch die Persönlichkeit des Wissenschaftlers selbst hat nicht nur in dem Sinne historischen Charakter, daß sie durch die jeweilige Epoche bedingt oder von den jeweils vorhandenen Erkenntnismitteln abhängig ist. Auch die innere Struktur der Persönlichkeit, die integrierenden Eigenschaften ihres Intellekts und Charakters haben sich historisch entwickelt. Marx hat die Sinnesorgane Produkte der Weltgeschichte genannt. Es wäre verwunderlich, wenn die feineren Erkenntnisapparate, die sich aus diesen Organen entwickelt haben, ahistorischer Natur wären. Der Begriff der Intuition wird seit Bergson mit einem ursprünglichen Lebensakt und verborgenen biologischen Determinanten menschlichen Verhaltens in Verbindung gebracht. Aber mit welcher Begründung erkennen wir nur jene Seite des menschlichen Denkens, die, sich des Menschen entäußernd, in schöpferischen Produkten niederschlägt, als historisch wandelbar an, während wir die andere, vom lebendigen Subjekt nicht zu trennende Seite, die nicht formalisiert und verbalisiert werden kann, als etwas Unveränderliches, Ahistorisches betrachten? Diese andere Seite — sie gilt üblicherweise als die Sphäre der Intuition — könnte nicht ein Faktor des schöpferischen Prozesses sein, wenn sie nicht ebenso wie das diskursive, analytische Denken gegenständlich-historischen Charakter hätte. Die Intuition als psychische Realität ist eine besondere Ebene geistiger Aktivität, die der verbalen Analyse unzugänglich ist. Da nun das Subjekt die Erscheinungen nicht nur der äußeren, sondern auch seiner eigenen inneren Welt nicht anders als durch das Wort gegliedert ins Bewußtsein aufnehmen kann, erzeugte die Nichtverbalisierbarkeit der Intuition den Eindruck ihrer Unbegreiflichkeit und Unfaßlichkeit. Schöpfertum ist, wie wir festgestellt haben, der Übergang von bestimmten, in seinen Produkten objektivierten Formen zu anderen Formen. Am einschneidendsten und plötzlichsten kommt die Rolle der Intuition gerade an Übergangspunkten zum Ausdruck. Vielleicht könnte man etwas Ähnliches wie das Komplementaritätsprinzip der Physik für die Erklärung des Verhältnisses zwischen den formalisierbaren (objektivierten, dem Subjekt entäußerten) und den nicht-formalisierbaren (persönlichkeitsbezogenen) Komponenten des Schöpfertums heranziehen. Würde dann nicht die Gegenüberstellung von intuitivem Akt und formalisierter Operation, die seit Jahrhunderten die Lehre vom Schöpfertum kennzeichnet, ihren antithetischen Charakter verlieren?

In Gesprächen mit M. Wertheimer über seine Selbstbeobachtungen während der Arbeit an der Relativitätstheorie äußerte Einstein: „Im Verlauf dieser Jahre gab es ein Gefühl der Richtung, der Vorwärtsbewegung in Richtung auf irgendetwas Konkretes. Es ist natürlich sehr schwer, dieses Gefühl in Worte zu kleiden, aber es war zweifellos vorhanden, und es muß von den folgenden Überlegungen und rationalen Formen der Lösung abgegrenzt werden. Natürlich war hinter dieser Richtung immer etwas Logisches, aber ich hatte sie in der Art einer Sicht, in visueller Form“ [29, S. 213].

Diese Äußerung ist in vieler Hinsicht interessant. Erstens zeugt sie davon, daß das Denken des Wissenschaftlers auf ein Ziel hin ausgerichtet ist, das er selbst mehr fühlt, als daß es ihm deutlich bewußt ist. Einstein

spricht von einem „Gefühl der Richtung“ und davon, daß die Bewegung zum möglichen Resultat hin durch einen besonderen psychischen Prozeß erfolgte, der sich vom logischen Überlegen unterschied, der aber ähnlich wie die logische Überlegung die geistigen Abläufe organisierte. Einstein schildert weder einen zufälligen, chaotischen Suchprozeß noch das Auftauchen einer Vielfalt verschiedenster Ideen. Er unterstreicht, daß seine Suche gerichteten Charakter trug. Das ist sehr wichtig, denn es weist darauf hin, daß unsere Erkenntnistätigkeit nicht nur auf formallogischer Ebene geordnet und zielgerichtet verläuft. Einstein beschreibt aber auch, wenn er von den Unterschieden zwischen dem anfänglichen „Gefühl der Richtung“, das in Worten schwer zu beschreiben ist (und das eben dasjenige ist, was wir oben nicht-formalisierbares Wissen genannt haben), und der darauf folgenden „rationalen Form der Lösung“ spricht, daß das „Gefühl der Richtung“ kein dem logischen entgegengesetztes Erkenntnisverfahren gewesen sei. Aus dem früheren System wissenschaftlicher Gedankengänge konnte die Relativitätstheorie nicht „logisch abgeleitet“ werden. Dennoch entstand sie nach bestimmten logischen Parametern, hinter denen die Konturen neuer Kategorien durchschimmerten.
Das Gebiet der Übergänge von bestimmten kategorialen Formen zu anderen ist das Feld der Psychologie des Schöpfertums. Solche Übergänge können nirgendwo anders erfolgen als „innerhalb des Subjekts“. Die innere psychische Aktivität des Subjekts aber ist, wie bereits betont wurde, ein durch die Logik der Wissenschaftsentwicklung und die sozialen Verbindungen vermittelter Verkehr mit der gegenständlichen Welt. Das bedeutet, daß die historische Betrachtungsweise zu einer Umorientierung der Forschung über das Schöpfertum führt. Intuition und formallogische Rationalität erscheinen als verschiedene Aspekte der produktiven Tätigkeit des Subjekts, die in keinem Moment dieser Tätigkeit voneinander getrennt werden können.
Es wird jedoch kaum gelingen, eine einheitliche Theorie des schöpferischen Prozesses zu entwickeln, wenn man die traditionelle Beschreibung intuitiver Vorgänge mit der formallogischen Beschreibung der Operationen des Intellekts verbindet, weil beide Beschreibungsarten ahistorisch vorgehen. Ebenso wie wir eine neue theoretische Konzeption der Intuition brauchen, brauchen wir auch eine neue Betrachtungsweise der Formen des wissenschaftlichen Denkens, seiner Operationen, Kategorien und Prozesse. Diese Betrachtungsweise darf sich nicht auf die allgemeinen Strukturen beschränken, die allen Erscheinungen des Denkens zugrunde liegen.
Bislang wissen wir noch fast nichts über Inhalt und Möglichkeiten solcher neuen Auffassungen. Das ist dadurch erklärbar, daß einerseits die tradi-

tionellen Auffassungen von der Intuition durch eine gewaltige Zahl beeindruckender Zeugnisse unmittelbarer Erfahrungen gefestigt wurden und daß andererseits die formallogische Beschreibung von Denkprozessen durch die Entwicklung kybernetischer Systeme stark gefördert wurde. Die Erforschung des gegenständlich-historischen Charakters des wissenschaftlichen Schöpfertums, deren Produktivität abhängt von der Art und Weise, wie sie alle bisherigen Ergebnisse der Denk- und Persönlichkeitsforschung nutzt, hat gerade erst begonnen. Um so wichtiger ist es, die Ausgangspunkte dieser Arbeit kritisch zu analysieren.

Literaturverzeichnis

[1] Arnheim, R., The creative process, in: Psychologische Beiträge, 1962, Bd 6, Nr. 3–4

[2] Asmus, V. F., Problema intuicii v filosofii i matematike, Moskva 1963

[3] Barron, F., Creativity and psychological health, Princeton 1963

[4] Boring, E., Eponim as placebo, in: Proceeding of XVII. International Congress of Psychology, Amsterdam 1964

[5] Dennis, W., Age and achievement. A critique, in: Journal of gerontology, 1956, Nr. 11

[6] Dilthey, W., Ideen über eine beschreibende und zergliedernde Psychologie, in: Sitzungsber. Preuß. Akad. Wiss., Berlin 1894

[7] Eiduson, B. T., Scientists. Their psychological world, New York 1962

[8] Ghiselin, B., The creative process and its relation to the identification of creative talent, in: Scientific creativity; its recognition and development, hg. v. C. W. Taylor, F. Barron, New York 1964

[9] Gordon, W. J., Sinectics: The development of creative capacity, New York 1961

[10] Jaroševskij, M. G., Psichologija nauki, in: Voprosy filosofii, 1967, Nr. 5

[11] Lehman, H. C., Age and achievement, Princeton 1953

[12] Leont'ev, A. N., Opyt eksperimental'nogo issledovanija myšlenija. Doklady na soveščanii po voprosam psichologii, Moskva 1954

[13] Leont'ev, A. N.; Panov, D. J., Psichologija čeloveka i techničeskij progress, in: Filosofskie voprosy fiziologii vysšej nervnoj dejatel'nosti i psichologii, Moskva 1963

[14] Marx/Engels, Werke, Ergänzungsband, Erster Teil, Berlin 1968

[15] Miller, J., Psychology. The science of mental life, New York 1962

[16] Napalkov, A. V., Puti i zadači razvitija teorii evrističeskogo programmirovanija, in: U. R. Reitman, Poznanie i myšlenie, Moskva 1968 (Vorwort)

[17] Polanyi, M., Personal knowledge, New York 1958

[18] Ponomarjov, J. A., Psichika i intuicija, Moskva 1967

[19] Problemy naučnogo i techničeskogo tvorčestva. Materialy k simpoziumu, Moskva 1967

[20] Puškin, V. N., Evristika ili nauka o tvorčeskom myšlenii, Moskva 1967
[21] Rubinštejn, S. L., Prinzipien und Wege der Entwicklung der Psychologie, Berlin 1969
[22] Rejtman, U. R., Cognition and thought, New York 1965
[23] Roe, Anne, The making of a scientist, New York 1953
[24] Sečenov, I. M., Izbrannye filosofskie i psichologičeskie proizvedenija, Moskva 1947a
[25] Torrnce, E. P., Guiding creative talent, New York 1962
[26] Vvedenskij, N. E., Sobranie sočinenij, Bd. 6, Leningrad 1963
[27] Wallas, G., The art of thought, New York 1926
[28] Werner, H., Comparative psychology of mental development, New York 1957
[29] Wertheimer, M., Produktives Denken, Frankfurt/Main 1957

Teil II

Methodologische und wissenschaftshistorische Untersuchungen

N. I. Rodnyj

Zum Problem der wissenschaftlichen Entdeckungen

I

Das Problem der Entdeckung ist vor allem das Problem der Gewinnung neuer Ergebnisse in der Wissenschaft. Der schöpferische Wissenschaftler lebt, wie L. Pauling sagte, der Augenblicke der Entdeckung wegen. Dieses Problem schließt einen ganzen Komplex verschiedener Fragen ein und bewegt die Schöpfer der Wissenschaft auf die unterschiedlichste Art. Es beschäftigt die Psychologen, die herauszufinden suchen, „wie das gemacht wird", und die Modelle jenes schöpferischen Aktes (Prozesses) aufstellen, dessen höchstes Ergebnis die Entdeckung ist. Es bewegt die Wissenschaftshistoriker, die jene Situationen in der Wissenschaft aufdecken, die den Hintergrund und die Voraussetzungen für Entdeckungen bilden, und viele andere mehr.

Die unterschiedlichen Arten des Herangehens an dieses Problem, bei denen jeweils ganz verschiedene Seiten in den Mittelpunkt der Betrachtung gestellt werden, schließen die Hinwendung zu konkretem Material, zur Analyse bedeutender Entdeckungen in der Geschichte der Wissenschaft keineswegs aus, sondern machen sie eher zur Voraussetzung. Wie unterschiedlich die einzelnen Betrachtungsweisen auch sein mögen, es gibt doch einen Gesichtspunkt, ohne dessen Berücksichtigung ein fruchtbringendes Herangehen an das Problem überhaupt unmöglich ist: den wissenschaftshistorischen.

Versteht man unter wissenschaftlichen Entdeckungen weniger das Auffinden neuer Erscheinungen als vielmehr die Schaffung begrifflicher Systeme (Hypothesen, Theorien, Prinzipien), so ist das Schema, das die Evolution wissenschaftlicher Probleme allgemein charakterisiert, hierauf nicht anwendbar. Entsprechend diesem Schema sind die ersten Etappen der Evolution eines Problems dadurch gekennzeichnet, daß die Fragen nach dem „Wie" beantwortet werden (z. B. wie diese oder jene Prozesse verlaufen), und erst dann werden die Fragen nach dem „Warum" gelöst.

In der Geschichte der Wissenschaft ist es leichter, die Determiniertheit epochaler Entdeckungen zu klären, d. h. zu zeigen, warum sie in der jeweiligen Entwicklungsetappe der Wissenschaft zustande kamen, als zu erfahren, wie die Autoren derartiger Entdeckungen zu diesem Ergebnis kamen, und in die intimen Geheimnisse des schöpferischen Laboratoriums dieser Wissenschaftler einzudringen.

S. Cannizzaro, der die Bedeutung der Atomistik Daltons für die Geschichte der Chemie charakterisiert hat, stellte fest, daß es für die logische Analyse der Genesis der Atomistik unwesentlich ist zu wissen, ob Dalton die Arbeiten von Richter und Wenzel bekannt waren und ob er die Ergebnisse der Analysen von Proust benutzt hat oder ob er zur Schaffung der Atomistik auf jenem wenig bekannten Weg gelangte, auf dem die großen Schöpfer der Wissenschaft zur Entdeckung der Wahrheit kommen, indem sie von einer kleinen Zahl unvollkommener Experimente ausgehen [10, S. 13]. Cannizzaro unterstreicht damit, daß es weniger darauf ankommt zu wissen, wie der Wissenschaftler zu seiner Entdeckung gekommen ist, sondern vielmehr warum es dazu kam und wie die betreffende Entdeckung durch die entsprechende Situation in der Wissenschaft determiniert ist.

Unter dem Gesichtspunkt des rein logischen Aspekts des Problems ist Cannizzaro natürlich im Recht. Andererseits ist jedoch auch der Vorwurf berechtigt, den Ostwald und eine Reihe anderer Wissenschaftshistoriker den Wissenschaftlern machen, daß sie die Gerüste abbauen, nachdem sie zu solchen Höhen aufgestiegen sind, die bis dahin für andere unerreichbar waren [18, S. 306]. Helmholtz schrieb, daß er immer nur den „königlichen Weg“ zeige, der ihn zu den erlangten Resultaten geführt hat, jedoch nichts von den „Irrfahrten“ berichte, die er auf der Suche nach der Lösung wissenschaftlicher Probleme unternommen habe [18, S. 302]. Helmholtz hielt die Werke von Hertz für die Geschichte des wissenschaftlichen Fortschritts für besonders bedeutsam, weil Hertz nicht nur über die Ergebnisse seiner Forschungen, sondern auch über seine Absichten, Erfolge und Mißerfolge berichtete und damit Material zur „Psychologie der Entdeckungen“ lieferte, das in den Arbeiten anderer Schöpfer der Wissenschaft nur überaus dürftig vertreten ist.

Nur wenige Wissenschaftler haben mit hinreichender Vollständigkeit jenen komplizierten und verschlungenen Weg geschildert, auf dem sie zu ihren Entdeckungen gelangten. Zu ihnen gehören Kopernikus und Faraday, deren Notizen und Tagebücher uns einen Einblick in ihr schöpferisches Laboratorium gestatten.[1]

[1] Es ist natürlich zu berücksichtigen, daß die retrospektive Erzählung eines Wissenschaftlers über die Peripetien seiner Arbeit, die ihn zu großen wissenschaftlichen

Die Erforschung des Wesens des Schöpfertums und seiner Evolution in der Geschichte der Erkenntnis muß der Lösung jener Aufgabe dienen, die nach den Worten Ostwalds vor der Wissenschaftsgeschichte steht, nämlich die Gesetze der Erziehung der geistigen Kräfte des Menschen aufzudecken, wodurch eine Erhöhung des Niveaus des höchsten Produktes im Garten der Menschheit, des schöpferischen Genies des Menschen, erzielt werden wird.

Für die Lösung dieser Aufgabe ist das Studium der Genesis von Entdeckungen, des Mechanismus der Entdeckungen zweifellos von überragender Bedeutung. Ein solches Studium muß in verschiedenen Richtungen erfolgen, vor allem aber in den folgenden zwei: Erstens müssen die Bedingungen analysiert werden, die im Verlauf der Wissenschaftsentwicklung entstanden sind und die die Entdeckung möglich und — aus retrospektiver Sicht — notwendig gemacht haben, und, zweitens, muß erforscht werden, wie eine Entdeckung in den Hirnen der Wissenschaftler geboren wird.

Es existieren zwei diametral entgegengesetzte Ansichten darüber, ob die Kenntnis des „Mechanismus" einer Entdeckung, also die Kenntnis der Wissenschaftsentwicklung, für die „Produktion" neuer Entdeckungen von heuristischer Bedeutung ist.

Der bekannte Physiker Feynman ist der Meinung, daß jede neue Entdeckung auf neue Weise gemacht wird und daß sie in ihrer Entstehungsweise keine Züge wiederholt, die für vorhergehende Entdeckungen charakteristisch waren; deshalb könne die Wissenschaftsgeschichte dem Schöpfer der Wissenschaft keinerlei irgendwie wesentliche Hilfe geben, wenn dieser den Sprung ins Unbekannte wagt und sich um die Gewinnung eines prinzipiell neuen Ergebnisses bemüht.

Ostwald dagegen meinte, daß man andere Menschen den Prozeß der wissenschaftlichen Entdeckung lehren könne „wie das Radfahren". Seine Position stimmt im wesentlichen mit dem von Francis Bacon entworfenen Programm überein.[2] Bacon hielt es bekanntlich für prinzipiell möglich und notwendig, einen Kodex von Regeln aufzustellen, dessen Befolgung den Forscher notwendig zu den gesuchten Resultaten führt.

Ergebnissen geführt haben, längst nicht immer der wirklichen Entwicklung der geschilderten Forschungen adäquat ist. Oft werden nicht alle Zickzackbewegungen und Wendungen des Denkens wiedergegeben, der zurückgelegte Weg wird vielmehr in einer begradigten Form dargestellt. Dessenungeachtet wirft eine solche retrospektive Darstellung Licht auf den schöpferischen Weg der Forschung.

[2] Eine eingehendere Analyse aller Äußerungen Ostwalds zu dieser Frage zeigt, daß er nur solche Entdeckungen für lehrbar hielt, die mit Hilfe der Versuch-und-Irrtum-Methode zustande kommen.

Die Position Bacons ist sowohl in ihrer ursprünglichen Form als auch in ihren späteren Varianten schon deshalb falsch, weil keine einzige Entdeckung in der Geschichte der Wissenschaft nach einem vorher aufgestellten Rezept gemacht worden ist.

Bei der Entdeckung erfolgt ein Sprung des Denkens, ein Hinausgehen über die Grenzen traditioneller Normen. Aus diesem Grunde wird in einigen Untersuchungen die Entdeckung als ein irrationaler Akt, als ein Bruch in der rationalen Kette des diskursiven Denkens behandelt. In diesem Zusammenhang hat sich in der Literatur die Unterscheidung von Entdeckung und Erfindung eingebürgert, oder, um es in den Worten J. Thomsons zu sagen, der Situation des „Columbus" und der Situation des „Arkwright". Im ersten Falle wird etwas gefunden, was unabhängig von uns existiert, im zweiten Falle etwas geschaffen, was bis dahin nicht existiert hat.

Diesen Unterschied zwischen Entdeckung und Erfindung hatte schon Kant festgestellt: „Etwas *erfinden* ist ganz was anderes als etwas entdecken. Denn die Sache, welche man *entdeckt*, wird als vorher schon existierend angenommen, nur daß sie noch nicht bekannt war, z. B. Amerika vor dem Columbus; was man aber *erfindet*, z. B. das Schießpulver, war vor dem Künstler, der es machte, noch gar nicht gekannt... Man kann aber etwas *finden*, was man gar nicht sucht (wie der Goldkoch den Phosphor), und da ist es auch gar kein Verdienst. – Nun heißt das Talent zum Erfinden das *Genie*. Man legt aber diesen Namen immer nur einem *Künstler* bei, also dem, der etwas zu *machen* versteht, nicht dem, der bloß vieles kennt und weiß" ... [11, S. 113–114].

Kant erblickte, wie wir sehen, kein Verdienst in einer Entdeckung, die zufällig und nicht im Ergebnis eines zielgerichteten Suchens und der Lösung der gestellten Aufgabe zustande gekommen ist. Die Abgrenzung der beiden vorliegenden Begriffe nimmt Kant also folgendermaßen vor: Eine Entdeckung ist die Auffindung dessen, was unabhängig von uns existiert (ein neues Land, Lagerstätten neuer Mineralien, ein Himmelskörper u. dgl.); eine Erfindung ist dagegen die Schaffung von etwas Neuem. Wendet man dieses Kriterium konsequent an, so ergibt sich allerdings eine Reihe von Schwierigkeiten: Wozu ist z. B. die Synthese einer neuen, in der Natur nicht vorkommenden chemischen Verbindung zu rechnen? Der genannten Unterscheidung zufolge handelt es sich hier nicht um eine Entdeckung, sondern um eine Erfindung. Daß eine derartige Abgrenzung falsch ist, bezeugen viele Fakten aus der Geschichte der Wissenschaft.

Nehmen wir als Beispiel das von Faraday gefundene Gesetz der Elektrolyse. Handelt es sich bei ihm um eine Entdeckung, oder enthält es nicht auch Elemente einer Erfindung? Natürlich ist dies ein Naturgesetz, aber es gehört zu jenen Gesetzen, die nur dank der menschlichen Tätigkeit „funktionieren“. Die Gesetze, die den vielfältigen Komplex der meteorologischen Erscheinungen bestimmen, wirkten auch schon vor dem Erscheinen des Menschen auf der Erde. Für die Elektrolyse und ihre analogen Erscheinungen gilt das nicht. Die Elektrolyse ist eine Schöpfung des Menschen; ihre Prozesse vollziehen sich im Laboratorium und in der chemischen Industrie. Sie basiert auf den von der Wissenschaft entdeckten Zusammenhängen zwischen dem Durchgang eines elektrischen Stroms durch Lösungen chemischer Verbindungen und der Umwandlung der letzteren. Natürlich deckt ein wissenschaftliches Gesetz immer die Wirkungsweise bestimmter Erscheinungen auf. Es gibt jedoch zweierlei Arten von Gesetzen: solche, die von der menschlichen Praxis unabhängig sind, und solche, die durch sie erst geschaffen werden, die Komponenten einer „zweiten Natur“ sind, d. h. durch die menschliche Tätigkeit zur Wirkung gebracht werden.

Die Mehrzahl der Objekte der Chemie sind deren eigene Schöpfung. Sie sind deshalb als Resultate sowohl von Entdeckungen als auch von Erfindungen anzusehen.

Die Entdeckung umfaßt einen weiten Kreis von Erscheinungen in der Wissenschaft. Es lassen sich mindestens vier Gruppen von Erscheinungen unterscheiden, die als Entdeckung qualifiziert werden: die Schaffung eines Begriffssystems (einer Theorie, eines Prinzips); die Auffindung eines Gesetzes; die Feststellung einer neuen Erscheinung; die Erfindung eines prinzipiell neuen Gerätes oder Apparates. Neue Geräte sind überdies nach ihrer Genesis zu unterscheiden. Die einen sind „Vergegenständlichungen“ einer Theorie oder Realisierungen eines äußerst diffizilen Komplexes theoretischer Entwicklungsarbeiten; dies trifft z. B. auf die Beschleuniger und die Detektoren in der modernen Physik zu. Solche Geräte sind besonders charakteristisch für die heutige Wissenschaft. Andere dagegen verdanken ihre Entstehung dem Zufall, wie das vor allem in den früheren Etappen der Wissenschaftsgeschichte der Fall war.

Zwischen den genannten Gruppen von Entdeckungen existieren bestimmte Zusammenhänge und Abhängigkeiten, die durch die historisch-logische Analyse hinreichend vollständig aufgedeckt werden können.

Die Genesis einer Theorie und der Entdeckung eines wissenschaftlichen Gesetzes macht zweifellos einen wichtigen Aspekt des Problems der Entdeckungen aus. Wenn manche Forscher auch dazu neigen, nur die Feststellung neuer Erscheinungen als eine Entdeckung anzusehen, so bildet doch auch die Genesis experimenteller Entdeckungen einen großen Teil des Gesamtproblems der Entdeckungen. Für das Verständnis des Wesens einer solchen Genesis ist es außerordentlich wichtig, Kriterien für die Identifizierung und die Qualifizierung von Entdeckungen zu finden. Allen Arten von Entdeckungen ist gemeinsam, daß sie etwas Neues in der Wissenschaft etablieren, daß sie zu einer gewissen Beschleunigung der Wissenschaftsentwicklung führen und einen neuen Strom von Forschungen hervorrufen.

Die Beschleunigung der Wissenschaftsentwicklung, die durch die verschiedenen Typen von Entdeckungen hervorgerufen wird, besteht in der Hauptsache darin, daß eine Entdeckung in der Regel eine Kette anderer Entdeckungen des gleichen oder eines anderen Typs zur Folge hat. So führt eine neue Forschungsmethode zur Auffindung neuer Gesetzmäßigkeiten und stimuliert die theoretische Entwicklung; eine neue Theorie in der Wissenschaft führt zu einer erheblichen Erweiterung des Feldes der Forschung, zur Ausarbeitung neuer Forschungsmethoden usw.

Schon Ostwald stellte fest, daß eine wichtige Entdeckung in der Wissenschaft keinen Abschluß, sondern nur den Anfang von etwas Neuem darstellt und daß noch eine Unzahl zusätzlicher Entdeckungen gemacht werden muß, ehe das Kind der Wissenschaft lebensfähig wird. Gleichzeitig betonte er jedoch: „Die Entdeckungen sind nicht *durch* die Hypothesen, sondern trotz derselben gelungen, denn Entdeckungen gelingen immer durch Arbeit und nicht durch Vermutungen" [17, S. 215].

Die Geschichte der Wissenschaft bezeugt indes die Richtigkeit des entgegengesetzten Standpunktes. Er wurde sehr treffend von L. Brillouin ausgedrückt: „...jede fruchtbare Hypothese legt den Grundstein für die Eruption eines Stromes unvorhergesehener Entdeckungen" [3, S. 85].

Einen ähnlichen Gedanken äußerte im 18. Jahrhundert J. Priestley. Er unterstrich die Wichtigkeit von Hypothesen für die Entdeckung, darunter auch falscher Hypothesen, die später verworfen werden: „Es ist keineswegs notwendig, bestimmte Ansichten und eine richtige Hypothese zu haben, um echte Entdeckungen zu machen. Es gibt genügend Theorien, auch unvollkommene, die uns jene Experimente nahelegen, durch die ihre Mängel behoben und vollkommenere Theorien entwickelt werden können. Diese führen ihrerseits zu neuen Experimenten, die uns noch näher an die Wahrheit heranbringen; indem wir diese Methode der Annäherung benutzen, müssen wir uns glücklich schätzen, wenn wir nach und nach wahrhaftige Erfolge erreichen" [13, S. 64].

Aus der großen Gruppe von Fragen, die zum Problem der Entdeckung gehören, werden wir die des Verhältnisses zwischen der wissenschaftlichen Theorie und der experimentellen Entdeckung, also der Feststellung einer neuen Erscheinung, untersuchen. Wie bereits erwähnt, ist eine Reihe von Forschern der Meinung, daß die Feststellung einer

prinzipiell neuen Erscheinung eine Entdeckung im vollen Sinne des Wortes ist. Sie zieht notwendig eine Kette von Hypothesen und Entdeckungen in der Wissenschaft und vor allem die Schaffung einer neuen Theorie nach sich. Gelegentlich wird die Entwicklung der Physik in den letzten anderthalb Jahrhunderten als ein Wechsel zweier Zyklen dargestellt, von denen jeder aus folgenden Komponenten besteht: eine fundamentale Entdeckung, die Schaffung der Theorie, die etwa dreißig Jahre nach der Entdeckung erfolgt, und nochmals dreißig Jahre der Entwicklung der Wissenschaft unter der Vorherrschaft dieser Theorie; darauf beginnt in der Regel ein neuer Zyklus.
P. L. Kapica versteht unter einer Entdeckung die Feststellung neuer Erscheinungen, „die man weder ganz voraussagen, noch auf der Grundlage der schon vorhandenen theoretischen Konzeptionen erklären kann und die deshalb neue Forschungsbereiche eröffnen" [12, S. 3]. In dieser Definition sind zwei Momente wichtig: die Unvorhersehbarkeit und die Unmöglichkeit der Erklärung dieser oder jener Erscheinung im Rahmen der existierenden Theorie. Diese Momente hängen eng miteinander zusammen und bilden die logische Charakteristik des prinzipiell Neuen in der Wissenschaft. Von Bedeutung ist außerdem noch ein weiteres Moment: Die Entdeckung ruft ein neues Forschungsgebiet ins Leben, gebiert einen neuen Zweig der Wissenschaft. Legt man diese Definition zugrunde, so kann die Schaffung der Quantenmechanik nicht als Entdeckung angesehen werden, während die Feststellung des photoelektrischen Effekts durch Hertz als eine große Entdeckung gelten muß, deren weitere Ausarbeitung — natürlich über eine Reihe von Zwischenstufen — zum Aufbau der Quantentheorie geführt hat.
Zu den Entdeckungen rechnet Kapica auch große Erfindungen, die ebenso unvorhergesehen und unerwartet gemacht werden wie wissenschaftliche Entdeckungen. „Große methodische Erfindungen können ebenso wie wissenschaftliche Entdeckungen zur Schaffung eines ganzen wissenschaftlichen Gebietes und zur Lösung von grundlegenden Aufgaben führen, die schon lange vor der Wissenschaft stehen" [12, S. 5].
Die Auffassung, daß der Schaffung einer neuen Theorie notwendigerweise die Feststellung einer prinzipiell neuen Erscheinung vorangeht, kann eine Reihe tatsächlicher Fälle der Genesis einer wissenschaftlichen Theorie nicht erklären. Die Geschichte der Wissenschaft zeigt, daß sehr häufig die Schaffung einer neuen Theorie sowie die Entstehung neuer Prinzipien und neuer Zweige der Wissenschaft nicht durch die Entdeckung einer neuen Erscheinung „induziert" gewesen ist.
So war zum Beispiel die Schaffung der chemischen Kinetik nicht mit der Entdeckung einer neuen Erscheinung verbunden. Sie ist auf die Ein-

führung des Begriffes der Zeit und des Begriffes der Geschwindigkeit der chemischen Umwandlung in die Chemie zurückzuführen. Die Gibbsche Phasenregel, die das quantitative Verhältnis der Zahl der Freiheitsgrade eines im Gleichgewicht befindlichen Systems zur Zahl seiner Komponenten und Phasen bestimmt, ist nicht die „Antwort“ auf die „Herausforderung“ einer besonderen Entdeckung, sondern das Resultat der Einführung neuer Begriffe in die Wissenschaft und vor allem der thermodynamischen Analyse des betreffenden Problems.
Entgegen der konsequent induktiven Auffassung, schreibt R. Hill, ist es oft geschehen, daß die Menschen Fakten zum Beweis einer Theorie suchten, wie dies Galilei, Pasteur und Newton taten, und der Wissenschaft ist dies nicht schlecht bekommen.
Es gibt also in der Geschichte der Wissenschaft Situationen, in denen nicht der „Fakt“, nicht irgendeine andere Entdeckung die Theorie „gebiert“, in denen vielmehr umgekehrt eine neue Theorie Anlaß gibt, nach neuen, die Theorie beweisenden Fakten zu suchen. Außerdem führt das Entstehen einer neuen Theorie immer zu einer Serie von Entdeckungen, die sich bei näherer Betrachtung als eine Realisierung entsprechender Prognosen der jeweiligen Theorie erweisen. Nach der von M. Born vorgeschlagenen Klassifikation gehören solche Entdeckungen zu den analytischen Voraussagen, die mit Hilfe der existierenden Theorie und der allgemein verwendeten Methoden gemacht wurden. Zu ihnen rechnet Born die Entdeckung des Planeten Neptun durch Galle, die auf Grund jener theoretischen Voraussage geschah, die Adamson und unabhängig von ihm Leverrier, ausgehend von geringfügigen Abweichungen in der Bahn anderer Planeten, getroffen hatten. [2]
Zur Klasse der synthetischen Entdeckungen rechnet Born die Schaffung neuer Konzeptionen, in denen neue empirische Informationen theoretisch verarbeitet werden (z. B. die Quantenmechanik) oder die eine radikale Neubewertung längst bekannter Fakten bedeuten (z. B. die Relativitätstheorie, die die Tatsache der bereits von Newton festgestellten Proportionalität von träger Masse und Gravitation erklärte).
Max Born unterscheidet theoretische und empirische Entdeckungen. So ging einer theoretischen Entdeckung — der Schaffung der Quantenmechanik — eine Serie von experimentellen Entdeckungen voraus: die Entdeckung der Kathodenstrahlen, der Röntgenstrahlen, der Radioaktivität usw. Natürlich ist der Schaffung der Quantenmechanik auch eine große Serie theoretischer Entdeckungen vorausgegangen, deren Entwicklung neben den experimentellen Entdeckungen zur Quantenmechanik führte. Dies trifft vor allem auf die Entdeckung des Energiequants durch Planck und die darauffolgende Reihe von Forschungen zu.

Born rechnet also sowohl die Schaffung prinzipiell neuer theoretischer Systeme als auch die Feststellung neuer Erscheinungen zu den Entdeckungen. Die in dem Beispiel von Born angeführten experimentellen Entdeckungen verlangten eine Erklärung. Dies war ein Stimulus für eine Serie von theoretischen Entdeckungen. Diese wiederum führten zu einer fundamentalen theoretischen Entdeckung, die für ganze Jahrzehnte die Wege und den Charakter der Entwicklung nicht nur der Physik, sondern auch der angrenzenden Wissenschaften bestimmte, nämlich zur Schaffung der Quantenmechanik, die alle diese Resultate als eine notwendige Folgerung aus ihren Prinzipien zusammenfaßte.
Der bedeutende Theoretiker der Wissenschaftsgeschichte, Agassi, rechnet die Feststellung neuer Erscheinungen zu den Entdeckungen. Als Kriterium für die Identifizierung einer Entdeckung dient ihm das Verhältnis zwischen dem neuen Fakt und der Theorie. Er unterscheidet drei Typen dieses Verhältnisses: a) die logische Abhängigkeit, die Ableitbarkeit oder Vorhersagbarkeit; b) die logische Unabhängigkeit oder Zufälligkeit; c) die Unvereinbarkeit oder das Eintreffen des Gegenteils von dem, was erwartet wurde.
Agassi vertritt die Meinung, daß alle Entdeckungen zur Kategorie c gehören, d. h., sie ergeben sich nicht aus der existierenden Theorie, sind mit ihr nicht vereinbar, widerlegen sie und erfordern die Schaffung einer neuen Theorie, die ihnen adäquat ist.
Ein solches Kriterium kann zweifellos im Hinblick auf experimentelle Entdeckungen akzeptiert werden. Als eine Entdeckung ist demzufolge die Feststellung von Erscheinungen anzusehen, die nicht durch die existierende Theorie vorausgesagt werden können.[3] Dieses Kriterium

[3] Die ursprüngliche experimentelle Entdeckung, schreibt N. N. Semjonov, ist gewöhnlich zufällig. Sie wird erst dann zu einer echten Entdeckung, die die Wissenschaft wesentlich voranbringt, wenn sie vom Standpunkt der existierenden wissenschaftlichen Konzeptionen völlig unerklärlich ist. Eben deshalb kann sie nicht vorausgesehen werden und erweist sich als Ergebnis des Zufalls (vgl. N. N. Semjonov, Gody, kotorych ne zabyt', in: Puti v neznakomoje, Moskau 1960, S. 486).
Viele Historiker, stellt Gaudsmit fest, haben sehr schön beschrieben, wie ihrer Meinung nach diese oder jene Entdeckung gemacht wurde. Leider ist es wenig wahrscheinlich, daß der Prozeß der Entdeckung ebenso logisch verlaufen ist, wie das in derartigen belletristischen Erzählungen dargestellt wird. Glück und Zufall spielen gewöhnlich eine größere Rolle, als die Beteiligten anzuerkennen bereit sind [8, S. 156].
Wir halten die Behauptung, alle fundamentalen Entdeckungen in der Geschichte der Wissenschaft besäßen zufälligen Charakter, für falsch. Genauso falsch ist auch der entgegengesetzte Standpunkt, der seinerzeit am konsequentesten von Whewell entwickelt wurde und demzufolge eine Entdeckung immer einer neuen Idee ent-

liefert eine „negative“ Charakteristik der Entdeckung; es besagt, daß die Entdeckung unerwartet ist, daß die Existenz des Neuen nicht vermutet wurde. Es setzt die Entdeckung ins Verhältnis mit dem in der Wissenschaft Herkömmlichen: a) Die Entdeckung ist anderen, bekannten Erscheinungen nicht ähnlich, und b) sie kann „retrospektiv“ nicht aus der bestehenden Theorie deduziert werden.

Für eine wissenschaftliche Entdeckung ist charakteristisch, daß ihre Eingliederung in den Bestand der Wissenschaft dadurch erfolgt, daß ein entsprechender Begriff gebildet wird, der die Spezifik des neuen Gebietes von Erscheinungen fixiert. So wurde zum Beispiel die Aufdeckung der Tatsache, daß eine Reihe von chemischen Reaktionen praktisch nur bei Anwesenheit unbedeutender Mengen eines anderen Stoffes erfolgt, in der Wissenschaft durch die Bildung des Begriffes der Katalyse „assimiliert“. Da die „Konstituierung“ einer Entdeckung nur durch entsprechende Begriffsbildung möglich wird, ist die Genesis des betreffenden Begriffes eine unbedingt notwendige Komponente der „Festigung“ der Entdeckung, ihrer Einführung in den wissenschaftlichen Alltag. Ein solcher Begriff fordert zur Schaffung einer neuen Theorie auf, ist deren Vorläufer und jenes Sprungbrett, von dem aus der logische Sprung zur Theoriebildung erfolgt.

Vorweggenommen muß gesagt werden, daß ein großer Teil der sogenannten „Wiederentdeckungen“, die auf einer qualitativ neuen Stufe der Wissenschaftsentwicklung erfolgen, daraus resultiert, daß die „vorherige Entdeckung“ nicht durch einen entsprechenden Begriff fixiert worden war, daß sie sich keinen „Namen“ in der Wissenschaft erworben hatte.

„Nur in seltenen Ausnahmefällen“, betont A. M. Butlerov, „ist man zu Entdeckungen auf dem Gebiet der Wissenschaft auf apriorischem Wege

springt, die durch diese Entdeckung verifiziert wird. Deshalb ruft eine Entdeckung, Whewell zufolge, das Erstaunen aller hervor, nicht jedoch des Autors, der ganz bewußt zu dieser Entdeckung gelangt ist. Aus der Geschichte der Wissenschaft ist bekannt, daß der Mehrzahl der fundamentalen Entdeckungen in den verschiedenen Wissenschaftsgebieten nicht die Schaffung neuer Theorien voranging. Im Gegenteil, die Notwendigkeit, die gemachten Entdeckungen zu begreifen, führte oft zu einer radikalen Revision der vorhandenen Vorstellungen und zur Schaffung neuer Theorien.

Zu einer Reihe von Entdeckungen gelangten die Autoren, als sie eben dieses Resultat suchten. Die Entdeckung des Neutrons durch Chadwick, schreibt R. Hill, war keine Sache des Zufalls. Chadwick, der sich die erwarteten Eigenschaften des Neutrons deutlich vorstellte, hatte in den aufsehenerregenden Experimenten des deutschen Physikers Walther Bothe und in den Versuchen des französischen Physikerehepaars Joliot-Curie, in denen „das Neutron fast gefangen worden war“, Spuren jenes neutralen Teilchens erblickt, das er suchte [9, S. 16].

gelangt, und dies trifft sogar auf die großen Entdeckungen zu. Sie gingen im Gegenteil oft aus einer zufälligen, aber genau durchgeführten rationalen Beobachtung hervor, und nicht selten können wir beobachten, daß irgendein Fakt, der der Keim einer neuen Entdeckung ist, von einer ganzen Reihe von Forschern nur halb wahrgenommen und nicht gedeutet wird, bis sich jemand findet, der in der Lage ist, alles aus diesem Fakt herauszuholen, was dieser für die jeweilige Zeit zu geben vermag. Nicht ohne Grund hat es sich in der Chemie eingebürgert, die Ehre der Entdeckung dem zuzuschreiben, der sie faktisch gemacht hat, und nicht dem, der sie auf der Grundlage der Theorie vorausgesagt hat. Unsere Theorien sind von der Vollkommenheit noch weit entfernt; sie entstehen und fallen, wobei sie folgerichtig einen immer größeren Kreis von Erscheinungen erfassen; aber jede Theorie führt zu ihrer Zeit zur Voraussicht neuer Fakten, zu Entdeckungen. Eine wissenschaftliche Theorie aufzustellen ist ein großes wissenschaftliches Verdienst. Auf der Grundlage der fertigen Theorie ein Faktum vorauszusagen ist dagegen etwas, wozu jeder Chemiker in der Lage ist und das nur wenige Stunden erfordert. Der faktische Beweis oder die Widerlegung einer solchen Voraussage erfordert jedoch ganze Monate, manchmal Jahre physischer und geistiger Anstrengungen" [5, S. 87].

Butlerov stellt also entsprechend ihrer Bedeutsamkeit und Schwierigkeit folgende Reihenfolge der Ereignisse in der Wissenschaft auf: Schaffung der Theorie, experimenteller Beweis oder experimentelle Widerlegung ihrer Prognosen, Ableitung der Folgerungen aus der Theorie.

Die Geschichte der Wissenschaft bestätigt, daß die Einschätzung der relativen Schwierigkeit der von Butlerov unterschiedenen Etappen für eine große Gruppe von Entdeckungen, deren Ausgangspunkt eine „theoretische" Entdeckung war, zutrifft. Nehmen wir als Beispiel eines der interessantesten Kapitel aus der Geschichte der Physik der letzten vierzig Jahre, das Problem des β-Zerfalls. Der β-Zerfall führte auf die Idee, daß das Gesetz der Erhaltung der Energie in diesem Falle versage, daß es nur im Mittel für eine große Zahl von Akten zutreffe, während es in den einzelnen Akten durchbrochen würde.

Pauli äußerte 1931 die kühne Idee, daß an dem genannten Prozeß ein unbekanntes Teilchen beteiligt sei, das die fehlende Energie entführe (die Positronen und Elektronen, aus denen die β-Strahlung besteht, haben keine streng fixierte Energie, sondern sind mit unterschiedlichen Energien ausgestattet, die sich von Null bis zu einer gewissen maximalen Energie erstrecken, welche den Teilchen auf Grund einer auf das Energieerhaltungsgesetz gegründeten elementaren Berechnung zukommen

müßte). Dieses Teilchen nannte er Neutrino. Es bedurfte eines außerordentlich präzisen Experiments, um die Existenz des vorausgesagten Teilchens nachzuweisen.
Die geniale „Vermutung“ Paulis löste das Problem des β-Zerfalls. Dies war ohne Zweifel eine Großtat des Denkens. Die dem Schwierigkeitsgrad nach folgende Aufgabe war indessen nicht die Ableitung von Folgerungen, die sich aus dieser Annahme ergaben, sondern ihre experimentelle Bestätigung.
Neben der eigentlichen Gruppe der experimentellen Entdeckungen ist noch eine Gruppe von Entdeckungen zu unterscheiden, die nicht auf der Grundlage der Prognose einer Theorie gemacht werden, deren Erklärung auch keine generelle Änderung der Theorie oder die Einführung neuer, weitgehender Prinzipien erfordert. Ihre Erklärung kann vielmehr im Rahmen der bestehenden Theorie erfolgen, sie erfordert eine Weiterentwicklung der Theorie, nicht aber deren Aufgabe. Für einen bedeutenden Teil der Entdeckungen dieser Gruppe kann mit Recht angenommen werden, daß sie auf der Grundlage einer Prognose der jeweiligen Theorie hätten erfolgen können, allerdings auf einer anderen, höheren Entwicklungsstufe der Theorie, auf der sie bereits ihre äußerste logische Kraft erreicht und alle ihre Möglichkeiten offenbart hat.
Für beide Gruppen von Entdeckungen und insbesondere für die erste ist charakteristisch, daß sie nicht das Ergebnis zielgerichteten Suchens sind und somit zufälligen Charakter haben.
A. Garrett, der Herausgeber des Sammelbandes „Das Aufblitzen des Genies“ [7], vertritt die Ansicht, daß man alle Entdeckungen in drei Gruppen einteilen kann: 1. Entdeckungen, die mit der Versuch-und-Irrtum-Methode gemacht wurden; 2. Entdeckungen, die durch planmäßige, vorher festgelegte Forschungen erzielt wurden; 3. zufällige Entdeckungen. Gemäß dem Kriterium für die Identifizierung von Entdeckungen kann nur die Gruppe 3 dazu gezählt werden. Der Unterschied zwischen den Gruppen 1 und 2 besteht darin, daß die Forschungen 2 theoretisch „determiniert“ sind, sie also im Rahmen einer bestimmten Theorie erfolgen, was im Falle der Gruppe 1 nicht geschieht. Beiden Gruppen ist gemeinsam, daß die Tätigkeit des Forschers hier einen zielgerichteten Charakter trägt, auf die Gewinnung bestimmter Ergebnisse gerichtet ist, wobei die einen auf empirischem Wege gesucht werden und die anderen auf Grund bestimmter theoretischer Überlegungen.
Nicht wenige Resultate sind in der Wissenschaft mit Hilfe der Versuch-und-Irrtum-Methode erzielt worden. Das Operieren mit dieser Methode bildet gewissermaßen die Alternative zu Forschungen, die exakt und

konsequent auf einer Theorie basieren. Es wäre indessen falsch anzunehmen, daß diese Methode jeglicher Orientierungspunkte entbehre, daß sie ein Tappen im Dunkeln sei und nur ein glücklicher Zufall zum Erfolg führen könne.

Wenn mit Hilfe der Versuch- und-Irrtum-Methode in Gebiete vorgedrungen wird, die noch nicht von der Theorie „erfaßt" worden sind, so dienen als Orientierungspunkte Analogien, „Präzedenzfälle", Arbeitshypothesen usw., die in dieser oder jener Form Fragmente einer künftigen Theorie darstellen.[4]

Zusammenfassend lassen sich die Entdeckungen nach dem Charakter ihres Verhältnisses zu bestehenden Theorien in folgende Gruppen einteilen.

Die erste Gruppe umfaßt Erscheinungen, die von der jeweiligen Theorie vorausgesagt wurden.

Die zweite Gruppe erfaßt Erscheinungen, die zwar von der jeweiligen Theorie nicht vorausgesagt wurden, die aber in die Theorie bzw. in deren entwickeltere Form eingegliedert werden können und deren Entwicklung bedeutend stimulieren.

Die dritte Gruppe erfaßt jene Erscheinungen, die von der bestehenden Theorie prinzipiell nicht vorausgesagt werden können; ihre Entdeckung führt notwendig zu einer radikalen Revision der vorhandenen Theorie.

II

Die Gleichzeitigkeit von Entdeckungen zeugt davon, daß ihre Voraussetzungen herangereift waren, daß — nach den Worten Galtons — die Situation eines „reifen Apfels" entstanden war.

[4] Es gibt verschiedene Definitionen der empirischen und der theoretischen Forschungsebene. Jedoch ist die Ebene der empirischen Forschung keinesfalls ein Gebiet, in dem ausschließlich die Versuch-und-Irrtum-Methode zur Anwendung gelangt. Mehr noch, es gibt solche empirischen Bereiche, in denen diese Methode überhaupt nicht angewandt wird oder zumindest eine nur untergeordnete Rolle spielt. Die empirische Forschung stützt sich auf die ganze Macht des theoretischen Denkens, die der Wissenschaft zum jeweiligen Zeitpunkt zur Verfügung steht. Der charakteristische Zug der empirischen Forschung besteht darin, daß sie in einem Gebiet erfolgt, in dem eine Theorie der betreffenden Erscheinungen noch nicht vorhanden ist und die Wissenschaft gerade die ersten (bestenfalls schon entscheidende) Schritte auf die Schaffung einer Theorie hin macht.
Die Entwicklung der Wissenschaft geht mit der Überwindung des Empirismus in den einen Wissenschaftsbereichen und der Entstehung einer empirischen Situation in anderen, neu entstehenden Gebieten einher.

D. Price bringt Angaben, denenzufolge nur etwa 58% der Entdeckungen unikal sind [16, S. 67].
Merton kam zu der etwas paradoxen Schlußfolgerung, daß gleichzeitige Entdeckungen in der Geschichte der Wissenschaft eher die Regel als die Ausnahme bilden. Schon bedeutend früher hatte Max Planck auf einen ähnlichen Umstand aufmerksam gemacht. Er wies darauf hin, daß eine detailliertere Erforschung der Geschichte der wissenschaftlichen Entdeckungen zunehmend die Unmöglichkeit zeigt, die Autorschaft nur einer Person zuzuschreiben [19, S. VI].
Eine wahrhafte Entdeckung wird, wie D. I. Mendelejev bemerkte, durch die Anstrengungen einer „Masse von Handelnden" gemacht, „von denen manchmal der eine nur derjenige ist, der ausdrückt, was vielen gehört, was die Frucht der gesamten Arbeit des Denkens ist" [14, S. 2]. Der russische Chemiehistoriker des vorigen Jahrhunderts, V. Savčenko, schrieb: „Das Studium der Geschichte der Chemie überzeugt uns, daß keine einzige Entdeckung selbständig im vollen Sinne des Wortes genannt werden kann, daß jede Entdeckung durch den Geist der Zeit bedingt wird und durch die vorhergegangenen Arbeiten vorbereitet ist. Es ist begreiflich, daß manch eine Entdeckung gleichzeitig von mehreren Personen gemacht werden konnte, weil sie unter bestimmten Bedingungen erfolgen mußte, und es ist ganz natürlich, daß diese Bedingungen gleichzeitig auf mehrere Personen wirken konnten. Diese Überzeugung mindert nicht unsere Wertschätzung für das Genie und die beharrliche Arbeit, durch die viele Schwierigkeiten überwunden und die Wissenschaft vorangebracht wurden" [21, S. 100].
Der von uns erwähnte Merton wendet sich bei der Analyse gleichzeitiger Entdeckungen der Persönlichkeit und den Werken eines so hervorragenden Wissenschaftlers wie Kelvin zu. In dessen Arbeiten sind mindestens 32 Entdeckungen enthalten, die, wie er später selbst feststellte, auch von anderen Wissenschaftlern gemacht worden waren, darunter von so bedeutenden wie Cavendish und Helmholtz.
Die häufig anzutreffende Redewendung, daß eine Entdeckung „in der Luft lag", besagt, daß alle für diese Entdeckung notwendigen Komponenten vorhanden waren und es nur des Anstoßes bedurfte, der ihre Synthese bewirkte. Ein solcher Anstoß kann der Zufall oder die katalysierende Wirkung eines hervorragenden Geistes sein.
Wird eine bestimmte Möglichkeit der Synthese ausgelassen, so ergibt sich eine andere, und früher oder später wird die Entdeckung Wirklichkeit.[5]

[5] „Der Wissenschaftler", schreibt Brillouin, „nimmt gemeinsam mit anderen an der Schaffung eines kollektiven Monuments teil; sein Beitrag — das sind einige

Diese Einschätzung kann mit vollem Recht auf zwei Gruppen von Entdeckungen angewandt werden: auf die Schaffung von Begriffssystemen und auf die Entdeckung von Gesetzen. Sie trifft jedoch nicht immer und nicht uneingeschränkt für die Entdeckung neuer Erscheinungen zu. Tatsächlich zeigt eine Analyse der letzteren Gruppe von Entdeckungen. daß die Feststellung neuer Effekte an eine Reihe von Bedingungen gebunden ist, darunter 1. an das Interesse an jenem Gebiet von Erscheinungen, an dessen Grenze die prinzipiell neuen Erscheinungen gefunden werden, und 2. an die notwendigen technischen Mittel zur Realisierung dieser Entdeckung, was jedoch nicht heißt, daß jede neue Erscheinung nur mit Hilfe neuer Mittel (eines neuen Gerätes, einer neuen Apparatur) registriert werden kann. Wissenschaftliche Entdeckungen wurden nicht selten bedeutend später gemacht, als dies auf Grund der technischen Bedingungen möglich gewesen wäre. So entdeckte zum Beispiel Leuwenhoek die Mikroben mit Hilfe des Mikroskops, das schon lange vor ihm benutzt wurde. Der Sauerstoff wurde mit äußerst primitiven Mitteln entdeckt. die schon lange vorher angewandt worden waren. Das Vorhandensein der entsprechenden technischen Mittel führt keineswegs zwangsläufig zu einer Entdeckung, und andererseits sind große Entdeckungen in vielen Fällen mit Hilfe der vorhandenen technischen Mittel gemacht worden. Dennoch gilt, daß viele Entdeckungen erst durch die Schaffung neuer Forschungstechnik möglich wurden. Die Wissenschaftsgeschichte kennt nicht wenige große Entdeckungen, die auf die Vervollkommnung und

Steine und etwas Beton. Was Sadi Carnot nicht vollenden konnte, wurde nach ihm von Clausius, Kelvin und Boltzmann neu entdeckt" [3, S. 81].
L. A. Čugaev stellt fest, daß „Übereinstimmungen dieser Art (gemeint sind gleichzeitige Entdeckungen. — N. I. Rodnyj) in der Wissenschaft keine Seltenheit sind. Im Gegenteil, sie treten fast jedes Mal auf; eine bestimmte Idee liegt sozusagen in der Luft wie die Elektrizität vor dem Gewitter, sie ist da, bereit, bestimmte Formen anzunehmen, und wartet auf den, der sie auszudrücken vermag.
Das gilt für das Gesetz der Erhaltung der Energie in den vierziger Jahren des vergangenen Jahrhunderts, für das Problem der Entstehung der Arten Ende der fünfziger Jahre und für das Periodische Gesetz am Ende der sechziger Jahre.
Etwa in der gleichen Situation befand sich die Frage der räumlichen Anordnung der Atome in einem chemischen Teilchen zum Zeitpunkt der Entstehung der stereochemischen Lehre" [6, S. 11].
Louis de Broglie schrieb: Die Tatsache, daß eine Entdeckung in einer bestimmten Atmosphäre möglich wurde, die ihr Zustandekommen begünstigte, erklärt, warum es in der Wissenschaft so oft geschieht, daß verschiedene Forscher fast gleichzeitig ein und dieselbe Idee haben, mag sie ihnen auch in mehr oder weniger verschiedenen, in mehr oder weniger genauen oder unvollkommenen Formen erscheinen [4, S. 305].

Präzisierung der Messungen zurückzuführen sind. Diese Fälle zeigen die Richtigkeit des Aphorismus: „Hinter jeder neuen Stelle hinter dem Komma verbirgt sich eine Entdeckung."

Zur Entdeckung des Argons und danach der ganzen Gruppe der Edelgase hat bekanntlich die systematische Erforschung des Unterschieds zwischen der Dichte des atmosphärischen Stickstoffs und der Dichte des aus seinen Verbindungen gewonnenen Stickstoffs geführt. Die Feststellung dieses Unterschiedes war das Ergebnis feinster und genauester Messungen.

Kelvin schrieb über Arbeiten dieser Art: „Der unwissenden Phantasie erscheinen feine und mühselige Messungen weniger großartig und der Mühe wert als die Suche nach irgend etwas Neuem. Aber fast alle überaus wichtigen Entdeckungen der Wissenschaftler wurden dessenungeachtet in der Minute der Analyse der Zahlenergebnisse gemacht, als Auszeichnung für die genauen Messungen und die geduldige und beharrliche Arbeit" [22, S. 30].

Die Entdeckung des Argons stellte einen Triumph genauer Messungen und der gründlichen Analyse der Meßergebnisse dar. Schuster hat dies treffend ausgedrückt: „Die Entdeckung des Argons war das Resultat gut durchdachter Experimente, die mit einem bestimmten Ziel angestellt wurden, und obwohl die wichtigsten Ergebnisse als etwas Unerwartetes auftraten, waren sie die völlig verdiente Auszeichnung für ein streng wissenschaftliches Herangehen an das Problem, für ein Vorgehen, das alle zu jener Zeit existierenden Methoden der Einwirkung auf das erforschte Objekt in sich konzentrierte, für die Vervollkommnung dieser Methoden, bis alle Widersprüche gelöst waren" [22, S. 30]. Wenn eine Entdeckung durch den allgemeinen Verlauf der Wissenschaftsentwicklung vorbereitet ist, kann sie gleichzeitig von mehreren Wissenschaftlern gemacht werden.[6]

[6] Th. Kuhn unterstreicht, daß, obwohl einige Entdeckungen wie die der Röntgenstrahlen die Menschen völlig überraschend trafen, doch die weitaus größere Zahl der Entdeckungen mehr oder minder erwartet kam und Forschungen in Richtung auf diese Entdeckungen hin gleichzeitig von mehreren Forschern angestellt worden waren [15, S. 760].

Viele Entdeckungen jedoch (darunter auch die Schaffung neuer Theorien) kamen zustande, obwohl die Forschungen in anderen Richtungen erfolgt waren und die Wissenschaftler ganz andere Ergebnisse erwarteten. Es gibt in der Geschichte der Wissenschaft viele Beispiele der Art, daß „Indien gesucht und Amerika gefunden wurde". So hatte sich Arrhenius, der Schöpfer der Theorie der elektrolytischen Dissoziation, am Beginn seiner Arbeit eine andere, bescheidenere Aufgabe gestellt: Er wollte Verfahren zur Bestimmung des Molekulargewichts von Stoffen finden, die nicht in den gasförmigen Zustand übergehen. Eine solche Situation

Th. Kuhn hat in seinem Aufsatz „Das Gesetz der Erhaltung der Energie als Beispiel einer gleichzeitigen Entdeckung" gezeigt, daß im Verlauf der dreißiger und vierziger Jahre des 19. Jahrhunderts eine Reihe von Forschern sich dem Gesetz der Erhaltung der Energie genähert hatte, indem sie seine einzelnen Aspekte formulierten, während es von Mayer, Joule, Colding und Helmholtz in seiner allgemeinen Form entdeckt wurde. Die Ursache dafür sieht Kuhn in der wechselseitigen Verbindung dreier Momente:

1. dem Studium der Konversionsprozesse, die nach der Entdeckung Voltas zum Gegenstand von Laboratoriumsuntersuchungen wurden,
2. der Entwicklung der angewandten Zweige der Wissenschaft (so arbeitete Joule an der Vervollkommnung von Elektromotoren und begann dann Wege zu einer fundamentalen Verbesserung jener Teile zu suchen, von denen das Funktionieren der damaligen Motoren abhing. Später ging er zur Erforschung der energetischen Verhältnisse über, die ihn dann auch zur Entdeckung des Gesetzes der Erhaltung der Energie führte. Der Ausgangspunkt seiner Forschungen waren also Aufgaben praktischen Charakters),
3. der naturphilosophischen Tendenz in der Wissenschaft jener Zeit (besonders der Idee des Zusammenhangs und der wechselseitigen Übergänge zwischen den einzelnen Ebenen der Materie, die in der Philosophie aufgekommen waren und die einen wesentlichen Beitrag zur Entdeckung des Gesetzes der Erhaltung der Energie geleistet haben).

Die Entdeckung des Gesetzes der Erhaltung der Energie war durch die in jener Zeit herrschende Situation notwendigerweise vorbereitet. Es ist daher kein Zufall, daß dieses Gesetz von mehreren Wissenschaftlern gleichzeitig entdeckt wurde. Die „Komponenten" dieser Entdeckung gehören zweifellos verschiedenen Autoren an, ebenso wie die Synthese dieser Komponenten das Werk mehrerer Forscher war. Die Synthese, die von verschiedenen Wissenschaftlern unabhängig voneinander vorgenommen wurde, hat in jedem Falle die gleiche objektive Bedeutung, obwohl die zu diesem Ergebnis führenden Wege verschieden waren. Die Forschungen Robert Mayers entsprangen der Beobachtung der Farbunterschiede des menschlichen Blutes in den Tropen und im gemäßigten Klima; die Arbeiten Joules basieren auf Messungen der Energieumwand-

findet sich immer wieder in der Geschichte der experimentellen Entdeckungen und der Konstruktion prinzipiell neuer Geräte. Wilson, der Erfinder der nach ihm benannten Nebelkammer, hatte die Idee dazu, nachdem er optische Effekte in Wolken, die die Berge verhüllten, beobachtet hatte. Außerordentlich ähnlich war die Situation bei der Entdeckung der Radioaktivität, die beim Studium der Fluoreszenzprozesse an Mineralen erfolgte.

lung, und die Werke von Helmholtz fußen auf mathematischen Problemen.[7]

Die Wahrscheinlichkeit, daß eine Entdeckung nicht von einem, sondern gleichzeitig von mehreren Menschen gemacht wird, nimmt im Verlauf der Wissenschaftsentwicklung zu. Das hängt damit zusammen, daß die Zahl der an den gleichen Problemen arbeitenden Menschen steigt und die verschiedenen Formen der Kommunikation in der Wissenschaft verbessert werden.[8]

Entdeckungen, die von verschiedenen Wissenschaftlern gleichzeitig gemacht werden, weisen auf das Vorhandensein von Gesetzmäßigkeiten in der Wissenschaftsentwicklung hin. Vernadskij zufolge ist es keineswegs zufällig, daß diese oder jene Entdeckung gemacht bzw. ein Instrument oder eine Maschine so und nicht anders konstruiert wird.

Jedes Instrument und jede Verallgemeinerung sind gesetzmäßige Schöpfungen der menschlichen Vernunft. Wird ein Instrument — manchmal Jahrhunderte später und in einer neuen Umwelt — erneut hergestellt bzw. eine Verallgemeinerung erneut getroffen, so wiederholen sich in ihnen die gleichen Züge wie früher. „Wir kennen viele Beispiele aus der Geschichte der Wissenschaft, wo erst nach mehreren Generationen neu gefunden wurde, was seinerzeit von einer einzelnen hervorragenden Persönlichkeit entdeckt, aber nicht veröffentlicht worden war. Es ist durchaus möglich und denkbar, daß vieles überhaupt durch die Menschheit unentdeckt geblieben ist, weil diejenigen, deren Denken dazu imstande gewesen wäre, frühzeitig zugrunde gegangen sind" [23, S. 36/37]. Diesen Gedanken begründet Vernadskij mit umfangreichem Material aus der Wissenschaftsgeschichte. Er weist zum Beispiel darauf hin, daß sich in alten japanischen chirurgischen und besonders gynäkologischen Instrumenten manchmal bis in die Einzelheiten wiederholt, was unabhängig von Japan in Europa geschaffen wurde, und zwar zu einer Zeit,

[7] In diesem Unterschied des Ablaufs der Entdeckungen findet die Eigenart der persönlichen Interessen des Wissenschaftlers u. dgl. m. ihren Ausdruck.
Es ist bekannt, daß Kekulé und Cooper bei ihren Forschungen zu Resultaten gelangten, die einander sehr ähnlich waren. Im Forschungsprozeß selbst stützte sich jedoch jeder auf Analogien aus dem ihm am nächsten liegenden Wissensbereich: Kekulé wandte sich der Architektur zu, Cooper dagegen der Linguistik.

[8] Akademiemitglied L. A. Arcimovič berichtete kürzlich folgende interessante Tatsache: Als nach vielen Jahren ein Teil der vorher geheimgehaltenen Arbeiten zur Kernphysik freigegeben wurde, erwies es sich, daß man nicht nur in den Laboratorien der verschiedenen Länder in gleicher oder jedenfalls sehr ähnlicher Weise vorgegangen war, sondern daß sogar die Terminologie weitgehend übereinstimmte.

als es zwischen Europäern und Japanern noch keinerlei Kommunikation gegeben hatte.

Wiederholte Entdeckungen sind sich natürlich hinsichtlich ihres Charakters und ihrer Bedeutung nicht gleich. Die Geschichte der Wissenschaft kennt viele Fälle, in denen Wissenschaftler festgestellte Fakten, die sich im Widerspruch zu dem existierenden System von Auffassungen befanden, ignoriert haben (dies ist besonders für die frühesten Stadien der Wissenschaftsentwicklung charakteristisch). Später spielte dann die Feststellung dieser Fakten und Prozesse eine große Rolle bei der Schaffung einer neuen Konzeption.[9]

So war zum Beispiel schon im 17. Jahrhundert bekannt, daß das Gewicht gewisser Stoffe bei ihrer Verbrennung zunimmt. Damals schon nahm der französische Chemiker Lefèvre an, daß die Ursache dieser Erscheinung die Verbindung mit einem gewissen „esprit universelle“ sei. Wegen der Herrschaft der Phlogistontheorie, die viele Fakten erfolgreich erklärt hatte, fand diese Hypothese bis zum Ende des 18. Jahrhunderts jedoch keine weitere Entwicklung. In der zweiten Hälfte des 18. Jahrhunderts stellten viele Chemiker erneut die Existenz einer solchen Gesetzmäßigkeit fest. Sie waren sich bewußt, daß dies der Phlogistontheorie widersprach, bemühten sich jedoch vergeblich, die Phlogistontheorie mit den beobachteten Erscheinungen in Einklang zu bringen. Sie äußerten die Vermutung, daß das Phlogiston, welches entsprechend dieser Theorie beim Verbrennen aus den Körpern entweicht, ein negatives Gewicht besitze. Man kann sagen, daß die Tatsache der Gewichtszunahme einer Reihe von Körpern beim Brennen in der zweiten Hälfte des 18. Jahrhunderts wiederentdeckt wurde und dann eine entscheidende Rolle bei der Entstehung der Verbrennungstheorie spielte, die eine Alternative zur Phlogistontheorie bildete und die letztere schließlich zu Fall brachte.

Eine echte Entdeckung geht dann vor sich, wenn sie in ein neues System von Vorstellungen aufgenommen wird oder wenn ihr Gegensatz zu der existierenden Konzeption klar und mit allen sich daraus ergebenden Konsequenzen erkannt wird, d. h., wenn die Notwendigkeit einer radikalen Reform oder einer Ablösung dieser Konzeption erkannt wird. Deshalb hatte auch die Feststellung, daß das Gewicht bestimmter

[9] Wir behandeln hier nicht Entdeckungen, die deshalb wiederholt gemacht wurden, weil der Forscher nicht wußte, daß das Problem, an dem er arbeitete, bereits gelöst war. So entdeckte Gay-Lussac die Tatsache, daß Basen, die gleiche Mengen an Sauerstoff enthalten, sich mit gleichen Mengen an Säuren verbinden. Dies war durch Richter festgestellt worden, war jedoch weder Gay-Lussac noch weiten Kreisen der Chemiker bekannt.

Körper beim Verbrennen zunimmt, im 17. Jahrhundert nicht den Charakter einer Entdeckung. Sie blieb im Schatten, ging nicht „in Fleisch und Blut“ der Wissenschaft über und fand nur ein ungenügendes Echo in der Wissenschaft. Zur Entdeckung wurde sie erst in der zweiten Hälfte des 18. Jahrhunderts, als die Phlogistontheorie an dieser Tatsache nicht mehr vorübergehen konnte und sie durch ad-hoc-Hypothesen zu interpretieren suchte, als die Wissenschaftler nach Erklärungen suchten und als diese Tatsache schließlich in der Theorie von Lavoisier ihre wirkliche Erklärung fand.

Eine interessante Analyse einer „vorzeitigen Entdeckung“, genauer: einer Entdeckung, die aus erkenntnistheoretischen Gründen keine Anerkennung fand, gibt R. Ronchi in einem der Geschichte des Teleskops gewidmeten Aufsatz. Nachdem er den Zeitpunkt präzisiert hat, von dem an Linsen für Brillen verwendet wurden — den Zeitraum zwischen 1280 und 1285 —, und festgestellt hat, daß die Erfindung des Teleskops etwa 1590 erfolgt ist, stellt Ronchi die Frage: Warum bedurfte es ganzer drei Jahrhunderte, um die Linsen hintereinander anzuordnen? Warum wurde das erste Teleskop aus zwei Brillengläsern hergestellt, die hintereinander angeordnet waren? Wie hat man eine solche Anordnung der Linsen erklärt? Und welches waren die Argumente, die dazu führten, daß eine solche Anordnung der Linsen drei Jahrhunderte lang verzögert wurde? Ronchi vertritt dazu folgende Ansicht. Als die offensichtlich durch irgendeinen Handwerker entdeckten Linsen den Mathematikern und Philosophen bekannt wurden und diese begannen, sie vom Standpunkt der Optik zu studieren, bildete sich auf Grund der damals herrschenden Vorstellungen eine skeptische Einstellung gegenüber den Linsen heraus. Sie erklärte sich so: Da man mit Hilfe der Linsen Gegenstände näher oder ferner, andererseits auch umgekehrt oder deformiert sehen kann, so empfehle es sich, um nicht getäuscht zu werden, Linsen nicht zu benutzen. Diese Meinung herrschte fast drei Jahrhunderte. „Es geht hier nicht um eine sporadisch und zufällig entstandene Demonstration der völligen Verkennung einer wissenschaftlichen Errungenschaft: im Verhältnis der Philosophen des Mittelalters gegenüber den Linsen drückt sich das allgemeine, tiefe und überzeugte Mißtrauen sowohl gegenüber dem Problem des Sehens überhaupt als auch gegenüber dem Problem der Beobachtung von Gegenständen mit Hilfe optischer Geräte aus [20, S. 99/100].

Von allen menschlichen Sinnen traute man damals nur dem Tastsinn. Man appellierte, um das Gesehene zu prüfen, an den Tastsinn. Und in dem Maße, in dem der Tastsinn das Zeugnis des Sehens nicht bestätigte, wurden die Mitteilungen des letzteren abgelehnt. Die Einstellung zum Sehen und zu den optischen Geräten änderte sich grundlegend am Beginn

des 17. Jahrhunderts. Es ist dies das große Verdienst Galileis, der mit Hilfe des Teleskops die Jupitermonde entdeckt hatte.
Jedoch erfolgte die Anerkennung des Wertes optischer Methoden der Forschung auch nach den Arbeiten Galileis nicht mit einem Schlage, sondern erst im Ergebnis des Kampfes um die Durchsetzung einer neuen Denkweise in der Wissenschaft.
Das Schicksal vorzeitiger Entdeckungen ist unterschiedlich. Manche geraten völlig in Vergessenheit und werden viele Jahre später erneut gemacht. Andere dagegen bleiben eine gewisse Zeit im Schatten, finden nicht das verdiente Echo und die nötige Weiterentwicklung in der Wissenschaft, treten dann aber in den Vordergrund und werden zu Ereignissen in der Wissenschaft, die deren weitere Entwicklung beeinflussen. Dafür lassen sich aus der Geschichte der Chemie zwei Beispiele anführen.
Mitte des 18. Jahrhunderts nahm Wenzel an, daß die Reaktionsgeschwindigkeit (er führte diesen Begriff erstmalig in die Chemie ein, definierte ihn jedoch nicht ganz genau, da er ihn an eine konkrete Operation, die Auflösung von Metallplatten gleicher Oberfläche in Säuren, band und ihn nicht für alle chemischen Umwandlungen verallgemeinerte) ein Maß der chemischen Affinität sei. Diese Idee war ihrem Wesen nach falsch. Im Ergebnis seiner experimentellen Forschungen stellte Wenzel jedoch fest, daß die Geschwindigkeit der jeweiligen Reaktion eine Funktion der Masse der reagierenden Stoffe ist, d. h. der Konzentration der Säure.
Hundert Jahre später begann die Entwicklung der chemischen Kinetik, deren eine Grundlage die genannte Abhängigkeit zwischen der Reaktionsgeschwindigkeit und den wirkenden Massen war. Die Arbeit Wenzels aber, die noch vor der Entstehung der Verbrennungstheorie Lavoisiers, der Atomistik Daltons, des Prinzips von Avogadro und der organischen Chemie erschienen war, konnte keine Resonanz in der Wissenschaft finden und nicht zum Ausgangspunkt einer neuen Richtung werden.[10]
Übrigens fanden diese Arbeiten Wenzels bei den Chemiehistorikern keine Beachtung. (Kopp hatte zwar auf die Fehlerhaftigkeit der Annahme Wenzels hingewiesen, daß eine Beziehung zwischen der Reaktions-

[10] „Mitunter geschieht es“, schreibt Gaudsmit, „daß ein Wissenschaftler eine neue Idee publiziert, wenn seine Kollegen noch nicht so weit sind, sie aufzunehmen. Später wird die neue Idee neu entdeckt und als richtig anerkannt. Geht man allen Umständen nach, so erweist sich manchmal, daß der Wissenschaftler, der das Neue als erster entdeckt hatte, nur richtig geraten hatte, da es in jenen Jahren, in denen er arbeitete, noch an wichtigen Ergebnissen mangelte, durch die diese Idee später gestützt wurde. Ich bin der Meinung, daß in diesem Falle der Erstentdecker nur bescheidene Anerkennung verdient“ [8, S. 156].

geschwindigkeit und der chemischen Affinität bestehe, sah aber in Wenzel keinen Vorläufer der chemischen Kinetik, und zwar aus dem einfachen Grunde, da er die Geschichte der Chemie vor der Schaffung der chemischen Kinetik schrieb. In der Historiographie der Chemie wurde die Bedeutung der Arbeiten Wenzels durch W. Ostwald gewürdigt.)
Ein anderes Beispiel. Im Jahre 1850 stellte Wilhelmi, der die Inversion des Rohrzuckers studierte (die Veränderung seiner Konzentration bestimmte er mit Hilfe des Polarimeters), das Gesetz der Geschwindigkeit der monomolekularen chemischen Reaktion auf. Die Arbeit wurde ein Vierteljahrhundert vor dem Beginn der stürmischen Entwicklung der chemischen Kinetik veröffentlicht. Bis zu diesem Zeitpunkt rief die Forschung Wilhelmis, obwohl sie veröffentlicht worden war, keinerlei Interesse hervor und blieb unbeachtet.
Erst nach dem Beginn der umfangreichen Forschungen auf dem Gebiet der chemischen Kinetik wurde die genannte Arbeit in eine Reihe mit den grundlegenden Forschungen gestellt. Es kam weniger zu einer Wiederentdeckung des Gesetzes der monomolekularen Reaktion als vielmehr zur Entdeckung der vorher übersehenen Arbeit Wilhelmis. Zwischen diesen beiden „Wiederentdeckungen" existiert ein prinzipieller Unterschied. Nach der Entstehung der chemischen Kinetik wurde durch die Chemiegeschichtsschreibung „entdeckt", daß Wenzel der früheste Vorläufer dieser Richtung in der Chemie gewesen ist, während nach der „Entdeckung" der Arbeit Wilhelmis, die sich auf der Ebene der Grundlagenforschungen in jenem Wissensgebiet bewegte, Wilhelmi einer der Begründer der chemischen Kinetik wird.
Die Arbeit Wilhelmis gehört ohne Zweifel zu den vorzeitigen Entdeckungen. Sie wurde in jener Periode der Entwicklung der Chemie veröffentlicht, als auf dem Gebiet der Erforschung chemischer Prozesse. zu dem man nach längerer Pause zurückgekehrt war, das Problem des chemischen Gleichgewichts im Vordergrund stand. Das chemische Gleichgewicht wurde nach den Vorstellungen, wie sie sich in jener Zeit herausbildeten, als die Grundlage jedes chemischen Prozesses angesehen.
Erst nach der Schaffung der chemischen Statik, der Lehre von den Gleichgewichten, in der die Abhängigkeit des Gleichgewichts eines chemischen Prozesses von den Konzentrationen der reagierenden Stoffe und von äußeren Parametern (Temperatur, Druck) festgestellt worden war, wurde die Frage aktuell, mit welcher Geschwindigkeit die Herstellung des Gleichgewichts erfolgt. So begann die Ausarbeitung der Probleme der chemischen Kinetik. Nun entstand ein Interesse an der Arbeit Wilhelmis, die jetzt thematisch und hinsichtlich des Niveaus der Lösung zeitgemäß geworden war und im weiteren das Schicksal anderer klassischer Arbeiten

auf dem Gebiet der chemischen Kinetik teilte, die erst 25—30 Jahre nach dem Erscheinen der Arbeit Wilhelmis entstanden waren.
Im Zusammenhang mit dem Schicksal der Arbeit Wilhelmis wies Wilhelm Ostwald darauf hin, daß eine derartige Situation in der Wissenschaft, in der eine Forschung von prinzipieller Bedeutung so lange von einer „Verschwörung des Schweigens" umgeben bleibt, am Ende des 19. Jahrhunderts bereits nicht mehr möglich war. Die Zahl der Forscher hatte allgemein und insbesondere in der Chemie bedeutend zugenommen, die Kommunikationen zwischen den Wissenschaftlern hatten sich verstärkt, und die Jagd nach neuen Ideen sowie die Suche nach neuen, fruchtbaren Gebieten und ergiebigen Quellen in der Wissenschaft waren aktiviert worden.
Heute ist die wiederholte Entdeckung (natürlich von speziellen und nicht von prinzipiellen Erscheinungen) in der Wissenschaft ziemlich verbreitet. Das ist durch einige spezifische Besonderheiten der gegenwärtigen Etappe der Wissenschaftsgeschichte bedingt. Dazu gehört vor allem die „Informationskrise" (es ist heute leichter, unterstrich J. Bernal, eine Arbeit neu zu tun, als sie im Meer der wissenschaftlichen Publikationen ausfindig zu machen). Nicht unwichtig ist in diesem Zusammenhang auch die Geheimhaltung einzelner Forschungsrichtungen, die für die führenden Länder der Welt charakteristisch ist.
Derartige Umstände vermindern den Wirkungsgrad der Wissenschaft. Für eine radikale Lösung der Frage der Kommunikationsformen in der Wissenschaft sind viele Voraussetzungen, darunter auch soziale, noch nicht herangereift.
Von großem Interesse sind die erkenntnistheoretischen Probleme nicht zustande gekommener Entdeckungen, d. h. von Entdeckungen, die zwar skizziert, aber nicht zu Ende geführt worden sind. Die Wissenschaftsgeschichte kennt eine Vielzahl derartiger Entdeckungen. So hat zum Beispiel Berthollet die Vermutung geäußert, daß eine Analogie zwischen der Geschwindigkeit der chemischen Umwandlung und der Geschwindigkeit des Erkaltens der Körper besteht. Wäre diese Analogie zu Ende geführt worden und hätte sie eine mathematische Interpretation gefunden, so wäre das Ergebnis die Entdeckung des Gesetzes der molekularen Reaktionsgeschwindigkeit gewesen. Die richtige Idee wurde jedoch nicht zu Ende geführt, die in ihr liegenden Möglichkeiten wurden nicht realisiert, und die Entdeckung, deren „Umrisse" bereits sichtbar waren, kam nicht zustande.
In diesem Zusammenhang ist an die Entdeckung der Dissoziationserscheinungen durch Sainte-Claire Deville zu erinnern, die in Analogie zum Verdampfungsprozeß begriffen wurden. Hier wurde die Analogie

konsequent aufgedeckt, und das Ergebnis war die Erfassung der Phänomenologie und teilweise des Mechanismus einer großen Klasse chemischer Prozesse.

Eine Entdeckung, insbesondere die Schaffung eines begrifflichen Systems, bildet immer einen Prozeß, ist also nicht ein Drama in einem Akt.[11]

Die ursprüngliche „Herausbildung" eines neuen Systems unterscheidet sich von seiner „Endredaktion", die erfolgt, wenn das System ausgereift ist und alle seine Potenzen genutzt werden. Es gibt dabei nur selten Ausnahmen, wenn die Autoren solche Giganten des Denkens wie Newton oder Einstein sind. Ein neues System enthält gewöhnlich „in statu nascendi" gewisse Relikte früherer Systeme, und sein Schöpfer zieht nicht alle sich aus den neuen Prinzipien ergebenden Schlußfolgerungen oder zweifelt einige von ihnen an.

So sieht W. Ostwald geradezu eine unumgängliche Gesetzmäßigkeit darin, daß jedes neue System dem vorhergehenden Tribut zollt, indem es gewisse Elemente der alten Theorie enthält, von der es sich im Verlauf seiner weiteren Entwicklung emanzipiert. Dabei ist der Prozeß der „Läuterung" der neuen Theorie oft langwierig und mühselig. Aus der Geschichte der Wissenschaft sind nicht wenige Fälle bekannt, in denen die Autoren epochaler Entdeckungen den eigenen Erfolg nicht gebührend werteten oder an der Richtigkeit der eigenen Schlußfolgerungen zweifelten. Maxwell z. B. bezweifelte die von ihm aus der eigenen Theorie gewonnene Schlußfolgerung, daß der Widerstand, den ein sich in einem gasförmigen Medium bewegender Körper findet, für eine ganze Klasse von Erscheinungen nicht von der Dichte des Gases abhängt. Seitdem sind jedoch, wie Boltzmann feststellte, viele Fälle beobachtet worden, die zu dieser Klasse von Erscheinungen gehören, und das mangelnde Zutrauen Maxwells zur Macht des eigenen Rüstzeugs wurde als falsch erkannt [1, S. 598ff].

Bei der Erforschung der von ihm gefundenen mathematischen Gleichung gelangte Dirac zu der Schlußfolgerung, daß die Gleichung formal auf die Existenz von Antiteilchen hinweist, verhielt sich jedoch gegenüber dieser unerwarteten Schlußfolgerung außerordentlich vorsichtig.

Max Born berichtet, daß sich Planck immer sehr zurückhaltend gegenüber den revolutionären Schlußfolgerungen verhalten habe, die sich aus seiner eigenen Entdeckung ergaben. So schrieb Born in seinem 1955 veröffentlichten Aufsatz „Albert Einstein und die Lichtquanten":

[11] Die Feststellung eines neuen Faktes wird nur dann zu einer Entdeckung, wenn sie mit der Bildung eines neuen Begriffes einhergeht, der diesen Fakt (oder diese Gruppe von Erscheinungen) hervorhebt und seine Spezifik dem vorher Bekannten gegenüber deutlich macht.

„Nur wer wie ich in der klassischen Tradition aufgewachsen ist, kann die Kühnheit dieser Idee ganz würdigen. Planck selbst neigte dazu, die Aufteilung der Energie in endliche Quanten nicht als Eigenschaft der Strahlung selbst, sondern ihrer Wechselwirkung mit den Oszillatoren anzusehen. Hier griff Einstein ein. Er entdeckte eine einfache physikalische Bedeutung der von Planck zur Interpolation benutzten Größe..." [2, S. 221].

Interessant ist auch das Zeugnis Gaudsmits, der zusammen mit Uhlenbeck den Spin entdeckt hat. „Die Idee des Spins mit ihren weiten Verzweigungen in der Kernphysik, der Physik der Elementarteilchen und sogar der Technologie bildet, wie ich meine, einen der hervorragendsten Erfolge der neuen Physik. Ich möchte aber nicht versäumen, darauf hinzuweisen, daß dies 1925 weder Uhlenbeck noch mir bewußt war. Und ich bin davon überzeugt, daß es den meisten Wissenschaftlern, die Entdeckungen gemacht haben, ebenso gegangen ist" [8, S. 158].

Es lassen sich eine ganze Reihe Äußerungen von Wissenschaftlern anführen, die beweisen, daß das Neue in der Wissenschaft im Augenblick seines Entstehens nicht identisch ist mit dem, als das es sich später erweist. Dies kann offenkundig durch folgende Ursachen erklärt werden.

1. Die Möglichkeiten der Entdeckung und die Rolle, die sie in der Wissenschaft spielen wird, sind noch unklar.

2. Gewisse Schlußfolgerungen, die sich aus der Entdeckung ergeben, erscheinen zweifelhaft.

3. Die Entdeckung enthält „Relikte" (nicht deshalb, weil invariante Komponenten vorhergehender Systeme erhalten bleiben, sondern in dem Sinne, daß die Entdeckung Elemente enthält, die ihr organisch fremd sind und von denen sie sich später frei macht).

4. Das System enthält noch gewisse „Ungereimtheiten", d. h., es ist logisch noch nicht genügend folgerichtig und widerspruchsfrei.[12]

Zusammenfassend lassen sich folgende Stadien in der Geschichte theoretischer Entdeckungen unterscheiden: 1. die Voraussetzungen der Entdeckung (die logische Situation in der Wissenschaft); 2. die Entdeckung selbst; 3. die weitere Entwicklung der Entdeckung, d. h. die „logische Läuterung" der Entdeckung und die Realisierung aller ihrer Möglichkeiten.

[12] Nicht nur die Schaffung eines neuen Prinzips oder eines neuen Systems von Vorstellungen bedeutet einen Bruch mit der traditionellen Denkweise in der Wissenschaft. Auch die Aneignung der neuen Theorie und ihre Entwicklung fordern von den Wissenschaftlern auf Schritt und Tritt wissenschaftliche Kühnheit und Mut in keinem geringeren Maße, als diese bei der Schaffung des jeweiligen Systems aufgebracht werden mußten.

Literaturverzeichnis

[1] Boltzmann, L., Wissenschaftliche Abhandlungen, Bd. III, Leipzig 1909
[2] Born, M., Physik im Wandel meiner Zeit, Braunschweig 1957
[3] Brillouin, L., Naučnaja neopredelennost' i informacija, Moskva 1966
[4] Broglie, L. de, Po tropam nauki, Moskva 1962
[5] Butlerov, A. M., Sobrannie sočinenij, Bd. 3, Moskva 1956
[6] Čugaev, L. A., van't Hoff i sud'by stereochimii, in: Novye idei v chimii, Bd. 1, Petersburg 1912
[7] Garrett, A., Vspyška genija, in: Chimija i žizn', 1966, Nr. 9
[8] Gaudsmit, S., Istorija otkrytija spina elektrona, in: Uspechi fizičeskich nauk, Bd. 93, Heft 1, Moskva 1967
[9] Hill, R., Po sledam častic, Moskva 1966
[10] Cannizzaro, S., Obzor razvitija ponjatij ob atome, častice i elvivalente, Kiev 1873
[11] Kant, I., Werke, Bd. VIII, Berlin 1922
[12] Kapica, P. L., Buduščee nauki, in: Nauka i žizn', 1962, Nr. 3
[13] Leclerc, K., Histoire et avenir de la méthode expérimental, Paris 1960
[14] Mendelejev, D. I., Predislovie v 3-mu izdaniju, in: Osnov chimii Sočinenija, Bd. XXV, Moskva-Leningrad 1954
[15] Kuhn, Th., Historical structure of scientific discovery, in: Science, 1962, Nr. 136 v. 1. 6.
[16] Price, D. J. de Solla, Little science, big science, New York-London 1963
[17] Ostwald, W., Vorlesungen über Naturphilosophie, Leipzig 1902
[18] Ostwald, W., Große Männer, Leipzig 1909
[19] Planck, M., Das Prinzip der Erhaltung der Energie, Leipzig 1913
[20] Ronchi, R., Vlijanie optiki 17 v. na razvitie nauki i filosofii, in: Voprosy istorii estestvoznanija i techniki, 1964, Heft 16
[21] Savčenkov, V., Istorija chimii, Petersburg 1870
[22] Soedinenija blagorodnych gazov, Moskva 1965
[23] Vernadskij, V. I., Očerki po istorii estestvoznanija v Rossii, in: Izbrannye sočinenija, Moskva 1960

M. S. Glazman

Wissenschaftliches Schöpfertum als Dialog

Die Analyse des wissenschaftlichen Schöpfertums, wie sie in diesem Beitrag vorgeschlagen wird, gründet sich auf die Erforschung der Rolle des Verkehrs im Prozeß des Schöpfertums. Der Leser wird uns sofort entgegenhalten, daß doch aber die Idee des *kommunikativen* Charakters der Wissenschaft immer mehr zu einem Axiom wird. Inwiefern aber macht diese Idee es möglich, in das Geheimnis der Entstehung neuen Wissens einzudringen?

Der Gedanke, daß die Übermittlung von Wissen ein Akt der Information sei. ist heute schließlich ziemlich trivial, mag der Leser richtig überlegen. Und es ist heute sogar möglich, in jedem einzelnen Falle die empfangene Informationsmenge mit einem gewissen Grad von Genauigkeit zu errechnen. Dabei wird der Akt der Information als die Übermittlung fertigen Wissens vom Schöpfer der Theorie zum Aufnehmenden aufgefaßt.

Es versteht sich, daß in diesem Falle dem Aufnehmenden eine passive Rolle beigemessen wird, nämlich die Rolle eines Menschen, der selbst in keiner Weise den Charakter und den Inhalt des anzueignenden Objekts beeinflußt. Die Geschichte der Wissenschaft stellt sich aus dieser Sicht als die Übermittlung fertigen Wissens von einem Wissenschaftler an den anderen dar.

Dem Wesen der Sache nach hat die Idee vom kommunikativen Charakter der Wissenschaft denselben Sinn. Denn die Grundbedingung eines effektiven Austausches von Nachrichten muß sein, daß der Inhalt der Information, die übermittelt und empfangen wird, in unveränderter und identischer Form erhalten bleibt. Es liegt auf der Hand, daß diese Idee zur Aufdeckung des Mechanismus der Gewinnung neuen Wissens keine Hilfe geben kann.

All das ist zweifellos richtig. Und wenn der Begriff des Verkehrs, der den Kernpunkt des vorliegenden Beitrages ausmacht, mit dem Begriff der

Kommunikativität identisch wäre, dann könnte von einer Analyse des Mechanismus der Entstehung neuen Wissens keine Rede sein.
Wir legen dem Begriff des Verkehrs jedoch einen Inhalt bei, der ihn in mehrfacher Hinsicht prinzipiell vom Begriff der Kommunikativität unterscheidet. Angenähert kann man sich den Inhalt dieses Begriffes in Analogie zu jenem Prozeß vorstellen, in dem ein Autor mit seinem Leser, Hörer oder Zuschauer verkehrt, wenn diese ein künstlerisches Werk aufnehmen.
Kurz gesagt besteht die Idee des Verkehrs in folgendem.
Eignet sich ein Mensch die Produkte der Tätigkeit anderer Menschen an, so ist diese Aneignung selbst eine Tätigkeit. In dieser Tätigkeit entgegenständlicht der Aneignende erstens den jeweiligen Gegenstand, er dringt in seinen Inhalt ein und eignet sich diesen Inhalt an. Zweitens vergegenständlicht er in diesem Prozeß sich selbst, er verwirklicht seine Tätigkeit in dem Produkt, das angeeignet wird. Indem er in den Inhalt des anzueignenden Produkts eindringt, stellt der Mensch die Tätigkeitsweise des Schöpfers des Produkts fest und identifiziert sich in seiner Tätigkeit mit der Tätigkeit dieses Schöpfers. Zwischen beiden kommt es zu einer Art Dialog, in dessen Verlauf der Mensch den Gegenstand verändert, indem er ihn sich zu eigen macht.
Der Begriff des Verkehrs bringt jene objektive Seite des Prozesses der menschlichen Tätigkeit zum Ausdruck, die nicht nur und nicht primär ein System der Kommunikation und der gegenseitigen Mitteilung darstellt, sondern hauptsächlich die Einheit der Menschen in ihren Gedanken, Gefühlen, der Art und Weise ihrer Tätigkeit usw. In diesem Falle wird der Verkehr nicht zu einem Akt der formalen Information, sondern zu einer Tätigkeit, in der das Leben des gesellschaftlichen Gesamtsubjekts real zum Ausdruck kommt. Diese Seite des Prozesses der Tätigkeit spielt in einer Reihe von Arbeiten eine Rolle, die der Analyse der Kunst, des künstlerischen Schaffens und der Wahrnehmung des Künstlerischen gewidmet sind [14, S. 179–181], [7], [10], [15].
Im Hinblick auf die Wissenschaft und das wissenschaftliche Schöpfertum wird der Verkehr dagegen gewöhnlich nur in einem Sinne verstanden: als Kommunikation, als Akt der Information. Eine solche Interpretation des Verkehrs erscheint in bezug auf die Wissenschaft in der Tat als natürlich, denn dem Wissenschaftler werden von seinen Kollegen oder seinen Vorgängern bestimmte Ergebnisse ihrer Arbeit übermittelt, die er sodann in seiner eigenen Tätigkeit benutzt.[1]

[1] Dieses System der Beziehungen in der Wissenschaft erscheint derart selbstverständlich, daß es einige Wissenschaftler auf die Idee gebracht hat, es sei nutzlos,

Auf den ersten Blick scheint es, als könne hier von Schöpfertum keine Rede sein. Versuchen wir jedoch, uns in das Wesen dieser Informationsbeziehung hineinzudenken.

Eine wissenschaftliche Information schöpferisch aufnehmen heißt, ihren Formalismus zu dekodieren, in den gegenständlichen Inhalt der Theorie einzudringen und jenes gegenständliche Modell zu rekonstruieren, das vom Schöpfer der Theorie geschaffen wurde. Um das Wesen der Newtonschen Mechanik zu begreifen und sich nicht nur einige ihrer Formeln einzuprägen, muß man hinter den Formeln jene gegenständlichen Modelle sehen, die die Grundlage und das Objekt für das Denken des großen Wissenschaftlers bildeten. Denn selbst wenn man diese oder jene Schlußfolgerung aus der Theorie auf ein reales Objekt anwenden will, ist der Erfolg nur dann gesichert, wenn zuvor klar ist, auf welche Objekte im Prinzip (d. h. ideal) die jeweilige Schlußfolgerung oder Formel angewendet werden kann und wie sich das reale Objekt zum idealen Objekt verhält. Das erfordert ein — unterschiedlich tiefes — Eindringen in das inhaltliche Wesen jener Theorie, deren Schlußfolgerungen angewendet werden sollen. Ein solches Eindringen in das Wesen der Theorie, eine solche Rekonstruktion des gegenständlichen Modells, das der Schöpfer der Theorie geschaffen hat, erfordert, die Art und Weise des Aufbaus des erwähnten Modells und folglich auch die *Denkweise* des Autors aufzudecken. Es ist klar, daß der Grad der Vollständigkeit, mit der der Aufnehmende die Denkweise des Autors erkennt, von vielen Faktoren abhängt. Aber einen anderen Weg zur Aneignung der inhaltlichen Seite einer Theorie gibt es nicht.

Was aber macht es dem Aufnehmenden möglich, den Formalismus einer wissenschaftlichen Theorie zu entgegenständlichen und in ihren gegenständlichen Inhalt einzudringen? Die Möglichkeit der Aneignung des gegenständlichen Inhalts der Theorie liegt in der Struktur der wissenschaftlichen Theorie selbst, darin, daß die Theorie eine widersprüchliche Identität eines geschlossenen Systems und eines Prozesses bildet.

Jede wissenschaftliche Theorie stellt ein System von Begriffen dar, das folgerichtig, eindeutig und geschlossen sein muß. Nicht zufällig heben die Naturwissenschaftler die Notwendigkeit der Eindeutigkeit und der Folgerichtigkeit einer Theorie hervor [3], [2] und formalisieren sie deshalb maximal im Interesse der Erreichung äußerster Geschlossenheit und Ein-

sich den primären Quellen wissenschaftlicher Ideen zuzuwenden, und ein Wissenschaftler sollte sich die Arbeiten der genialen Physiker Newton, Maxwell und sogar des uns noch näheren Einstein nur vermittels zeitgenössischer Darstellungen aneignen. Die Originalwerke sind aus dieser Sicht lediglich für die Wissenschaftshistoriker von Interesse [9, S. 17].

deutigkeit. Niels Bohr stellte fest, daß die für eine objektive Beschreibung notwendige Eindeutigkeit der Definitionen durch den Gebrauch mathematischer Symbole erreicht wird [3]. Sie ermöglichen, daß die Theorie als ein geschlossenes, formalisiertes System auftreten kann. Der Benutzer der Theorie operiert mit Zeichen wie mit Gegenständen [16], und es spielt für ihn keine Rolle, welche idealisierten Gegenstände das unmittelbare Objekt der theoretischen Analyse sind. Er hat es nur mit einem gegenständlichen Zeichensystem zu tun. Eben das ist der Punkt, an dem, wie Lenin schrieb, unter bestimmten Bedingungen die Möglichkeit einer „Krise" der Naturwissenschaft entsteht, die Möglichkeit des Übergangs des Naturwissenschaftlers auf die Positionen des Idealismus.

In Wirklichkeit jedoch enthält eine wissenschaftliche Theorie unabhängig vom Grad der Formalisierung neben der gegenständlichen Zeichenstruktur immer auch eine gegenständlich-inhaltliche Struktur [1]. Operationen mit den Zeichen sind immer auch Operationen am gegenständlichen Inhalt, einerlei, ob dies dem Wissenschaftler bewußt ist oder nicht. Mehr noch, das Zeichensystem des jeweiligen theoretischen Systems bezeichnet bestimmte Begriffe, und um den Inhalt der Theorie zu verstehen, ist es notwendig, die Zeichenstruktur zu entgegenständlichen und zu den inhaltlichen Begriffen zurückzukehren. Da aber die Entgegenständlichung des Zeichensystems durch ein Subjekt erfolgt, in dessen Tätigkeit eine historisch bestimmte Kultur [8, S. 40/41] ihren Ausdruck findet, so erweist sich diese Tätigkeit gleichzeitig auch als Vergegenständlichung dieses Subjektes, seiner Denkweise, seiner Kenntnisse usw. Im Prozeß der Aneignung einer Theorie tritt die gegenständliche Zeichenstruktur als Form der Tätigkeit auf, jedoch verwandelt sich im Prozeß dieser Tätigkeit die Form der Tätigkeit (die gegenständliche Zeichenstruktur) in eine neue Form der Gegenständlichkeit, wenn vor dem Subjekt die gegenständlich-inhaltliche Struktur der Theorie ersteht.

Die Aneignung einer Theorie ist eine Tätigkeit, die das System auflöst und das prozeßhafte Wesen der Theorie aufdeckt. Indem das aneignende Subjekt das Zeichensystem entgegenständlicht und zugleich sich selbst in der inhaltlichen Struktur der Theorie vergegenständlicht, erschließt es sich die Tätigkeitsweise des Schöpfers der entsprechenden wissenschaftlichen Theorie. Auf diese Weise schließt also in der genannten Tätigkeit das Denken des einen Menschen die Denkweise eines anderen, des Schöpfers der Theorie nämlich, ein und entwickelt die Theorie weiter. Diese Gesetzmäßigkeit läßt sich in dem Beweissystem, das der Wissenschaftler benutzt, nachweisen.

Die formale Logik in ihrer modernen Form stellt die Struktur eines Beweises als ein Schlußsystem dar, in dem eine folgerichtige Kette von Aussagen aufgebaut wird, in der kein Glied fehlt und alle streng aufeinanderfolgen. Das Studium einer Theorie verläuft von einem Glied der Kette zum anderen nach den Schlußregeln. Als Muster theoretischer Systeme, die einen derartigen Studienweg erfordern, werden gewöhnlich die mathematischen Theorien genannt. „Jede mathematische Theorie *ist* eine Kette von Aussagen, die nach den Regeln der Logik auseinander abgeleitet werden, einer Logik, die in allem Wesentlichen mit jener übereinstimmt, die seit den Zeiten Aristoteles' unter der Bezeichnung ‚formale Logik' bekannt ist und die auf entsprechende Weise den spezifischen Erfordernissen der Mathematik angepaßt wurde" [4, S. 247].

Es ist jedoch erstaunlich, wie häufig die Mathematiker bei der Darlegung und besonders bei der Aufstellung ihrer Theorien Schlüsse ziehen, ohne die gesamte Aussagenkette zu durchlaufen, indem sie von vornherein das Ganze oder eine bestimmte Schlußfolgerung akzeptieren oder ablehnen. Sie „sehen" das Ganze, die Schlußfolgerung, und verstoßen dabei gegen die formallogische Folgerichtigkeit, eilen voraus und bedienen sich logischer Brücken. In soliden mathematischen Forschungen, in denen die Schlußregeln besonders beachtet werden sollten, findet man nicht selten Wendungen wie „Es ist offensichtlich...", „Es ist klar...", „Wie leicht zu beweisen ist..." u. a., ohne daß der betreffende Beweis selbst angeführt wird.

Äußerlich ist daran nichts Außergewöhnliches. Die mathematische Forschung ist nicht für jeden beliebigen, sondern für einen vorgebildeten Menschen berechnet. Der vorgebildete Leser, der über bestimmte Kenntnisse verfügt, füllt die genannten logischen Lücken aus und wahrt damit die Form des logischen Schlusses. Mehr noch, der vorgebildete Leser füllt diese Lücken in gewissem Maße automatisch aus. Je größer dieser Automatismus ist, desto besser ist der Leser für die Aneignung der jeweiligen Arbeit vorgebildet.

In diesen Überlegungen schwingt spürbar der Gedanke mit, alle mathematischen Arbeiten seien auf einen bestimmten Leser hin angelegt. Der Leser ist aber immer eine Persönlichkeit, und selbst vorgebildete Leser unterscheiden sich deshalb nach ihren Fähigkeiten, ihrem Verstand usw. Wenn sich ein bestimmter Leser eine bestimmte mathematische Theorie aneignet, dann füllt er nicht nur automatisch die logischen Lücken aus, sondern weckt auch die Aktivität seines eigenen Denkens.

Im Verlauf der Aneignung einer Theorie entsteht ein Widerspruch zwischen dem Automatismus der Ausfüllung logischer Lücken und dem Spektrum der Möglichkeiten der Persönlichkeit. Der Automatismus fordert die einfache Ausfüllung einer logischen Form bei der Darstellung der Theorie; die Möglichkeiten der Persönlichkeit aber fordern die Aufhebung dieses Automatismus, die Bereicherung des Beweissystems, die Weiterentwicklung der benutzten Begriffe. Daher sind logische Lücken in Ausdrücken des genannten Typs nicht nur und nicht einmal primär auf den Automatismus der Operationen des mathematisch vorgebildeten Lesers berechnet, sondern vielmehr auf seine Auffassungsgabe. Sie sind die Fenster in dem gegenständlichen, inhaltlichen Aufbau der Theorie. Diese Fenster erweisen sich als durchaus notwendig, denn ein formalistisches Verständnis der Mathematik vermag weder über ihre Entwicklung noch über ihre grundlegenden Wandlungen etwas auszusagen. „Keine der ‚schöpferischen' Perioden und kaum eine der ‚kritischen' Perioden der mathematischen Theorien darf in den formalistischen Himmel Eingang finden, in dem die mathematischen Theorien als Engel weilen, gereinigt von allen Flecken irdischer Unzuverlässigkeit", schreibt Lakatos und definiert damit exakt die Gefahren eines formalistischen Verständnisses der Mathematik [11, S. 6].

Aber selbst die Formalisten unter den Mathematikern können sich ja nicht ganz und gar von den Flecken der irdischen Unzuverlässigkeit reinhalten. Blieben sie den formalistischen Standarten treu, so müßten sie unbekannte Ausdrücke vermeiden und dürften keine Stufe der strengen formallogischen Stufenleiter überspringen. Tatsächlich sind sie jedoch gezwungen, ständig logische Sprünge zu vollführen. Und diese Sprünge sind nicht etwa die Folge einer ungenügenden Entwicklung der formalisierten Sprachen und der deduktiven Systeme; ihre Ursache liegt vielmehr in der Natur der wissenschaftlichen Theorie selbst, im realen Funktionieren der wissenschaftlichen Theorie in der menschlichen Gesellschaft.

Denn selbst dann, wenn eine mathematische Theorie zu angewandten Zwecken eingesetzt wird, z. B. durch den Ingenieur, tritt sie als Instrument seiner Tätigkeit auf, die auf *verschiedene* Objekte gerichtet ist. Damit wird es notwendig, die Theorie zu verstehen, auch ohne besonders tief in ihren Inhalt eingedrungen zu sein. Das Eindringen in den Inhalt der Theorie aber ist bereits ein Prozeß der Tätigkeit der Persönlichkeit, die, indem sie sich die Theorie aneignet, sie zugleich in diesem oder jenem Maße umwandelt. Das Gesagte trifft besonders auf die theoretische Aneignung von Wissen zu. Gerade in diesem Falle erlauben die logischen Lücken im Beweissystem es dem Aneignenden, seine Tätigkeit und sein Wissen in das vorhandene theoretische System einzubringen und mit dem Schöpfer des entsprechenden Systems in Verkehr oder, wenn man will, in die Polemik zu treten. Jeder Beweis ist innerlich auf eine solche Teilnahme des Aufnehmenden berechnet. Der Beweis kann nicht und *darf nicht* absolut streng sein, wenn er von einem Menschen und nicht von einer Maschine aufgenommen werden soll. Er muß auf die Mutmaßung des Aufnehmenden, auf dessen schöpferische Aktivität orientiert sein.

In dem Buch von Lakatos „Beweise und Widerlegungen" wird das Wesen des Beweises nicht als Bewegung gemäß dem deduktiven Schema, sondern als Diskussion, als Dialog gefaßt. Lakatos analysiert die möglichen (und in der Wissenschaftsgeschichte existenten) Beweise des Eulerschen Polyedersatzes und zeigt, daß die deduktive Betrachtungsweise, der zufolge „der Beweis notwendig das beweist, zu dessen Beweis er bestimmt war", in die Sackgasse führt und die weitere Entwicklung des Wissens unmöglich macht. Der Vertreter einer solchen Auffassung „meint, daß der ‚Beweis' ohne jeden Zweifel die Wahrheit der naiven Vermutung feststellt, daß ihre Richtigkeit außerhalb jeden Zweifels steht. Aber seine ‚Gewißheit' ist kein Kennzeichen des Erfolges, sie ist lediglich ein Symptom mangelnder Vorstellungskraft und konzeptualer Armut. Sie schafft eine bequeme Zufriedenheit und behindert das Wachstum des Wissens" [11, S. 35]. Stellt man sich auf den Boden dieser Betrachtungsweise, so folgt z. B. aus dem von Cauchy gegebenen Beweis des Eulerschen Satzes sofort, daß alle Polyeder einfach sind und alle Flächen nur einfach verbundene. Der wirkliche ausführliche Beweis des Eulerschen Satzes, der den Beweis von Cauchy einschließt, stellt ein System idealisierter Experimente und gedanklicher Operationen mit verschiedenen Polyedern, ein System von Vermutungen, Beispielen und Gegenbeispielen usw. dar. Anders ausgedrückt, der Beweis stellt sich als ein bestimmtes Denkverfahren dar, dank dessen der Aufnehmende den Beweis zu verstehen, aufzunehmen und zu entwickeln vermag. Er selbst führt die Gedankenexperimente aus, bringt Beispiele und Gegenbeispiele, vermutet usw. Eben auf eine solche Aktivität dessen, der sich eine wissenschaftliche Theorie aneignet, ist jeder Beweis gerichtet. Wahrscheinlich war es eben dieser Umstand, der einen so großen Mathematiker wie G. H. Hardy veranlaßte, den mathematischen Beweis, „wie wir, die aktiven Mathematiker, ihn sehen", folgendermaßen zu charakterisieren: „Streng genommen, gibt es so etwas wie den mathematischen Beweis überhaupt nicht; alles, was wir am Ende der Analyse tun können, ist zu zeigen: ... Beweise sind etwas, was Littlewood und ich Gas nennen, rhetorische Schnörkel, die dazu bestimmt sind, auf die Psychologie zu wirken, Bilder an der Tafel während der Vorlesung, Einfälle zur Stimulierung der Vorstellungskraft der Schüler" [13, S. 18].

Wer eine wissenschaftliche Theorie studiert, schiebt ihre formale Struktur beiseite und tritt in Verkehr mit dem Schöpfer der Theorie. In diesem Verkehr verwirklicht er seine eigene Tätigkeit und wird dadurch zu einer Art Mitschöpfer der Theorie. Wenn der Mathematiker ein bestimmtes Theorem beweist, entwickelt er die ursprünglichen idealisierten Experimente und die Ausgangsbegriffe und beweist schließlich schon etwas anderes als das, was am Beginn der Tätigkeit stand.

Was den Prozeß der Aneignung von Wissen charakterisiert, ist aber zugleich ein immanentes Charakteristikum der eigentlich schöpferischen Tätigkeit des Wissenschaftlers. Indem der Wissenschaftler vorhandenes Wissen entwickelt (und dabei im Rahmen dieses Wissens bleibt), entgegenständlicht er das bereits existierende, fertige Wissen, deckt er die Methode der Tätigkeit des Schöpfers der jeweiligen Theorie auf und vergegenständlicht zugleich seine eigene Denkweise. Dadurch verliert das fertige, abgeschlossene Wissen den Schein der Vollendung und präsentiert sich als Problem. Kehren wir zunächst zum Beweis des Eulerschen Satzes über das Verhältnis der Anzahl der Ecken, Kanten und Flächen eines Polyeders zurück.

Euler hatte sein Theorem hinreichend erschöpfend an Prismen, Pyramiden usw. überprüft. Auf dieser Grundlage betrachtete er es als durchaus befriedigend bewiesen. Allerdings legte er ein Jahr später dennoch einen Beweis vor. Dessenungeachtet galt als erster vollkommen strenger Beweis jener, den Cauchy 1811 vorlegte. Die Mehrheit der Mathematiker des 19. Jahrhunderts war der Meinung, daß mit ihm das Theorem endgültig bewiesen sei.

Indes entdeckten die Mathematiker Ausnahmen, für die der Beweis von Cauchy nicht gilt. So wurde der Beweis des Eulerschen Satzes ständig weiterentwickelt; er gewann dabei einen immer tieferen Sinn und erfaßte einen immer breiteren Bereich von Polyedern. Was ging hier vor? Jeder mathematische Beweis hat es mit idealisierten (gedanklichen) Experimenten zu tun. Im Beweis Cauchys gründete sich das idealisierte Experiment auf die Aussonderung von Dreiecken aus dem in die Ebene gelegten und in Dreiecke zerlegten Polyeder. Dieses Gedankenexperiment war jedoch äußerst begrenzt und erbrachte nicht den Beweis der Gültigkeit des Eulerschen Satzes für beliebige Polyeder. Cauchy erkannte diese Begrenztheit nicht. Er konnte sich zum Beispiel, wie Lakatos schreibt, kein Polyeder vorstellen, das nicht der Kugel homöomorph war [11, S. 20].

Die Aneignung des Beweises von Cauchy durch andere Mathematiker führte dazu, daß sie sein Experiment in ihrem Denken rekonstruierten. Sie nahmen neue Idealisierungen vor, wobei sie insbesondere die angrenzenden Gebiete der Mathematik nutzten. Diese Idealisierungen erbrachten Gegenbeispiele und trugen dazu bei, den Beweis Cauchys zu präzisieren. Es entwickelte sich eine Art Disput, in dem die Gegenbeispiele, neue Argumentationen u. dgl., die anscheinend den Beweis Cauchys und folglich auch den Eulerschen Satz präzisierten, zu einer Entwicklung des Beweises und des Theorems selbst führten. So haben all jene, die nach Cauchy das genannte Theorem untersuchten, es bewiesen und in dieser Tätigkeit ihre Persönlichkeit verwirklicht, sowohl den Inhalt des Theorems als auch seinen Beweis entwickelt und präzisiert. Lakatos stellt zu Recht fest, daß im Verlauf der Widerlegung des Beweises von Cauchy ein „Wachstum der Begriffe" erfolgt ist [11, S. 122]. War z. B. der Begriff des Polyeders bei Cauchy noch mit dem des einfachen Polyeders identisch, so nahm die folgende Entwicklung auch konkave Polyeder (S. Louillé), Polyeder im n-dimensionalen Raum u. a. in diesen Begriff auf.

Das Schöpfertum S. L'Huiliers, L. Schäflis und H. Poincarés erfolgte im Prozeß des Verkehrs, in dem neue idealisierte Experimente den entgegenständlichten idealisierten Experimenten Eulers und Cauchys gegenübergestellt wurden. Im Prozeß der Vereinigung, der Identifizierung der Experimente kam es zur verallgemeinernden Ausdehnung des Eulerschen Satzes auf einen neuen Typ von Polyedern.

Natürlich braucht der Wissenschaftler in seiner Tätigkeit zunächst nur von zeitgenössischen Darstellungen dieser oder jener wissenschaftlichen Ideen auszugehen. Um aber ein theoretisches System zu entgegenständlichen, ist er in jedem Falle gezwungen, die logische Problematik der ursprünglichen Idee zu rekonstruieren und zum logischen Ausgangspunkt zurückzukehren. Damit muß er sich in die Denkweise seiner Vorgänger und Zeitgenossen einarbeiten, und zwar aktiv, auf der Grundlage des zeitgenössischen kategorialen Baus des Denkens. Nur in einem solchen Verkehr entwickelt und verwirklicht sich der schöpferische Prozeß.

Diese dem Schöpfertum immanenten Züge treten besonders deutlich in den Perioden wissenschaftlicher Revolutionen hervor. Die Naturwissenschaftler sind bekanntlich bemüht, die existierende wissenschaftliche Theorie zur Vollendung zu führen, ihr Vollkommenheit zu verleihen. Wir wissen aber auch, daß, sobald eine solche Vollkommenheit anscheinend erreicht ist, neue Probleme entstehen, die eine Veränderung, ja mitunter eine Revision der vorhandenen Theorie im Lichte neuen Wissens erfordern.

So geriet zum Beispiel in der zweiten Hälfte des 19. Jahrhunderts die Theorie des Äthers in immer größeren Widerspruch zu den neuen Forschungsergebnissen auf dem Gebiet der Optik. Von Fall zu Fall versuchten die Physiker, die Theorie zu vervollkommnen. Die Idee des unbeweglichen Äthers wurde durch die Interpretation des Lichts als eines besonderen „Zustandes" des Äthers ergänzt. Als ein ebensolcher „Zustand" wurde das elektromagnetische Feld aufgefaßt. Dieses Streben nach der Aufrechterhaltung der Äthertheorie gründete sich auf die Überzeugung von der Unwandelbarkeit der Newtonschen Konzeption des absoluten Charakters von Zeit, Raum und Bewegung. Selbst das Ergebnis des Michelsonschen Versuches, das der Äthertheorie ganz und gar nicht entsprach, rief neue Bestrebungen hervor, die Konzeption des Äthers mit der Tatsache der Konstanz der Lichtgeschwindigkeit in Einklang zu bringen (z. B. die „Lorentz-Kontraktion").

Diese Bemühungen führten jedoch nicht zur Vervollkommnung der Äthertheorie, sondern stellten sie immer mehr in Frage und vergrößerten die logischen Schwierigkeiten. Tatsächlich erwies sich die Theorie des Äthers zunehmend als innerlich widersprüchlich, und damit erwies sich auch der Gegenstand dieser Theorie als innerlich widersprüchlich. Die verschiedenen Interpretationen der neuen Ergebnisse innerhalb der Theorie des Äthers offenbarten die Krise dieser Theorie. Der kritische Zustand einer Theorie zwingt den Wissenschaftler, „dialogisch" zu denken. Er ist gezwungen, sich zu „spalten", die gegensätzlichen Konzeptionen zu überdenken und sie in seinem eigenen Denken einander gegenüberzustellen. Die Widersprüche der Theorie werden zu Widersprüchen, die dem Denken des Naturwissenschaftlers immanent sind. Es genügt nicht, die formalen Widersprüche der Theorie aufzudecken, z. B. die Widersprüchlichkeit ihres Apparates, ihrer Sprache, obwohl auch dies ein wichtiges Kennzeichen für den kritischen Zustand einer Theorie ist. Der Naturforscher muß sich ihren Gegenstand inhaltlich aneignen, einen Gegenstand, dessen Widersprüche als innere Widersprüche der Theorie in Erscheinung treten; er muß diese Widersprüche in der Form des sozialen Dialogs darstellen, des Aufeinandertreffens verschiedener, widersprüchlicher Konzeptionen. In dem von uns analysierten Falle ist das der Widerspruch zwischen der Tatsache der Konstanz der Lichtgeschwindigkeit (Michelsonscher Versuch) und der Konzeption des Lichtes als eines Zustandes des Äthers, der Idee des physikalischen „Feldes" und der absoluten Zeit usw. Einstein griff in diesen Kampf der Ideen zu einer Zeit ein, als dieser eine besondere Zuspitzung erreicht hatte. Er ging zunächst nicht über den Rahmen der vorhandenen Theorie hinaus, betrachtete sie in ihren realen Widersprüchen und eignete sich den widersprüchlichen Gegenstand dieser Theorie an. So wurde er zu einem Teilnehmer jenes „Dramas der Ideen", das sich am Ende des 19. Jahrhunderts bis in die ersten Jahre des 20. Jahrhunderts hinein abspielte. Und natürlich studierte er die Mechanik in ihren zeitgenössischen Darstellungen.

Indem er sich jedoch die Arbeiten seiner Zeitgenossen zu eigen machte, enthüllte Einstein deren Denkweise, den kategorialen Bau ihres Denkens. Dieser Prozeß wiederum ließ ihn die logischen Schwierigkeiten der klassischen Mechanik in ihren ersten Anfängen erkennen, d. h. in jener Form, in der sie schon von Newton und selbst von Galilei geschaffen worden war. Obgleich sich also der Wissenschaftler im Prozeß des wissenschaftlichen Schöpfertums zunächst darauf beschränkt, sich die theoretischen Konzeptionen seiner Zeitgenossen und die zeitgenössischen Darstellungen der Theorien der Vergangenheit anzueignen, wendet er sich früher oder später, nämlich dann, wenn er zu der logischen Grundlage des betreffenden Problems vorstößt, den *historischen* Quellen zu, den Primärquellen also, den Werken seiner entfernteren Vorläufer.[2]

In der schöpferischen Tätigkeit Einsteins ist dieser Prozeß besonders sichtbar. Einstein beschränkte sich nicht auf das Studium der Werke seiner Zeitgenossen, sondern vertiefte sich ganz besonders in die Arbeiten Newtons.

Worin liegt der Grund für dieses Interesse an den Vorgängern, für diese Analyse dessen, wie das Problem ursprünglich logisch gestellt wurde? Der Grund liegt darin, daß der kritische Zustand der Theorie die Naturforscher veranlaßt, sich (mehr oder weniger bewußt) in den logischen Inhalt der von ihnen gebrauchten Begriffe zu vertiefen, da der Konflikt zwischen den verschiedenen Konzeptionen die Widersprüchlichkeit dieser Begriffe enthüllt. Von nun an kann sich der Wissenschaftler nicht mehr auf bestimmte naturwissenschaftliche Vorstellungen beschränken; er ist vielmehr gezwungen, sich in die logische Natur der Begriffe oder Theorien hineinzudenken. Anders ausgedrückt: In den Vordergrund rückt das Problem des kategorialen Aufbaus des Denkens.

In der Tat formulierte Einstein schon in seinen ersten Arbeiten, die den Grundstein zur speziellen Relativitätstheorie legten — „Zur Elektrodynamik bewegter Körper" und „Ist die Trägheit eines Körpers von seinem Energieinhalt abhängig?" —, neue naturwissenschaftliche Vorstellungen über die Zeit, die auf einer *logischen* Umdeutung des Zeitbegriffes der Newtonschen Mechanik beruhten.

[2] A. Kitajgorodskij hat recht, wenn er feststellt, daß sich der Wissenschaftler mit den Theorien der Vergangenheit anhand von Darstellungen seiner Zeit bekannt macht. Nicht zustimmen kann man dagegen seiner Auffassung, daß die Werke der jeweiligen Vorgänger lediglich historische — richtiger wäre zu sagen: museale — Bedeutung haben. Die tatsächliche Geschichte der Wissenschaft spricht gegen diese These. Die Primärquellen sind für die Schöpfer der Wissenschaft nichts Antiquarisches, sie werden vielmehr notwendigerweise in die eigene Tätigkeit einbezogen. Nur dank der ursprünglichen Quellen sind die Wissenschaftler in der Lage, die Denkweise ihrer Vorgänger zu rekonstruieren.

Den kinematischen Teil des Artikels „Zur Elektrodynamik bewegter Körper" beginnt Einstein mit einer Charakteristik der Newtonschen Vorstellungen von der Zeit, kommt aber dann, indem er diese Vorstellungen entwickelt, zu einer diametral entgegengesetzten Auffassung von der Zeit.

„Wir sehen also", schließt Einstein den zweiten Abschnitt dieses Teils des Artikels, „daß wir dem Begriffe der Gleichzeitigkeit keine *absolute* Bedeutung beimessen dürfen, sondern daß zwei Ereignisse, welche, von einem Koordinatensystem aus betrachtet, gleichzeitig sind, von einem relativ zu diesem System bewegten System aus betrachtet, nicht mehr als gleichzeitige Ereignisse aufzufassen sind" [6, S. 897].

Eine solche Veränderung der Zeitvorstellungen beruht auf einer „Transformation" [2] des logischen Begriffes der Zeit, auf einer bestimmten Lösung jener logischen Widersprüche, die für das vorrelativistische Verständnis der Zeit charakteristisch waren.

Zum aktiven Teilnehmer am Drama der Ideen geworden, das sich Ende des 19. bis Anfang des 20. Jahrhunderts abspielte, deckt Einstein die logischen Grundlagen des Problems der Bewegung auf. Sein Denken bewegt sich zu Anfang in der gleichen Richtung wie das seiner Zeitgenossen, denn er sucht nach Wegen zur Harmonisierung der bestehenden Theorie. Gemeinsam mit seinen Zeitgenossen aber erkennt er: Je mehr die Theorie anscheinend harmonisiert wird, desto mehr erweist sie sich als innerlich widersprüchlich, desto widersprüchlicher wird der Gegenstand der Theorie. Während der Entwicklung der Mechanik seit Newton bis zum Ende des 19. Jahrhunderts waren immer neue idealisierte Experimente in sie eingebracht worden (das wichtigste von ihnen hängt mit der Faraday-Maxwellschen Konzeption des Feldes zusammen). Jedes dieser Experimente deckte den Gegenstand der Theorie immer umfassender auf. Einstein dringt in das Wesen dieser Experimente und theoretischen Konstruktionen ein, vertieft sich in den eigentlichen Gegenstand der vorrelativistischen Mechanik und in die Verfahren zu seiner Aneignung, wie sie ihm in den Werken seiner Vorgänger begegneten. Je tiefer er jedoch in die Denkweisen seiner Vorgänger eindrang, desto mehr offenbarten sich die logischen Quellen der Schwierigkeiten in der physikalischen Theorie, und es ergab sich die Notwendigkeit, sich der logischen Problemstellung in den Primärquellen, d. h. in den Arbeiten Newtons, zuzuwenden.

Schon in den zwanziger Jahren erläuterte Einstein, warum gerade die Logik Newtons eine so wichtige Rolle bei der logischen Begründung der Relativitätstheorie gespielt hat. Er betonte, daß „Newton selbst die seinem Gedankengebäude anhaftenden schwachen Seiten besser kannte als die folgenden Gelehrtengenerationen" [5, S. 203]. Und Einstein zeigte, daß Newton, der das Problem der Bewegung durchaus logisch löst, gezwungen war, den Begriff der absoluten Zeit und des absoluten Raumes einzuführen. Es hat in der schöpferischen Tätigkeit Einsteins eine außerordentlich wichtige Rolle gespielt, daß er sich die Newtonsche Denkweise klargemacht hat. Das ermöglichte es ihm, die logische Widersprüchlichkeit des Begriffes der absoluten Zeit und des absoluten Raumes aus der Sicht der physikalischen Theorie des ausgehenden 19. Jahrhunderts aufzudecken, sowie anschließend auf dieser Grundlage das vor der Naturwissenschaft stehende Problem neu zu formulieren. Einstein eignet sich das System der Beweise in den Arbeiten Newtons, Faradays, Maxwells, Lorentz' u. a. an, dringt dabei zum gegenständlichen Inhalt der Theorie vor und verändert diesen allmählich. In entsprechender Weise werden die in der physikalischen Theorie figurierenden Begriffe (Zeit, Raum, Bewegung usw.) entwickelt und vertieft.

Der Prozeß des Verkehrs, die kollektive Denktätigkeit (die im individuellen Denken des Wissenschaftlers immer implizit enthalten ist), erlaubt es also, den gedanklichen Gegenstand des Wissens auf grundlegende Weise umzugestalten. Im Verlauf dieser Umwandlung entsteht eine neue Idee, der Keim einer neuen Theorie und, folglich, ein neuer Gegenstand des Wissens.

Im Prozeß des Verkehrs tritt das Individuum, indem es sich mit anderen Persönlichkeiten identifiziert, den Worten Einsteins zufolge, in den Bereich des Überpersönlichen. Das ermöglicht es ihm, einen Sprung in der Entwicklung der wissenschaftlichen Erkenntnis zu vollziehen. Die gebräuchliche Formulierung, daß neues Wissen als Fortsetzung des alten entsteht, gleichzeitig aber mit diesem alten Wissen bricht, da es einen prinzipiell neuen Inhalt besitzt, der auf den alten nicht zurückgeführt werden kann, — diese Formulierung bestätigt sich aus der Sicht des Problems des Verkehrs.

Das neue Wissen entsteht auf der Basis des alten, weil der Naturforscher in die Denkweise seiner Vorgänger und Zeitgenossen eindringt, den kategorialen Bau ihres Denkens entgegenständlicht. Indem er jedoch den kategorialen Bau ihres Denkens, ihre Denkweise, die logische Natur ihres Wissenssystems entgegenständlicht, vergegenständlicht er seine eigene Denktätigkeit und wandelt in diesem Prozeß den gedanklichen Gegenstand der Theorie und dementsprechend auch ihre Grundbegriffe um. Es erfolgt ein Sprung in der Entwicklung der wissenschaftlichen Erkenntnis, der gemeinhin als intuitiv bezeichnet wird, der jedoch überaus rationaler, logischer Natur ist.

Es bleibt festzustellen, daß die Art und Weise der Analyse des wissenschaftlichen Schöpfertums, wie sie hier vorgeschlagen wurde, weiter an realem Material der Wissenschaft entwickelt und vertieft werden und durch eine entsprechende Analyse sowohl der Logik als auch der Geschichte der Wissenschaft überprüft werden muß.

Literaturverzeichnis

[1] Arsen'ev, A.; Bibler, V.; Kedrov, B., Analiz razvivajuščegosja ponjatija. Teil I, Abschnitt 1 u. 2, Moskva 1967

[2] Bibler, V. S., Ponjatie kak process, in: Voprosy filosofii, 1965, Nr. 9

[3] Bohr, N., Atomphysik und menschliche Erkenntnis, Braunschweig 1958

[4] Bourbaki, N., Očerki po istorii matematiki. Moskva 1963

[5] Einstein, A., Mein Weltbild, Zürich-Stuttgart-Wien 1953

[6] Einstein, A., Annalen der Physik, Bd. 17, H. 5, 1905

[7] Glazman, M. S., Problema prekrasnogo v estetike Hegelja, Stalinabad 1960

[8] Il'enkov, E. V., Dialektika abstraktnogo i konkretnogo v „Kapitale" Marksa, Moskva 1960

[9] Kitajgorodskij, A., Fizika — moja professija, Moskva 1965

[10] Kostjuk, A. G., Nekotorye voprosy vosprijatija muzykal'nogo proizvedenija, in: Voprosy psichologii, 1962, Nr. 2

[11] Lakatos, I., Dokazatel'stva i oproverženija, Moskva 1967

[12] Lenin, V. I., Werke, Bd. 18, Berlin 1962

[13] Mathematical proof, 1928, Nr. 38

[14] Prišvin, M., Nezabudki, Vologda 1960

[15] Varšavskij, J., Vstreča s fil'mom, Moskva 1965

[16] Zinov'ev, A. A., Osnovy logičeskoj teorii naučnych znanij, Moskva 1967 (Kap. II, Abschnitt 1)

V. V. Bykov

Methoden der Wissenschaft und wissenschaftliches Schöpfertum

1. Einleitung

1. Einen wichtigen Platz im wissenschaftlichen Schöpfertum nimmt die Ausarbeitung von neuen Forschungsmethoden ein. Viele Wissenschaftler vertreten die Auffassung, daß der Fortschritt in der Naturwissenschaft aus der Schaffung neuer Methoden resultiere. Ganz offenkundig gibt es gewichtige Gründe für eine solche Ansicht über die Triebkräfte der Wissenschaftsentwicklung. Es hängt dies mit der besonderen Funktion der Methode zusammen: Sie synthesiert die Einwirkungen, die von verschiedenen Elementen, aus denen sich die Wissenschaft aufbaut,[1] auf deren Fortschritt ausgehen. Daraus folgt jedoch nicht, daß die Methode der einzige „Motor" der Wissenschaftsentwicklung ist. Wichtige Faktoren ihrer Entwicklung sind auch neue Geräte und experimentelle Vorrichtungen, künstliche Sprachen, spezielle logische Mittel der Forschung u. dgl.

Das Schöpfertum eines Wissenschaftlers hängt nicht nur von der Ausarbeitung neuer Methoden ab, sondern auch von der Beherrschung der bereits bekannten Methoden, denn die Gesamtheit der Methoden, die er zur Lösung einer konkreten Erkenntnisaufgabe benutzt, enthält eine

[1] Unter dem Aufbau eines Objekts (in diesem Falle: der Wissenschaft) verstehen wir die Gesamtheit a) jener Elemente, aus denen das Objekt besteht und die experimentell oder auf andere kontrollierbare Weise fixiert werden können; b) der Wechselwirkungen, die zwischen diesen Elementen bestehen und die sich in Veränderungen der Elemente oder des Gesamtsystems äußern; c) der Struktur, d. h. der verschiedenen Varianten der Wechselwirkung zwischen den Elementen. Eine Veränderung im Aufbau des Objekts bedeutet den Übergang von einem konkreten Zustand des Objekts in einen anderen. Der Zustand eines Objektes (Systems) ist die konkrete Charakteristik aller Elemente, aus denen sich das System aufbaut, bezogen auf einen solchen Zeitraum, in dem das System keine Veränderung erfährt.

Teilklasse von Methoden, die in jedem Zyklus des Erkenntnisprozesses zur Anwendung gelangen.[2]

Die Untersuchung der Methodenproblematik der Wissenschaft wird jedoch ernsthaft erschwert dadurch, daß der Inhalt des Begriffes „Methode" nicht geklärt ist. Während konkrete Forschungsmethoden (z. B. die Methode der mathematischen Induktion, die logistische Methode, die Indikatormethode, die Methoden der qualitativen und quantitativen Analyse in der Chemie usw.) hinreichend korrekt beschrieben werden können, verfügen wir bis heute nicht über eine erkenntnistheoretische Definition von „Methode".

2. Die Erforschung des wissenschaftlichen Schöpfertums wie auch die Analyse der Methoden setzt das Verständnis des Aufbaus der Wissenschaft voraus. Sowohl die Elemente der Wissenschaft als auch die Funktionen dieser Elemente müssen beschrieben werden. Das kann sicher auf verschiedene Weise geschehen. Da wir den Aufbau der Wissenschaft in diesem Beitrag nicht analysieren können, beschränken wir uns auf die Einführung eines gedanklichen Modells der Wissenschaft.[3] Ein solches Modell muß maximal schematisch sein, und seine Elemente müssen leicht fixierbare Denotate besitzen.

3. Im Rahmen des uns gestellten Problems kann das Schöpfertum als Element der Wissenschaft betrachtet werden, d. h. als eine Tätigkeit des Menschen, in deren Ergebnis a) neue Konstruktionen geschaffen werden, die nicht Naturgegenstände oder deren Elemente kopieren, b) Elemente von Naturgegenständen oder -prozessen festgestellt und beschrieben werden.

4. Die Wissenschaft, in die als eines ihrer Elemente die Tätigkeit des Wissenschaftlers eingeht, bestimmt den Aufbau des Schöpfertums, d. h.

[2] Unter einem Zyklus des Erkenntnisprozesses (einem Erkenntniszyklus) verstehen wir die Gesamtheit aller seiner Stadien, von der Aufgabenstellung bis zu ihrer Lösung.

[3] Unter einem Gedankenmodell verstehen wir die gedankliche Reproduktion des zu untersuchenden Objekts. Um irgendwelche Operationen an einem Objekt vornehmen zu können, muß sich der Mensch immer ein gedankliches Modell dieses Objektes schaffen. In diesem Modell werden reproduziert: a) die Elemente des zu untersuchenden Objekts, b) die für diese Elemente charakteristischen Wechselwirkungen und c) die im Ergebnis solcher Wechselwirkungen auftretenden Veränderungen der Elemente. Gedankenmodelle werden noch nicht auf der psychologischen, physiologischen und morphologischen Ebene fixiert. Es wäre jedoch falsch, sie als metaphysische Objekte oder als Produkte des spekulativen Denkens aufzufassen. Gedankenmodelle haben Entsprechungen in den gegenständlichen Informationsmitteln (Sprache, Schemata, Zeichnungen, Skizzen usw.) sowie in den Konstruktionen, die vom Menschen geschaffen werden.

a) die Tätigkeitskomponenten, die zum wissenschaftlichen Schöpfertum gehören (die Formulierung der Erkenntnisaufgabe, die Konstruktion von Geräten und Experimentiervorrichtungen, die Aufstellung von Theorien und Hypothesen usw.); b) die Wechselwirkungen zwischen diesen Komponenten, die bei der Lösung der verschiedenen Erkenntnisaufgaben entstehen. (Bei der Aufgabenstellung, der Ableitung von Hypothesen aus der Theorie, der experimentellen Prüfung der Hypothesen usw. haben die Wechselwirkungen zwischen den verschiedenen Elementen der Wissenschaft eine jeweils andere Struktur.)

5. Die Mehrzahl der bestehenden Konzeptionen der wissenschaftlichen Methode und des Schöpfertums entstand auf Grund einer Auffassung von der Wissenschaft, die diese als ein System betrachtet, das aus zwei Elementen, dem „Subjekt" und dem „Objekt", besteht. Die Wechselwirkung zwischen Subjekt und Objekt wurde gewöhnlich in Form eines allgemeinen Schemas dargestellt. Ein solches Schema wurde benutzt, um das gesamte zur Wissenschaft gehörende Material zu systematisieren und um Hypothesen über die Wissenschaft aufzustellen. Die Methodenproblematik wurde mit Hilfe dieses Schemas in der Regel auf intuitiver Ebene analysiert. Infolgedessen wurde in die erarbeiteten Wissenschaftskonzeptionen Material eingebracht, das diesem Schema nicht entsprach. Beispielsweise schließt das „Subjekt-Objekt-Schema" die Fixierung des Experiments, des experimentellen Fakts und von Protokollsätzen aus, wodurch jedoch die Aufnahme der entsprechenden Termini in viele Konzeptionen der Wissenschaft keineswegs verhindert wurde. Die Art und Weise, wie diese Termini eingeführt wurden, hatte unvermeidlich Unbestimmtheiten in der Terminologie und Inkonsequenz bei der Anwendung des „Subjekt-Objekt-Schemas" zur Folge. In diesem Schema ist der ganze Mechanismus des Erkenntnisprozesses in das Subjekt verlegt. Der Inhalt der Erkenntnistätigkeit wird entweder auf die Beobachtung oder auf die Konstruktion des Untersuchungsobjekts in „idealer Form" oder auf die Kombination beider Arten der Tätigkeit des Wissenschaftlers reduziert. Der prinzipielle Mangel dieses Schemas besteht darin, daß es nicht die Möglichkeit bietet, den Mechanismus der Beobachtung und des Schöpfertums zu analysieren. Die meisten Schlußfolgerungen, die sich aus der Benutzung dieses Schemas ergeben, stellen lediglich die Tatsache fest, daß es Beobachtung und schöpferische Tätigkeit gibt und daß der Mensch auf irgendeine Weise das „Objekt" und dessen Elemente fixieren muß. Erfolgt diese Fixierung durch Beobachtung, so läuft die Erkenntnis darauf hinaus, daß der Mensch „seinen Blick auf die ihn umgebenden Objekte der Natur richtet". Die elementare Praxis des Menschen und die Ergebnisse der Psychologie zeigen jedoch, daß

die Wechselwirkung unserer Sinnesorgane mit den Gegenständen der Natur eine zwar notwendige, aber keineswegs hinreichende Bedingung des Erkenntnisprozesses ist. Der kontemplative Materialismus, stellt Marx in seinen „Thesen über Feuerbach" fest, kann den wirklichen Prozeß der Erkenntnis nicht erklären [3, S. 5].

Das „Subjekt-Objekt-Schema" eignet sich für die Untersuchungen einer begrenzten Reihe von Problemen des wissenschaftlichen Schöpfertums, die vor allem die Sprache der Wissenschaft betreffen. Die Wissenschaftssprache wird vom Menschen konstruiert und wird dadurch — unabhängig von den Funktionen, die sie im Erkenntnisprozeß ausübt — kontrollierbar. Der Aufbau der Sprache verkörpert sich in konkreten Zeichenkonfigurationen und ist durch jene Funktionen bedingt, die sie in der menschlichen Tätigkeit ausübt. Der konstruktive Charakter der Sprache und die Möglichkeit, in ihr gewisse Elemente der menschlichen Tätigkeit sowie ihre Resultate zu fixieren, schaffen die Voraussetzungen dafür, die Sprache mit Hilfe des „Subjekt-Objekt-Schemas" zu erforschen.

Dieses Schema gestattet es auch, bei psychologischen Untersuchungen bestimmte Ergebnisse zu erzielen. Man betrachtet den Menschen mit seiner Psyche als das Subjekt und ein speziell für die Zwecke der psychologischen Untersuchung geschaffenes „Objekt". Der zu untersuchende Mensch (der Gegenstand der psychologischen Untersuchung) muß mit dem „Objekt" bestimmte Manipulationen vornehmen. Die Konstruktion des Objekts bestimmt die Grenzen, innerhalb deren sich die Tätigkeit des Menschen vollziehen kann, und gewährleistet, daß diese Tätigkeit fixiert werden kann. Der Psychologe fixiert die Tätigkeit des Menschen im Experiment, vergleicht die gewonnenen Ergebnisse mit der aufgestellten Hypothese und bestätigt oder verwirft diese Hypothese.

Eine völlig andere Situation ergibt sich, wenn das „Subjekt-Objekt-Schema" zur Erforschung des Schöpfertums als eines Elements der Wissenschaft angewendet werden soll. Legt man dieses Schema an den realen Erkenntnisprozeß an, so führt das zu der Vorstellung, daß das Schöpfertum wie auch das Denken sich völlig unabhängig von allen Faktoren vollziehen, die außerhalb des Menschen liegen. Im Erkenntnisprozeß schafft der Mensch ja Konstruktionen, die nicht Naturgegenstände kopieren. Aus dem „Subjekt-Objekt-Schema" folgt aber, daß es nicht das „Objekt" als Naturgegenstand sein kann, welches im menschlichen Denken Konstruktionen entstehen läßt, die dem untersuchten Naturgegenstand nicht adäquat sind. Daraus wird die Schlußfolgerung gezogen, daß jedes neue Objekt, das keine Naturgegenstände kopiert, ein Ergebnis der Tätigkeit unseres Denkens ist.

II. Erkenntnistheoretisches Modell der Wissenschaft

1. Unter einem erkenntnistheoretischen Modell der Wissenschaft wollen wir ein Modell verstehen, das für die Untersuchung des Mechanismus der Wissensproduktion bestimmt ist. Folglich werden wir in diesem Modell solche Elemente der Wissenschaft reproduzieren und solche Wechselwirkungen zwischen ihnen herstellen, die es uns ermöglichen, das Zustandekommen wissenschaftlicher Kenntnisse zu erklären.
2. Im System der Wissenschaft lassen sich gewöhnlich drei Elemente fixieren: 1. der Mensch, der die Erkenntnistätigkeit ausübt (also der Wissenschaftler, der Forscher); 2. die Erkenntnismittel und 3. die Erkenntnisgegenstände.
Erkenntnismittel sind: a) veränderte Gegenstände der Natur; b) das System der Veränderungen der Naturgegenstände, aus dem die erzeugten Erkenntnismittel hervorgegangen sind; c) die konkreten Einwirkungen dieser Erkenntnismittel auf den Erkenntnisgegenstand, die von der besonderen Konstruktion dieser Mittel abhängig sind.
Der Terminus „Erkenntnisgegenstand" bezeichnet jene Elemente des Erkenntnisobjekts (eines natürlichen Körpers oder Prozesses), die in dem jeweiligen konkreten Erkenntnisakt verändert werden.
In dem hier vorgeschlagenen Modell wird das Wissen (Kenntnisse) nicht als ein selbständiges Element der Wissenschaft angesehen. Diese Betrachtungsweise ist nicht zufällig. Die Kenntnisse des Menschen können als dynamische, funktionale Strukturen des Gehirns aufgefaßt werden, die sich im Erkenntnisprozeß herausbilden und in diesem Prozeß wirken. Benutzt man den Begriff „Wissen" in dieser Bedeutung, so ist klar, daß das Wissen in jene Komponente der Wissenschaft eingeht, die wir mit dem Terminus „Wissenschaftler" bezeichnet haben. Was die gegenständlichen Mittel der Information betrifft (die mündliche und schriftliche Sprache, Schemata, Zeichnungen u. dgl.), so bilden sie ein System von Objekten, das sich zum System des Wissens in bestimmten Zuordnungsrelationen befindet. Unter Berücksichtigung dieses Umstandes sind wir berechtigt, die gegenständlichen Mittel der Informtion bei der Lösung einer großen Klasse von Erkenntnisaufgaben nicht als ein besonderes Element der Wissenschaft zu betrachten.
3. Die Elemente der Wissenschaft treten im wissenschaftlichen Schaffensprozeß miteinander in Wechselwirkung und bilden ein System, das schematisch wie folgt dargestellt werden kann: „Wissenschaftler—Erkenntnismittel—Erkenntnisgegenstand". Dies ist ein sehr vereinfachtes Schema; es gestattet jedoch, wie wir weiter sehen werden, eine weitaus produktivere Analyse der Methoden und deren Bedeutung

für das wissenschaftliche Schöpfertum als das „Subjekt-Objekt-Schema".

4. Das System „Wissenschaftler—Erkenntnismittel—Erkenntnisgegenstand" verändert sich im Prozeß seines Funktionierens. Eine bestimmte Gesamtheit seiner Veränderungen kann als elementarer Erkenntnisakt angesehen werden. Ausgangszustand jedes elementaren Aktes muß ein Zustand sein, in dem der Erkenntnisgegenstand keinerlei Veränderungen erfährt. Im Prozeß seines Funktionierens durchläuft das System eine Reihe von Zuständen, in denen der Mensch, der mit dem Erkenntnismittel auf das Objekt der Erkenntnis einwirkt, Veränderungen des Erkenntnisgegenstandes bewirkt. Das Ende der Veränderung des Erkenntnisgegenstandes macht den Endzustand des Systems im Rahmen des betreffenden elementaren Erkenntnisaktes aus. Dieser ist durch die einfachste Veränderung des Erkenntnisgegenstandes definiert. Besteht beispielsweise die Erkenntnisaufgabe darin, die Geschwindigkeit des freien Falls eines Körpers zu bestimmen, so ist die elementare Veränderung eben die Geschwindigkeit des fallenden Körpers. Die Elementarität bedeutet also nicht eine endgültige Charakteristik des untersuchten Objektes. Sie ergibt sich vielmehr durch die Hervorhebung eines Elements des untersuchten Objekts, das zum Erkenntnisgegenstand gemacht wird. Erkenntnisgegenstände können z. B. die Maßeinheit des Gewichts im Prozeß des Wiegens, die Atome beim Studium der Struktur komplizierter Moleküle und Kristalle, der Luftdruck bei der Bestimmung des atmosphärischen Druckes usw. sein.

Die elementaren Erkenntnisakte betrachten wir als solche Teilsysteme in der hierarchischen Organisation der Wissenschaft, in denen die Methode und deren Rolle im wissenschaftlichen Schöpfertum fixiert werden können.

5. Im System „Wissenschaftler—Erkenntnismittel—Erkenntnisgegenstand" werden wir das Teilsystem „Erkenntnismittel—Erkenntnisgegenstand" unterscheiden und es „Experiment" nennen. Diese Definition ist konventional, aber notwendig. Der Terminus „Experiment" wird häufig in der Bedeutung von „empirische Erkenntnis" oder in einer dem erkenntnistheoretischen Terminus „Erfahrung" verwandten Bedeutung oder auch in der Bedeutung von „Messung" gebraucht. Es ist klar, daß diese Unbestimmtheit beseitigt werden muß, wenn die Wissenschaft zum Objekt der Erkenntnis werden soll.

Die Anwendung des Terminus „Experiment" auf das Teilsystem „Erkenntnismittel — Erkenntnisgegenstand" stützt sich auf folgende Überlegungen.

a) Von experimenteller Wissenschaft kann nur dann gesprochen werden, wenn es gelingt, ein Teilsystem „Erkenntnismittel—Erkenntnisgegenstand" zu schaffen, in dem die Wechselwirkungen der Elemente dieses Systems nicht vom Denken des Forschers abhängen. Das wird dadurch erreicht: 1. daß ein solches künstliches System geschaffen wird, dem gegenüber der Wissenschaftler lediglich die Funktion erfüllt, die Wechselwirkungen des Systems „ein-" oder „auszuschalten"; daß die Wechselwirkungen zwischen Erkenntnismittel und Erkenntnisgegenständen allein von der Konstruktion der Erkenntnismittel, der Struktur der Erkenntnismittel und der Erkenntnisgegenstände als natürliche Körper und von der natürlichen Umwelt, in der das Experiment abläuft, abhängen.

b) Im Experiment verändert sich der Erkenntnisgegenstand, und diese Veränderungen sind das Resultat allein der Wechselwirkungen der Elemente des betrachteten Teilsystems. Der Mensch hingegen führt außer den Funktionen des „Einschaltens" und „Ausschaltens" noch die Fixierung der Veränderungen des Erkenntnisgegenstandes aus.

c) An die Wechselwirkung zwischen Erkenntnismittel und Erkenntnisgegenständen werden bestimmte Forderungen gestellt: die explizite Beschreibung des Experiments, seine Wiederholbarkeit und die Nachprüfbarkeit seiner Resultate.

6. Das hier unterbreitete erkenntnistheoretische Modell der Wissenschaft ist sehr schematisch. Es zeichnet sich jedoch durch einige für uns wichtige Eigenschaften aus.

a) In jenem Teil der Wissenschaft, der durch dieses Modell beschrieben wird, sind alle an der Produktion des Wissens beteiligten Elemente enthalten, die sich im Prozeß der Beobachtung fixieren lassen. Diese Elemente (der Wissenschaftler, die Erkenntnismittel, der Erkenntnisgegenstand) sind selbst komplexer Natur. Ihre Komplexität liegt jedoch auf einer anderen Ebene als die des Systems „Wissenschaftler—Erkenntnismittel—Erkenntnisgegenstand". Bezeichnet man in der Hierarchie des Aufbaus der Wissenschaft die allgemeinste Ebene als die erste (1), so liegt die Tätigkeit des Wissenschaftlers auf der zweiten Ebene (2), sie schließt Erkenntnisoperationen, das Zusammenwirken des Wissenschaftlers mit seinen Kollegen in der gesellschaftlichen Organisation der Wissenschaft, psychologische Operationen usw. ein.

b) Das Modell ermöglicht es, alle an der Produktion des Wissens beteiligten Elemente zu berücksichtigen. Das wird dadurch gewährleistet, 1. daß auf allen Ebenen des Aufbaus der Wissenschaft (1, 2, 3, ...) nur jene Systeme von Zusammenhängen hervorgehoben werden, die zum Erkenntnisprozeß gehören, während alle übrigen (soziologische, psychologische, ästhetische usw.) außer Betracht bleiben; 2. daß der dergestalt herausgelöste Erkenntnisprozeß dazu benutzt wird, auf allen Ebenen des Aufbaus der Wissenschaft die zu ihm gehörenden Elemente auszuwählen; 3. daß Wechselwirkungen zwischen den Elementen der Wissenschaft konstruiert werden, die es ermöglichen, konkrete Schemata der Produktion von Wissen aufzustellen.

c) Alle Kenntnisse über die Wissenschaft werden so in das erkenntnistheoretische Denkmodell der Wissenschaft einbezogen, daß die Modellierung des Systems der Elemente und der Zusammenhänge zwischen ihnen für jede Ebene des Aufbaus der Wissenschaft darauf hinausläuft, das Modell der ersten Ebene komplexer zu gestalten. Infolgedessen gelingt es, letzten Endes alle Elemente der Wissenschaft in einer solchen Form vorzugeben, daß man es mit konkreten Objekten zu tun hat. So werden die Voraussetzungen für eine Korrektur geschaffen.

d) Die Korrektur kann dadurch erfolgen, daß entweder das Modell selbst oder die mit seiner Hilfe erzielten Resultate mit dem Erkenntnisobjekt der Wissenschaft verglichen werden. Dieser Vergleich macht das Modell zu einem spezifischen Mittel der Forschung [2, S. 19ff.].

III. Methoden als konkrete, durch den Aufbau der Wissenschaft bestimmte Schemata von Operationsfolgen

1. Der Erkenntnisprozeß in der Wissenschaft stellt hinsichtlich seiner Struktur eine Hierarchie von Systemen dar. Es hängt dies damit zusammen, daß die Elemente des Erkenntnisprozesses auf den verschiedenen Ebenen der Wissenschaft in konkrete Wechselwirkungen mit anderen Komponenten der Wissenschaft treten.
2. Jedes relativ selbständige Element des Erkenntnisprozesses hat eine bestimmte Funktion: Die Theorie ermöglicht die Formulierung von Erkenntnisaufgaben; Denkmodelle sind zur Konstruktion des elementaren Erkenntnisaktes, der Erkenntnismittel und anderer Elemente der Wissenschaft notwendig; die Erkenntnismittel ermöglichen die Veränderung des Erkenntnisgegenstandes usw.
3. Der Aufbau aller Komponenten der Wissenschaft gestaltet und entwickelt sich offenkundig in Übereinstimmung mit solchen Funktionen.

So schließt die Erkenntnistätigkeit des Naturwissenschaftlers die Denktätigkeit und die Wechselwirkungen mit den Erkenntnismitteln und -gegenständen ein, die zur Veränderung des Erkenntnisgegenstandes führen. Im Denken des Naturwissenschaftlers werden die Ergebnisse des Experiments fixiert, Theorien geschaffen, Hypothesen auf der Grundlage von Theorien aufgestellt, Erkenntnisaufgaben gestellt, Erkenntnisakte, Erkenntnismittel und andere Elemente des Schöpfertums konstruiert.

4. Der Aufbau der Wissenschaft und die Funktion jedes ihrer Elemente bestimmen den hierarchischen Charakter der Wechselwirkungen zwischen den Elementen der Wissenschaft sowie die Reproduktion bestimmter Klassen solcher Wechselwirkungen in jedem neuen elementaren Erkenntnisakt. So muß der Wissenschaftler, um neue Eigenschaften der Gegenstände der Natur zu erkennen, jedesmal eine Erkenntnisaufgabe stellen, dementsprechende Modelle neuer experimenteller Akte konstruieren, das Experiment durchführen, die Veränderungen des Erkenntnisgegenstandes festhalten usw.

5. Das System „Wissenschaftler—Erkenntnismittel—Erkenntnisgegenstand" schließt nicht nur natürliche Wechselwirkungen seiner Elemente ein, sondern auch solche, die vom Menschen konstruiert und reguliert, also in Gang gesetzt und außer Kraft gesetzt werden. Daher sind konkrete Operationen des Forschers eine notwendige Voraussetzung dafür, daß alle Elemente der Wissenschaft ihre Funktionen erfüllen und in Wechselwirkung treten können. Die Wissenschaft erfordert deshalb auf allen Ebenen ihres Aufbaus, daß durch den Forscher bestimmte Operationsfolgen ausgeführt werden.

6. Die Operationen des Experimentators bei der Ausarbeitung des gedanklichen Modells des elementaren Erkenntnisaktes werden in einer bestimmten Reihenfolge ausgeführt. Diese Reihenfolge ändert sich in Abhängigkeit von den zu lösenden Erkenntnisaufgaben.

7. Erkenntnisaufgaben können bekanntlich nicht willkürlich formuliert werden; sie sind durch den Zustand der Wissenschaft bedingt. Ohne die Prozedur des Stellens einer Erkenntnisaufgabe im einzelnen beschreiben zu wollen, erachten wir es für notwendig, folgendes zu vermerken. Erkenntnisaufgaben gliedern sich in bestimmte Klassen: solche, die auf die Schaffung einer Theorie hinzielen, solche, in denen gefordert wird, aus einer Theorie Hypothesen abzuleiten u. a. In unserem Falle interessiert die Klasse der Erkenntnisaufgaben, die sich auf den Erkenntnisgegenstand beziehen. Eine solche Aufgabe läuft letzten Endes darauf hinaus, eine Hypothese aufzustellen, in der die vermutliche Veränderung des Erkenntnisgegenstandes beschrieben wird (Kontrollexperiment), oder aber die Veränderung eines Elements des Untersuchungsobjekts festzustellen (Suchexperiment). So gehört z. B. die Aufgabe, den atmosphärischen Druck zu messen, zum zweiten Typ von Experimenten.

8. Entsprechend der Erkenntnisaufgabe muß der Experimentator konkrete Veränderungen des Erkenntnisgegenstandes provozieren, die es

zu studieren gilt. Solche Veränderungen können im Hinblick auf beliebige Elemente des Untersuchungsobjekts, ihre Wechselwirkungen, ihre Struktur oder ihre quantitative Charakteristika geplant und — soweit möglich — auch durchgeführt werden.
Die Veränderungen des Erkenntnisgegenstandes werden dadurch unterscheidbar gemacht, daß man ihn so konstruiert (oder solche Bedingungen schafft), daß alle seine Veränderungen in willkürliche, nicht durch die jeweilige experimentelle Vorrichtung bedingte, und in abhängige, d. h. durch die Konstruktion des Erkenntnisgegenstandes oder die Bedingungen seiner Veränderung bestimmte, differenziert werden können. So waren zum Beispiel bei der Erforschung der Veränderung des atmosphärischen Drucks durch Pascal und Périer alle Bedingungen der Durchführung des Experiments vorgegeben.
9. Die Differenzierung der Veränderungen des Erkenntnisgegenstandes in willkürliche, nicht durch die Struktur des Erkenntnisgegenstandes bestimmte, und in abhängige, d. h. durch das Experiment vorgegebene, erfolgt hauptsächlich mit Hilfe der Erkenntnismittel.
10. Der Forscher muß die Erkenntnismittel so konstruieren, daß sie die Veränderungen des Erkenntnisgegenstandes zu differenzieren gestatten. Im Falle der Messung des atmosphärischen Druckes benutzten Pascal und Périer zwei gleiche Barometer, in denen sich das Quecksilber in den Röhren auf gleicher Höhe befand, als sie am Fuße des Berges Puy de Domê aufgestellt wurden. Das bedeutete, daß der Durchmesser der Röhren, ihre Höhe, das Gewicht des Quecksilbers und andere Konstruktionselemente der Erkenntnismittel gleich, d. h. vorgegeben waren. Als unabhängige bzw. nicht vorgegebene Veränderung blieb nur der atmosphärische Druck. Offensichtlich bedient man sich bei allen abhängigen und vorgegebenen Veränderungen des Erkenntnisgegenstandes bereits erforschter Elemente desselben, der Wechselwirkung zwischen ihnen oder seiner schon bekannten Struktur. Dieses Wissen sichert, daß die Abhängigkeit zwischen den bekannten (vorgegebenen) und den unbekannten (zu erforschenden) Veränderungen des Erkenntnisgegenstandes kontrolliert und festgestellt werden kann. So konnte man, da man wußte, daß die durch die Konstruktion der Barometer vorgegebenen Bedingungen für die Messung des atmosphärischen Drucks gleich waren, die Veränderungen dieses Drucks fixieren. Dazu war es nötig, im Verlauf des gesamten Experiments die Anzeigen des Barometers, das am Fuße des Berges zurückgeblieben war, und desjenigen, das auf den Berg Puy de Domê gebracht worden war, zu verfolgen.
11. Die von uns beschriebene Prozedur der Durchführung eines elementaren Erkenntnisaktes wird vom Wissenschaftler geplant und realisiert.

Der Wissenschaftler führt konkrete Operationen aus. Wir haben diese Operationen in Termini der Erkenntnistheorie beschrieben: Konstruktion der Erkenntnismittel und -gegenstände, Differenzierung der Veränderungen des Erkenntnisgegenstandes in vorgegebene und willkürliche usw. Offensichtlich bildet dies zugleich auch eine erkenntnistheoretische Beschreibung der schöpferischen Tätigkeit des Wissenschaftlers. Sie ist nicht nur für die Kenntnis des Aufbaus der Erkenntnistätigkeit des Wissenschaftlers, sondern auch für die Beschreibung der Prozeduren der Forschung von Bedeutung.

12. Die von uns betrachtete Folge von Operationen, die der Wissenschaftler ausführt, ist für jede experimentelle Forschung charakteristisch. Sie erfaßt nicht alle Operationen des Wissenschaftlers, sondern betrifft nur die experimentellen Prozeduren. Auf ihrer Grundlage kann eine Folge von Operationen definiert werden, die den Anforderungen experimenteller Forschungen entspricht.

Der Aufbau der Wissenschaft als Erkenntnisprozeß schließt Willkür in der Tätigkeit des Wissenschaftlers aus. Strebt der Wissenschaftler ein optimales Ergebnis an, dann muß die Wechselwirkung zwischen Erkenntnismittel und -gegenständen die Form eines wissenschaftlichen Experiments haben. Der Forscher führt seine Tätigkeit dabei in Form einer bestimmten Folge von Operationen aus.

Es ist unmöglich, im Rahmen dieses Beitrages die gesamte Folge von Operationen in der experimentellen Forschung zu beschreiben. Wir werden uns deshalb darauf beschränken, Komplexe von Operationen anzugeben. Der Forscher muß im allgemeinen:

a) die Erkenntnisaufgabe hinsichtlich der zu untersuchenden Veränderungen des Erkenntnisgegenstandes formulieren;

b) theoretisch und in Form gedanklicher Modelle die zu untersuchenden Veränderungen des Erkenntnisgegenstandes von den schon bekannten Veränderungen des Erkenntnisobjekts trennen;

c) den Erkenntnisgegenstand so konstruieren, daß er sich zum Experiment eignet und daß sich alle seine Veränderungen in 1. willkürliche, nicht durch die jeweilige experimentelle Vorrichtung bestimmte, und in 2. abhängige, d. h. durch die Konstruktion der Erkenntnisgegenstände vorgegebene, differenzieren lassen. Wenn die erwähnte Differenzierung der Veränderungen des Erkenntnisgegenstandes allein durch besondere Bedingungen bei der Durchführung des Experiments gesichert werden kann, so müssen diese Bedingungen geplant werden. Sie werden dann zu einem Element der Konstruktion der Erkenntnismittel;

d) die Erkenntnismittel so konstruieren, daß gesichert ist: 1. die Erkennung und Fixierung der zu untersuchenden Veränderungen des Erkenntnisgegenstandes, 2. die Erkennung und Fixierung der vorgegebenen Veränderungen des Erkenntnisgegenstandes, 3. die Feststellung des Zusammenhangs zwischen den vorgegebenen und den zu erforschenden Veränderungen des Erkenntnisgegenstandes, 4. die Kontrolle und Messung der vorgegebenen und der zu erforschenden Veränderungen des Erkenntnisgegenstandes;

e) die Erkenntnismittel so konstruieren, daß eine Veränderung der experimentellen Bedingungen möglich ist. Um feststellen zu können, wie die vorgegebenen Veränderungen des Erkenntnisgegenstandes auf die zu untersuchenden Veränderungen einwirken (und umgekehrt), müssen die Erkenntnismittel so konstruiert sein, daß sie es dem Forscher ermöglichen, das System „Erkenntnismittel—Erkenntnisgegenstand" in verschiedene und kontrollierbare Zustände zu versetzen;

f) das Erkenntnisobjekt für das Experiment vorbereiten;

g) die konstruierten Erkenntnismittel herstellen;

h) den elementaren Erkenntnisakt vorbereiten und ihn durchführen;

i) die Veränderungen des Erkenntnisgegenstandes fixieren.

Die von uns genannte Ordnung der Operationskomplexe des Experimentators kann nur in zwei bis drei Positionen verändert werden (z. B. in „f" und „g"), muß aber in allen übrigen Positionen ziemlich streng beachtet werden.

13. Jede neue Veränderung des Erkenntnisgegenstandes, die vom Wissenschaftler fixiert wird, ist ein experimenteller Fakt. Alle experimentellen Fakten werden im System einer natürlichen oder künstlichen Sprache beschrieben. Bildet die Gesamtheit der experimentellen Fakten ein System, ergibt sich eine diesem System entsprechende Gesamtheit kohärenter Sätze, die den Aufbau des zu untersuchenden Objekts beschreiben. Die Isomorphie zwischen den Systemeigenschaften des Objekts und denen des Wissens über das Objekt bildet eine notwendige Voraussetzung für das Entstehen von Theorien und die Aufstellung von Hypothesen.

14. In der Naturwissenschaft gibt es mehrere Klassen von Theorien mit unterschiedlichem Aufbau. Bei der Schaffung einer Theorie führt der Wissenschaftler eine konkrete Folge von Operationen aus, die in Definitionsregeln, Schlußregeln usw. festgelegt sind. Die Operationenfolge, die der Wissenschaftler bei der Aufstellung einer Theorie ausführt, unterscheidet sich prinzipiell von der Operationenfolge, die für die Konstruktion eines Experiments charakteristisch ist; sie ist durch den Aufbau der Theorie und die Funktionen, die diese ausübt, bedingt.

15. Im wissenschaftlichen Schaffensprozeß werden bestimmte Folgen von Wechselwirkungen zwischen den Elementen des Erkenntnisprozesses

reproduziert, die für verschiedene Ebenen desselben und für die Lösung verschiedener Erkenntnisaufgaben charakteristisch sind. Ein Erkenntniszyklus enthält eine Gesamtheit von Folgen von Wechselwirkungen zwischen den Elementen des Erkenntnisprozesses.

16. Jede Folge von Wechselwirkungen steht in bestimmten Relationen zu den anderen Folgen dieser Gesamtheit. So kann ohne experimentelle Fakten keine Theorie geschaffen werden, ist es in einer entwickelten Wissenschaft unmöglich, ohne eine vorhandene Theorie die Erkenntnisaufgabe zu formulieren, müssen im elementaren Erkenntnisakt gleichzeitig mit dem Beginn der Wechselwirkungen zwischen Erkenntnismitteln und -gegenständen auch ihre Kontrolle sowie die Fixierung der experimentellen Fakten erfolgen usw. Folglich realisieren sich die Folgen von Wechselwirkungen zwischen den Elementen des Erkenntnisprozesses nach bestimmten Schemata.

17. Die Operationen des Forschers können ebenfalls in Form eines Schemas dargestellt werden, in dem die Folge seiner Handlungen, die er an den Elementen des Erkenntnisprozesses ausführt, sowie jene Wechselwirkungen zwischen diesen Elementen, die von ihm konstruiert werden, enthalten sind.

18. In jedem konkreten Zyklus des Erkenntnisprozesses sind alle Wechselwirkungen zwischen seinen Elementen und die Operationen des Wissenschaftlers konkret: die Wechselwirkungen der Kugel mit der schiefen Ebene, der Luft mit dem Barometer, des Thermometers mit verschiedenen Gegenständen, des konkreten Teilchens mit der Wilsonschen Nebelkammer usw. Solche Wechselwirkungen sind gewöhnlich individuell und wiederholen sich relativ selten. Erkenntnistheoretisch gesehen wiederholen sich jedoch in jedem neuen Zyklus des Erkenntnisprozesses bestimmte Operationsschemata des Forschers. Solche Schemata können richtig oder falsch sein, d. h., sie können dem Aufbau der Wissenschaft und der gestellten Erkenntnisaufgabe entsprechen oder nicht.

19. Eine Methode ist ein durch den Wissenschaftler ausgearbeitetes richtiges Schema bestimmter Folgen von Operationen in jeder Gesamtheit. Solche Schemata sind für alle Ebenen des Aufbaus der Wissenschaft und die Operationen, die der Forscher in ihnen ausübt, charakteristisch.

20. Der Wissenschaftler bedient sich einer Gesamtheit von Methoden. Unter ihnen sind solche, die sich in jedem neuen Zyklus des Erkenntnisprozesses wiederholen. Sie gehören zum allgemeinen Aufbau des elementaren Erkenntnisaktes, zur Sprache entstehender Theorien und Hypothesen. Diese Methoden sind offenbar so stabil, daß sie sich in jedem neuen Erkenntniszyklus wiederholen.

21. Die Methoden hingegen, deren sich die Wissenschaftler bei der Stellung der Erkenntnisaufgabe und bei der Planung der Operationen zur Veränderung des Erkenntnisgegenstandes bedienen, sind beweglicher. Offensichtlich erfordert jedes prinzipiell neue Problem, das den Erkenntnisgegenstand betrifft, die Ausarbeitung neuer Forschungsmethoden.

IV. Zwei Verfahren zur Bildung von Methoden der Wissenschaft und ihre Rolle im Schöpfertum des Wissenschaftlers

1. Den beiden Verfahren der Methodenbildung liegt die Unterscheidung von zwei Arten der konstruktiven Tätigkeit des Wissenschaftlers zugrunde, die beide miteinander zusammenhängen.
2. Die eine Art der konstruktiven Tätigkeit ist auf die Lösung einer konkreten Erkenntnisaufgabe gerichtet, z. B. auf die Beschreibung der Bewegung eines frei fallenden Körpers. Gegenstand der Erkenntnis ist hier der freie Fall des Körpers. Die Wissenschaft fordert eine solche Lösung der Erkenntnisaufgabe, die die Eindeutigkeit und Fixierbarkeit der Resultate des elementaren Erkenntnisaktes gewährleistet. Der Forscher muß Verfahren ausarbeiten, die es ihm gestatten, die vorgegebenen und die nicht vorgegebenen Veränderungen des Erkenntnisgegenstandes (z. B. die Fallzeit und den vom Körper zurückgelegten Weg) zu fixieren. Nur dann kann er damit rechnen, die Erkenntnisaufgabe zu lösen.
3. Die Forderungen, denen Forschungsergebnisse genügen müssen, zwingen den Wissenschaftler, auch jene Methoden explizite anzugeben, mit denen er eine Veränderung des Erkenntnisgegenstandes bewirkt. Jede neue Entdeckung in der Wissenschaft geht gewöhnlich mit der Ausarbeitung neuer Methoden zur Veränderung des Erkenntnisgegenstandes einher. Hier liegt offensichtlich auch der rationelle Kern jener Auffassung, die in der Methode den Motor des wissenschaftlichen Fortschritts sieht. Allerdings beschränken sich die Methoden der Wissenschaft nicht auf Methoden zur Veränderung des Erkenntnisgegenstandes. Die Tätigkeit des Wissenschaftlers geht, wie wir gesehen haben, über die Wechselwirkung mit dem Erkenntnisgegenstand hinaus.
4. Die andere Art der konstruktiven Tätigkeit des Wissenschaftlers ist zwar auch mit der Lösung der Erkenntnisaufgabe verbunden, Inhalt und Ergebnisse dieser Tätigkeitsart sind jedoch nicht die Wechselwirkungen mit dem Erkenntnisgegenstand oder deren Folgen. Zu ihr gehören die Konstruktion des elementaren Erkenntnisaktes, die Ausarbeitung experimenteller Methoden, die Schaffung neuer Methoden zur Aufstellung von Theorien und anderen logischen Systemen usw.

Die konstruktive Tätigkeit des Wissenschaftlers bildet in der Naturwissenschaft keinen Erkenntnisgegenstand. Der Aufbau des elementaren Erkenntnisaktes, die experimentellen Methoden, die Theorien und die Methoden der Theorienbildung gehören ebenfalls nicht zum Gegenstand der naturwissenschaftlichen Erkenntnis. Der Naturwissenschaftler hat deshalb — ausgehend von seinen Vorstellungen über die Erfordernisse seiner Wissenschaft — nicht das Bedürfnis, den Mechanismus der Gewinnung wissenschaftlicher Kenntnisse zu beschreiben. Zweifellos hat er seine Vorstellungen über diesen Mechanismus. Sie bilden sich sowohl bei der Aneignung wissenschaftlicher Errungenschaften, die von der Menschheit bereits früher gemacht wurden, heraus als auch im Gefolge seiner eigenen Teilnahme an der Entwicklung der Wissenschaft. Dies sind jedoch intuitive Vorstellungen; sie genügen nicht jenem Standard von Anforderungen, der sich empirisch bei jedem Wissenschaftler herausbildet und den er an alle wissenschaftlichen Kenntnisse anlegt. Die Vorstellungen über den Mechanismus der Gewinnung wissenschaftlicher Kenntnisse existieren in intuitiver Form. Der Grund hierfür dürfte darin zu sehen sein, daß sie sich auf ein Objekt beziehen, das nicht zum Erkenntnisgegenstand der betreffenden Naturwissenschaft gehört.

5. Das intuitive Wissen über die Methode verfügt wie jedes andere intuitive Wissen über eine sehr wichtige Eigenschaft. Da es nicht in expliziter Form existiert, kann es vom Forscher nicht entsprechend den Prinzipien des Operierens mit wissenschaftlichen Kenntnissen angewendet werden. Wenn wir zum Beispiel lehren, nach welchen Regeln die Reihe der natürlichen Zahlen gebildet wird, wie man mathematische Formeln anwendet, Gleichungen löst, mit der Wilsonschen Nebelkammer arbeitet usw., dann können wir mit Recht immer ein und dasselbe Ergebnis erwarten, unabhängig davon, welcher Mensch diese Kenntnisse benutzt. Das intuitive Wissen dagegen garantiert nicht eine solche Eindeutigkeit des Verlaufs und des Ergebnisses der Operationen des Forschers.

Im intuitiven Wissen sind die Bedeutungen der Termini und der Operationen mit ihnen nicht explizit vorgegeben; der Forscher kontrolliert sie deshalb auch nicht. Um zu intuitivem Wissen zu gelangen, muß der Forscher empirisch bestimmte Prozesse durchführen: er muß experimentieren, konkrete wissenschaftliche Theorien studieren und lernen, mit diesen bei der Lösung konkreter theoretischer Aufgaben zu operieren usw. Nur so erwirbt der Forscher bestimmte Fertigkeiten im Gebrauch experimenteller Methoden, von Methoden der Theorienbildung usw. Diese Form der Schaffung und Anwendung von Methoden in der Wissenschaft wollen wir die empirische nennen und die Methoden selbst als empirische Methoden bezeichnen.

6. In der Methodologie, d. h. der Wissenschaft, deren Erkenntnisobjekt die Methoden konkreter Wissenschaften sind, werden die empirischen Methoden zum Erkenntnisgegenstand.
7. Für den Methodologen ist die Methode ein spezifisches Objekt. Er entnimmt der Erkenntnistheorie den Aufbau der Wissenschaft auf den verschiedenen Ebenen ihrer Organisation oder stellt, wenn dies nicht möglich ist, diesen Aufbau selbst fest. Beim Studium des Aufbaus der Wissenschaft wird eine spezielle theoretische Terminologie entwickelt mit Termini wie: „Erkenntnismittel“, „Erkenntnisgegenstand“, „Experiment“, „Axiom“, „Terminus“, „Theorie“ u. a. Gestützt auf seine Kenntnisse über die Struktur des wissenschaftlichen Erkenntnisprozesses und die entsprechende theoretische Terminologie, untersucht der Methodologe das Funktionieren der konkreten Wissenschaften und fixiert die für Methoden charakteristischen Operationsschemata des Wissenschaftlers. Die Art und Weise, wie er eine Methode feststellt und beschreibt, enthält folgende Operationsfolgen: Der Methodologe
a) entnimmt den Aufbau der Wissenschaft auf ihrer ersten Ebene entweder aus der Erkenntnistheorie oder untersucht ihn selbst;
b) fixiert die Funktionen der Elemente dieser Ebene der Wissenschaft;
c) stellt die Systeme von Wechselwirkungen fest, die für die Elemente dieser Ebene charakteristisch sind;
d) untersucht den Aufbau der Elemente der ersten Ebene und geht zu den Ebenen zweiter, dritter usw. Ordnung über;
e) erforscht die Folge von Wechselwirkungen in jeder Gesamtheit, ganz gleich ob diese Gesamtheit zum elementaren Erkenntnisakt oder zu Elementen anderer Ebenen der Wissenschaft gehört;
f) untersucht und fixiert etwa als Folge von Wechselwirkungen auftretende unterschiedliche Strukturen, falls diese durch konkrete Situationen in der Wissenschaft bestimmt werden (z. B. die Situation im Suchexperiment, im Bestätigungsexperiment, bei der Formulierung der Erkenntnisaufgabe usw.);
g) stellt die Folgen der Operationen fest, die der Forscher auszuführen hat; diese Folgen sind von der Gesamtheit der Folgen von Wechselwirkungen abhängig, die zwischen den Elementen der Wissenschaft auf ihren verschiedenen Ebenen bestehen;
h) stellt Schemata für die Gesamtheiten von Operationsfolgen des Forschers auf;
i) formuliert Systeme normativer Sätze, die konkrete Forschungsmethoden beschreiben, also Sätze folgenden Typs: 1. „Die Elemente der ersten Ebene des Aufbaus der Wissenschaft feststellen“; 2. „Ihre Funktionen fixieren“; usw.

Die Beschreibung einer wissenschaftlichen Methode hat gewisse Ähnlichkeit mit der Beschreibung der Methoden zur Konstruktion natürlicher und künstlicher Sprachen. In solchen Methoden werden mit Hilfe spezieller Termini (für die Logik: „Aussage", „Verknüpfung", „Schlußregeln" usw.; für die Grammatik: „Subjekt", „Prädikat" usw.) nicht konkrete Wechselwirkungen beschrieben, sondern richtig konstruierte Gesamtheiten von Wechselwirkungen sowie deren Schemata. Kennt man sie, so kann man (unabhängig von den Bedeutungen jener konkreten Termini, die z. B. das Subjekt oder das Prädikat bilden) bestimmen, ob der vorliegende Satz richtig gebaut ist oder nicht. Genauso können wir die Richtigkeit des Aufbaus einer axiomatischen Theorie, die Richtigkeit der Ausführung eines wissenschaftlichen Experiments u. dgl. kontrollieren.
Die Untersuchung der Forschungsmethoden und ihre Beschreibung im System einer besonderen Sprache (der künstlichen Sprache der Methodologie) gewährleisten: a) die einfache und schnelle Aneignung der in der Wissenschaft benutzten Methoden; b) korrekte Verfahren zur Überprüfung der Richtigkeit von Operationen des Forschers auf den verschiedenen Ebenen des Aufbaus der Wissenschaft; c) eine produktive Ausarbeitung neuer Methoden. Das bedeutet, daß die Methodologie zu einer Voraussetzung für ein produktives wissenschaftliches Schöpfertum wird. Sie übt diese Funktion nicht durch die Ausarbeitung neuer Methoden, sondern durch die wissenschaftliche Beschreibung dieser Methoden aus.
8. Die Funktion des Methodologen im Rahmen der Methodologie unterscheidet sich von seiner Funktion bei der Entwicklung der Naturwissenschaft. In der Naturwissenschaft sichert er den schöpferischen Prozeß des Naturwissenschaftlers, indem er diesem die notwendigen Kenntnisse über die benutzten und von ihm empirisch zu bearbeitenden Methoden zur Verfügung stellt. In der Methodologie untersucht er die empirischen Methoden und formuliert das Wissen über sie. Die Tätigkeit des Methodologen ist schöpferisch: Er stellt den Aufbau der Wissenschaft auf den verschiedenen Ebenen ihrer Organisation fest, konstruiert eine spezielle Sprache für die Fixierung der Elemente der Wissenschaft und beschreibt die Schemata der Gesamtheiten von Operationen, die der Wissenschaftler auszuführen hat. Dieser Doppelcharakter der Funktionen des Methodologen ist eine Folge der Arbeitsteilung. Der Fortschritt in der Wissenschaft findet seinen Ausdruck in der Vergrößerung des Umfangs unserer Kenntnisse. Das angehäufte Wissen gestattet es dem Wissenschaftler, immer kompliziertere Objekte der Natur in den Erkenntnisprozeß einzubeziehen. Die Anzahl der Erkenntnisaufgaben, denen sich

der Naturwissenschaftler stellen muß, wächst unaufhörlich. Die notwendige Folge davon ist, daß die schöpferischen Funktionen von verschiedenen Spezialwissenschaftlern arbeitsteilig ausgeführt werden. Die Ergebnisse des Schöpfertums von Wissenschaftlern eines Fachgebietes werden so zur notwendigen Bedingung der schöpferischen Tätigkeit der Forscher in anderen Zweigen der Wissenschaft.

V. Die Ausarbeitung von Methoden als Objekt der wissenschaftlichen Forschung

1. Die Ausarbeitung von Methoden stellt eine Art des wissenschaftlichen Schöpfertums dar, die in zunehmendem Maße die Aufmerksamkeit der Forscher auf sich zieht.
2. Es können hinsichtlich dieser Art des wissenschaftlichen Schöpfertums Erkenntnisaufgaben verschiedener Art formuliert werden: erkenntnistheoretische, methodologische, logische, psychologische usw. Wieviel solcher Erkenntnisaufgaben gestellt werden können, wird durch den Aufbau der schöpferischen Tätigkeit des Wissenschaftlers bestimmt, die der Ausarbeitung der jeweiligen Methode entspricht. Diese schöpferische Tätigkeit schließt ein: die Wechselwirkung mit jenen Komponenten, die auf den verschiedenen Ebenen der Wissenschaft den elementaren Erkenntnisakt bilden; die Verwendung gewisser Schemata zur Konstruktion einer künstlichen Sprache und die Ausarbeitung neuer Schemata; das Ingangsetzen konkreter Denkmechanismen, d. h. eines bestimmten Prozesses der höheren Nerventätigkeit, usw.
3. Der Erkenntnistheoretiker, der ein allgemeines Modell des Erkenntnisprozesses entwirft, kann die Methode als ein spezifisches Element des Aufbaus der Wissenschaft darstellen. Er definiert sie: a) als Element der Wissenschaft; b) funktional, d. h., er stellt die Funktion der Methode in der Wissenschaft fest.
Im Vergleich zur erkenntnistheoretischen Analyse erfolgt die Beschreibung konkreter Methoden in der Naturwissenschaft in einer überaus speziellen Weise. In den konkreten Wissenschaften wird die Methode mit Hilfe des theoretischen Vokabulars der betreffenden Wissenschaft angegeben. Allgemeine Vorstellungen über die Methode an sich gehen hier nicht über die Grenzen konkreter Methoden, also von Operationsschemata mit den für die betreffende Wissenschaft charakteristischen Objekten, hinaus. Dieser Aspekt der Tätigkeit des Naturwissenschaftlers kann mit der Benutzung grammatischer Schemata verglichen werden. Jeder, der in einer bestimmten Sprache spricht, benutzt eine konkrete,

vorgegebene Grammatik. Er tut dies jedoch mit Hilfe von Wörtern, die sich auf nichtsprachliche Objekte beziehen. Man kann dieses Verfahren der Grammatik ein demonstratives nennen: Die Aneignung, Vermittlung und Bewertung der verwendeten Schemata erfolgen hier durch Demonstration von Sprachfragmenten, die sich in ihrer Bedeutung voneinander unterscheiden, jedoch nach ein- und demselben grammatischen Schema aufgebaut sind. Ohne die Theorie der Grammatik geschaffen oder sie studiert zu haben, ist der Mensch nicht in der Lage, irgendeine andere als die demonstrative Methode zur bewußten Wertung jener Grammatik zu benutzen, die er anwendet.

4. Auf der Ebene der methodologischen Forschung lassen sich verschiedene Klassen von Methoden feststellen, die in der Naturwissenschaft angewendet werden. Der Methodologe benutzt das in der Erkenntnistheorie gewonnene Wissen über die Methode und hebt jenes System von Objekten heraus, das mit dem Terminus „Methode" bezeichnet wird. Er konstruiert eine spezielle Sprache und stellt auf der Grundlage des erkenntnistheoretischen Modells der Wissenschaft Klassen von Methoden auf. Indem er die allgemeine Beschreibung der Methode mit den erforschten Klassen von Methoden vergleicht, dringt der Methodologe in den Aufbau der konkreten Methoden ein und entwickelt eine entsprechende theoretische Terminologie der Methodologie. Damit werden auch die Voraussetzungen für die Beschreibung konkreter wissenschaftlicher Methoden geschaffen, d. h. für die Beschreibung jener Schemata von Operationsfolgen, die der Wissenschaftler bei der Konstruktion des Experiments, bei der Ausarbeitung der Theorie, bei der Stellung der Erkenntnisaufgabe usw. benutzt.

Bis zum 20. Jahrhundert haben die Methodologen, um ihre Erkenntnisaufgaben zu lösen, erkenntnistheoretische Modelle der Wissenschaft entworfen; die Erkenntnistheoretiker haben lange Zeit die Erforschung der Methoden der Wissenschaft als ihre eigene Problematik angesehen. Der Grund hierfür ist der, daß, solange die Erkenntnistheorie ein Teil der Philosophie blieb, sie ihren Erkenntnisgegenstand nicht weiter differenzierte. Ausgehend vom „Subjekt-Objekt-Modell" formulierten Erkenntnistheoretiker und Methodologen die Erkenntnisaufgabe in der Regel übereinstimmend als die Erforschung des Prozesses der Produktion wissenschaftlicher Kenntnisse. Der Unterschied bestand nur darin, daß der Erkenntnistheoretiker das Schwergewicht auf die Erforschung des allgemeinen Mechanismus des Erkenntnisprozesses legte, während es dem Methodologen um die konkreten Prozeduren der Produktion von Wissen ging. Die Forschungen der Methodologen schienen deshalb konkreter zu sein. Heute löst sich die Methodologie allmählich als eine selbständige Disziplin aus der Erkenntnistheorie heraus und macht die Methode zu ihrem speziellen Forschungsobjekt. Auch in der Erkenntnistheorie bildet sich eine Arbeitsteilung heraus. Zunächst entstand neben der allgemeinen Erkenntnistheorie die Erkenntnistheorie der Wissenschaft, sodann die Logik, die die Sprache der Wissenschaft erforscht, während gegenwärtig die Methodologie zu einem relativ selbständigen Zweig der Erkenntnistheorie wird. Der Methodologe muß sich in seinen Forschungen heutzutage auf die allgemeine Erkenntnistheorie stützen. Während in der Erkenntnistheorie der allgemeine Aufbau des Erkenntnisprozesses untersucht wird, bilden den Erkenntnisgegenstand des Methodologen lediglich die in der Wissenschaft zur Anwendung gelangenden Operationsschemata des Wissenschaftlers. Wie der Erkenntnistheoretiker benutzt auch der Methodologe eine spezielle Sprache, deren Denotate die Elemente des Aufbaus der Wissenschaft sind. Eine derartige Sprache ermöglicht es, über die Beschreibung konkreter wissenschaftlicher Methoden hinauszugehen und jene Schemata von Operationsfolgen anzugeben, die in allen Wissenschaften oder in einer bestimmten Klasse von Disziplinen auftreten.

5. Die Konstruierung von Methoden kann, wie wir gesehen haben, nicht das Resultat reinen Denkens sein. Die Schaffung einer Methode erfolgt in jenen realen Prozessen, in denen die Methode konkrete Funktionen ausübt. Alle Methoden sind ihrem Inhalt nach konstruktiv oder enthalten konstruktive Elemente. Bevor der Wissenschaftler eine Methode anwenden kann, muß sie gedanklich entworfen sein [1, S. 143]. Um diese Aufgabe lösen zu können, muß der Wissenschaftler einerseits in eine bestimmte Wechselwirkung mit den Elementen der Wissenschaft treten und andererseits einen besonderen Denkprozeß vornehmen. Die Erforschung der Struktur des Denkens und der Funktionen, die es bei der Konstruktion neuer Methoden ausübt, ist Untersuchungsgegenstand der Psychologie. Sie muß die im Gehirn entstehenden funktionalen Systeme erhellen.

6. Die funktionalen Systeme, die der Wissenschaftler im Erkenntniszyklus benutzt, entstehen im Prozeß der höheren Nerventätigkeit. Die Entwicklung des wissenschaftlichen Denkens ist jedoch ein Produkt der gesellschaftlichen Produktion, in deren Verlauf die Menschheit die Natur und sich selbst umgestaltet. Im engeren Sinne ist die Entwicklung des wissenschaftlichen Denkens das Resultat der Wechselwirkungen des Wissenschaftlers mit Objekten, die ihm gegenüber als Bestandteile des Erkenntnisprozesses äußerliche Objekte sind [1, S. 133], [4, S. 16ff]. Die Genesis des wissenschaftlichen Denkens kann deshalb sowohl in ontogenetischer als auch in phylogenetischer Hinsicht weder auf physiolo-

gischer noch auf morphologischer Ebene geklärt werden. Zum Unterschied von Physiologie und Morphologie untersucht die Psychologie das Denken in jener realen menschlichen Tätigkeit, die der Wissenschaftler in einer konkreten Wissenschaft ausübt. Darum stützt sie sich bei der Lösung der Probleme des wissenschaftlichen Schöpfertums auch auf Forschungsergebnisse aus dem Gebiet der Erkenntnistheorie und der Methodologie der Wissenschaft.

Literaturverzeichnis

[1] Bykov, V. V., Značenie „Kapitala" K. Marksa dlja izučenija struktury processa poznanija, Moskva 1964
[2] Glinskij, A. A.; Grjaznov, B. S.; Dynin, B. S.; Nikitin, E. P., Modelirovanie kak metod naučnogo issledovanija, Moskva 1965
[3] Marx/Engels. Werke, Bd. 3, Berlin 1959
[4] Ponomarjov, J. A., Znanija, myšlenie i umstvennoe razvitie, Moskva 1967

V. V. Maksimov

Über die strukturell-statistische Betrachtungsweise des wissenschaftlichen Schöpfertums

Es gibt heute zwei Tendenzen bei der Erforschung der Prozesse des schöpferischen Denkens. Die eine Richtung abstrahiert von den individuell-psychologischen und historisch-konkreten Besonderheiten der schöpferischen Prozesse und betont die Möglichkeit, diese Prozesse zu algorithmieren und zu formalisieren.

Die zweite Richtung dagegen ignoriert die Züge der Einheit und Allgemeinheit in der wissenschaftlichen Arbeit und untersucht vornehmlich die individuelle Eigenart einzelner Wissenschaftler. Dabei wird die Rolle, die Zufall, Spontaneität und subjektive Besonderheiten einzelner in der Wissenschaftsentwicklung spielen, überbetont. Am bedeutsamsten sind solche Arbeiten dann, wenn sie den Wissenschaftler und die Ergebnisse seiner schöpferischen Tätigkeit im historisch-konkreten Kontext betrachten.

Wir meinen, daß es zweckmäßig ist, die Vorzüge jeder dieser beiden Betrachtungsweisen zu vereinen und die historisch-konkrete Analyse der schöpferischen Tätigkeit des Wissenschaftlers mit der strukturell-statistischen Interpretation der gewonnenen Ergebnisse zu verbinden. Elemente eines solchen Vorgehens sind in den Arbeiten einer Reihe von Wissenschaftlern enthalten (K. K. Baumgart, T. P. Kravec, G. Holton u. a.).

T. P. Kravec verweist in seinem Essay über das Lebenswerk S. I. Vavilovs darauf, daß das wissenschaftsgeschichtliche Material besonders von Psychologen analysiert werden müsse. Er schreibt: „Es wäre für die Psychologie des Schöpfertums interessant, am Beispiel von Sergej Ivanovič festzustellen, wie sich die größten Ideen dieses bedeutenden Wissenschaftlers in den frühesten Stadien seines Schaffens und in allen Etappen seiner folgenden wissenschaftlichen Tätigkeit herausbildeten“ [5, S. 363].

Der Psychologe, der die schöpferischen Leistungen von Wissenschaftlern untersuchen will, kann jedoch das bereits gesammelte Material nicht direkt nutzen, da der Wissenschaftshistoriker oft unbeachtet läßt, was für den Psychologen von Interesse ist.

So hält zum Beispiel K. K. Baumgart, der die schöpferische Persönlichkeit und die wissenschaftliche Tätigkeit von Akademiemitglied D. S. Roždestvenskij beschrieben hat, aus diesen oder jenen Gründen viele Etappen im Schaffen dieses hervorragenden Gelehrten für zweitrangig. Der Autor erwähnt nur flüchtig den Zeitraum von 1903 bis 1912, innerhalb dessen die innere Entwicklung Roždestvenskijs von einem talentierten jungen Mann zu einem reifen Wissenschaftler von Weltruf verlief. Für den Wissenschaftspsychologen hingegen ist gerade diese Periode außerordentlich wichtig. K. K. Baumgart beschreibt ausführlich den Stand der Forschungen zur Chemie des organischen Glases und die glänzenden Entdeckungen Roždestvenskijs, aber er übergeht die Darstellung mehrerer mißlungener Versuche und beschreibt unvermittelt die Arbeiten, die zu Erfolgen führten [1, S. 31].

Wenn die Interessen der Historiker und Biographen nicht weiter gehen, als das Leben und Werk eines Einzelnen zu erforschen, wenn sie nicht bestrebt sind, die Gemeinsamkeiten des schöpferischen Prozesses verschiedener Wissenschaftler herauszufinden, so beachten sie natürlich nicht die negativen Ergebnisse des schöpferischen Suchens (die mißlungenen Lösungsversuche und Experimente, die verworfenen Ideen, Meinungen usw.).

Tatsächlich erscheint dem Wissenschaftshistoriker der erfolgreiche Versuch besonders wichtig, während für den Psychologen, der schöpferische Prozesse analysiert, die geglückten wie die mißglückten Versuche gleichermaßen wichtig sind. Die Psychologie des Schöpfertums kann sich nicht darauf beschränken, nur die positiven Ergebnisse der wissenschaftlichen Arbeit zu untersuchen. Das Verhältnis zwischen erfolgreichen und erfolglosen Versuchen bei der Lösung wissenschaftlicher Probleme bestimmt nicht nur das schöpferische Niveau des Forschers, sondern bedingt auch das Entwicklungstempo dieser oder jener Richtung des wissenschaftlichen Denkens.

Die beiden obengenannten Tendenzen in der Erforschung des wissenschaftlichen Schöpfertums sind heute faktisch völlig voneinander getrennt. Ihre Trennung kann auf der Basis eines historisch konkreten Vorgehens überwunden werden, dank dessen, wie M. G. Jaroševskij schreibt, auch die Synthese zwischen der Psychologie des Schöpfertums und der Wissenschaftsgeschichte zustande kommt [4].

Heute suchen viele ausländische Historiker und Psychologen, die sich mit der Erforschung schöpferischer Prozesse in der wissenschaftlichen Arbeit befassen, ebenfalls nach Wegen zu einer inhaltlichen, historischen

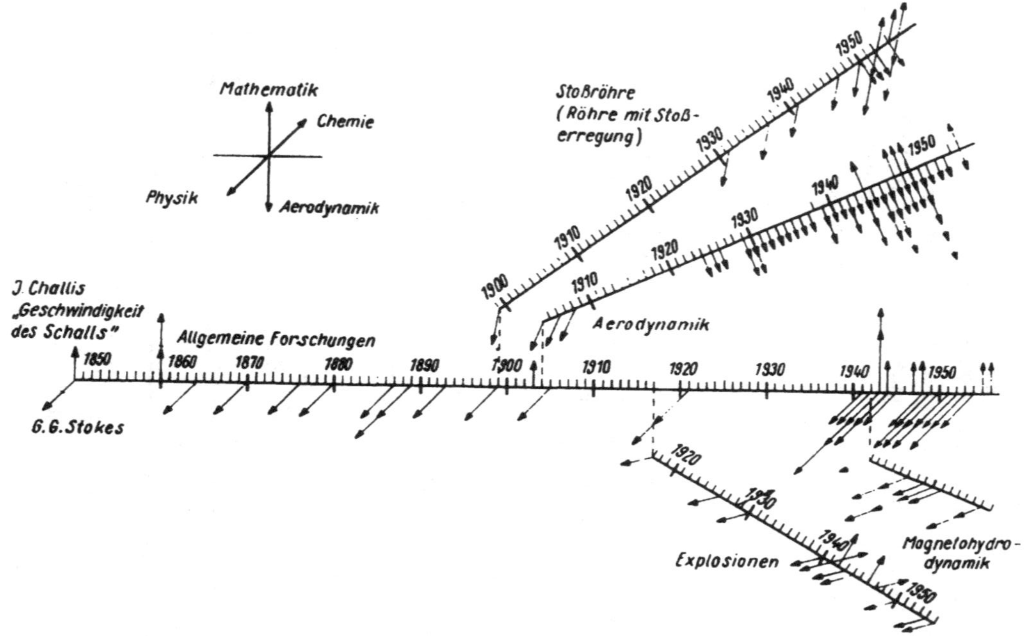

Abb. 1. Die Entwicklung der Grundlagenforschung und einiger angewandter Forschungsgebiete.

Analyse der Wissenschaftsentwicklung. Von Interesse ist dabei das Vorgehen G. Holtons.
Holton, der die historische Entwicklung der Ideen auf dem Gebiet der Stoßwellen erforscht, hatte sich zum Ziel gesetzt, die Beziehungen zwischen der Anhäufung von Wissen, der Anwendung dieses Wissens und der Dynamik der Interessiertheit der Wissenschaftler an der Arbeit auf diesem Gebiet zu klären [3]. Dieses Verhältnis stellt er folgendermaßen dar (Abb. 1):
Jeder Pfeil bezeichnet einen wichtigen wissenschaftlichen Beitrag. Die Richtung der Pfeile verweist auf das Spezialgebiet, zu dem die jeweilige Arbeit gehört (s. das Koordinatensystem links); ein Pfeil, der senkrecht zur Zeitachse steht, bezeichnet z. B. eine mathematische Arbeit (nach G. Holton).
Holton geht von den klassischen Arbeiten des Physikers und Mathematikers Stokes und des Astronomen und Mathematikers J. Challis aus, die 1848 veröffentlicht wurden. Ihre Arbeiten stehen nach Holtons Meinung historisch im Zusammenhang damit, daß beide nach einer Lösung für die Bewegungsgleichung in Gasen suchten (die schon von Poisson im Jahre 1808 vorgeschlagen worden war). Der Autor verfolgt die allmähliche Entwicklung der Stoßwellenforschung, wobei er auf grundlegende mathematische Arbeiten (Riemann und Ernsou — 1860, Hadamard — 1903, Canchra-Zakchara — 1943, Kantorovič — 1951) und auf physikalische Arbeiten über die Ausbreitung von Wellen (E. Mach — 1876, 1889, Bethe — 1942, von Neumann — 1943) u. a. hinweist.
Neben Arbeiten, die als bedeutsamer Beitrag zur Entwicklung dieses Wissenszweiges gelten, zeigt Holton, daß es auch Arbeiten gibt, die wissenschaftlich weniger bedeutsam waren. Dessenungeachtet entwickelten sich die neuen, speziellen, von der Hauptrichtung abweichenden Zweige gerade durch solche namenlosen Arbeiten. „Es ist zu erwarten", schreibt Holton, „daß sich jede der heute existierenden fünf Linien weiter verzweigt. Es wird immer offensichtlicher, daß es zunehmend schwieriger wird, die Grenzen der Disziplinen aufrechtzuerhalten" [3]. Offensichtlich spielen in den Prozessen der Herausbildung und Integration einer neuen Disziplin zunächst zweitrangig erscheinende Arbeiten eine wesentliche Rolle. Das Vorhandensein solcher „Rangunterschiede" erfordert eine Skalierung der Bedeutsamkeit von Publikationen nach historisch konkreten Maßstäben.
Das Herangehen Holtons unterscheidet sich insofern von dem D. Prices, daß er zwar wie dieser die Einzelanalyse von Publikationen und Autoren ablehnt und statistische Zusammenhänge aufsucht, daß er aber die Publikation ebenfalls als ein qualitativ eigenständiges strukturelles Gebilde

behandelt. Er räumt ihr nicht nur einen Platz auf der Zeitskala ein, sondern ordnet sie auch in das System zusammenwirkender Wissenschaftsgebiete (Mathematik, Physik, Chemie und Aerodynamik) ein. Holtons Position befindet sich dementsprechend zwischen der „reinen Statistik" D. Prices und der der Biographen und Wissenschaftshistoriker, die nur den Einzelnen sehen.
Man kann sagen, daß Holton versucht, das statistische Herangehen mit der gegenständlich-historischen Analyse der Entwicklung wissenschaftlicher Ideen zu verbinden. T. P. Kravec [5] wiederum bedient sich bei seinen Analysen des Schaffens eines einzelnen Wissenschaftlers des gegenständlich-historischen Herangehens an die statistische Methode. Auf der Grundlage einer quantitativen Analyse der inhaltlichen Literaturverweise in einer der Arbeiten M. Faradays skizziert er die Struktur des „unsichtbaren Colleges", durch das Faraday beeinflußt wurde. Folgende Autoren werden hier in der Rangfolge aufgeführt, die der Häufigkeit entspricht, in der sie von Faraday zitiert werden (in Klammern wird jeweils kurz auf den Inhalt der Bezugnahme verwiesen):
1. Humphrey Davy (die Verfolgung des Ideenkreises und der von ihm gesammelten Fakten zur Elektrochemie);
2. Harris („Die Werke von Harris wurden nicht besonders beachtet, aber sie waren notwendig... Es war nützliches und gutes Material über die Dielektrizitätskonstante der Gase", schreibt T. P. Kravec).;
3. De la Rive (Faraday wendet sich den Gedanken de la Rives und de n von ihm auf dem Gebiet der Elektrolyse gesammelten Fakten zu);
4. Ampère („die Terminologie Faradays", stellt Kravec fest, „nähert sich manchmal sehr der von Ampère");
5. Vollastin (Faraday „interessieren nur die Versuche Vollastins, die die elektrolytische Chemie betreffen").
Mehr als ein Drittel der Zitate und Bezugnahmen Faradays betreffen diese fünf Personen. Die übrigen zwei Drittel verteilen sich auf 96 andere Namen... „Auf sie alle stützt sich Faraday insofern, als sie Material für seine Überlegungen und Schlußfolgerungen zu Fragen der Elektrizität liefern... Sie liefern nur das Rohmaterial für das im Bau befindliche majestätische Gebäude, den Zement, der seine Ziegel befestigt...", schreibt Kravec [5, S. 115/116].
Wir meinen, daß heute auch bei der Erforschung des wissenschaftlichen Schöpfertums die Synthese zwischen dem gegenständlich-historischen Vorgehen und den statistischen Methoden heranreift.
Um strukturelle und statistische Daten über schöpferische Prozesse in der Wissenschaft zu gewinnen, wandten wir uns konkretem Material aus der Geschichte der wissenschaftlichen Arbeit am Phänomen des

Lichtbogens zu. In der ersten Etappe versuchten wir festzustellen, ob die Wissenschaftler, die auf diesem Gebiet gearbeitet haben, bestimmte Besonderheiten aufwiesen und ob die Publikationen zur Physik des Lichtbogens nach bestimmten Charakteristiken einzuteilen sind. Wir versuchten, beim gegenständlich-historischen Vorgehen statistische Methoden einzusetzen.

Es ist daran zu erinnern, daß sich seit der ersten experimentellen Beobachtung des Lichtbogens durch den russischen Physiker V. Petrov im Jahre 1803 die ihn betreffende physikalische Problematik außerordentlich erweitert hat.

Die Ungenauigkeit der den Lichtbogen betreffenden Sachklassifikationen in den Bibliothekskatalogen ist nicht verwunderlich. Sie erklärt sich durch die ständige Transformation der alten und das Auftreten neuer wissenschaftlicher Vorstellungen. Als Illustration hierfür mag ein Vergleich der Sachregister einer Bibliographie [2] dienen, die 1944 in erster und 1952 in zweiter Auflage erschien. Trotz einer äußerst engen thematischen Begrenzung enthält die Ausgabe von 1944 15 Untergruppen, während die Ausgabe für 1952 zur gleichen Thematik bereits 23 Untergruppen verzeichnet.

Die Hauptdaten über die Wissenschaftler und ihre Publikationen wurden aus einer Reihe systematischer und Sachkataloge der Bibliotheken sowie aus bibliographischen Quellen gewonnen.[1] Die gesammelten bibliographischen Angaben über Bücher und Artikel, die das Gebiet des Lichtbogens behandeln, wurden durch die Methode der Kreuzverweisung ergänzt.

Aus der Gesamtzahl der von uns aufgefundenen Publikationsangaben über den elektrischen Lichtbogen (mehr als 1600 Titel im Zeitraum von 1920 bis 1940)[2] haben wir für eine Voranalyse diejenigen ausgewählt, die im Zusammenhang mit der wissenschaftlichen Tätigkeit zweier Physiker stehen — B. N. Klarfelds und V. A. Fabrikants. Beide befaßten sich in dieser Periode mit der Gasentladung. Die Herausbildung dieses Gebietes der Physik, das sich von den Forschungen über den Lichtbogen abspaltete und zu einer selbständigen Richtung wurde, erfolgte um die Jahrhundertwende. Die Tätigkeit der beiden genannten Wissenschaftler ist in der Hauptsache mit dem Allunionsinstitut für Elektrotechnik (VEI) verbunden.

[1] Staatliche Lenin-Bibliothek, Staatliche Saltykov-Ščedrin-Bibliothek, Bibliothek der Akademie der Wissenschaften der UdSSR (Leningrad).

[2] Eine Bibliographie zu einem konkreten Thema kann als vollständig gelten, wenn die Hinweisapparate aller Publikationen ausgewertet worden sind.

Daß gerade diese Autoren ausgewählt wurden, hat seine Gründe sowohl in statistischen als auch in fachlichen Charakteristika ihrer wissenschaftlichen Arbeit. Beide haben nämlich innerhalb des untersuchten Zeitraumes eine bedeutende Anzahl von Publikationen veröffentlicht (V. A. Fabrikant mit Ko-Autoren 33 und B. N. Klarfeld mit Ko-Autoren 31 Arbeiten).

Die wissenschaftlichen Richtungen, die diese beiden Wissenschaftler auf dem Gebiet der Erforschung der Gasentladung verfolgten, verlaufen parallel. 1937 veröffentlichten sie zusammen mit weiteren Autoren sogar eine gemeinsame Publikation.

Jeder der beiden Wissenschaftler hatte seinen eigenen Kreis von Mitautoren (s. Abb. 3).

Die Analyse der Fußnoten machte es möglich, aus den in ihnen angeführten Quellenangaben neben den inhaltlichen Richtungen auch bestimmte Richtungen der Informationsauswahl festzustellen.

In Abb. 2 werden diese Richtungen dargestellt. Sie waren Grundlage für die anschließende Analyse des übernommenen und des selbst hervorgebrachten Inhalts der wissenschaftlichen Kenntnisse.

Es wurde festgestellt, daß die Art der Verweise unterschiedlich war. Folgende Typen können unterschieden werden:

1. Verweise allgemeiner Art, die auf einen globalen Einfluß der Arbeit eines anderen Wissenschaftlers auf den Autor hinweisen;

2. Verweise auf die Übernahme vorhandenen Wissens (Formeln, Methodiken und Versuchsanordnungen, experimentelle Daten, Konstanten u. dgl.), das als fertiges Element in die Publikation aufgenommen wurde. Hier spiegelt sich ein differenziertes Verhältnis des Wissenschaftlers zu dem Autor wider, auf den er sich bezieht. Dabei können die Positionen der beiden Autoren (des zitierenden und des zitierten) denselben Daten gegenüber ganz verschieden sein.

Die Übernahmeverweise können eingeteilt werden in solche, die sich auf eigene Arbeiten beziehen („innere") und in solche, die sich auf Arbeiten anderer Autoren beziehen („äußere"). Die Analyse des Verweismaterials der Arbeiten Klarfelds und Fabrikants führte zu einer Reihe vorläufiger Schlußfolgerungen.

Abb. 2. (s. S. 241) Die „Richtungen" der Informationsauswahl bei B. N. Klarfeld und V. A. Fabrikant (Fragment), erarbeitet nach den Daten der Literaturverweise der Publikationen.

Anmerkung: 1. Die Ziffern 1—38 bezeichnen die Namen der Autoren der auf der Horizontale vermerkten Publikationen.

1 – Gross, 2 – Minkowsky, 3 – Ramsauer, 4 – Benth, 5 – Jones, 6 – Druyvestein, 7 – Schottky, 8 – Killian, 9 – Flautbauer, 10 – Lubcke, 11 – Kenty, 12 – Paschen, 13 – Langmuir,

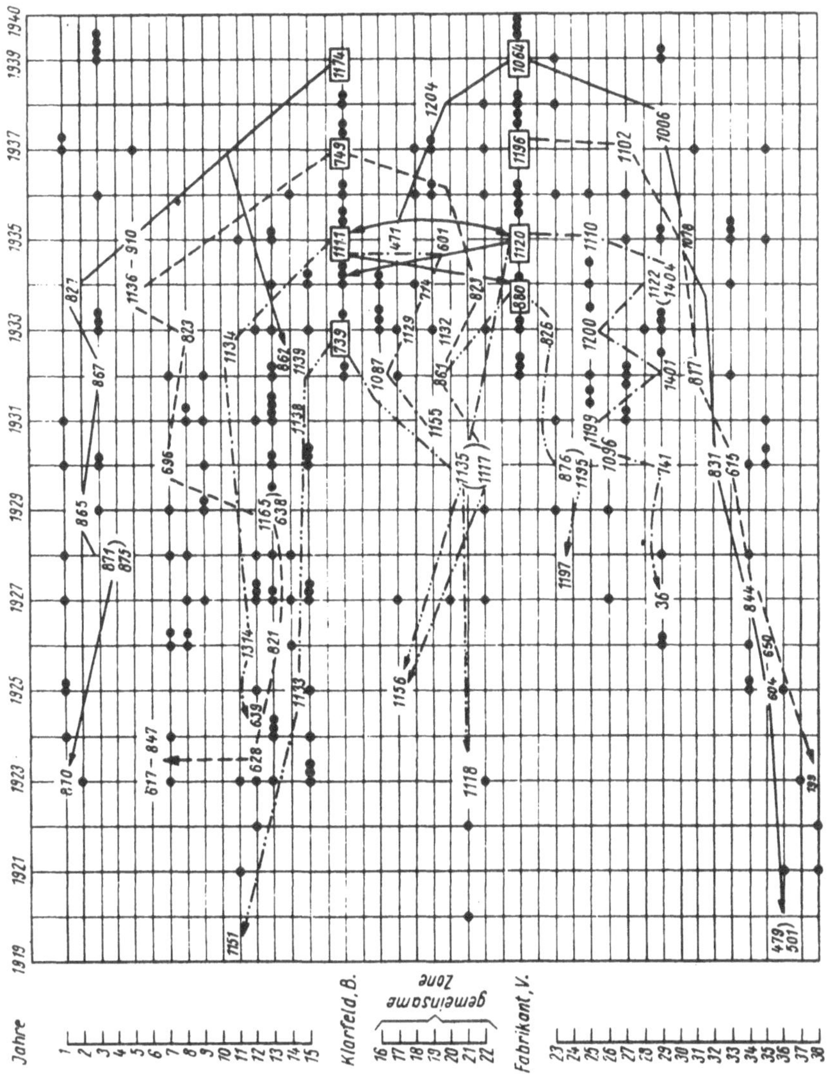

14 – Seeliger, 15 – Sommermeyer, 16 – Mohler, 17 – Dorgelo, 18 – Krefft, 19 – Etenbaas, 20 – Pirani, 21 – Ende, 22 – Kopfermann, 23 – Masaki, 24 – Asada, 25 – Schaffernicht, 26 – Mittchell, 27 – Engel, 28 – Omstain, 29 – Christoph, 30 – Landenburg, 31 – Hante, 32 – Gafter, 33 – Hulburt, 34 – Hoftsmarck, 35 – Chamulean, 36 – Coblentz, 37 – Bethe, 38 – Zemansky;

2. Die zitierten Publikationen sind mit Ziffern, die nichtzitierten sind mit Punkten gekennzeichnet.

3. Die Linien verbinden die Publikationen, die in den Arbeiten 739, 1111, 749, 1174 (Klarfeld) und 880, 1120, 1196 und 1064 (Fabrikant) zitiert werden. Das Jahr der Veröffentlichung ist anhand der Zeitskala festzustellen.

1. Die Richtungen der Informationsauswahl sind bei den beiden Autoren relativ unabhängig voneinander. Jeder von ihnen hat einen eigenen Kreis von Autoren, die zitiert werden, und diese Kreise überschneiden sich nicht. Im untersuchten Zeitraum zitiert B. N. Klarfeld 43 und V. A. Fabrikant 42 ausländische Autoren. Die in den Verweisen erwähnten inländischen Autoren waren im allgemeinen Mitverfasser von Publikationen der beiden Wissenschaftler selbst.

2. Die Arbeiten von 16 Wissenschaftlern bilden ein besonderes drittes Gebiet, aus dem Informationen bezogen werden. Diese Arbeiten werden sowohl von Klarfeld als auch von Fabrikant zitiert. Es kann erwartet werden, daß eine gegenständlich-historische Analyse jedes dieser Informationsgebiete bestätigen wird, daß das quantitative Verhältnis zwischen der Anzahl der von beiden Wissenschaftlern zitierten Autoren und der Anzahl der von jedem einzeln zitierten Autoren als eine der objektiven Kennziffern der gegenstandsbezogenen Wechselbeziehung zwischen beiden Wissenschaftlern gelten kann.

3. Da sowohl Klarfeld als auch Fabrikant sich in ihrer Zitatauswahl auf eigene Autorengruppen und spezifische Gebiete beziehen, war jeder der beiden Wissenschaftler für den anderen eine Informationsquelle. Die statistische Auswertung ihrer Beziehung zueinander (auf der Grundlage der gegenseitigen Bezugnahmen) gibt jedoch noch keine Antwort auf die Frage, welcher der beiden Wissenschaftler in höherem Maße als der andere Information geliefert und welcher mehr Information empfangen hat. Um diese Frage beantworten zu können, muß die Struktur der Bezugnahmen analysiert werden. In einer solchen Wechselbeziehung kann sich nämlich eine geringe Anzahl von Bezugnahmen allgemeiner Art als bedeutsamer erweisen als eine größere Anzahl von Hinweisen auf übernommene objektive Versuchsergebnisse.

4. Der rein quantitative Vergleich der Anzahl der Mitverfasser bei Publikationen Klarfelds und Fabrikants würde kaum Material für Schlußfolgerungen liefern. Ordnet man jedoch die Fälle von Mitautorenschaft zeitlich ein und berücksichtigt dazu ihre statistische Häufigkeit, so weisen unsere Ergebnisse auf sehr deutliche Unterschiede der wissenschaftlichen Beziehungen beider Autoren hin (Abb. 3). Während bei Klarfeld diese Beziehungen als fast zufällig erscheinen, sind sie bei Fabrikant über mehrere Jahre hinweg stabil. Es ist kaum daran zu zweifeln, daß für einen solchen Unterschied objektive psychologische Gründe existieren. Um dies festzustellen, sind neue Schritte bei der Erforschung des konkreten Materials erforderlich.

5. Auch die Bedeutsamkeit (Relevanz) einer Publikation für den Wissenschaftler ist zu analysieren. Sie hängt zusammen mit der Informations-

suche und Informationsauswahl und mit dem eigengesteuerten Selbststudium des Wissenschaftlers.

Die Untersuchung der Richtungen der Informationsauswahl weist darauf hin, daß diese sich auf mehreren Ebenen vollzieht. Wir untersuchten zwei dieser Ebenen:

a) die Informationsauswahl, die darin besteht, daß Autoren zitiert werden;

b) die Informationsauswahl, die darin besteht, daß Publikationen genannt werden, die aus einer Liste von Arbeiten zitierter Autoren entnommen wurden.

Die wechselseitige Verbindung beider Ebenen ist offensichtlich. Ihre detaillierte Analyse wird in den folgenden Etappen unserer Unter-

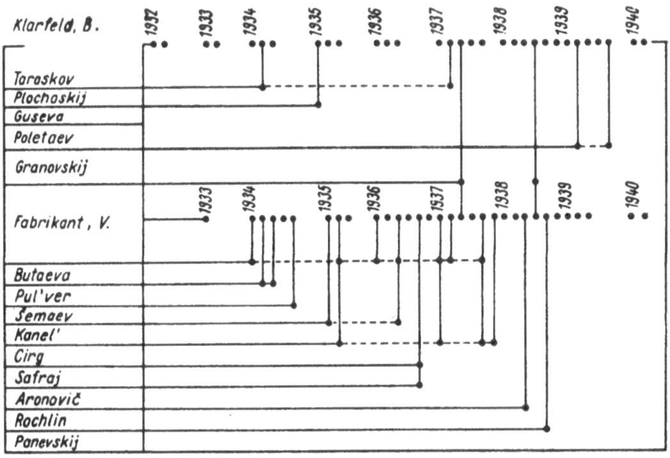

Abb. 3. Die Dynamik der Gruppen von Mitautoren bei B. N. Klarfeld und V. A. Fabrikant.
Anmerkung: Die Publikationen sind durch Punkte gekennzeichnet, die Mitautorenschaft durch vertikale Linien.

suchung erfolgen, aber schon jetzt kann angenommen werden, daß eine bestimmte qualitative Entwicklung dieser Wechselbeziehung im Prozeß des Schaffens des Wissenschaftlers erfolgt.

Die Tabelle vermittelt eine Vorstellung vom quantitativen Verhältnis zwischen zitierten und nichtzitierten Autoren in den Arbeiten von Klarfeld und Fabrikant.

Die Nichterwähnung der Arbeiten von 316 Wissenschaftlern, die die elektrische Entladung in anderen Richtungen oder von anderen Positio-

Tabelle: Die Informationsauswahl bei B. N. Klarfeld und V. A. Fabrikant

Wissenschaftler	insgesamt	durch Verweise in den Arbeiten erwähnt			nicht erwähnte Wissenschaftler
		bei Klarfeld	bei Fabrikant	gemeinsame Zone	
inländische	119	8	16	1	95
ausländische	306	43	42	15	221
insgesamt	425	51	58	16	316
%	100	12	13,6	3,8	74,4

nen aus erforschten als unsere Autoren, weist auf eine relative strukturelle Selbständigkeit ihrer Arbeiten und Forschungsrichtungen hin. Es zeigt sich hier die Diskretheit der wissenschaftlichen Kenntnisse, die in den „unsichtbaren Colleges" der beiden Wissenschaftler konzentriert wurden.

Durch die relative Isolierung des Wissenschaftlers im „Mikroklima" seiner wissenschaftlichen Interessen und Probleme werden mehrere Fragen aufgeworfen. So ist beispielsweise nach der für den jeweiligen Wissenschaftler maximalen Menge der zu verarbeitenden wissenschaftlichen Information innerhalb verschiedener Zeiträume zu fragen oder auch nach der maximalen Menge sozialer Kontakte. Zu beachten sind auch die objektiven qualitativen Charakteristika der Information und der sozialen Kontakte, die analytisch-synthetische Verarbeitung der Information im Prozeß der historischen Verallgemeinerung des Wissens usw. Ein analoges Problem kann man auch bei der Analyse einer einzelnen wissenschaftlichen Richtung antreffen, die eine Reihe von Wissenschaftlern vereint.

Literaturverzeichnis

[1] Baumgart, K. K., Akademiemitglied D. S. Roždestvenskij (Bibliographische Skizze), in: D. S. Roždestvenskij, Izbrannye trudy, Moskva—Leningrad 1949

[2] Bibliography and abstracts on electrial contacts, 1835—1943, hg. v. American society for testing materials, Philadelphia 1944

[3] Holton, G., Models for understanding the growth and excellence of scientific research, in: Excellence and leadership in democracy, 1962, Nr. 4

[4] Jaroševskij, M. G., Psichologija nauki, in: Voprosy filosofii, 1967, Nr. 5

[5] Kravec, T. P., Ot N'jutona do Vavilova, Moskva 1967

I. I. Lejman

Kollektiv und wissenschaftliches Schöpfertum

Schöpferische Tätigkeit ist die höchste Form menschlicher Tätigkeit. Es ist die Form menschlicher Arbeit, die die höchste Qualifikation erfordert. Sie bedingt eine lange Ausbildung, großes Wissen und intellektuelle Fähigkeiten. Die Eigenart schöpferischer Arbeit stellt erhöhte Anforderungen an die Tätigkeiten und psychischen Besonderheiten des Menschen. In besonderem Maße gilt dies alles bei einer spezifischen Form schöpferischer Arbeit, bei der wissenschaftlichen Arbeit. Ohne die Begabung des Wissenschaftlers und seine feine Beobachtungsfähigkeit, ohne Wissensdurst und Willenskraft, ohne die Fähigkeit zu konzentriertem Denken und Arbeiten, ohne große Energie und ohne eine kritische Geisteshaltung, Intuition und Beweglichkeit ist Forschungsarbeit unmöglich. Das macht es erforderlich, die Menschen, die zu selbständiger Forschungsarbeit geeignet sind, sorgfältig auszuwählen. Gegenwärtig erfolgt diese Auswahl noch weitgehend spontan und im ganzen wenig effektiv. Davon zeugt unter anderem der hohe Prozentsatz von Prüflingen, die ihre Prüfungen nicht bestehen, und von Aspiranten, die ihre Aspirantur aufgeben, ohne eine Dissertation verteidigt zu haben.

Das Problem der Auswahl wissenschaftlicher Kader findet zunehmend stärkere Beachtung. Das beweisen die umfassenden Erörterungen über Fragen der Früherkennung schöpferischer Anlagen, über die Kriterien ihrer Bestimmung, über die Möglichkeit ihrer Entwicklung u. ä. Es wird in dieser Richtung viel getan — es werden verschiedene Olympiaden für Schüler organisiert, man schafft Spezialschulen und entwickelt das studentische Schöpfertum. Eine Reihe außerordentlich wichtiger Fragen ist jedoch bis heute nicht gelöst worden.

Zur Entwicklung eines Wissenschaftlers ist heute eine lange vorbereitende Ausbildungsperiode erforderlich. Sie dauert fast ein Vierteljahrhundert und wird in den meisten Fällen erst im Alter von etwa 30 Jahren abgeschlossen. Die Dauer der Grundausbildung hat sich in den letzten hundert Jahren um fast 10 Jahre verlängert. Und die Tendenz zu ihrer Verlängerung setzt sich leider fort.

Das Ziel der Allgemeinbildung besteht nicht nur darin, vielseitige Kenntnisse zu vermitteln, sondern auch darin, das Streben nach ständigem Selbststudium und ständiger Selbstvervollkommnung anzuerziehen.

Das wissenschaftliche Schöpfertum kann nicht außerhalb der sozialen Umwelt, außerhalb der gesellschaftlichen Prozesse begriffen werden, die die Struktur und das Tempo der Wissenschaftsentwicklung und damit auch den Charakter des wissenschaftlichen Schöpfertums selbst oft entscheidend verändern. Die Wissenschaft durchlebt heute eine revolutionäre Umwälzung, die vor allem durch die einschneidende Beschleunigung des Tempos wissenschaftlicher Erkenntnisse gekennzeichnet ist. Dies hängt auch mit der Veränderung der sozialen Rolle der Wissenschaft zusammen, die in zunehmendem Maße zur unmittelbaren Produktivkraft wird. Der steile exponentielle Anstieg des Wissenszuwachses [1, 4] verändert die Wissenschaft und den Wissenschaftler selbst. Diese Veränderungen betreffen in der Hauptsache drei Aspekte: 1. das Problem der „Informationsexplosion"; 2. den komplexen und kollektiven Charakter wissenschaftlicher Arbeit und 3. das Problem der Leitung der Wissenschaft. Es ist ganz offensichtlich, daß es schwer oder überhaupt unmöglich ist, eine Psychologie der wissenschaftlichen Erkenntnis zu betreiben, wenn man diese spezifischen und außerordentlich wichtigen Besonderheiten der zeitgenössischen Wissenschaft außer acht läßt.

Die Gewinnung neuer wissenschaftlicher Information ist in unserer Zeit zu einem komplizierten technischen Prozeß, zu einer spezifischen Form industrieller Arbeit geworden. Das hängt mit der überaus komplizierten Forschungstechnik, mit dem Charakter der gesellschaftlichen Beziehungen innerhalb und außerhalb wissenschaftlicher Kollektive und mit anderen ähnlichen Fragen zusammen.

Die Informationsflut droht den zeitgenössischen Wissenschaftler fast zu erdrücken. Das zeigen allein folgende Angaben: Auf der Welt erscheinen etwa hunderttausend wissenschaftliche Zeitschriften (darunter annähernd fünfzigtausend wissenschaftlich-technische), in denen jährlich mehr als 4,3 Millionen wissenschaftliche Artikel veröffentlicht werden. Allein über Polymere werden in der Welt *täglich* 100 Arbeiten publiziert. In den letzten 15 Jahren hat sich die Anzahl der Artikel zum Fachgebiet Chemie vervierfacht, die Zahl der Artikel zu biologischen Fragen wuchs um das Sechsfache. Außerdem werden jährlich zwanzigtausend Kataloge und mehr als fünfzigtausend wissenschaftliche Bücher herausgegeben. Der Patentfonds der Welt beläuft sich gegenwärtig auf mehr als 12 Millionen Einheiten.

Immer mehr Zeit, spezieller Aufwand und Mittel sind erforderlich, um sich in einem solchen Strom von Informationen zu orientieren, um sich die Ergebnisse der wissenschaftlichen Forschung zu eigen zu machen und Wiederholungsforschungen zu vermeiden. Die Wissenschaftsleitung in unserem Lande stellt sich auf diese Probleme ein. Es sind Koordinierungszentren bezüglich einzelner wissenschaftlicher Probleme geschaffen worden, das VINITI und ein Netz von Referate-Zeitschriften sind organisiert worden, und es wird ein das ganze Land umspannender wissenschaftlicher Informationsdienst aufgebaut. Derartige Maßnahmen können den Wissenschaftler selbst jedoch noch nicht entlasten und ihm mehr Zeit verschaffen. Eine Analyse des Zeitbudgets wissenschaftlicher Mitarbeiter zeigt, daß mindestens ein Drittel der Arbeitszeit für die Suche und Bearbeitung gedruckter Information aufgewendet wird. Eine von uns durchgeführte Untersuchung des Zeitbudgets der Wissenschaftler in einer Reihe von Leningrader Einrichtungen der Akademie der Wissenschaften der UdSSR (Pavlov-Institut für Physiologie, Institut für hochmolekulare Verbindungen, Physikalisch-technisches Institut „A. F. Ioffe", Astronomisches Hauptobservatorium Pulkovo u. a.) in den Jahren 1964—1967 hat ergeben, daß für die Informationssuche, das Lesen wissenschaftlicher Literatur und die Übersetzung ausländischer Originalarbeiten die höheren wissenschaftlichen Mitarbeiter 26% der Arbeitszeit aufwenden. Viele Laboratorien in unserem Lande haben umfangreiche Erfahrungen bei der Organisation kollektiver Arbeit in diesem Bereich gesammelt. Leider werden diese Erfahrungen wenig genutzt, und selbst wenn sie verbreitet werden, so geschieht dies spontan und unorganisiert. In den letzten Jahren gab es kaum Publikationen zu diesem Thema, es gab keine Konferenzen zu diesen Fragen, es gab nicht einmal elementarste Instruktionen über den Aufbau spezialisierter thematischer Karteien in den Laboratorien.

Als Beispiel, das keinen Anspruch auf eine detaillierte Beschreibung erhebt, möchten wir die Erfahrungen des Laboratoriums für Atemphysiologie des Instituts für Physiologie (Koltuši) anführen.

Alle wissenschaftlichen Mitarbeiter des Laboratoriums führen eine gemeinsame Laboratoriumskartei. Die Zeitschriften sind (nach Sprachen und Themen) auf die Mitarbeiter aufgeschlüsselt. Dadurch, daß alle Mitarbeiter an dieser Arbeit beteiligt sind, gelingt es, alle Veröffentlichungen herauszusuchen, die für das enge Spezialgebiet des Laboratoriums wertvoll sind. Die Kartei allein reicht jedoch nicht aus. Parallel dazu werden Referate erarbeitet, Artikel übersetzt und in einem gemeinsamen Fundus gesammelt. Zur bequemeren Nutzung aller Materialien wird die gesamte Information in besonderen Katalogen verzeichnet — nach

Themen, nach den benutzten Methodiken, den gewonnenen Ergebnissen und den Autoren. Dadurch kann jeder Mitarbeiter leicht und schnell eine Bibliographie für die eigene Arbeit zusammenstellen, eine Literaturübersicht erarbeiten oder einfach den Fortgang der wissenschaftlichen Forschung in anderen Wissenschaftszentren des Landes und im Ausland verfolgen. Das ist um so wichtiger, als mitunter ärgerliche Fälle auftreten. Auf der III. Allunionskonferenz für Neurokybernetik (September 1967) in Rostov fanden zum Beispiel die Beiträge der Wissenschaftler des Laboratoriums für Physiologie des Sehens in der Sektion „Modellierung des Denkens" großes Interesse bei Ingenieuren, die auf dem gleichen Gebiet, am Problem der Erkennung visueller Bilder, arbeiten. Es erwies sich, daß die Ingenieure die bereits publizierten Arbeiten der Physiologen nicht kannten. Aus diesem speziellen Fall, der leider kein Einzelfall ist, kann eine zweifache Schlußfolgerung gezogen werden.

Einerseits zeigt sich hier der Nutzen von Konferenzen und Symposien für die Herstellung persönlicher Kontakte und einen schnellen Austausch von Ergebnissen. Andererseits werden die Mängel des bestehenden Systems der Informationsbeschaffung über Bibliotheken, Kataloge und Referate-Zeitschriften sichtbar, und zwar besonders in jenen Fällen, in denen sich Wissenschaftler verschiedener Fachgebiete um die Lösung ein und desselben Problems bemühen. Es ist offensichtlich, daß es zu einer Notwendigkeit geworden ist, die auf dem Gebiet der Informationssuche und -verarbeitung gesammelten Erfahrungen zu studieren.

Das Eindringen in immer schwerer erschließbare Gesetzmäßigkeiten der Natur und das rasche Wachstum des Gesamtumfangs des Wissens führen zu dem objektiven Erfordernis, eine komplexe kooperative Arbeitsweise in der Wissenschaft zu fördern. Der Anteil wissenschaftlicher Einzelarbeit nimmt stark ab, obwohl er offensichtlich nie ganz verschwinden wird. Selbst im Bereich der Gesellschaftswissenschaften, wo der traditionelle Charakter der Arbeit noch am stärksten ausgeprägt ist, wird die „Kabinettarbeit" zunehmend durch „Außenarbeit" und kollektive Arbeit abgelöst. Die Beobachtung, die Interview-Methode, die Fragebogen-Methode, die Durchführung sozialer Experimente, die umfassende Benutzung eines umfangreichen statistischen Materials und die Anwendung der elektronischen Rechentechnik — all dies führt dazu, daß auch die Gesellschaftswissenschaften den allgemeinen Entwicklungstendenzen der heutigen Wissenschaft unterworfen sind, also der Industrialisierung, der Kollektivität und der Komplexität der wissenschaftlichen Tätigkeit [3].

Die Analyse wissenschaftlicher Publikationen [4, 6] und Patente [5] zeigt sehr anschaulich die Tendenz zur Kollektivität. So waren z. B. zu

Beginn des Jahrhunderts in der Chemie 85% aller Arbeiten Veröffentlichungen einzelner, heute dagegen sind es nur noch 35%. Entsprechend gewachsen ist der Anteil der Kollektiv-Arbeiten [5], [6], [4].
Neben der Tendenz zu wachsender Kollektivität in der wissenschaftlichen Arbeit sind auch qualitative Veränderungen der wissenschaftlichen Kollektive selbst festzustellen. An die Stelle von Wissenschaftlerkollektiven, die in fachspezifischer Hinsicht homogen zusammengesetzt sind, treten in zunehmendem Maße interdisziplinäre Kollektive, die im Interesse der komplexen Erforschung ein und desselben Objekts Wissenschaftler verschiedener und oft sehr unterschiedlicher Fachgebiete vereinen. Im bereits erwähnten Institut für Physiologie (Koltuši) sind im Laboratorium für Physiologie des Sehens z. B. annähernd ein Drittel aller Mitarbeiter Vertreter „anderer“ Fachgebiete, im Laboratorium für Physiologie des Sprechens beträgt dieser Prozentsatz sogar zwei Drittel (Physiker, Linguisten, usw.). Als Beispiel für solche Kollektive können auch die biologische Abteilung des Physikalisch-technischen Instituts sowie die Gruppe für mathematische Linguistik der Leningrader Abteilung des Instituts für Sprachwissenschaft der Akademie der Wissenschaften der UdSSR gelten. Man könnte noch mehr derartige Beispiele anführen, aber es geht ja nicht um die Beispiele, sondern um die allgemeine Tendenz der Wissenschaft zur Integration des Wissens. Diese Tendenz ist die andere Seite der zunehmenden Differenzierung der wissenschaftlichen Disziplinen (wenn sie auch vielleicht nicht so augenscheinlich sichtbar wird wie diese).
In solchen komplexen wissenschaftlichen Kollektiven komplizieren sich die Prozesse der Zusammenarbeit der Mitarbeiter. In der Hauptsache ist das darauf zurückzuführen, daß Inhalt und Sprache der Disziplin des anderen nicht genügend bekannt sind. Es steigen auch die Anforderungen an die persönliche Verantwortlichkeit und die wissenschaftliche Sorgfalt aller Mitglieder des Kollektivs, denn der Fehler des einzelnen kann zum Mißerfolg aller führen. Schwieriger wird auch die Leitung der Kollektive.
Die Hauptaufgaben des Leiters eines wissenschaftlichen Kollektivs bestanden in der Vergangenheit darin, selbst wissenschaftlich zu arbeiten und die Mitarbeiter anzuleiten. Die Anleitung trug im wesentlichen pädagogischen Charakter und diente der weiteren Vervollkommnung der jungen Wissenschaftler. In das Aufgabengebiet des Leiters fielen auch die Koordinierung der Anstrengungen aller Mitarbeiter zur Lösung einer gemeinsamen Aufgabe und die Ausarbeitung einer wissenschaftlichen Prognose.
Mit den prinzipiellen und einschneidenden Veränderungen der Aufgaben und mit der Zusammensetzung der wissenschaftlichen Kollektive haben

sich auch die Funktionen des Leiters geändert. Es werden sehr viel höhere Anforderungen an ihn gestellt. Er muß über umfassende wissenschaftliche Kenntnisse verfügen, er muß fähig sein, die allgemeine Strategie der Komplexforschung auszuarbeiten, die „Übersetzung" von einer wissenschaftlichen „Sprache" in die andere vorzunehmen und das Kollektiv zu führen.

Gehen wir zu Beispielen über. In den Laboratorien für Bioelektronik und Physiologie des Sprechens (Institut für Physiologie) sind die Leiter der Laboratorien, die Doktoren der biologischen Wissenschaften L. A. Čistovič und V. A. Koževnikov, vom traditionellen Anforderungsprogramm der Doktorandenprüfungen für Physiologie abgegangen. Statt dessen wurde ein spezielles Programm ausgearbeitet, das Grenzbereiche und Gebiete einschließt, die in Beziehung zum gemeinsamen Ziel stehen. Dieses Programm fordert die Aneignung nicht nur des in den Lehrbüchern und Standardwerken der Physiologie enthaltenen Wissens, sondern auch von Arbeiten über Elektronik, Akustik, Mathematik usw. Dieses Programm wurde der Doktorandenprüfung für die Aspiranten des Laboratoriums zugrunde gelegt. Die Bedeutung des Programms geht jedoch darüber hinaus. Es ist auch Grundlage des Selbststudiums und „Planaufgabe" für alle Mitarbeiter. In diesem Falle sind die Erfahrungen und das Wissen der Leiter zum Besitz des ganzen Kollektivs geworden.

Es geht nicht nur und nicht in erster Linie um derartige Maßnahmen zur Entwicklung des gegenseitigen Verständnisses in der wissenschaftlichen Arbeit. Ausschlaggebend für den Erfolg eines Laboratoriums und seines Leiters ist die Ausarbeitung einer wissenschaftlichen Prognose. Die Hoffnung auf eine plötzliche Entdeckung ist minimal. Weitaus effektiver ist der Weg der Perspektivplanung. Die genannten Laboratorien beteiligen sich zum Beispiel an der Bearbeitung des Fernzieles, Automatenprogramme zur Spracherkennung zu entwickeln. Ein solches Ziel kann natürlich nur erreicht werden, wenn viele Kollektive daran arbeiten. In den genannten Laboratorien sind Etappen zur Erreichung dieses Zieles festgelegt worden, nach denen die Mitarbeiter gruppiert wurden. Es wurde versucht, die Methoden der Netzwerkplanung für die Ausarbeitung eines solchen Planes einzusetzen. Diese Methoden erwiesen sich jedoch als für wissenschaftliche Forschungseinrichtungen wenig geeignet, was die Notwendigkeit ihres Studiums und ihrer Anwendung jedoch keineswegs aufhebt. Das betrifft vor allem ihre Anwendung auf der Ebene des gesamtstaatlichen Plans wissenschaftlicher Arbeiten sowie die Anwendung in der angewandten Forschung und bei Entwicklungsarbeiten.

Im Laboratorium für Physiologie des Vestibularapparates (Leiter V. A. Kisljakov) desselben Institutes besteht das strategische Ziel in der

Schaffung von ingenieurtechnischen Systemen für die Orientierung im Raum und für eine Navigationstechnik, die auf den Arbeitsprinzipien des Vestibularapparates von Tieren beruhen. Wieder wird die perspektivische Aufgabe in eine Reihe von Etappen, in gewisse „Knotenpunkte", aufgeteilt. Das Laboratorium unterhält Verbindungen zu anderen Einrichtungen, z. B. zum Leningrader Radiotechnischen Forschungsinstitut und zu medizinischen Einrichtungen. Das Laboratorium für Physiologie des Sehens hat mit folgenden Institutionen Kontakt hergestellt und führt gemeinsame Forschungen durch: mit dem Laboratorium für Bionik des Instituts für Fernsehen, mit dem Lehrstuhl für Automatik und Telemechanik des Leningrader Polytechnischen Instituts, mit dem Institut für angewandte Mathematik sowie mit einigen ausländischen Laboratorien. Die Laboratorien für Bioelektronik und Physiologie des Sprechens unterhalten Beziehungen zu wissenschaftlichen Einrichtungen in Novosibirsk, Penza und Moskau, mit Instituten in der Tschechoslovakei sowie zum Laboratorium für Sprachübertragung des Königlichen Technologischen Instituts in Schweden.
Langfristige Pläne erleichtern die Kontakte der Spezialisten. Gerade durch solche langfristigen Pläne entstehen und entwickeln sich die sogenannten „unsichtbaren Colleges", das heißt Verbindungen von Wissenschaftlern, die an einem gemeinsamen komplexen Thema arbeiten, die aber nicht administrativ zusammengeschlossen sind. Derartige Verbindungen werden auf verschiedenartige Weise und mit verschiedenen Methoden hergestellt — durch persönlichen Briefwechsel, den Austausch von Sonderdrucken, durch gegenseitige Besuche, durch zeitweise Arbeit in anderen Zentren usw. Zu einer interessanten Form derartiger Kontakte sind die traditionellen alljährlichen „Schulen" geworden, wie z. B. die „ARSO"[1] („Automatische Erkennung akustischer Bilder"). An der Arbeit solcher „Schulen" nehmen manchmal 100 bis 150 Personen teil. Es wird vor allem der Stand der Erforschung des Problems besprochen, es wird diskutiert, und zuweilen werden einzelne Arbeiten vorgetragen. Außer der Darlegung der Ergebnisse erfolgt auch eine gemeinsame Erörterung der Pläne und Programme der weiteren Forschung. Solche „Schulen" werden auch von den Mathematikern der Leningrader Abteilung des Instituts für Mathematik in Komarovo bei Leningrad regelmäßig organisiert. An der Arbeit der Seminare beteiligen sich nicht nur die „reinen" Mathematiker, sondern auch Physiker, Vertreter der Mechanik und manchmal auch Physiologen. Das richtet sich ganz nach dem Arbeitsprogramm der Seminare. Innerhalb solcher freiwilliger schöpfe-

[1] Avtomatičeskoje raspoznavanije sluchovych obrazov — d. Ü.

rischer Gruppen, die durch eine „Schule" vereint werden, entstehen manchmal engere Gruppierungen, die durch die Einheit der Aufgabe, der Methode oder des Zieles verbunden sind.

Die Ausarbeitung einer Forschungsstrategie garantiert also sowohl dem Laboratorium als auch jedem einzelnen Mitarbeiter langfristige Pläne und verleiht ihnen Sicherheit und Zielstrebigkeit in der Arbeit. Eine solche Strategie erleichtert auch die Kontakte zwischen den Laboratorien und Instituten ganz erheblich und macht es darüber hinaus leichter, Verbindungen mit der Industrie und mit Entwicklungs- und Konstruktions-Instituten herzustellen. Denn von der Strategie werden ja gleichzeitig auch die Perspektiven der praktischen Nutzung der Forschungsergebnisse vorgezeichnet. Das Problem der Überführung der wissenschaftlichen Ergebnisse in die Praxis wird so auf natürliche Weise gelöst.

Die Fragen der Koordinierung und der Perspektivplanung werden heute insgesamt immer mehr beachtet. Wir möchten hier die Ergebnisse einer Befragung anführen, die unter den Leitern der Laboratorien der Leningrader Institute der Akademie der Wissenschaften der UdSSR vorgenommen wurde. Ihnen allen wurde die Frage vorgelegt, wie sie zu dem gegenwärtig angewandten offiziellen System der Planung und Koordinierung wissenschaftlicher Forschung stehen.

Keiner der Befragten (142 Personen) lehnt das Prinzip der langfristigen komplexen Planung ab, jedoch ruft das Administrieren bei seiner Verwirklichung natürliche Proteste hervor. Wir möchten nur eine Äußerung anführen, die offenbar die allgemeine Ansicht ausdrückt: „Wissenschaftliche Arbeit ist nur im Kollektiv möglich. Einzeldenken ist so unfruchtbar wie Eunuchentum. Komplexe Verflechtungen zwischen den Laboratorien sind notwendig und realisieren sich wunderbar ohne administrativen Segen. Nur dann leben sie. Im umgekehrten Fall ist das eine erzwungene Ehe, obwohl sie auch dann manchmal leben!" Beispiele für „Liebesehen" haben wir oben genannt.

Von äußerster Wichtigkeit für den Erfolg der kollektiven Arbeit ist die Auswahl der Mitglieder nach ihren psychischen, fachlichen und moralischen Eigenschaften. Jeder wird verstehen, daß ein Laboratorium, das nur aus „Ideenproduzenten" besteht, kaum einige Monate lang existieren kann. Laboratorien hingegen, in denen Menschen dieser Art überhaupt fehlen, existieren leider länger, jedoch kann ihre Existenz kaum als zweckmäßig angesehen werden. Es ist offenbar an der Zeit, sich ernsthaft mit einer Typologie der wissenschaftlichen Mitarbeiter und mit dem Problem der Vereinbarkeit verschiedener Typen zu befassen. Dies ist im Ausland teilweise schon geschehen (A. Roe, H. Selye). Aber die Erforschung dieses großen Problems steht erst am Anfang. Wichtig ist es auch, Typen von Kollektiven zu erforschen. Ihre traditionelle Einteilung in „anarchische", „autoritäre" und „demokratische" gibt zwar die Möglichkeit, die Vorzüge der letzteren zu zeigen. Sie ist aber unzureichend, da sie weder den Charakter der Aufgabe des Kollektivs noch die Dringlichkeit der zu lösenden Probleme, noch die Spezifik der Forschungsarbeit berücksichtigt und viele andere Aspekte ebenfalls außer acht läßt.

Die schöpferische Arbeit wird auch vom moralischen Niveau und der psychologischen Atmosphäre des Kollektivs stark beeinflußt. Eine konkrete Analyse zeigt, daß die „einfachsten" Konflikte zu einer starken Verminderung der Produktivität der kollektiven Arbeit führen können, manchmal sogar zur völligen Unmöglichkeit wissenschaftlicher Arbeit. So bedeutete zum Beispiel das Ausscheiden eines Mitarbeiters aus dem Laboratorium für Physiologie des Vestibularapparates des Instituts für Physiologie einen Produktivitätsverlust von mindestens 2 Jahren, da diese Zeitdauer erforderlich ist, um einen neuen Mitarbeiter heranzubilden. Eine außerordentlich ernste Situation ist im Konstruktionsbüro in Pulkowo durch die Kaderfluktuation entstanden. Weder der berühmte Name des Observatoriums noch die interessante Arbeit halten die Jugend dort. Die Befragung einiger Ingenieure, die gekündigt hatten, gab Aufschluß über eine paradoxe Situation: Die Ingenieure scheiden aus, weil sie sich praktisch in Laboranten der Astronomen verwandeln. Sie haben keine Möglichkeit, sich als Ingenieure beruflich zu entwickeln.

Zur Sicherung günstiger Bedingungen und zur Überwindung von Konfliktsituationen bedarf es nicht nur der intuitiven Fähigkeiten einzelner Leiter, sondern auch ernsthafter psychologischer und soziologischer Untersuchungen. Wissenschaftliche Arbeit ist eine der kompliziertesten Arten menschlicher Tätigkeit. Sie erfordert eine langjährige Ausbildung und besondere Arbeitsbedingungen. Außerdem sind diese Arbeit und ihre Effektivität in außerordentlich starkem Maße abhängig vom psychischen Zustand des Menschen, von seinen Stimmungen, Gefühlen u. ä. Es kostet kaum Mühe, einen Menschen „außer sich" zu bringen und seine Konzentrationsfähigkeit und die Ausrichtung seines Denkens auf das Forschungsobjekt zu zerstören, aber es ist unglaublich schwer, den schöpferischen Zustand wiederherzustellen. Es hat noch niemand die nervliche Anspannung und den nervlichen Einsatz des Wissenschaftlers gemessen, aber es kann a priori gesagt werden, daß die Beschäftigung mit der Wissenschaft eine der nervenaufreibendsten Formen menschlicher Tätigkeit ist. Diese nervliche Anspannung ist darüber hinaus nicht nur zeitweiliger, kurzfristiger Art. Sie tritt nicht nur bei einmaligen Anstrengungen auf, sondern sie ist der ständige, permanente Zustand des Menschen. Die

Denkprozesse des Wissenschaftlers laufen in jeder Umgebung weiter ab. In dieser Hinsicht gibt es für ihn keine Freizeit.
Die von uns durchgeführten Untersuchungen über Konfliktsituationen in wissenschaftlichen Forschungseinrichtungen [2] erlauben es, die Ursachen von Konflikten in drei große Gruppen einzuteilen: 1. psychologische Unvereinbarkeit (charakterliche Eigenschaften, Verhaltensmängel); 2. die Unfähigkeit des Leiters, wissenschaftlich zu führen; 3. Mängel der Arbeitsorganisation.
Eine der moralischen Pflichten des Leiters muß darin bestehen, ständig eine Art „Kampf gegen den eigenen Personenkult" zu führen. Ohne Subordination und Hierarchie läßt sich auch wissenschaftliche Arbeit nicht organisieren. Das darf aber nicht dazu führen, daß die Gleichheit *aller* Wissenschaftler bei der Lösung wissenschaftlicher Probleme aufgehoben wird. Diese Gleichheit muß trotz unterschiedlichen Wissens und ohne Ansehen der Dienststellung gewährleistet sein. Schöpfertum ist vor allem Arbeit, nicht aber Instinkt oder Ausdruck angeborener Fähigkeiten. Aufgabe des Leiters muß es sein, eine schöpferische Atmosphäre im Kollektiv zu schaffen. Die Arbeit muß, wie es Professor A. S. Iontov (Leiter des Laboratoriums für Ultrastrukturen des Instituts für Physiologie) ausgedrückt hat, „die Erdung der negativen Gefühle sein". Vor allem in ihr muß der Mensch den Sinn des Lebens und die Form seiner sozialen Selbstbestätigung finden.
Eine spezielle Erörterung verlangen die Fragen der Arbeitsordnung in den Laboratorien. So erlaubt es z. B. Akademiemitglied P. L. Kapica niemandem, nach Beendigung des Arbeitstages am Arbeitsplatz zu verbleiben. Ist das gut? Ein solches System hat sicherlich seine guten Seiten, es diszipliniert den Menschen, zwingt ihn, die Arbeitszeit maximal zu nutzen, und gibt ihm die Möglichkeit, ein normales Leben zu führen. Mitchell Wilson beschreibt in einem seiner Romane die Aufnahme eines neuen Mitarbeiters in das Laboratorium: Man überreicht ihm die Schlüssel des Instituts und des Laboratoriums, und weiter unterliegt er keiner Kontrolle. Er kann kommen, wann er will, und soviel und zu einer Zeit arbeiten, wie ihm das nötig erscheint. Er muß nur die geplante Aufgabe rechtzeitig und in der geforderten Qualität lösen.
Welche der beiden Methoden ist besser? Diese Frage ist heute noch schwer zu beantworten. Aber es scheint, daß größere Beweglichkeit und die Berücksichtigung verschiedenartigster Bedingungen — der Spezifik der wissenschaftlichen Aufgabe, ihrer Dringlichkeit und selbst der individuellen Besonderheiten und Gewohnheiten des Menschen — eine bessere Grundlage für die Lösung der Probleme schaffen.
Eine Form der Umgestaltung eines ungeordneten Konglomerats von

Wissenschaftlern zu einem Kollektiv, d. h. zu einer organischen Einheit, die sich einer gemeinsamen Aufgabe unterordnet, ist die gemeinsame Diskussion von Methoden, Ergebnissen, Angaben aus der Literatur u. dgl. Man denke an die berühmten „Mittwoch-Treffen" bei Pavlov oder die „Dienstage" bei P. L. Kapica. Von ähnlichen kollektiven Diskussionen bei Niels Bohr berichtet R. Jungk in seinem Buch „Heller als tausend Sonnen". Solche Traditionen gibt es leider nicht überall, oder sie werden zu formal wahrgenommen. Dabei sind sie geeignet, das kollektive Denken zu „materialisieren" und zur besten Schule einer schöpferischen Arbeitsweise der wissenschaftlichen Mitarbeiter zu werden. Nichtformelle Diskussionen über beliebige Probleme, von den Arbeitsplänen bis zur Analyse der studierten Literatur, werden im obengenannten Laboratorium als Arbeitsprinzip angesehen. A. S. Iontov ist der Meinung, daß eine Aussprache, die zu keinem Meinungsstreit geführt hat, die nicht alle Beteiligten zum Denken angeregt hat und die nur formalen Charakter trug, „die Schleusen des Verstehens schließt" und in Wahrheit unnötig gewesen ist.
Das Studium der verschiedensten Ursachen von Konflikten sowie der Formen und Methoden zur Überwindung von Konflikten muß zur normalen, täglichen Arbeit der Leitungsorgane und der gesellschaftlichen Organisationen in wissenschaftlichen Einrichtungen werden.
In den letzten Jahren sind in unserem Lande Dutzende von Wissenschaftler-Städten entstanden. Die ältesten davon sind Pulkovo und Koltuši. Neue sind im Entstehen — das Novosibirsker Zentrum, Apatity, Obninsk, Dubna, Puščino, Borok, Dal'nie Zelency, Bjurokan und andere. Die soziologische Untersuchung des Lebens, des Alltags und der schöpferischen Arbeit in diesen wissenschaftlichen Zentren ist von großem Interesse. Solche Forschungen beginnen in unserem Lande gerade erst. Damit es die Menschen in diese Zentren zieht, muß man dort bessere Bedingungen schaffen, als sie in den Großstädten bestehen. Das betrifft nicht nur die allgemeinen Lebensbedingungen, die sehr wichtig sind, sondern auch die Ausstattung der Bibliotheken, die materielle Ausrüstung, das Transportproblem usw.
Unter heutigen Bedingungen ist das System der Leitung eines wissenschaftlichen Kollektivs und der Wissenschaft im ganzen einer jener Faktoren, die das wissenschaftliche Schöpfertum am stärksten beeinflussen. Alle Aspekte der Leitung — der politische, der wissenschaftliche und der administrativ-ökonomische — müssen flexibel sein. Sie müssen die Veränderungen in der Entwicklung der zeitgenössischen Wissenschaft schnell erfassen und sich der Hauptaufgabe — der Sicherung der wissenschaftlich-schöpferischen Arbeit — unterordnen.

Bei der Analyse und Ausarbeitung wissenschaftlich begründeter Formen der Wissenschaftsleitung (eine Aufgabe der Wissenschaftskunde) ist auf die volle Entfaltung schöpferischer Fähigkeiten und Zielsetzungen des Wissenschaftlers zu orientieren. Das Schöpfertum des Wissenschaftlers ist die eigentliche Lebenskraft aller Wissenschaft. Durch seine schöpferische Arbeit werden gesellschaftliche Werte geschaffen. Ein optimales Leitungsschema produziert nicht selbst neues Wissen, es ist nur insofern nötig, als es in der Lage ist, die Tätigkeit des Wissenschaftlers zu organisieren und ihre Effektivität zu erhöhen. Nicht der Wissenschaftler muß sich an die unabhängig von ihm entstandenen Organisationsformen der Tätigkeit anpassen, sondern diese Formen müssen der Spezifik der wissenschaftlich-schöpferischen Arbeit entsprechen. Die Tatsache, daß die Bedeutung von Organisation und Leitung in der zeitgenössischen Wissenschaft zugenommen hat, darf nicht dazu führen, daß starr reglementiert wird. Eine starre Reglementierung hat eine lebendige Sache immer gefesselt und hemmt sie auch heute.

Literaturverzeichnis

[1] Auger, P., Current trends in scientific research, Paris 1962.

[2] Lejman, I. I., Naučnyj kollektiv kak ob-ekt social'nogo issledovanija, in: Učenye zapiski kafedr obščestvennych nauk g. Leningrade. Filosofija, 1968, 9. Lieferung

[3] Mikulinskij, S. R.; Rodnyj, N. I., Nauka kak predmet special'nogo issledovanija, in: Voprosy filosofii, 1966, Nr. 5

[4] Price, D. J. de Solla, Science since Babylon, New Haven 1962

[5] Puti povyšenija effektivnosti naučnogo truda, Teil 1, Novosibirsk 1966

[6] Rodnyj, N. I., O probleme obščich zakonomernostej razvitija nauki, in: Voprosy istorii estestvoznanija i techniki, 1965, Heft 18

[7] Roe, Anne, The making of a scientist, New York 1953

[8] Selye, H., Vom Traum zur Entdeckung. Vademecum eines Wissenschaftlers, Wien-Düsseldorf 1965

B. A. Frolov

Kollektiv und Motivation des Schöpfertums

Die vorliegende Untersuchung soll einen Beitrag zur Klärung der Frage liefern, ob eine kollektive Zusammenarbeit die schöpferische Arbeit in Wissenschaft und Technik zusätzlich stimuliert und welcher Art die Anregungen sind, die gegebenenfalls von ihr ausgehen. Es wurden schöpferisch arbeitende Kollektive aus folgenden Bereichen analysiert:

1. Kollektive, die im Moskauer Werk für Innenschleifmaschinen zum Zwecke des Erfahrungsaustausches gebildet wurden,
2. das Gesellschaftliche Institut für Arbeiterforscher im Omsker Reifenwerk,
3. das studentische Konstruktionsbüro an der Hochschule für Maschinenbau in Omsk,
4. die Sommerschulen der Allsibirischen physikalisch-mathematischen und Chemie-Olympiaden (bei der Sibirischen Abteilung der Akademie der Wissenschaften der UdSSR).

Das mittels Beobachtung und Befragung gesammelte Material ermöglicht es, die Eigenart und Bedeutsamkeit der Motive, die die Mitglieder der obengenannten Kollektive zu schöpferischer Tätigkeit bewegen, zu untersuchen.

Die untersuchten Kollektive weisen bei aller Verschiedenheit folgende gemeinsame Züge auf: Sie sind „von unten" entstanden, d. h. auf Wunsch oder Initiative der Teilnehmer selbst. Sie arbeiten in der Freizeit der Mitglieder. Die Mitglieder werden für ihre Arbeit nicht materiell entschädigt. Es wird ein maximaler Austausch nützlicher Informationen angestrebt.

Das Bestreben, die Anstrengungen bezüglich der schöpferischen Tätigkeit zu vereinen, spricht unserer Meinung nach dafür, daß es eine vom Kollektiv selbst ausgehende zusätzliche Motivation geben muß, die sich auf die Mitglieder auswirkt. Um diese Motivation aufzuhellen, wurden die konkreten Bedingungen der Arbeit der verschiedenen Kollektive analysiert.

Die Kollektive aus dem ersten und zweiten Bereich entstanden in Betrieben. Sie haben produktionstechnische Aufgaben zu lösen. Die Kollektive aus dem dritten und vierten Bereich sind vor allem Studienkollektive.

1. Die Gruppen für „kollektiven Erfahrungsaustausch" des ersten Bereichs vereinen Arbeiter desselben Berufs, aber verschiedener Qualifikation. In einer Gruppe arbeiten meist nicht mehr als 20 Personen. Die Beziehung in diesen Gruppen stellt sich schematisch so dar:

Arbeiter ↔ Arbeiter.

In diesen Gruppen waren die Motive zu schöpferischer Arbeit von der Qualifikation abhängig. Für Arbeiter der niedrigeren Qualifikationsstufe ist geistige Arbeit ein zugänglicher und konkreter Weg, die Qualifikation zu erhöhen [4]. Dem Arbeiter, der bereits über eine sehr hohe Qualifikation verfügt, bietet sie unter anderem die Möglichkeit, die eigene Tätigkeit im Arbeitsgebiet unter anderen Gesichtspunkten zu sehen. Das hilft ihm, bisher unbewußte psychische Gebilde (ein Ausdruck J. A. Ponomarjovs [19, S. 342]) bewußt in Neuerervorschläge umzusetzen.

Die Möglichkeiten der „Gruppen des kollektiven Erfahrungsaustausches" sind dadurch beschränkt, daß ihre Mitglieder nicht über die Grenzen des Berufs hinausdenken und deshalb nur Vorschläge zu Teilverbesserungen der betrieblichen Produktionsprozesse machen können.

2. Das Gesellschaftliche Institut der Arbeiterforscher entstand auf einer prinzipiell anderen Grundlage. Hier wurde von Anfang an angestrebt, eine Zusammenarbeit zwischen Arbeitern und ingenieurtechnischem Personal (ITP) zu erreichen. Es ergibt sich folgendes Beziehungsschema:

Arbeiter ↔ ITP
↕ ↕
Arbeiter ITP

Die entscheidende Beziehung in diesem Schema ist die Beziehung Arbeiter — ITP. Dahinter steht ein Komplex von Motiven [3]. Diese kann man in drei Gruppen unterteilen.

a) Für Arbeiter und ingenieurtechnisches Personal gemeinsame Motive. Sie ergeben sich daraus, daß beide Gruppen bestrebt sind, Zwischenstufen bei der Informationsweitergabe zu beseitigen. Vor dieser direkten Zusammenarbeit lief der Informationsfluß über Versuche den Weg: Arbeiter — Laborant — Ingenieur — Leiter des Themas. Durch die vielen Zwischenglieder wurden die Versuchsergebnisse teilweise verzerrt

wiedergegeben. Es traten Unbestimmtheiten, Störungen, Konflikte auf, und die Nervosität erhöhte sich.
b) Motive, die für die Arbeiter (besonders die Stammarbeiter) spezifisch sind. Sie hängen mit der Möglichkeit zusammen, ihre großen praktischen Erfahrungen nutzen zu können. Diese Arbeiter zieht an, daß sie im genannten Institut die Möglichkeit erhalten, von der Ausführung stereotyper, mechanischer Arbeitsaufgaben wegzukommen und die theoretischen Ziele und Perspektiven der Arbeit kennenzulernen. Ein wichtiges Motiv ist auch, daß sie dort die Möglichkeit haben, ohne Unterbrechung der Berufstätigkeit eine technische Fach- oder Hochschulbildung zu erwerben.
c) Motive, die für das ingenieurtechnische Personal spezifisch sind. Sie ergeben sich vor allem dadurch, daß die effektivere Arbeit der dem Institut angehörenden Arbeiter eine Zeiteinsparung bei der Organisation, Planung und Erörterung der Experimente erbringt, und dadurch, daß die Ingenieure von den Schwierigkeiten, die ein ständiger Mitarbeiterwechsel mit sich bringt, befreit sind, so daß sie die Möglichkeit haben, sich mehr der reinen Ingenieurarbeit zu widmen.
Eine nicht unwichtige Motivierungsfunktion hat auch die Möglichkeit, neue Ergebnisse direkt im Betrieb unter realen Werksbedingungen experimentell überprüfen zu können, und die vom Institut gebotene Gelegenheit, das allgemeine theoretische Wissen durch das Kennenlernen vieler technischer Nuancen ergänzen zu können.
Die Analyse der für Arbeiter und ingenieurtechnisches Personal jeweils spezifischen Motive zeigt, daß eine Realisierung dieser Motive die Zusammenarbeit beider Gruppen von Mitarbeitern erfordert. Weder die Arbeiter noch die Ingenieure können schöpferisch tätig werden, ohne die Erfahrungen der jeweils anderen Mitarbeitergruppe zu nutzen. Sie sind voneinander abhängig. Gerade diese wechselseitigen Anregungen und der sich gegenseitig ergänzende qualitative Unterschied der Kollektivstruktur vergrößern die Lebensfähigkeit und Produktivität des Gesamtkollektivs.
3. Im studentischen Konstruktionsbüro ist die auf technische Erfindungen und Neuerungen gerichtete schöpferische Tätigkeit Bestandteil des Studienprozesses. Das Schema der Beziehungen sieht hier folgendermaßen aus:

Techn. Hochschule ⟶ Student ⟷ Betrieb
↕
(Wissenschaftl. Leiter) ⟶ Student ⟷ Betrieb (Auftraggeber)

Für die Studenten schafft die Arbeit an realen Projekten die Bedingungen für die erfolgreiche Lösung schöpferischer Aufgaben, die der konkreten inhaltlichen Situation entsprechen, s. a. [9]. Den Studenten wird eine erheblich größere Selbständigkeit bei der Auswahl und Bearbeitung eines Themas zugebilligt. Sie beginnen sich als Fachleute und nicht als Schüler zu fühlen. Die Möglichkeit, selbst etwas Praktisches leisten zu können, die theoretischen Kenntnisse in einem anschaulichen, nützlichen Ergebnis realisieren und konkretisieren zu können, übt eine große Anziehungskraft aus [5].
Die Beziehungen zwischen den Studenten, die sich hierdurch ihre Einbeziehung in die Arbeit des Betriebes anders gestalten als während der Zeit des Studiums an der Hochschule, beschleunigen ihre Entwicklung zu Fachleuten.
4. Die Organisation alljährlicher Mathematik-Physik- und Chemie-Olympiaden für Schüler gehört zum System der von der Sibirischen Abteilung der Akademie der Wissenschaften der UdSSR ergriffenen Maßnahmen zur Entwicklung und Förderung wissenschaftlicher Kader.
Die Grundprinzipien der Olympiaden wurden von führenden Wissenschaftlern sowie vom Rat junger Wissenschaftler (RJW) der Sibirischen Abteilung der Akademie der Wissenschaften der UdSSR ausgearbeitet.
Die Lehrveranstaltungen der Sommerschulen unterscheiden sich vom gewöhnlichen Lernprozeß durch die Menge schnell schwieriger werdender Information, die auf einem hohen theoretischen Niveau vermittelt wird, und durch die Vielfalt der Informationskanäle. Letzteres wird aus dem Schema des Lernprozesses in der Sommerschule ersichtlich:

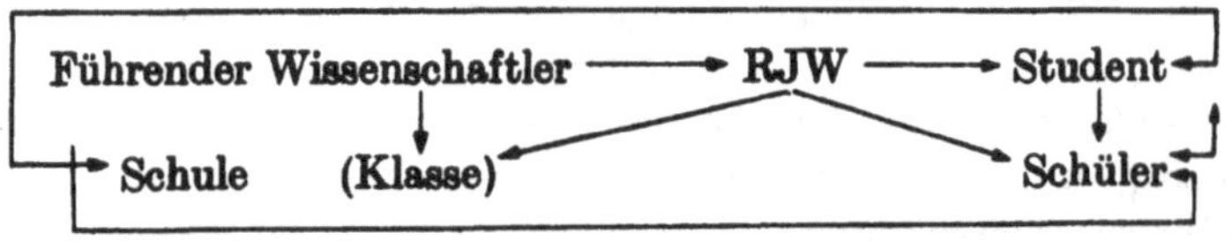

Das Kollektiv kann hier die Lücken schließen, die beim einzelnen Schüler z. B. dadurch entstanden sind, daß er Teile einer Vorlesung nicht verstanden hat, und zugleich ist jeder Schüler für das Kollektiv als möglicher Träger individuell aufgenommener Information von Interesse. Deshalb haben die Kollektive der Sommerschulen gegenüber normalen Klassen der Mittelschule eine größere Mobilität bei der Weitergabe, Aufnahme und Aneignung neuer nützlicher Information sowie bei ihrer schöpferischen Anwendung [1].
Die Vergrößerung des Anteils kollektiver Forschungsarbeit als not-

wendige Bedingung der wissenschaftlich-technischen Revolution wirft natürlich die Frage auf, ob das Kollektiv das Individuum zu produktiver schöpferischer Tätigkeit anregen kann.
Ausländische Forscher geben auf diese Frage in der Regel eine negative Antwort. Die in den USA durchgeführten Experimente von Taylor, Barry und Block ergaben keinerlei Vorzüge der Gruppenarbeit gegenüber der individuellen; in den meisten Fällen erbrachte letztere die quantitativ und qualitativ besten Resultate [7, S. 85].
Die in den USA und anderen Ländern angewandten praktischen Methoden zur Organisation schöpferischer Leistungen in mit wissenschaftlich-technischen Problemen befaßten Gruppen, vor allem das „brainstorming", orientieren auf die Enthemmung des einzelnen, um ihn anzuregen, durch freies Assoziieren möglichst viele originelle Ideen zu produzieren [18]. Charakteristisch ist, daß die Individuen beim „brainstorming" als einzelne arbeiten und daß ihre zeitweilige Vereinigung in der Gruppe nichts bewirkt, was in der Lage wäre, eine besondere Motivation für schöpferische Arbeit hervorzurufen.
Eine analoge Richtung ist auch in ausländischen Veröffentlichungen zur Theorie der Organisation kollektiver Zusammenarbeit in Wissenschaft und Technik festzustellen. So hält z. B. A. A. Moles, Autor eines großen Werkes über die Methodologie des wissenschaftlichen Schöpfertums, „schöpferischen Dynamismus" und „Originalität" für die wichtigsten Faktoren beim Aufbau einer Wissenschaftlergruppe, weil sie fähig sind, „die Anstrengungsbereitschaft des einzelnen anzufeuern" und „die Phantasie von Alltagsgedanken und Sorgen zu befreien" [15, S. 175].
Bei uns entwickeln sich prinzipiell andere Tendenzen des kollektiven Schöpfertums. Entsprechend anders muß natürlich auch seine theoretische Behandlung sein.
Die kurze Übersicht über die Besonderheiten der von uns untersuchten Kollektive hat gezeigt, daß ihnen allen etwas Wesentliches gemeinsam ist. In allen Kollektiven arbeiten nämlich Gruppen zusammen, die sich ständig gegenseitig anregen. Gerade diese gegenseitige Beeinflussung bringt unter bestimmten Umständen eine zusätzliche Motivation hervor, die die schöpferische Aktivität des Kollektivs erhöht.
In den theoretischen Auffassungen über die Motivation der Arbeitstätigkeit lassen sich zwei entgegengesetzte Standpunkte unterscheiden. Dem einen Standpunkt zufolge [14] ist die Hierarchie der Motive, die der Hierarchie der Bedürfnisse entspricht, etwas Konstantes, etwas dem Menschen ein für allemal Gegebenes. Die Vertreter des anderen Standpunktes [2, 11, 12] gehen davon aus, daß die Bedürfnisse der Persönlichkeit gesellschaftlich bedingt sind, und behaupten die Veränderlichkeit

der Motivationsstruktur entsprechend den Veränderungen der gesellschaftlich-sozialen Bedingungen.
In den USA, wo die Frage der Arbeitsmotivation am weitesten erforscht ist, werden von verschiedenen Autoren solche Motive wie reine Wißbegier, das edle Streben, der Menschheit oder seinem Volke zu dienen, aber auch Ehrgeiz und materielle Interessiertheit in den Vordergrund gerückt. Die letzteren Motive werden oft als die vorherrschenden angesehen, und nicht selten wird auf Grund der Gemeinsamkeit des Erfolgsstrebens die Tätigkeit des Wissenschaftlers mit der Karriere des Geschäftsmanns verglichen [7, S. 91–92]. Im großen und ganzen kann man diese Motive in drei Hauptgruppen einteilen:

a) Wißbegier, reine Erkenntnis- und Forschungsmotive, die auf den Gegenstand und den Inhalt der Tätigkeit gerichtet sind;
b) Motive der persönlichen Interessiertheit, der Selbstbestätigung, des Wettbewerbs, des Erfolgs;
c) Höhere soziale Impulse, das Bestreben, der Gesellschaft zu nutzen.

Eine solche durch methodische Überlegungen bestimmte Gliederung trifft natürlich nur bedingt zu. In Wirklichkeit wird der Mensch in seiner Tätigkeit durch komplizierte Geflechte von Motiven geleitet, deren Gesamtheit von allen drei Gruppen beeinflußt wird.
Die bedingte Unterscheidung von drei Hauptgruppen in der Motivation des Schöpfertums (gegenständlich-inhaltliche, persönliche und gesellschaftliche) sagt noch nichts aus über die Beständigkeit der Hierarchie der Motive. Unser Material veranlaßt uns, diese Hierarchie als sehr veränderlich anzusehen. Man kann nicht umhin, I. Maltzman darin zuzustimmen, daß die Veränderung der Motive die Besonderheiten des individuellen Verhaltens bestimmt und daß die instabilen Antriebe die wichtigsten Quellen der Motivation des Denkens sind [13].
Im folgenden wird das Material über die relativ am besten untersuchten Kollektive ausgewertet. Dabei soll die Wirkung der drei obengenannten Motivgruppen verfolgt werden. Für Produktionskollektive geschieht das am Beispiel des Gesellschaftlichen Instituts für Arbeiterforscher und für Lernkollektive am Beispiel der Sommerschule für Physik und Mathematik.
Die erste Motivgruppe (a) erwies sich in beiden Institutionen als die stabilste. Es ist daher anzunehmen, daß sie die wichtigste Gruppe in der Motivation des wissenschaftlichen Schöpfertums ist. An den Materialien aus dem Institut für Arbeiterforscher wird sichtbar, daß die schöpferischen Denkprozesse der Erfinder und Neuerer sich unvermeidlich in irgendwelchen Grenzgebieten der Tätigkeit bewegen, darunter in Be-

reichen theoretisch höherer Ordnung (d. h. in Bereichen mit einem komplizierteren Zeichensystem). Die Aneignung solcher Bereiche übersteigt oft die Kraft des einzelnen. Dann tritt das Kollektiv als Träger von Kenntnissen in Aktion, die für den Erfolg der schöpferischen Tätigkeit notwendig sind. Es ist wichtig zu unterstreichen, daß für die schöpferische Persönlichkeit in diesem Kollektiv besonders günstige Bedingungen dadurch gegeben sind, daß die benötigte Information stets „zur Hand" ist und gegeben wird, sobald die Notwendigkeit dazu entsteht. Eine solche „Injektion" von Wissen, die sich auf die spezifischen Kenntnisse nur eines Teils der Kollektivmitglieder stützt, kann den Konformismus des Gesamtkollektivs lockern. Dadurch erhält die Information, die sonst nur in stereotypen Operationen benutzt wurde, neues Leben und führt zu schöpferischen Akten [3].

Auch die geheimnisvollste Phase des schöpferischen Prozesses, die Phase der „Erleuchtung", wird hiervon betroffen. Zeigen wir das an einem Beispiel. In wissenschaftlichen Forschungsinstituten und Betrieben suchte man seit langem nach effektiven Mitteln gegen das frühe Altern von Reifen. Nach einer Vielzahl erfolgloser Versuche schlugen die Wissenschaftler eine teure äußere Wachsbehandlung der Reifen vor, andere aussichtsreiche Wege wurden nicht festgestellt. Wie bereits erwähnt, erhielten die Ingenieure des Omsker Werkes nach Schaffung des Instituts für Arbeiterforscher nicht nur die Möglichkeit, sich stärker mit theoretischen Fragen zu beschäftigen, sondern sie fanden im Schatz der praktischen Erfahrungen der Arbeiter auch gewisse für sie selbst unerwartete Aktionsmöglichkeiten. Der stellvertretende Leiter des Werkslabors, I. M. Cejtlin, wies auf Zeresin als ein mögliches Mittel gegen das Altern der Reifen hin. Dieser bekannte billige Stoff erschien wenig erfolgverheißend. Die Gummimischer V. Gricaj, G. Fazylov und andere Arbeiter übernahmen es, eine Untersuchung anzustellen, ohne daß sie die möglichen Ergebnisse voraussahen. Im Verlauf der Analysen und Probebeschickungen bemerkten sie gewisse Abweichungen der Mischungen von den angenommenen Parametern. Derartige Veränderungen konnten nur erfahrene Praktiker bemerken. Es entstand eine Hypothese: Zeresin verfügt über eine Reihe bisher unbekannter Eigenschaften. Bei der Durchsicht der entsprechenden technischen Literatur erwies sich, daß die entdeckten Eigenschaften des Zeresins unbekannt waren. Die gemeinsamen Anstrengungen wurden darauf gerichtet, die neuen Eigenschaften des Zeresins hinsichtlich der Möglichkeit, die „Widerstandsfähigkeit" des Gummis zu steigern, zu untersuchen. Wieder gab ein Ingenieur den Arbeitern die Richtung der Suche an, und die Arbeiter konkretisierten dies und gelangten zum gesuchten Resultat. Die nach

der neuen Methode produzierten Versuchsreifen erwiesen sich in Kontrolltests als um 7% langlebiger als gewöhnliche Reifen [6, S. 51–58].
Die Entdeckung des neuen Anti-Alterungsstoffes kann als das Ergebnis einer zweistufigen Kollektivuntersuchung angesehen werden. Auf jeder Stufe tritt als aktiv wirkende Kraft abwechselnd einmal der Ingenieur und das andere Mal der Arbeiter auf. Jeder erhält vom anderen im richtigen Moment die benötigte zusätzliche Information. Im Ergebnis entdecken beide Seiten neues Wissen, das sie getrennt nicht hätten finden können.
Wichtig ist hier auch der Umstand, daß der Informationsaustausch in einer gemeinsamen Sprache erfolgt. Der Arbeiterforscher kann schwerlich einen besseren Lehrer und Konsultanten finden als jenen Spezialisten, mit dem ihn die gemeinsame tägliche Arbeit verbindet. Wenn beide darüber hinaus durch eine gemeinsame schöpferische Aufgabe verbunden sind, dann ist der Effekt größer als bei der gewöhnlichen Arbeitsteilung. Unter diesen Bedingungen werden auch die persönlichen Sympathien und andere Motive der zweiten Gruppe verstärkt.
Ein Kollektiv, das auf der Grundlage „gegenseitiger Anregung" arbeitet, beschleunigt also die Aneignung der nützlichen Information, die für das Zustandekommen des schöpferischen Aktes benötigt wird, und beschleunigt somit den Prozeß der Erfindung oder Entdeckung. Ein solches Kollektiv weckt Wißbegier und befriedigt in höherem Maße reine Erkenntnis- und Forschungsmotive. Hierdurch wird eine zusätzliche Motivation geschaffen, die seine Mitglieder anzieht.
Die zweite Motivgruppe (b). In den amerikanischen Untersuchungen zur Psychologie des wissenschaftlichen Schöpfertums wird dieser Motivgruppe besonders große Beachtung geschenkt. In den von uns untersuchten Kollektiven spielte diese Motivgruppe jedoch kaum eine Rolle. Motive des direkten materiellen Vorteils, der Befriedigung von Ehrgeiz und Egoismus blieben völlig im Hintergrund.
Die Kollektivmitglieder erhalten keine direkte materielle Unterstützung. Mit dem Eintritt in das Kollektiv ist ein gewisser Verzicht auf bestimmte persönliche Vorteile und Interessen zugunsten allgemeiner Interessen verbunden.
Die Umstellung und die Zurückstellung von Motiven der zweiten Gruppe verlaufen bei den Mitarbeitern des Instituts für Arbeiterforscher konfliktlos, ohne inneren Kampf. Wie ist das zu erklären?
Mit dem ersten Ratschlag Hutchinsons „Steigern sie ihre Motivation!" [7, S. 89] sind besondere Anforderungen des Menschen an sich selbst gemeint, die das Interesse und die Begeisterung für die Aufgabe steigern sollen. Im Institut für Arbeiterforscher bedarf es solcher Anstrengungen praktisch nicht. Die zusätzliche Motivation wird von außen angeregt

und entwickelt sich unmerklich im Verlauf des normalen Verkehrs mit den anderen Mitgliedern des Kollektivs. Die Entwicklung dieses Prozesses selbst zu verfolgen ist schwierig. Sie zeigt sich mehr in den Ergebnissen. Die Tätigkeit des Individuums wird produktiver und wird von ihm selbst subjektiv als leichter und angenehmer empfunden.

Ein schöpferisches Kollektiv verfügt über ein bedeutend größeres stimulierendes Potential als das einzelne Mitglied. Dadurch wird das Individuum, das die Sphäre seiner schöpferischen Tätigkeit erheblich erweitert, angeregt, seine individuellen Besonderheiten aktiver zu entfalten. Im Institut für Arbeiterforscher wird die individuelle Eigenart seiner Mitglieder vollständiger verwirklicht, als das unter normalen Bedingungen der Fall wäre. Für manche bedeutet das die Möglichkeit, ein „interessantes und riskantes Experiment“ [16, S. 20] durchzuführen, für andere, „schnell kühne Entscheidungen zu treffen“ [6, S. 43]. Ein dritter wiederum handelt ganz anders — „er überprüft sorgfältig, bis ins kleinste jeden Versuch, jedes Detail“ [6, S. 54], da eben dies der Mentalität seines Charakters entspricht.

Es ist offensichtlich, daß sich die Motive der ersten und zweiten Gruppe nicht unabhängig voneinander entwickeln. So stärkt die erfolgreiche Arbeit eines Arbeiters oder Ingenieurs im Kollektiv des Instituts für Arbeiterforscher ihre persönliche Autorität und ihr Ansehen als Spezialisten. Die Aneignung neuer Kenntnisse und Arbeitsverfahren sowie die Möglichkeit, diese in der eigenen täglichen Arbeit anzuwenden, stellt eine zusätzliche Stimulation dar. Eine gefestigtere Position im Arbeitsprozeß, Sicherheit und die Freizügigkeit der Orientierung garantieren auch eine größere innere Freiheit der Persönlichkeit. Diese Erscheinungen können zur Freilegung neuer Quellen innerer Motivation führen [10].

In den von uns untersuchten Fällen bedarf es zur Entwicklung der Persönlichkeit nicht der Konkurrenz mit anderen Teilnehmern, nicht des Widerspruchs zwischen eigenen und fremden Interessen, nicht jener Faktoren, die von den amerikanischen Psychologen als die zentralen Stimuli für den „Geschäftserfolg“ der schöpferischen Persönlichkeit angesehen werden. Eines der für die amerikanischen Soziologen und Psychologen des Schöpfertums schwierigsten Probleme entfällt: der Wertekonflikt, der zwischen dem Streben nach Schöpfertum und dem Streben nach Erfolg entsteht [7, S. 92]. In diesem Unterschied zeigen sich letztlich die grundsätzlichen Unterschiede der gesamten gesellschaftlichen Struktur der beiden sozialen Systeme.

In den untersuchten Kollektiven entwickelten sich günstige Bedingungen für die Veränderung des Inhalts und der Gerichtetheit eines Teils der persönlich bedeutsamen Stimuli. Sie entsprechen vollständiger sowohl den persönlichen Bedürfnissen als auch den Erkenntnisbestrebungen und dem sozialen Streben der Persönlichkeit. Der interindividuelle Konflikt wird ersetzt durch den Konflikt der Ideen und den Konflikt zwischen Individuum und Aufgabe. Unter dem Gesichtspunkt des gesellschaftlichen Ideals wird die Persönlichkeit vollständiger entfaltet. Die Motive des Wettbewerbs, des persönlichen Vorteils, werden nicht aufgelöst, sondern transformiert. Sie werden in größerem Maße mit sozialem und erkenntnisbestimmtem Material, mit sogenannten „überbewußtem" Inhalt angefüllt [8].

Die dritte Motivgruppe (c) ist besonders elastisch und beweglich. Ihre Wirkung hängt direkt vom Lebensalter und dem Entwicklungsstand der Persönlichkeit ab. Dementsprechend zeigen sich derartige Motive bei den Erfindern aus dem Institut für Arbeiterforscher in erheblich stärkerem Maße als bei den Schülern der Sommerschule.

Ausgangspunkt für die Suche nach dem neuen Anti-Alterungsstoff im Institut für Arbeiterforscher war der im ganzen Land verbreitete Gedanke, Arbeits- und Materialreserven einzusparen. Dieses Motiv rief eine „Kettenreaktion" hervor, in die auch die Motive der ersten und zweiten Gruppe einbezogen wurden.

Insgesamt traten im Institut für Arbeiterforscher die Motive der dritten Gruppe am deutlichsten in der Anfangs- und in der Schlußetappe des schöpferischen Prozesses hervor. Sie bestimmen die *Richtung*, an der sich die Motive der anderen Gruppen orientieren. Von den Schülern, die an den Sommerschulen teilnehmen, kann dies nicht gesagt werden. Sie kennen die Wichtigkeit der Motive der dritten Gruppe, jedoch ist dieses Wissen in der Regel abstrakt, und das Verhalten wird praktisch von Motiven der ersten und zweiten Gruppe bestimmt. Am Beispiel der Sommerschulen kann gezeigt werden, wie ein schöpferisches Kollektiv eine komplexe Berichtigung, eine „Erziehung der Motive" zustande bringen kann [1].

Schlußfolgerungen

1. Ein Kollektiv verstärkt unter bestimmten Bedingungen die schöpferische Motivation seiner Mitglieder.
2. Eine dieser Bedingungen ist das Vorhandensein „gegenseitiger Anregungen" im Beziehungsschema der Mitglieder des Kollektivs, und zwar sowohl des Produktionskollektivs als auch des Studienkollektivs.
3. „Gegenseitige Anregungen" schaffen eine den Erkenntnisbedürfnissen, den persönlichen und sozialen Bedürfnissen entsprechende zu-

sätzliche Motivation. Es erfolgt eine gewisse Transformation von Motiven und eine Veränderung ihrer hierarchischen Struktur.

4. Die Wandlungen der Motivationsstruktur sowie die Möglichkeit der Erziehung von Motiven zeigen die Wandelbarkeit der Motivation des Schöpfertums unter der Einwirkung größerer sozialer Systeme, in die schöpferische Gruppen einbezogen sind.

Literaturverzeichnis

[1] Bers, A. A.; Frolov, B. A., Olimpiada — pervyj šag v nauku, Novosibirsk 1964

[2] Čelovek i ego rabota, Sociologičeskoe issledovanie, Moskva 1967

[3] Obščestvennyj institut rabočich-issledovatelej, in: Ekonomičeskaja gazeta, 1960, Nr. 178

[4] Frolov, B. A., Na pervom zanjatii, in: Kirovec, 1958, Nr. 24

[5] Frolov, B. A., Studenčeskoe konstruktorskoe bjuro, in: Ekonomičeskaja gazeta, 1960, Nr. 49

[6] Gricaj, V. I., Frolov, B. A., Obščestvennyj naučno-issledovatel'skij institut na zavode, Moskva, 1962

[7] Issledovanija po psichologii naučnogo tvorčestva v SŠA. Referativnyj sbornik IIEIT, vyr. XI. Moskva 1966

[8] Jaroševskij, M. G., Psichologija nauki, in: Voprosy filosofii, 1967, Nr. 5

[9] Jaroševskij, M. G., O modeljach processa naučnogo tvorčestva, in: Problemy naučnogo i techničeskogo tvorčestva. Materialy k simpoziumu (ijun', 1967), Moskva 1967

[10] Jaroševskij, M. G., Vnutrennjaja motivacija kak faktor naučnogo tvorčestva, in: Materialy k pol'sko-sovetskomu simpoziumu po kompleksnomu izučeniju razvitija nauki, Moskva 1967

[11] Leontjev, A. N., Probleme der Entwicklung des Psychischen, Berlin 1964

[12] Leontjev, A. N., Potrebnosti, motivy i soznanie, in: XVIII Meždunarodnyj psichologičeskij kongress. Simpozium 13

[13] Maltzman, N. I., Motivation and the directive of thinking, in: Psychol. Bull., 1962, Nr. 59

[14] Maslow, A. H., Motivation and personality, New York 1954

[15] Moles, A., A la création scientifique, Genève 1957

[16] Najdin, K. A., Institut rabočich-issledovatelej, Omsk 1961

[17] Najdin, K. A., Dobrovolcy nauki, Novosibirsk 1965

[18] Osborn, A. F., Applied imagination, New York 1957

[19] Ponomarjov, J. A., Psichologija tvorčeskogo myšlenija, Moskva 1960

E. Z. Mirskaja

Die Widersprüchlichkeit des wissenschaftlichen Schöpfertums

Die verstärkte Beachtung, die den Problemen des Schöpfertums in der letzten Zeit zuteil wird, erklärt sich durch die Situation, die in den fünfziger Jahren unseres Jahrhunderts in der Wissenschaft entstanden ist. Zu diesem Zeitpunkt machten die Ausgaben für die Wissenschaft in allen ökonomisch entwickelten Ländern einen wesentlichen Teil des Nationalbudgets aus, wobei die Ausgaben je Spezialisten im Durchschnitt erheblich angestiegen waren. So stieg z. B. in den USA die absolute Summe der Ausgaben für Forschung und Entwicklung zwischen 1930 und 1960 um mehr als das Hundertfache (von 130 Mill. Dollar auf 14 Milliarden Dollar) und der Anteil dieser Ausgaben am Bruttosozialprodukt auf das Zwanzigfache. Die Ausgaben je Spezialisten verdreifachten sich von 1940 bis 1960 [13, S. 192, 196/197]. Bekanntlich wächst die Anzahl der Wissenschaftler selbst exponentiell mit einem mittleren Verdoppelungszeitraum von 12,5 Jahren [20, S. 37f.]. Der Verdoppelungszeitraum ist jedoch für Wissenschaftler unterschiedlichen Ranges nicht gleich. Er beträgt für „große" Physiker 20 Jahre [20, S. 6f.] und für „berühmte" noch mehr. Die Anzahl der hervorragenden Wissenschaftler ist im Vergleich zur Gesamtbevölkerung in den letzten 60 Jahren gleich geblieben [20, S. 36f.], d. h., je höher der Rang von Wissenschaftlern ist („bekannt", „hervorragend" usw.), desto langsamer erfolgt die Verdoppelung ihrer Anzahl. Das führt praktisch zu einer Verringerung der Konzentration bedeutender Wissenschaftler in der Gesamtmasse der Wissenschaftskader.

Die „Unterhaltung" jedes in der Wissenschaft Tätigen hat sich also außerordentlich verteuert, das wissenschaftliche Produkt wird im allgemeinen von einer kleinen, hochbegabten Gruppe hervorgebracht,[1]

[1] Beurteilt man die Produktivität nach der Anzahl der Publikationen, so erbringen die 25% der hervorragenden Wissenschaftler 75% des gesamten Produkts [4, 20, 21].

wobei sich deren relative Größe verringert. Daraus ergibt sich ziemlich eindeutig die Aufgabe, „nach Mitteln zu suchen, die in der Lage sind, jeden wissenschaftlichen Mitarbeiter zu einem guten Wissenschaftler zu machen“ [14, S. 4]. Diese von Mackay stammende Formulierung des Zieles der Erforschung des wissenschaftlichen Schöpfertums erklärt die Ursache für jene eifrige, ja fieberhafte Aufmerksamkeit gegenüber der Erforschung des schöpferischen Wissenschaftlers und seiner Tätigkeit, wie sie in den letzten 10–15 Jahren zu beobachten ist.
Bei der Erforschung des wissenschaftlichen Schöpfertums stützt man sich nicht selten auf das Studium der Tätigkeit von großen Gelehrten, um so zu einem Muster zu kommen, das anzustreben ist, sowie außerdem auf die Erforschung des „statistischen Wissenschaftlers“ in der „großen“ Wissenschaft, um das real vorhandene Material und die Bedingungen seiner Tätigkeit kennenzulernen. Das Unglück ist nur, daß der „statistische Wissenschaftler“ eine wenig geeignete Einheit für das Studium des Schöpfertums ist, da er nichts vollbringt. In der Wissenschaft wird alles von der Individualität geschaffen, und die Gesetze ihrer Tätigkeit haben den Charakter von Paradoxien.
Der wissenschaftlichen Erkenntnis sind Widersprüche eigen, deren Erforschung größte Beachtung verdient.
Die Notwendigkeit und die Redundanz maximaler Information. Es ist längst zu einer trivialen Feststellung geworden, daß für eine schöpferische Arbeit in jedem einzelnen Gebiet der Wissenschaft die vorherige Aneignung einer kolossalen Menge zusammenhängender und komplizierter Kenntnisse eine notwendige Voraussetzung ist. Jenes „effektive Staunen“, mit dem Aristoteles zufolge die Wissenschaft beginnt, kann nur dann eintreten, wenn der Forscher über eine „Bezugsebene“ verfügt. Denn damit der Experimentator eine „Anomalie“, einen ‚Fehler“ im Verhalten der Natur feststellen kann, muß er zunächst eine genaue Vorstellung davon besitzen, wie diese sich vom Standpunkt der herrschenden Theorie und beim vorliegenden Niveau der Instrumente verhalten „müßte“.
Je tiefer und vielfältiger die Kenntnisse sind, desto besser können die bereits vorhandenen Ergebnisse (und Fehler!) genutzt werden, desto rationeller kann das „Bewußtseinsfeld“ [15, S. 356] bei der Lösung eines Problems organisiert werden, und desto größer ist die Wahrscheinlichkeit, daß die richtigen Assoziationen und Analogien entstehen.
Aber dies ist nur eine Seite der Frage. Die andere Seite sind jene Erscheinungen, die mit der Trägheit des Denkens zusammenhängen, jener Trägheit, die sich in der unkritischen Aufnahme bereits existierender,

vor unserer Zeit entstandener Begriffe und Vorstellungen über Objekte beliebigen Komplexitätsgrades (vom Einzelfakt bis zum System des Weltbildes) äußert. Wenn wir etwas wissen oder zu wissen meinen, dann denken wir darüber schon nicht mehr nach [9, S. 37]. Diese Gewohnheit entsteht im Verlauf der Erziehung und Bildung.

Die Fähigkeit, die Sprache zu benutzen, d. h. ein konkretes Objekt oder einen konkreten Prozeß zu erkennen und mit einem passenden Wort oder Satz entsprechend dem erworbenen Wissen zu klassifizieren, ersetzt für die meisten die Fähigkeit, zu sehen (zu begreifen!) und zu reagieren [8, S. 45]. Ein scharfsinniger Beobachter hat einmal über Einstein gesagt, daß ein Teil seines Genies in seiner Unfähigkeit bestehe, das Offensichtliche zu verstehen, d. h. in der Unfähigkeit, ein ihm fremdes, fertiges Wissen und die damit verbundene oberflächliche Behandlung von Erscheinungen zu übernehmen.

Folgen die Trägheit des Denkens sind: 1. die Schwierigkeit, Probleme zu erkennen, und 2. das Bestreben, sich auf Halbheiten bei der Lösung zu beschränken, wenn das Problem bereits erkannt ist.

Ein anschauliches Beispiel für das natürliche Bestreben der Wissenschaftler, jeden neu entdeckten Fakt zuerst auf der Grundlage der alten Vorstellungen zu erklären oder wenigstens in Übereinstimmung mit ihnen zu bringen, liefert ein Vorfall mit Galilei [6, S. 45]. In Florenz war ein tiefer Brunnen gegraben worden, und man rechnete damit, das Wasser wie gewöhnlich mit einer Pumpe heraufzubringen. Aber das gelang nicht. Diese Tatsache erbitterte natürlich die Arbeiter, die die Arbeit ausgeführt hatten, ebenso wie den Grafen, für den der Brunnen gegraben worden war. Aber sie versetzte sie nicht in Erstaunen, da sie gleichermaßen ungebildet waren. Der als Experte herbeigerufene Galilei wußte als Wissenschaftler, daß „die Natur die Leere fürchtet", d. h., das Wasser „mußte" hinter dem Kolben steigen, damit kein leerer Raum bliebe. Das unvorhergesehene Verhalten des Wassers setzte Galilei in Erstaunen (in jenes Staunen, das zum Ausgangspunkt der Wissenschaft wird). Aber der Wissenschaftler, der durch seine ganze Arbeit mit der früheren Konzeption verhaftet ist, verändert diese lieber etwas, als daß er eine prinzipiell neue Erklärung versucht. Galilei nahm an, daß die Natur die Leere nicht unbegrenzt fürchtet und Wasser nur bis zu einer bestimmten Höhe heben kann. Das Maß dieser Furcht wurde von ihm mit 18 Florentiner Ellen Höhe angegeben.

Charakteristisch ist auch das Beispiel Max Plancks, der, nachdem er die revolutionäre Idee der Quantelung der Energie entwickelt hatte, die die Grundlage der klassischen Physik erschütterte, viele Jahre darauf verschwendete, die klassischen Grundlagen mit der neuen Idee in Überein-

stimmung zu bringen, „das Wirkungsquantum h irgendwie in den Rahmen der klassischen Theorie einzuspannen“ [17, S. 29].
Als Reaktion auf die Gebundenheit des alltäglichen wissenschaftlichen Denkens an eingewurzelte Anschauungen und Theorien wird die Forderung erhoben, zutiefst „verrückte“ Ideen zu entwickeln. Man sollte jedoch nicht annehmen, daß diese Forderung ein effektives Gegengift darstellt, weil es, wenn man nach den Ergebnissen urteilt, unvergleichlich leichter ist, eine Forderung aufzustellen, als die geforderte Idee zu schaffen.
Die Möglichkeit, ein neues Problem zu erkennen oder eine neue Assoziation zu nutzen und eine neue Synthese zu schaffen, basiert auf der Fähigkeit, bestimmte Elemente aus dem gewöhnlichen Bild herauszunehmen und sie einzeln, außerhalb des trivialen Kontextes zu betrachten. Nimmt man nur die subjektive Seite des Prozesses, so beruht sie auf einer Gesamtheit von widersprüchlichen Qualitäten des Wissenschaftlers: auf einem Skeptizismus, der oft bis zu einer Art Bilderstürmerei gegenüber traditionellen Ideen, Axiomen und Dogmen, gegenüber allem, was ohne Beweis als etwas Feststehendes akzeptiert wird, geht, und andererseits auf einer positiven Einstellung, auf der Offenheit gegenüber neuen Konzeptionen, die auf der Basis intuitiver Vorstellungen entstehen. Das Ergebnis dieser Kombination ist die für den Schöpfer entscheidende Fähigkeit, ein gewöhnliches Objekt, Problem oder eine Kollektion von Daten in einem unerwartet neuen Licht oder Kontext zu sehen: einen Zweig nicht als Teil des Baumes, sondern als potentielles Werkzeug oder potentielle Waffe zu sehen und das Herabfallen eines Apfels nicht mit seiner Reife, sondern mit der Bewegung des Mondes in Beziehung zu bringen.
Bedingung für eine neue Synthese ist der Verzicht auf etwas schon Erreichtes.
In diesem Zusammenhang entsteht das Problem der Unterscheidung des Wesentlichen vom Zweitrangigen und Unnötigen. Als die größte Gefahr wird hier angesehen, „das Kind mit dem Bade auszuschütten“. Aber nicht minder gefährlich ist für die Wissenschaft die umgekehrte Tendenz: aus Furcht, versehentlich auch Passendes abzuwerfen, auf überhaupt nichts zu verzichten [19, S. 204].
Der Wissenschaftler braucht also für seine schöpferische Arbeit umfangreiche Vorkenntnisse, er braucht Baumaterial, um das neue Gebäude zu errichten, zugleich aber besitzen diese Kenntnisse im Denken die Tendenz, zu Dogmen zu erstarren (sofern dies ein notwendiges Moment bei der Herausbildung neuen Wissens ist), d. h., um die „Bau-Analogie“ fortzusetzen, sie zeigen die Tendenz, unversehens zu störenden Mauern zu werden, die den Neubau behindern.

Dieses Paradoxon kann vom Wissenschaftler überwunden werden,[2] wenn er über eine paradoxe Kombination von Eigenschaften verfügt: Skeptizismus und Zutrauen, mühselige Beharrlichkeit und kühne Vorstellungskraft.

In diesem Zusammenhang muß auf die verbreitete Meinung eingegangen werden, daß ein Dilettantismus, der den Mangel tiefer Kenntnisse durch ein „frisches Herangehen" kompensiert, in der Wissenschaft von Nutzen sei. Es gibt in der Geschichte der Wissenschaft tatsächlich Beispiele, die eine solche Meinung anscheinend bestätigen. Alle diese Beispiele betreffen jedoch eine Periode, in der die Wissenschaft noch unausgereift war, und außerdem „relative" Dilettanten. Meist handelt es sich dabei um Wissenschaftler, die die wissenschaftlichen Methoden beherrschten und in einer anderen, nämlich „ihrer" Wissenschaft über große Kenntnisse verfügten.

Die Wechselwirkung des Subjekts mit dem Objekt. Oben ist auf die Schwierigkeit der Problemstellung in der Wissenschaft hingewiesen worden. Manche Autoren meinen sogar, daß „es unvergleichlich schwerer ist, ein Problem zu sehen, als seine Lösung zu finden, da das erste Phantasie erfordert, das zweite nur Können" [23, S. 71]. Dieses „nur" muß natürlich in Anführungsstriche gesetzt werden, aber der Autor hat zweifellos recht in jenem Teil, in dem er die Schwierigkeit der Problemstellung betont und in dem er im allgemeinen den Standpunkt von J. Bernal wiederholt [2, S. 13]. Diese Schwierigkeit ist immer mit der Notwendigkeit verbunden, das banale Verständnis aufzugeben und es durch etwas teilweise oder prinzipiell Neues zu ersetzen, wobei das prinzipiell Neue in der Sprache der schon vorhandenen Konzeption ausgedrückt werden muß. Daraus ergeben sich zusätzliche, rein psychologische Schwierigkeiten, die aus dem Versuch resultieren, herauszufinden, welchem schon Bekannten das Neue ähnlich sei.

Die Problemstellung birgt in einem gewissen Grade schon die Antwort in sich. H. Selye hält das Vermögen, Fragen klar zu formulieren, für den wichtigsten Faktor, der schöpferisches Denken begünstigt [22, S. 61].

Die Fragen können in modale und praktische eingeteilt werden. Modale Fragen stellen meist weniger Projekte als Wünsche und Hoffnungen dar, sie sind eher ein Stimulus der Forschung, als ihr Plan. Praktische Fragen können den Plan eines Experiments ergeben, aber die Antwort auf eine solche Frage ist gewöhnlich kein Selbstzweck, sondern Teil eines großen Projekts. Das Projekt wiederum ergibt sich auf der Grundlage der

[2] Die *objektiven* Bedingungen für die Möglichkeit einer Entdeckung berühren wir hier nicht.

modalen Frage (als des Zieles) aus den hierarchisch aufgebauten praktischen Fragen. Im Verlauf der Forschungen und der Gewinnung der Ergebnisse anhand praktischer Fragen „niederen Ranges“ wird der Plan, falls dies notwendig ist, verändert (als ein System mit Rückkopplung). Die Einteilung der Fragen nach „Rängen“ ist sehr bedingt und eignet sich nur für ein gewisses Stadium der Forschung, da sich der Rang einer Frage im Verlauf der Forschung ändern kann. In der von uns erwähnten „Hierarchie der praktischen Fragen“ kann kein allgemeines Prinzip der Unterordnung angegeben werden: Man kann nicht sagen, daß eine konkretere Frage immer der allgemeineren untergeordnet ist, man kann aber auch nicht das Gegenteil behaupten. Im Verlauf der Erkenntnis hebt der Wissenschaftler aus den beobachteten Einzelfakten bestimmte allgemeine Feststellungen ab (auf dieser Stufe ist die „konkrete“ Frage der „allgemeinen“ untergeordnet). Ein solches Aufsteigen „vom Konkreten zum Abstrakten“ ist aber nicht das Endziel der Wissenschaft, sondern nur ein Moment ihrer Bewegung. „Charakteristisch für die Wissenschaft ist gerade das umgekehrte Streben: die gedankliche Wiederherstellung, die geistige Reproduktion des konkreten Ganzen, das im Akt der Abstraktion zerstört wurde.“ Das abstrakte Wissen kann die Grundlage und das Material der speziellen Arbeit bilden, das konkrete nur ihr Produkt, Resultat, Ergebnis [10, S. 62/63], und folglich wird die „Reihenfolge der Unterordnung“ umgekehrt. Der Gang der wissenschaftlichen Erkenntnis wird von den Wissenschaftlern praktisch als Bewegung von Eindrücken mittlerer Allgemeinheit zum Konkreteren und Allgemeineren hin begriffen [12, S. 50].

Das Schöpfertum beginnt also mit der Frage, und Fragestellungen bilden einen Teil des wissenschaftlichen Schöpfertums. Das Paradoxe aber ist, daß die Stellung einer Frage zugleich das schöpferische Denken limitiert, daß ihm dadurch sofort bestimmte Grenzen gesetzt werden. Bei der Konkretisierung der Fragen tritt ein Zeitpunkt ein, von dem an sich das Schöpfertum in Kleinigkeiten verliert und aufhört.

Es ist für den schöpferischen Wissenschaftler überaus wichtig, diesen Augenblick (diese Grenze) zu erkennen, um nicht zu einem Sammler von Kleinigkeiten zu werden. Die Schwierigkeit einer solchen Prozedur liegt im paradoxen Charakter der Gesetzmäßigkeiten des wissenschaftlichen Schöpfertums begründet.

Das Studienobjekt darf nicht zu oft gewechselt werden, weil nur allmählich beim Wissenschaftler jene einseitige Empfänglichkeit entsteht, jene besondere Form der Vorbereitung, die notwendig ist, um das Unerwartete selbst dann wahrzunehmen, wenn es plötzlich und am Rande des Gesichtsfeldes oder des Bewußtseins erscheint. Andererseits kommt ein

Wissenschaftler, der die ganze Zeit in einer Richtung arbeitet, gewöhnlich an einen Punkt, von dem an sich die Ergebnisse seiner Anstrengungen verringern. Hier sind zwei Varianten möglich: 1. Das Wesen des Problems ist bereits geklärt, es bleibt die Arbeit an den Details, mit denen sich der Forscher „aus Trägheit" beschäftigt. 2. Das Wesen des Problems ist ungeklärt geblieben, aber die im Verlauf der Forschung gesammelten Kenntnisse über die untersuchte Frage verdecken den notwendigen, nicht gefundenen Aspekt der Betrachtung.

Die sorgfältige Erforschung eines bestimmten Problems setzt voraus, daß es im Zentrum der Aufmerksamkeit des Wissenschaftlers steht. Eine Forschung kann nur dann Erfolg haben, wenn der Wissenschaftler an dem jeweiligen Gegenstand leidenschaftlich interessiert ist. Aber dieser Gegenstand gewinnt eine Bedeutung, die er objektiv nicht besitzt, und dann fährt der Wissenschaftler, selbst wenn er das Wesen der Frage bereits geklärt hat, fort, in den nebensächlichen Dingen zu graben (die ihm im Lichte der für ihn gewachsenen Wichtigkeit des Problems bedeutend erscheinen) oder ständig ein und dieselbe Projektion des Forschungsobjektes, die sein ganzes Gesichtsfeld eingenommen hat, zu betrachten, und übersieht deswegen andere, fruchtbarere Aspekte des Problems. Die übermäßige Aufmerksamkeit gegenüber dem Objekt wird zu einer Vergewaltigung des Objekts, zerstört das reale Verhältnis seiner Teile und verzerrt die wirkliche Lage der Dinge.

J. Bruner [4, S. 12/13] nennt dieses Paradoxon „Leidenschaft — Etikette": bei aller leidenschaftlichen Begeisterung für den Forschungsgegenstand darf der Wissenschaftler die „Etikette" gegenüber dem Objekt seiner Bemühungen nicht vernachlässigen: er muß die Achtung gegenüber Form und Material des Objekts bewahren und darf nicht versuchen, es mit Gewalt seiner Mutmaßung gefügig zu machen, so schön und scharfsinnig diese Mutmaßung auch sein möge.

Eine Mischung von Eigenschaften, die man „kalte Leidenschaft" nennen könnte, erlaubt es dem schöpferischen Denker, dieses Paradoxon zu überwinden. Es geht um die Begeisterung und Hingabe an den Gegenstand und um einen gewissen Abstand von der eigenen Arbeit und den eigenen Ideen, um die Fähigkeit, von einem unter Mühen geschaffenen eigenen Werk Abstand zu gewinnen, es nüchtern zu betrachten, zu kritisieren und, wenn nötig, zu zerstören. Dies ist vielleicht der tragischste Moment im Schöpfertum, aber das Begreifen eines Fehlers ist die erste Etappe des weiteren schöpferischen Prozesses.

Einstein soll einmal zu seinem Assistenten Strauß gesagt haben: „Für unsere Arbeit sind zwei Bedingungen notwendig: unermüdliche Ausdauer und die Bereitschaft, jederzeit über Bord zu werfen, worauf du so viel Zeit und Mühe verwendet hast." Strauß berichtet, daß Einstein in der Zeit ihrer gemeinsamen Arbeit sich zweimal ohne Bedauern von Theorien losgesagt habe, für deren Ausarbeitung er viele Jahre aufgewandt hatte [24, S. 220]. Wie oft schien es Einstein, daß er dem Ziel einer einheitlichen Feldtheorie ganz nahe sei, daß er „endlich einen Zipfel der Wahrheit erfaßt habe ...". Und dann trat er von dem von ihm entworfenen Bild zurück, wurde zu einem strengen Richter und begann, nachdem er alles durchgestrichen hatte, von vorn [11, S. 342].

Einfachheit und Kompliziertheit. Jeder Wissenschaftler legt — bewußt oder unbewußt — seiner wissenschaftlichen Tätigkeit das Postulat von der Rationalität der physischen Welt zugrunde, denn nur wenn dies vorausgesetzt wird, hat es überhaupt Sinn, irgendetwas zu erforschen [3, S. 291]. Eine andere grundlegende Idee muß die Idee der Einfachheit der Natur sein. Sie wird von der Mehrheit der Wissenschaftler vertreten, jedoch gibt es im Verständnis dieser „Einfachheit" wesentliche Divergenzen.

Wir wollen auf diese komplizierte Frage nicht eingehen, denn es kommt uns nicht darauf an zu klären, ob die Natur einfach oder kompliziert ist, sondern darauf, wie die Orientierung des Wissenschaftlers in der Natur sein Schaffen beeinflußt. Uns scheint, daß diejenigen, die nicht glauben, daß die Naturgesetze einfach sein müssen, dennoch genötigt sind, so zu handeln, als ob sie es glaubten [18, S. 147]. Andernfalls ist jede Möglichkeit der Verallgemeinerung und, folglich, der Wissenschaft versperrt.

Der Forscher strebt also in seiner Arbeit nach Einfachheit, und das findet seinen Ausdruck in der Forderung nach der Einfachheit der Hypothesen und der Einfachheit der Theorie. Dabei wird hier unter Einfachheit oft verstanden, daß die Lösung ökonomisch und elegant zu sein habe. Das Kriterium der Einfachheit ist jedoch keineswegs unbestritten, besonders, wenn es nicht für den Vergleich mehrerer, im übrigen gleichwertiger Theorien, sondern für die Einschätzung der Brauchbarkeit einer einzelnen Idee benutzt wird. Einstein zum Beispiel hat geschrieben: „Ich hielt mich gewissermaßen an die Vorschrift des genialen Theoretikers L. Boltzmann, man solle die Eleganz Sache der Schneider und Schuster sein lassen" [5, S. 3/4].

Die Relativität der Unterscheidung von Einfachheit und Kompliziertheit ist ganz offensichtlich. Im Verlauf der Wissenschaftsentwicklung wird hinter der scheinbaren Kompliziertheit die Einfachheit aufgedeckt (die komplizierte Bewegung der Planeten zeigte sich dem einfachen Newtonschen Gesetz unterworfen), und es wird festgestellt, daß hinter einer einfachen Gesetzmäßigkeit eine komplizierte Erscheinung steht (hinter dem einfachen Boyle-Mariotteschen Gesetz verbirgt sich das äußerst komplizierte Verhalten des Ensembles der Gasmoleküle). Die Vervollkommnung der Forschungsmethoden gestattet es dem Forscher, hinter dem Einfachen das Komplizierte zu entdecken und hinter dem Komplizierten das Einfache.

In seiner allgemeinen Form besteht der Widerspruch hier darin, daß die Wissenschaft (in der Person des Wissenschaftlers), indem sie die Einfachheit anstrebt, Kompliziertheiten auftürmt, und, indem sie diese Kompliziertheiten studiert, in ihnen Gesetzmäßigkeiten findet, also die Einfachheit. Die konkreten Erscheinungsformen dieses Widerspruches sind außerordentlich vielfältig; die interessantesten Paradoxien aber sind mit folgenden Korrelationen verbunden: Problem — Methoden und Problem — Instrumente.

In den letzten 15—20 Jahren hat sich die Meinung verbreitet, daß der nichterkannte Teil der Natur immer kleiner wird, daß die wichtigsten Entdeckungen bereits getan sind und daß das, was noch bleibt, nur mit kompliziertesten Methoden auf der Grundlage neuester Instrumente entdeckt werden kann. Die Kompliziertheit des Problems erfordert komplizierte Methoden und komplizierte Instrumente.

Der erste Teil dieser Meinung ist einfach ein traditioneller Irrtum der Menschheit, jedenfalls im Verlauf der letzten drei Jahrhunderte. Jede Generation von Menschen meint, daß der Geheimnisvorrat der Natur zu Ende geht. Eine solche Vorstellung entsteht im Zusammenhang damit, daß infolge des exponentiellen Wachstums der Wissenschaft ungefähr 80% des Wissens von der jeweiligen Generation erarbeitet werden [20, S. 11]. Was das Verhältnis zwischen der Kompliziertheit des Problems und der Kompliziertheit der zu seiner Lösung erforderlichen Methoden und Instrumente angeht, so ist die Forderung nach Übereinstimmung nur zum Teil gerechtfertigt, da auch diese Gesetzmäßigkeit paradoxen Charakter besitzt.

In den meisten Naturwissenschaften wird das Gerät immer mehr zu einem unverzichtbaren Glied der Wechselwirkung des Subjekts mit dem Objekt, und in der Physik hat der Übergang zur Erforschung der „Superparameter", die durch die Sinnesorgane des Menschen unmittelbar nicht mehr wahrgenommen werden können, den Forscher überhaupt jedes nicht durch Geräte vermittelten Kontaktes mit den Erscheinungen beraubt. Neues wird aber auch heute noch von der Wissenschaft wie früher auf zwei Wegen zutage gefördert: entweder durch die Verwendung exakter Instrumente, die es ermöglichen, das Objekt näher kennenzulernen und dabei neue Details zu untersuchen, oder durch das Studium des Objekts unter einem neuen Gesichtswinkel.

Charakteristisch für die heutige Wissenschaft ist die Tendenz, immer kompliziertere Instrumente zu schaffen, um an einem bestimmten Punkt immer tiefer eindringen zu können. Dies stellt einen für das gegenwärtige Niveau der Wissenschaftsentwicklung notwendigen Forschungstyp dar, jedoch verliert der Forscher bei der Teilnahme an einer solchen Arbeit die Perspektive. Große Wissenschaftler sind über die „Mechanisierung", die die Breite der Forschung erdrückt, besorgt. Die Aufgabe besteht darin, die panoramaartige Erforschung großer Themen mit möglichst einfachen Mitteln zu organisieren.

Am Beispiel seiner Entdeckung der Konzeption des „Stress" behauptet Hans Selye, daß ihm die Beobachtungen genügten, die man mit bloßem Auge in äußerst primitiven Laboratorien machen kann. Für originelle Forschungen ist der Mangel an Ausrüstung weitaus weniger störend als der Überfluß daran [22, S. 97]. Man muß eine solche Äußerung nicht als eine Ablehnung der modernen Ausrüstung oder als Furcht davor verstehen. Offensichtlich wendet Selye selbst als Leiter eines sehr umfangreichen Instituts auch nicht weniger Kraft für die technische Ausrüstung der Laboratorien auf. Er hält es jedoch für das Wichtigste für einen Wissenschaftler, sich unter den Bedingungen der wachsenden Spezialisierung und Komplizierung der Technik die Fähigkeit zur Breite und Einfachheit der Forschungen zu bewahren. „Lassen Sie sich nicht von der komplexen Mechanisierung blenden, sprechen Sie nicht von ‚Forschung in die Tiefe', denken Sie daran, daß man eine große Sache gut ohne Vergrößerung sehen kann ... Sie werden nie erfahren, wie eine Maus aussieht, wenn Sie ihre einzelnen Zellen sorgfältig unter dem Elektronenmikroskop studieren, ebenso wie Sie den Zauber einer Kathedrale nicht verstehen werden, wenn sie jeden ihrer Steine chemisch analysieren" [22, S. 98].

In der Geschichte der Wissenschaft zeichnen sich viele „hochproduktive" wissenschaftliche Schulen dadurch aus, daß sie auf eine primitive Experimentiertechnik schworen. So arbeitete Rutherford mit einer Apparatur, die an Einfachheit und Billigkeit ihresgleichen im 19. Jahrhundert nicht hatte und die mehr an das 16. Jahrhundert erinnerte [2, S. 466]. Diese Einfachheit war allerdings bereits etwas fiktiv, denn die Ergebnisse stützten sich auf Kenntnisse, die mit Hilfe einer weitaus vollkommeneren Apparatur gesammelt worden waren.

Natürlich ist die Zeit der Alchimie in den Laboratorien endgültig vorbei, und es wäre lächerlich, dazu aufzurufen, sich an die Technik von gestern zu orientieren. Das einzige Ziel, das wir verfolgen, wenn wir auf diese Fragen hinweisen, besteht darin, zu betonen, daß die Ausrüstung mit modernen, überkomplizierten Instrumenten nicht nur keine hinreichende

Bedingung für den Erfolg, sondern für den schöpferischen Wissenschaftler auch nicht immer notwendig ist.[3]
Im gegenwärtigen Zeitraum dient jedoch der Besitz neuer Ausrüstung in einem gewissen Grade als Kennzeichen für die Wichtigkeit der durchgeführten Forschungen.
Die Ursachen dieses Fehlers liegen im Fehlen eines objektiven Kriteriums für den Wert einer wissenschaftlichen Forschung. Die Wichtigkeit des Zieles und selbst die ihm entsprechende Vollkommenheit der Geräte sagen noch nichts über die Fruchtbarkeit der Arbeit des Wissenschaftlers und den Wert der von ihm erzielten Ergebnisse aus.

[3] Als Extremfälle dieses Paradoxons können die Fälle gelten, in denen eine Entdeckung dank dem niedrigen Entwicklungsniveau der Instrumente zustande gekommen sind. Schon seit langem sagt man, daß es weder einen Kepler noch einen Newton, noch eine Astronomie gegeben hätte, wenn die Instrumente Tycho Brahes zehnmal genauer gewesen wären. „Es ist für eine Wissenschaft ein Unglück, zu spät geboren zu werden, d. h., nachdem die Beobachtungsmittel zu vollkommen geworden sind" [18, S. 182].

Literaturverzeichnis

[1] Anderson, H. H., Creativity as personal development, in: Creativity and its cultivation, New York 1959
[2] Bernal, J. D., Die Wissenschaft in der Geschichte, Berlin 1967
[3] Broglie, L. de, Po tropam nauki, Moskva 1962
[4] Bruner, J. S., The conditions of creativity — in: Contemporary approaches to creative thinking, New York 1963
[5] Einstein, A., Über die spezielle und die allgemeine Relativitätstheorie, Berlin 1970
[6] Engel'mejer, P. K., Teorija tvorčestava, Petersburg, 1910
[7] Feynman, R., The character of physical law, London 1965
[8] Fromm, E., The creative attitude, in: Creativity and its cultivation, New York 1959
[9] Henle, M., The birth and death of ideas, in: Contemporary approaches to creative thinking, New York 1963
[10] Il'enkov, E. V., Problema abstraktnogo i konkretnogo, in: Voprosy filosofii, 1967, Nr. 9
[11] Klaus, E. M., Albert Einstein, in: Fizika i real'nost', Moskva 1965
[12] Lapšin, I. I., Filosofija izobretenija i izobretenie v filosofii, Petrograd 1922
[13] Machlup, F., Proizvodstvo i rasprostpanenie znanij v SŠA, Moskva 1966
[14] Mackay, A., Selfcognition of science (Vortrag auf der Versammlung der Britischen Gesellschaft für Wissenschaftsentwicklung im September 1967)

[15] Megrelidze, K. I., Osnovnye problemy sociologii myšlenija, Tbilisi 1965
[16] Petrov, M. K., Filosofskie problemy nauki o nauke, Rostov-na-Donu 1967
[17] Planck, M., Wissenschaftliche Selbstbiographie, Leipzig 1948
[18] Poincaré, H., Wissenschaft und Hypothese, Leipzig 1904
[19] Price, D. J. de Solla, Communication in science, in: Ciba foundation simposium on communication in science, London 1967
[20] Price, D. J. de Solla, Little science, big science, New York—London 1963
[21] Problemy issledovanija struktury nauki (Materialy k simpoziumu), Novosibirsk 1967, S. 30—34
[22] Selye, H., From dream to discovery, New York 1964
[23] Sumbaev, N. S., Naučnoe tvorčestvo, Irkutsk 1957
[24] Zelig, K., Albert Einstein, Moskva 1966

Teil III

Psychologische Untersuchungen

J. A. Ponomarjov

Psychologische Modellierung des wissenschaftlichen Schöpfertums

1.

Das zentrale Problem des wissenschaftlichen Schöpfertums ist die Frage nach den Gesetzmäßigkeiten der Gewinnung neuer wissenschaftlicher Kenntnisse.

Die Versuche zur Lösung dieses Problems werden seit langem von zwei entgegengesetzten Tendenzen bestimmt. Die eine von ihnen behandelt die Gewinnung neuen Wissens als einen fließenden logischen Akt. Die andere dagegen hält das Abgehen von einer vorher festgelegten Logik und den Einschluß eines intuitiven Momentes für eine notwendige Besonderheit schöpferischer Prozesse.

Für die erste Auffassung sprechen offensichtliche praktische Erfolge. Die Hauptstütze ihrer heutigen Anhänger ist ein zuverlässiger und sich ständig vervollkommnender logischer Apparat. Die Erforschung der logischen Entstehung von Kenntnissen hat in der letzten Zeit große Fortschritte gemacht und hat uns anscheinend nahe an die Möglichkeit herangeführt, eine Logik der Entdeckungen zu schaffen, von der schon vor langer Zeit Bacon, Descartes und viele andere Anhänger der „logischen Konzeption" geträumt haben. Natürlich trägt nicht nur dieser Umstand zur Verbreitung und Stärkung der Auffassung vom kontinuierlichen logischen Akt des wissenschaftlichen Schöpfertums bei. Vielen imponiert sie auch durch die „Exaktheit" ihrer methodologischen Positionen und durch ihren Widerstand gegen jegliche Überlegung, nach der der schöpferische Akt nicht als Mechanismus deduktiven Schließens, sondern als intuitives Phänomen aufgefaßt wird.

Gerade dadurch, daß die Auffassung vom kontinuierlichen logischen Akt des wissenschaftlichen Schöpfertums in hartem Gegensatz zum kompromittierten Intuitivismus steht, gewinnt sie heute viele Anhänger. Der Intuitivismus betrachtet die Intuition als eine mystische schöpferische Aktivität, durch die von wenigen Auserwählten neue Erkenntnisse gewonnen werden [2].

Für die zweite Auffassung sprechen die Selbstbetrachtungen über den Verlauf von Entdeckungen, die in den Erinnerungen vieler Wissenschaftler beschrieben werden und die in keiner Weise in den Rahmen der logischen Konzeption passen. Hierauf gestützt, behaupten die Vertreter dieser zweiten Auffassung, daß der Prozeß des wissenschaftlichen Schöpfertums nicht auf Deduktionen aus bereits vorhandenem Wissen zurückgeführt werden kann. Obwohl auch deduktives Wissen neu sein kann, ist es nicht zugleich schöpferisch. Echtes Schöpfertum bestehe darin, prinzipiell neue Ergebnisse hervorzubringen, die nicht nur nicht aus vorher gewonnenen Ergebnissen abgeleitet werden können, sondern die auch in Widerspruch zu diesem früheren Wissen stehen können. Der Weg zu prinzipiell neuen Ergebnissen führe über *intuitive* Lösungen, deren Prozeß *nicht bewußt werde.*

Natürlich bestreiten die Vertreter dieser zweiten Auffassung nicht die Rolle der Logik bei einer wissenschaftlichen Entdeckung. Ein logisches Vorgehen ist sowohl im Stadium der Vorbereitung der Problemlösung als auch im Stadium der Ausarbeitung der wissenschaftlichen Entdeckung erforderlich. Der Übergang von einem Stadium zum anderen ist jedoch eine Art qualitativer Sprung, der nur intuitiv vollzogen wird.

Die wissenschaftliche Analyse intuitiver Akte hat bisher lediglich zu einer Beschreibung der durch sie erreichten Resultate geführt. Während der Akt des logischen Schließens gut untersucht ist, kann die heutige Wissenschaft über den Prozeß der schöpferischen Intuition fast nichts aussagen. Auf diesen Umstand ist es zurückzuführen, daß der Begriff der Intuition immer häufiger aus dem Bereich der Wissenschaft verdrängt wird.

Damit wird jedoch zugleich eine der zentralen Fragen der Erforschung des wissenschaftlichen Schöpfertums aus der Wissenschaft verdrängt.

Darf man die theoretische Interpretation der Intuition kampflos dem „mystischen Intuitivismus“ überlassen? Wäre es nicht sinnvoller zu versuchen, den Mechanismus der Intuition von dialektisch-materialistischen Positionen aus zu untersuchen? Es ist überaus wahrscheinlich, *daß dieser Mechanismus tatsächlich nicht im Bereich des Logischen, sondern im Intimbereich des Psychischen liegt. In diesem Falle würde eine Hinwendung zu diesem Bereich den Weg öffnen zur Überwindung der Mystifizierung der Intuition.*

Eine außerordentlich fruchtbare Basis, ein tiefgreifendes Verständnis der gestellten Frage zu erzielen, bieten neuere Versuche, das wissenschaftliche Schöpfertum zu modellieren.

Unter diesem Gesichtspunkt werden wir psychologische Modelle intuitiver Lösungen und kybernetische Modelle schöpferischer Prozesse miteinander vergleichen.

2.

In den sechziger Jahren dieses Jahrhunderts hat sich diejenige Richtung kybernetischer Forschung außerordentlich stark entwickelt, die sich mit der maschinellen Modellierung von Erkenntnisprozessen befaßt. Einige sehr bekannte Vertreter dieser Richtung, die durch große praktische Erfolge eine weite Verbreitung ihres Standpunktes erreicht haben, deuteten an, daß sie dazu neigen, die Entwicklung maschineller Programme zur Lösung komplizierter Erkenntnisprobleme als einzig gangbare Methode anzusehen, die intellektuelle Seite des menschlichen Schöpfertums zu modellieren. Es geht dabei um Programme, die sogenannte heuristische Methoden benutzen, um „heuristische Programme". Nur auf diesem Wege könne eine *Theorie des schöpferischen Denkens* geschaffen werden.

Deshalb müssen, ehe über die psychologischen Modelle des Schöpfertums gesprochen wird, gewisse Besonderheiten moderner „heuristischer Programme" betrachtet werden. Es geht dabei natürlich nicht um deren Inhalt, sondern um die Bestimmung jener Sphäre von Ereignissen, die prinzipiell mit solchen Programmen widergespiegelt werden können.

Wenden wir uns zunächst der Frage der Entstehung und der ursprünglichen Aufgabe der heuristischen Programmierung zu. War sie unmittelbar darauf gerichtet, eine Theorie des schöpferischen Denkens zu schaffen, oder hatte sie zunächst andere Bedürfnisse zu befriedigen?

In den ersten Etappen der Entwicklung der Kybernetik wurde bei der maschinellen Lösung komplizierter Erkenntnisprobleme ein Verfahren der Lösungssuche benutzt, das demjenigen des Menschen kaum entspricht (besonders nicht in komplizierten Problemsituationen). Es war dies das Verfahren des blinden systematischen Durchmusterns aller überhaupt möglichen Lösungsvarianten. Ein solches Suchverfahren anzuwenden, ist dem Menschen unter den gegebenen Bedingungen praktisch unmöglich.

Natürlich stellte sich bald heraus, daß dieses Verfahren nur bei einer sehr begrenzten Klasse von Aufgaben angewandt werden kann, nämlich solchen, deren Bedingungen schnell arbeitenden Maschinen das Durchmustern aller Lösungsvarianten ermöglichen. Bei der Verwendung dieser Methode wurde also eine natürliche Grenze für die Lösung von Problemen durch elektronische Rechenmaschinen gefunden.

Die ersten Schritte zur Überwindung dieser Grenze bestanden in Versuchen, Verfahren zur Verkürzung des Durchmusterungsprozesses auszuarbeiten und die blinde maschinelle Suche der effektiveren, ökonomischeren Suche des Menschen anzunähern. Der anfängliche Suchtyp

des vollständigen Durchmusterns wurde allmählich ersetzt durch einen selektiven, unsystematischen Suchtyp, durch die sogenannte heuristische Suche.
Der neue Suchtyp sollte auf jener Besonderheit des menschlichen Suchens basieren, die gewöhnlich Hypothesenbildung genannt wird, und durch die es überflüssig wird, alle Varianten erschöpfend durchzumustern.
Der Begriff „Hypothese“ ist wissenschaftlich nicht streng bestimmt. In den heuristischen Programmen wurden die „Hypothesen“ durch Komplexe formalisierter „heuristischer Regeln“ (Mittel, Verfahren, Methoden, Heuristiken) dargestellt, die auf der Grundlage der Analyse von menschlichen Problemlösungsprozessen zusammengestellt worden waren.
Als Beispiele für heuristische Regeln gelten natürlich nicht nur solche, die für die Aufstellung von Maschinenprogrammen benutzt wurden (z. B. die aus der Schachpraxis entnommenen Heuristiken, die es bei der Aufstellung von Schachspiel-Programmen erlauben, die Zahl der in jeder Position zu untersuchenden Züge einschneidend zu verringern [7]), sondern auch solche, deren Gesamtheit als allgemeine Methodik für das Lösen mathematischer Aufgaben vorgeschlagen wird [8], und solche, zu denen die Autoren von Lösungsmethodiken für Erfindungsaufgaben kommen (z. B. [1], [20]).
Bei der Aufstellung von Programmen für elektronische Rechenmaschinen wird jede dieser Regeln streng formalisiert; innerhalb des Geltungsbereiches jeder Regel entsprechen Typ und Reihenfolge der Operationen genau den Prinzipien der strengen Deduktion. Den Beziehungen zwischen den einzelnen Regeln jedoch fehlt eine analoge Exaktheit; der Komplex solcher Regeln ist kein Algorithmus im strengen Sinne [5].
Das Fehlen von festen Verbindungen innerhalb des Komplexes heuristischer Regeln (Heuristiken) führt dazu, daß die heuristische Suche zwar nicht wie die systematische den Erfolg garantiert, daß aber die Klasse von Aufgaben, deren Lösung Computern übertragen werden kann, wesentlich erweitert wird.
Die heuristische Programmierung ist also nicht im direkten Zusammenhang mit der Modellierung der intellektuellen Seite des menschlichen Schöpfertums entstanden. Sie entstand aus dem Bemühen, die Klasse von Aufgaben, die elektronische Rechenmaschinen lösen können, zu erweitern und ökonomische Programme für die maschinelle Lösung komplizierter Probleme zu schaffen. Die Aufgabe der heuristischen Programmierung bestand darin, Verfahren auszuarbeiten, die den Prozeß des Durchmusterns von Varianten dadurch abkürzen, daß sie ursprüngliche maschinelle Suchverfahren dem menschlichen annähern, d. h., daß

sie die Durchmusterungsmethode in eine heuristische Methode umwandeln.

Durch eine solche Annäherung, durch die Aufnahme von Hypothesen in das systematische Programm, ergab sich jedoch gleichzeitig die Berechtigung, den nach Programmen des neuen Typs ablaufenden maschinellen Arbeitsprozeß als ein kybernetisches Modell der intellektuellen Seite des menschlichen Schöpfertums anzusehen und die Erforschung dieses Prozesses in den Rang einer Theorie des schöpferischen Denkens zu erheben.

3.

Betrachten wir nun die entstandene Situation.

Gegen die Behauptung, daß kybernetische Modelle, die auf einer heuristischen Programmierung beruhen, gewisse Seiten der geistigen Tätigkeit des Menschen widerspiegeln, können keine prinzipiellen Einwände erhoben werden. Dieser Sachverhalt ist unstrittig.

Die Polemik entzündet sich an einer Gruppe anderer, eng miteinander verbundener Fragen:

a) Werden mittels heuristischer Programme tatsächlich schöpferische Aufgabenlösungen modelliert, und kann die heuristische Programmierung deshalb Anspruch auf die Ausarbeitung einer Theorie des schöpferischen Denkens erheben?

b) Welche Seiten der menschlichen Tätigkeit werden mit den Mitteln der heuristischen Programmierung widergespiegelt: die Seite, die logischen Gesetzen folgt, oder die intim-psychologische Seite oder der Komplex dieser Seiten?

c) In welcher Beziehung steht die heuristische Programmierung zu den beiden gegensätzlichen Tendenzen des Herangehens an die Erforschung der Gesetzmäßigkeiten, die der Gewinnung neuer Erkenntnisse zugrunde liegen; mit welcher Tendenz hat sie Berührungspunkte: mit der „logischen" oder der „intuitiven", oder überwindet sie beide?

4.

Wenden wir uns der ersten Frage zu — *ob mit heuristischen Programmen tatsächlich die Lösung schöpferischer Aufgaben modelliert wird.* Zunächst wollen wir die Positionen der Autoren heuristischer Programme mit verschiedenen Ansichten vergleichen, die sich in der Psychologie des Schöpfertums bereits früher herausgebildet hatten und die übrigens teilweise auch von den Autoren heuristischer Programme selbst vertreten worden sind.

Die Pioniere der heuristischen Programmierung — Newell, Shaw und Simon — äußern sich recht deutlich über ihr Verhältnis zur Kreativitätspsychologie, z. B. in dem Artikel „Elements of a theory of human problem-solving“. In diesem Artikel geben sie recht genau die Hauptzüge der traditionellen Kreativitätspsychologie wieder: „Wie wird der kreative Prozeß erklärt? In der zu dieser Frage veröffentlichten Literatur wurden die Etappen des Denkens bei der Lösung schwieriger Probleme beschrieben und die in jeder Etappe ablaufenden Prozesse untersucht. Das Interesse konzentrierte sich besonders auf die dramatischsten und geheimnisvollsten Seiten der Kreativität — auf die unbewußten Prozesse, die vermutlich in der ‚Inkubationssphäre‘ ablaufen, auf die im kreativen Denken enthaltene Phantasie und schließlich auf die Erscheinung der ‚Illumination‘, der plötzlichen Einsicht, durch die die Lösung des Problems schließlich gefunden wird“ [6, S. 151].

Die Autoren äußern zwar, daß sie die Untersuchungen zu diesen Fragen „interessant“ finden und daß sie „einen Teil der Theorie des schöpferischen Denkens“ ausmachen. Aber das erscheint nur als Tribut der Höflichkeit, denn in ihren späteren Ausführungen lassen sie diese Untersuchungen wegen ihrer unzureichenden Wissenschaftlichkeit unbeachtet.

Unter unseren Psychologen vertritt z. B. A. V. Brušlinskij, der aus der Schule S. L. Rubinštejns hervorgegangen ist, eine sehr ähnliche Position.

A. V. Brušlinskij [3] wendet sich gegen die Unterscheidung der Termini „Phantasie“ und „Denken“. Diese Unterscheidung sei darauf zurückzuführen, daß „Phantasie“ meist als ein „relativ freier, willkürlicher“ Teil des schöpferischen Prozesses angesehen wurde, der nicht den rein logischen Denkgesetzen folgt. Auch er vermißt in den neueren Untersuchungen über die Phantasie den nötigen Grad an Wissenschaftlichkeit, obwohl er nicht bestreitet, daß hinter den als Phantasie beschriebenen Erscheinungen ein gewisser Inhalt steht. A. V. Brušlinskij räumt ein, daß das Denken im psychologischen Sinne tatsächlich über die Grenzen der logischen Gesetze hinausgeht. Es verbleibe ein bestimmter „Rest“. Dieser Rest könne jedoch nicht Phantasie genannt werden, da unbekannt sei, welchen Gesetzen er unterliege.[1]

Wie wir bereits festgestellt haben, wird dieser „Rest“ von jenen Autoren, die die Theorie des schöpferischen Denkens auf die Theorie des maschinellen Problemlösens zurückführen wollen, praktisch *ignoriert*, insbesondere auch von Newell, Shaw und Simon. Wenn jedoch diese Autoren vor der Notwendigkeit stehen, ein Kriterium anzugeben, nach dem beurteilt

[1] Vgl. dazu auch den Beitrag von A. V. Brušlinskij im vorliegenden Band — d. Hrsg.

werden kann, ob Probleme, deren Lösung sie modellieren, zu den schöpferischen Problemen zu zählen sind, kommt dieser „Rest“ in ihren eigenen Überlegungen sofort wieder zum Vorschein. Sie machen die Rechtmäßigkeit ihrer Ansprüche, eine Theorie des kreativen Denkens entwickeln zu können, davon abhängig, wie weit oder wie eng der Terminus „kreativ“ gefaßt wird. „Wenn man die ganze komplizierte Tätigkeit des Menschen beim Problemlösen als kreativ ansieht, so gibt es, wie wir zeigen werden, bereits erfolgreiche Automatenprogramme, die das menschliche Problemlösen imitieren. Durch sie ist bereits eine Reihe von Charakteristika dieses Prozesses bekannt geworden. Wenn wir dagegen den Terminus ‚kreativ‘ solchen Prozessen vorbehalten, die der Entdeckung der speziellen Relativitätstheorie oder der Schaffung der Beethovenschen Siebenten Symphonie zugrunde liegen, dann gibt es heute noch keine Modelle solcher kreativer Mechanismen“ [6, S. 152].

Für ihre praktische Arbeit wählen die Autoren die erste Version, und daraus ergibt sich auch ihre Theorie des schöpferischen Denkens.

Natürlich stieß dieser Standpunkt auf entschiedene Einwände. L. N. Landa beispielsweise zeigte, daß die gegenwärtigen heuristischen Programme nur „unvollständige Algorithmen“ sind, und betonte, daß die heuristische Programmierung keine schöpferischen Prozesse abbildet. Schöpfertum gebe es nicht in Tätigkeiten, deren einzelne Schritte nach vorher gegebenen Regeln vollständig reglementiert werden, sondern nur bei Tätigkeiten, deren Ablauf so festgelegt wird, daß ein gewisser Grad an Unbestimmtheit erhalten bleibt, d. h. bei Tätigkeiten, die neue Information hervorbringen und die eine Selbstorganisation voraussetzen [5].

Es können auch andere Einwände erhoben werden. Wenn wir nämlich dem Vorgehen von Newell, Shaw und Simon folgen, geraten wir in eine überaus eigenartige Situation: Unsere Untersuchung des Schöpfertums richtet sich nicht auf ein vorher bezeichnetes Objekt, sondern dieses Objekt ergibt sich erst aus der Untersuchung selbst. In gewissen Situationen mag ein solches Vorgehen möglich sein. Im vorliegenden Falle ignoriert und verneint die „heuristische Programmierung“ jedoch die hinreichend deutlich beschreibbaren, wenn auch wissenschaftlich noch nicht erklärten Besonderheiten schöpferischer Prozesse in der wissenschaftlichen Arbeit. Mit der gleichen Berechtigung könnte man auch zu dem Schluß kommen, daß jene Klasse von Aufgaben, deren Lösung maschinell modelliert werden kann, nicht zur Klasse schöpferischer Aufgaben gehört, da dieser Klasse lediglich solche Aufgaben zugeordnet werden können, deren Lösung sich prinzipiell nicht maschinell modellieren läßt. Dies sind dann jene Aufgaben, deren Lösung Mechanismen erfordern, die wir bedingt zur Kategorie des „Restes" gezählt haben. Mehr noch, die Unmöglichkeit, derartige Problemlösungsprozesse mit Hilfe von Computern zu modellieren, kann als ein hinreichend klares, praktisches Kriterium angesehen werden, um echtes Schöpfertum in der wissenschaftlichen Arbeit nachzuweisen.

Newell, Shaw und Simon sehen und verstehen die Möglichkeit einer solchen Version natürlich sehr genau. Sie meinen aber, wegen der Unsicherheit der Kriterien, nach denen kreative und nichtkreative Denkprozesse unterschieden werden, von solchen Überlegungen absehen zu können. (Als solche Kriterien werden beispielsweise Originalität und Durchbrechen der Tradition genannt.) Sie sind davon überzeugt, daß es unmöglich ist, befriedigende objektive Kriterien schöpferischer Prozesse zu finden.

Diese Meinung konnte entstehen, weil bisher die notwendige Grundlage für die Entwicklung verallgemeinerter, „regulierender" methodologischer Prinzipien, an der sich die konkreten Einzeluntersuchungen orientieren können, fehlt. Sie ist eine Folge des Unglaubens an die Möglichkeit, derartige Orientierungsprinzipien ausarbeiten zu können.

Beim gegenwärtigen Stand der Erforschung des wissenschaftlichen Schöpfertums ist offensichtlich die dringende Notwendigkeit herangereift, entschieden den Schritt *vom Besonderen zum Allgemeinen* zu gehen *und die weitere Klärung des Besonderen von der Position des Allgemeinen* aus vorzunehmen. (Eine solche Gesetzmäßigkeit der produktiven Erkenntnisentwicklung wurde wiederholt von B. M. Kedrov [4] hervorgehoben.)[2]

Das allgemein anerkannte Fehlen strenger, objektiver Kriterien für die Bestimmung des Unterschiedes zwischen schöpferischen und nichtschöpferischen menschlichen Tätigkeiten hemmt den Fortgang der Forschung beträchtlich. Das Fehlen solcher Kriterien ist zugleich eine Folge der Befangenheit des Denkens in den Grenzen des *Besonderen*.

Die Frage nach der Natur des Schöpfertums und den Kriterien der schöpferischen Tätigkeit ist ein schwieriges und umfangreiches Problem, das speziell zu untersuchen ist. Wir berühren es hier nur flüchtig. Wir richten unsere Aufmerksamkeit nur auf eine der möglichen Arten des Herangehens beim Vordringen vom Besonderen zum Allgemeinen. Von gewissem Interesse ist in dieser Hinsicht die Hypothese, derzufolge das Schöpfertum als *Mechanismus der produktiven Entwicklung* aufzufassen ist.

[2] Vgl. dazu den Beitrag von B. M. Kedrov im vorliegenden Band — d. Hrsg.

Mit dieser Hypothese wird vor allem von einer Sichtweise abgegangen, die den Begriff „Schöpfertum" nur auf die menschliche Tätigkeit, genauer, auf eine der Formen dieser Tätigkeit, bezieht. Diese Beschränkung durchzieht alle neueren Versuche, den Begriff zu definieren.
Der bei uns verbreitetsten Definition zufolge ist Schöpfertum „eine Tätigkeit des Menschen, die neue, gesellschaftlich bedeutsame, materielle und geistige Werte schafft" [21]. Die Mängel einer solchen Definition sind leicht festzustellen. Wenn zum Beispiel Schöpfertum als Form psychischer Tätigkeit verstanden wird, weshalb wird dann die gesellschaftliche Bedeutsamkeit ihrer Produkte zum Kriterium für das Vorhandensein einer solchen Tätigkeit? Für ein psychologisches Herangehen an die Analyse des Schöpfertums ist ein solches Kriterium ungeeignet. Man spricht ja auch bei Tieren von Problemlösen, und man nennt manche Tätigkeiten von Kindern schöpferisch. Zweifellos zeigt sich Schöpfertum beim selbständigen Lösen jeder Art von „Rätseln" durch Menschen beliebigen Entwicklungsniveaus. Aber alle diese Aktivitäten sind nicht unmittelbar gesellschaftlich bedeutsam.
Die Geschichte der Wissenschaft und Technik kennt eine Vielzahl von Fällen, in denen hervorragende Ergebnisse menschlichen schöpferischen Denkens lange Zeit nicht als gesellschaftlich bedeutsam gewertet wurden. Man kann nicht annehmen, daß die Tätigkeit der Schöpfer dieser Ideen, solange sie nicht beachtet wurden, nicht schöpferisch war und erst mit ihrer gesellschaftlichen Anerkennung schöpferisch wurde.
Dennoch ist das Kriterium der gesellschaftlichen Bedeutsamkeit schöpferischer Akte in einer Reihe von Fällen tatsächlich von entscheidender Bedeutung. Es läßt sich nicht einfach verwerfen. Vom psychologischen Standpunkt aus sind beispielsweise nicht anerkannte Erfindungen und Entdeckungen offensichtlich schöpferisch, im gesellschaftlichen Sinne sind sie es hingegen nicht. Folglich gibt es außer den psychologischen Gründen irgendwelche zusätzlichen, aus den sozialen Wechselbeziehungen resultierenden Gründe, die das Kriterium des Schöpferischen bestimmen.
Es ist offensichtlich notwendig anzunehmen, daß es verschiedene Sphären des Schöpfertums gibt. Die psychologische Sphäre eröffnet nur die Möglichkeit des Schöpfertums in der gesellschaftlichen Sphäre. Die Verwirklichung dieser Möglichkeit hängt von einer Reihe spezifischer Bedingungen der gesellschaftlichen Verhältnisse ab.
Die Reduzierung des Schöpfertums auf die psychische Tätigkeit ist auch wegen einer Reihe anderer Umstände nicht zulässig. Sie reißt das Schöpfertum aus dem allgemeinen Entwicklungsprozeß der Welt heraus,

macht die Quellen und Voraussetzungen des menschlichen Schöpfertums unbegreiflich, verbaut die Möglichkeit der Analyse der Entstehung des schöpferischen Aktes und behindert damit die Feststellung seiner wesentlichen, allgemeinsten Charakteristika, die Aufdeckung seiner verschiedenartigen Formen und das Erkennen seiner allgemeinen und speziellen Mechanismen.

Der Begriff „Schöpfertum" ist außerordentlich vielfältig. Selbst der Alltagssprachgebrauch beschränkt sich nicht auf eine spezifische Bedeutung. In der Poesie wird die Natur auf Schritt und Tritt als unermüdlicher und kunstvollster Schöpfer beschrieben. Ist dies ein Nachklang des Anthropomorphismus? Handelt es sich nur um eine Metapher, um eine poetische Analogie? Oder gibt es tatsächlich etwas Gemeinsames zwischen dem, was die Natur hervorbringt, und dem, was der Mensch erschafft? Liegt das Gemeinsame dann nur im Produkt oder auch in der Determination?

Die vorwissenschaftliche Weltanschauung unterschied scharf zwischen der Determination natürlicher und künstlicher, von Menschen geschaffener Produkte. Die Naturprodukte erschienen ihr als unmittelbarer Ausdruck der schaffenden Seite eines übernatürlichen Wesens. Die künstlichen Produkte wurden der Tätigkeit solcher Menschen zugeschrieben, die von diesem höheren Wesen besonders wohltätig beschenkt und von ihm auch vor allen übrigen Menschen durch die Verleihung übernatürlicher Kräfte ausgezeichnet worden waren.

Die wissenschaftliche Weltanschauung, die auf einem materialistischen Verständnis der Welt beruht, hat die reale Determination sowohl natürlicher wie künstlicher Produkte nachgewiesen. Die allgemeine Form dieser Determination ist identisch. Hier wie dort sind die Ergebnisse des Schöpfertums Folgen der Wechselwirkung materieller Realitäten Haben wir also das Recht, das Schöpfertum nur auf die menschliche Tätigkeit zu reduzieren? Der Ausdruck „Schöpfertum der Natur" ist nicht ohne Sinn. Das Schöpfertum der Natur und das Schöpfertum des Menschen sind lediglich verschiedene Sphären des Schöpfertums, die ohne Zweifel gemeinsame genetische Wurzeln haben. Einer Ausgangsdefinition des Schöpfertums muß deshalb sein umfassendstes Verständnis zugrunde gelegt werden.

Schöpfertum gibt es sowohl in der unbelebten als auch überall in der belebten Natur. Sowohl der Mensch als auch die Gesellschaft sind schöpferisch. Schöpfertum ist eine notwendige Bedingung für die Entwicklung der Materie, für die Bildung neuer materieller Formen. Durch das Entstehen solcher neuer Formen ändern sich auch die Formen des Schöpfertums selbst. Das menschliche Schöpfertum ist nur eine dieser Formen.

Der weite Umfang des Begriffs „Schöpfertum", seine allgemeinste Fassung als Mechanismus der produktiven Entwicklung, schließt auch das Problem des Schöpfertums, wie es bisher untersucht wurde, in sich ein und erleichtert die Orientierung bei der weiteren Untersuchung seiner Einzelformen. Die Analyse des Schöpfertums wird in die Analyse der Entwicklung einbezogen: Schöpfertum ist dort zu suchen, wo Bewegung vom Niederen zum Höheren ist. Die Dialektik des Schöpfertums wird damit in die durch die marxistische Philosophie umfassend erforschte Dialektik der Entwicklung integriert.
Das wissenschaftliche Schöpfertum ist also eine konkrete Erscheinungsform der Mechanismen der produktiven Entwicklung. Die allgemeine Natur dieses Mechanismus ist jedoch bislang nicht speziell analysiert worden. Auch die Fragen der Konkretisierung der allgemeinen Gesetze des Schöpfertums hinsichtlich ihrer speziellen Erscheinungsweise im wissenschaftlichen Schöpfertum sind bisher nicht ausgearbeitet worden. Offensichtlich ist es jedoch nicht möglich, die spezifischen Gesetzmäßigkeiten des wissenschaftlichen Schöpfertums zu erkennen, wenn nur blind von empirischen Überlegungen einzelner Forschungsrichtungen zu diesem Problem ausgegangen wird. Es gibt nur einen Weg, den entstandenen Teufelskreis zu durchbrechen. Es muß von der konkreten Vielfalt der Erscheinungsformen des Schöpfertums abstrahiert werden, um seine allgemeinen Gesetze zu erkennen, und diese allgemeinen Gesetze müssen dann der Analyse des Materials, das über die uns interessierende konkrete Einzelform vorliegt, zugrunde gelegt werden, um die spezifischen Besonderheiten aufzudecken, die diese konkrete Form charakterisieren.

5.

Auch bei der Behandlung der nächsten Frage werden wir in analoger Weise vorzugehen haben. Es ist dies die Frage, *welche Sphäre der menschlichen Denktätigkeit von heuristischen Programmen widergespiegelt wird.* Wir werden dieses Vorgehen im nächsten Abschnitt erläutern. Zunächst soll die aus obigen Überlegungen entstandene Lage beschrieben werden.
Es gibt einen Standpunkt, demzufolge kybernetische Modelle im Hinblick auf die erörterte Frage universal sind. Dieser Standpunkt besagt, daß kybernetische Modelle, indem sie in dem Ausführungsalgorithmus, der irgendeine einzelne Hypothese (heuristische Regel, heuristische Methode) realisiert, logische Mittel benutzen, auch die Hypothese selbst, d. h. eine intim-psychologische Erscheinung, in sich aufnehmen und somit beide Sphären erfassen.
Wieweit ist eine solche Position gerechtfertigt?

Es steht natürlich außer Zweifel, daß die Eigenart der einen Seite dieser Modelle richtig auf logische Prozesse projiziert wird. Strittig kann nur die Rechtmäßigkeit der Projizierung ihrer anderen Seite auf die Sphäre des Intim-Psychologischen sein.[3]

Man muß anerkennen, daß es für den Anspruch, daß diese kybernetischen Modelle auch psychologische Modelle seien, eine Reihe gewichtiger Begründungen gibt. Die wichtigste Begründung besteht im Hinweis auf die Art und Weise, wie heuristische Regeln ausgearbeitet werden. Solche Regeln können nicht, wie z. B. systematische Programme, unmittelbar logisch abgeleitet werden. Für die Ausarbeitung heuristischer Programme sind andere Quellen zu benutzen. Es wird dabei zurückgegriffen auf die Theorie jener Probleme, deren Lösung zu programmieren ist: auf die Schachtheorie, wenn es um die Aufstellung von Schachspiel-Programmen geht, auf die Musiktheorie, wenn mittels der Programme komponiert werden soll u. ä. Gewöhnlich erweisen sich die in diesen Theorien konzentrierten Angaben als unzureichend. Dann wendet man sich unmittelbar der Tätigkeit von Menschen zu, die analoge Probleme erfolgreich lösen.

Im letzteren Falle wird auf die eigene Erfahrung und die Beobachtung des Problemlösungsverlaufs anderer Menschen zurückgegriffen, um Ausgangsdaten zu gewinnen. Es werden also die Methoden *Selbstbeobachtung*, *Beobachtung* und *Befragung* angewandt.[4] Das sind die gleichen Methoden, die auch die traditionelle Psychologie bei der Untersuchung menschlicher Denkabläufe benutzt (und auf die sie sich beschränkt).

Von der heuristischen Programmierung und der Denkpsychologie werden gleichartige Methoden nicht nur bei der Gewinnung von Ausgangsdaten verwendet, sondern auch bei der Analyse des gesammelten Materials. Diese Analyse richtet sich auf die Untersuchung der Teilresultate und des Gesamtergebnisses des Problemlösungsverlaufs. Auch die Verfahren zur Theoriebildung auf der Grundlage der gesammelten

[3] Natürlich ist jede Sphäre der logischen geistigen Tätigkeit des *Menschen* zugleich auch eine psychologische, da z. B. alle deduktiven Operationen, die der denkende Mensch ausführt, einem streng bestimmten psychologischen Mechanismus folgen, dessen genaues Funktionieren die notwendige Voraussetzung dafür ist, daß der Verlauf dieser Operationen den Regeln der Deduktion entspricht. Jedoch kann die logische Seite der geistigen Tätigkeit vom psychologischen Mechanismus dieser Tätigkeit [14], also vom erkennenden Subjekt, getrennt werden, während die intim-psychologische Seite eine solche Trennung nicht zuläßt.

[4] Diese Methoden verwendeten z. B. Polya [8], Newell, Shaw und Simon [6,7], Rejtman [16] und viele andere.

Ergebnisse sind analog. In beiden Bereichen erfolgt sie durch allmähliche empirische Verallgemeinerungen.
Manchen Autoren heuristischer Programme ist vorzuwerfen, daß sie aus mangelnder Kenntnis nicht die ganze Vielfalt der von der traditionellen Denkpsychologie zusammengetragenen Ergebnisse nutzen. Dieser Vorwurf trifft jedoch nur einzelne. Prinzipiell befinden sich alle Vertreter der heuristischen Programmierung auf dem Niveau der traditionellen Psychologie, wenn sie auch teilweise die von dieser Psychologie bereits früher geleistete Arbeit wiederholen. Die Autoren heuristischer Programme haben den Vertretern der traditionellen Psychologie gegenüber jedoch auch gewisse Vorteile. Die Hypothesen und Theorien der traditionellen Psychologie sind nämlich nur sehr schwer exakt zu kontrollieren, während eine relativ erfolgreiche Problemlösung durch einen nach einem heuristischen Programm arbeitenden Elektronenrechner nicht erreicht werden kann, wenn die diesem Programm zugrunde liegenden Heuristiken falsch sind. Aus diesem Grunde kann behauptet werden, daß die heuristischen Programme die Funktion haben können, Theorien und Hypothesen der traditionellen Denkpsychologie zu überprüfen. Dieser offensichtliche Vorzug gegenüber der traditionellen Psychologie berechtigt auch dazu, eine Beziehung zwischen der heuristischen Programmierung und der Theorie des schöpferischen Denkens herzustellen.
Die neueren Forschungen auf dem Gebiet der „künstlichen Intelligenz und der Modellierung von Erkenntnisprozessen durch Automaten" [22] sind also prinzipiell imstande, all das, was in der traditionellen Denkpsychologie enthalten ist, in sich aufzunehmen (oder zu verwerfen, zu präzisieren, zu vervollkommnen). Die kybernetische Modellierung der geistigen Tätigkeit des Menschen mit Hilfe von elektronischen Rechenmaschinen erweist sich dementsprechend als eine notwendige (und vielleicht entscheidende) Ergänzung der Prinzipien traditioneller psychologischer Forschung. Durch sie können die Ergebnisse dieser Forschung in den Rang relativ exakten Wissens erhoben werden, dessen Wahrheitsgehalt (jedenfalls bis zu einem gewissen Grade) bestimmt werden kann.
So gesehen, kann die Behauptung, daß heuristische Computerprogramme die einzig mögliche Methode sind, eine Theorie des schöpferischen Denkens zu erarbeiten, kaum widerlegt werden.
Wenn diese Behauptung wirklich stimmt, kann weder von besonderen intim-psychologischen Modellen des Schöpfertums noch von irgendwelchen psychologischen Mechanismen des wissenschaftlichen Schöpfertums die Rede sein.
Eine solche Entscheidung ist außerordentlich wichtig in methodologischer

Hinsicht. Die Tatsache, daß bis heute der Mensch komplizierte Probleme bedeutend effektiver löst als ein Computer, dessen Programm auf heuristischen Prinzipien beruht, sagt an sich noch nichts aus. Die heuristische Programmierung ist ein junger Wissenschaftszweig, und es wäre ein grober Fehler, anhand seiner ersten Schritte die Grenzen seiner prinzipiellen Möglichkeiten beurteilen zu wollen. Wenn wir die Behauptung, heuristische Maschinenprogramme seien eben die Theorie des schöpferischen Denkens, unwidersprochen hinnehmen, akzeptieren wir aber auch, daß das Problem des Verhältnisses zwischen dem menschlichen Denken und der Arbeit des dieses Denken modellierenden Computers eindeutig gelöst ist. Wir anerkennen dann die prinzipielle Identität beider Verfahren. In diesem Falle vereinfacht sich das Problem der Erforschung des schöpferischen Denkens ungemein. Die Frage, ob die Gewinnung neuer Erkenntnisse ein logischer Akt ist oder ob sie in jedem Falle ein Abgehen von festgelegten logischen Wegen voraussetzt und Intuition erfordert, entfällt. Die heuristische Programmierung entspricht dann der lange angestrebten „Logik der Entdeckungen". Es entfällt auch eine Untersuchung der Frage, welche Rolle unbewußte Prozesse beim Finden neuer Prinzipien oder Problemlösungen in der wissenschaftlichen Arbeit spielen. Entsprechende Äußerungen von Wissenschaftlern könnten, wenn man sich deren Auffassung zu eigen macht, ins Reich der Illusionen verwiesen werden.

Es scheint, als sei dies eine außerordentlich bestechende prinzipielle Lösung.

Sie ist aber andererseits extrem konservativ. Sie widerspricht ganz offenbar den vielen empirisch gesammelten Daten über den intuitiven, unbewußten Charakter des Erkenntnisprozesses. Eben deshalb vermögen viele Forscher eine solche Lösung nicht unwidersprochen hinzunehmen (obwohl die meisten von ihnen in den eigenen Arbeiten intuitive, unbewußte Momente des Schöpfertums gar nicht berühren).[5]

Wer aber ist schuld an der entstandenen Situation? Wer ist schuld daran, daß die Behauptung, „die Theorie der Maschinenprogramme ist

[5] Wir verweisen z. B. darauf, daß sich in der Sektion Psychologie des Symposiums über Probleme des wissenschaftlichen und technischen Schöpfertums (dessen Materialien diesem Sammelband zugrunde liegen) die lebhafteste Diskussion eben am Problem der heuristischen Programmierung und des Verhältnisses moderner Maschinenprogramme zum schöpferischen Denken, zur heuristischen Tätigkeit des Menschen entzündete. Die Mehrzahl der Psychologen, die diese Frage erörterten, kritisierte die Behauptung, daß die heuristische Programmierung eben die Theorie des schöpferischen Denkens sei (s. a. die im vorliegenden Band enthaltenen Beiträge von V. N. Puškin, L. N. Landa u. a.).

eben die Theorie des schöpferischen Denkens", so stürmische Diskussionen ausgelöst hat und nicht einfach als unhaltbar abgelehnt wurde?
Haben sich vielleicht die Ansprüche der Forscher auf dem Gebiet der maschinellen Programmierung von Lösungen komplizierter Erkenntnisprobleme als grundlos unbescheiden erwiesen? Durchaus nicht, denn wie wir bereits gezeigt haben, gab es hinreichende Gründe, diese Programme in den Rang einer Theorie des schöpferischen Denkens zu erheben. Diese Gründe ergaben sich aber aus dem Material der traditionellen Denkpsychologie. Der Anspruch, den die Autoren von Maschinenprogrammen erheben, ist also offensichtlich nicht willkürlich. Er ist durch die traditionelle Psychologie sanktioniert.
Es ergibt sich, daß der Streit um die Rechtmäßigkeit oder Unrechtmäßigkeit der theoretischen Ansprüche von Autoren heuristischer Programme zum Streit über den Gegenstand der Denkpsychologie wird, daß er zu der Frage führt, ob es nicht notwendig sei, die theoretischen Grundthesen der traditionellen Denkpsychologie zu revidieren.
Sehr interessant ist allein die Tatsache, daß die heuristische Programmierung gewissermaßen den Gegenstand der Denkpsychologie differenziert. (Darin besteht auch ihr wichtigster Beitrag zur psychologischen Theorie des Denkens.) Das, was in diesem Gegenstand bisher global und ungegliedert war, wird zweigeteilt. Ein gewisser Teil (der bereits ein hohes Niveau von Wissenschaftlichkeit erreicht hatte) wird von den Maschinenprogrammen aufgenommen und assimiliert und verschwindet aus dem Bereich aktueller psychologischer Probleme. Er hört überhaupt auf, Problem zu sein, und geht in den Bereich des Erforschten über. Hinter dem Erforschten bleibt jedoch „etwas" übrig, jener gewisse „Rest", von dem Brušlinskij sprach. Dieses „Etwas", dieser „Rest", gerät nun in den Bereich der besonderen Aufmerksamkeit der Psychologen.
Von entscheidender Bedeutung für die Beantwortung der Frage, ob die heuristische Programmierung die intim-psychologische Sphäre modelliert, ist die Klärung der *Natur der heuristischen Regeln und ihrer Komplexe*. In dieser Frage liegt die Achillesferse der kybernetischen Modelle des Schöpfertums.
Es ist bereits erwähnt worden, daß die Mehrzahl der Psychologen, die auf dem genannten Symposium diese Frage berührte, die Meinung vertrat, daß die Schaffung von Maschinenprogrammen noch nicht die Schaffung einer Theorie des menschlichen Denkens bedeute. In diesem Sinne äußerte sich zum Beispiel O. K. Tichomirov, der Fälle der Nichtübereinstimmung zwischen dem menschlichen und dem maschinellen Aufgabenlösen untersuchte [20]. Diese Meinung vertrat auch I. M. Rozet. Er zeigte, daß heuristische Programme ebensowenig mit psychologi-

schen Gesetzmäßigkeiten gleichgesetzt werden können wie die Verfahren der Mnemotechnik mit den Gesetzen des Gedächtnisses [17].[6] Einen ähnlichen Standpunkt vertraten noch viele andere Teilnehmer des Symposiums.

V. N. Puškin verglich heuristische Verfahren mit der heuristischen Tätigkeit des Menschen und betonte, daß die modernen Heuristiken als Verfahren aufzufassen sind, die nur die Ergebnisse menschlicher heuristischer Prozesse berücksichtigen. Zur Vervollkommnung der Automatentheorie sei es erforderlich, zu einem umfassenden Verständnis dieser Prozesse zu kommen. Letzteres sei unmittelbar Aufgabe der Psychologie des schöpferischen Denkens [15].[7]

Da die Lösung komplizierter Probleme durch den Menschen Grundlage für den Aufbau heuristischer Pogramme ist, hängt das Entwicklungsniveau der Automatentheorie völlig davon ab, welche Fortschritte bei der Untersuchung des menschlichen Problemlösens gemacht werden. Es ist ganz offensichtlich, daß die Hypothese von den Ausarbeitern heuristischer Programme nur im bereits entwickelten Zustand (als Tatsache, also sozusagen auf Makroniveau) als Grundlage heuristischer Pläne übernommen wird. Der Entstehungsprozeß der Hypothese (das Mikroniveau) bleibt im dunkeln.

Bekanntlich hat die Erforschung des „Makroniveaus" beim menschlichen Problemlösen bereits eine Tradition von vielen Jahrhunderten. Die Phänomene des Makroniveaus sind ausführlich beschrieben worden. Die Eignung dieser Daten für die Nutzung bei der Aufstellung heuristischer Programme (für die Herstellung von Verbindungen innerhalb des Komplexes heuristischer Regeln) hängt ab vom Grad ihrer Verallgemeinerung und Systematisierung. Bis heute werden jedoch die Prinzipien der Verallgemeinerung und Systematisierung aus dem gleichen Makroniveau abgeleitet, und sie sind deshalb bedingt und subjektiv. In dieser Hinsicht kann die Schaffung moderner heuristischer Programme mit der Kunst der Vereinigung von Metallen zu Legierungen verglichen werden, wie sie bis zur zweiten Hälfte des 19. Jahrhunderts ausgeübt wurde, d. h. bis zur Entstehung der Wissenschaft der Metallographie, die sich dann zur Metallogie (Metallkunde) entwickelte.

6.

Betrachten wir nun die dritte Frage: *In welcher Beziehung steht die heuristische Programmierung zu den zwei gegensätzlichen Tendenzen des Herangehens an die Erforschung des Problems der Gesetzmäßigkeiten der*

[6] Vgl. dazu den Beitrag von I. M. Rozet im vorliegenden Band — d. Hrsg.

[7] Vgl. dazu den Beitrag von V. N. Puškin im vorliegenden Band — d. Hrsg.

Erkenntnisgewinnung? Lehnt sie sich an eine der Tendenzen — an die logische oder die intuitive — an, oder überwindet sie beide Tendenzen?
Wie gezeigt wurde, wird die Behauptung, daß die heuristische Programmierung den Gegensatz zwischen der logischen und der intuitiven Konzeption überwindet, mit den Schwächen der traditionellen Denkpsychologie begründet. Die Erforschung des Entstehungsprozesses von Hypothesen gelingt jedoch weder der heuristischen Programmierung noch der traditionellen Denkpsychologie.
Die Tatsache, daß die traditionelle Psychologie den Prozeß der Entstehung von Hypothesen nicht aufdeckt, wurde in der sowjetischen Psychologie vor mehr als zehn Jahren von S. L. Rubinstein sehr deutlich hervorgehoben. Er konstatierte, daß die gegenwärtige Denkpsychologie nur die äußeren Resultate der Denktätigkeit beschreibt, und sah den Hauptmangel der psychologischen Denkforschung darin, daß der Prozeß, der zu diesen Resultaten führt, nicht aufgedeckt wird [18, S. 22f].
In letzter Zeit haben verschiedene Autoren vielfach die Meinung vertreten, die heuristische Programmierung erfasse nicht die zentralen Glieder der psychologischen Seite des Denkens. Allerdings werden diese Meinungen meist nicht bewiesen.
Es ist wichtig festzustellen, daß allein der Hinweis auf die Notwendigkeit, den Denkprozeß selbst zu untersuchen, nicht ausreicht, um unsere Frage zu beantworten. Die Eigenart des vermuteten Prozesses muß deutlich gekennzeichnet werden.
S. L. Rubinštejn schrieb: „Die Charakteristik des Denkens als Prozeß wäre ohne Substanz, wenn man nicht definierte, worin dieser Prozeß besteht. Der Denkprozeß ist vor allem ein *Analysieren* und ein *Synthetisieren* dessen, was die Analyse ergeben hat; er ist ferner *Abstraktion* und *Verallgemeinerung*, die sich aus Analyse und Synthese ableiten" [18, S. 31]. „Wir bemühen uns, immer und überall von objektiv kontrollierbaren ‚äußeren' Fakten auszugehen, sehen aber die Aufgabe der psychologischen Forschung darin, auch die inneren Bedingungen und Gesetzmäßigkeiten des jeweiligen verborgenen, nicht unmittelbar in Erscheinung tretenden Prozesses aufzudecken, der zu diesen Fakten führt" [18, S. 28]. „Beim Denkprozeß wird das Objekt in immer neue Zusammenhänge einbezogen und tritt infolgedessen in immer neuen Qualitäten auf, die in neuen Begriffen fixiert werden" [18, S. 99]. „Es handelt sich bei unserer Auffassung im Grunde darum, daß beim Denken durch Einordnung der Aufgabenelemente, der Denkobjekte, in neue Zusammenhänge diesen Elementen selbst gleichsam ein neuer objektiver Inhalt abgewonnen wird" [18, S. 105].

Aus den angeführten Zitaten geht nicht hervor, nach welchen Gesetzen die Denkprozesse ablaufen und die Objekte in neue Beziehungen gebracht werden; es ist nicht zu erkennen, ob es sich um intim-psychologische oder um logische Gesetze handelt. Dementsprechend bleibt auch unklar, inwiefern ein solches Vorgehen die Begrenztheit der traditionellen Forschung überwindet.

Bevor auf die Notwendigkeit der Aufdeckung der Gesetzmäßigkeiten des Problemlösungsprozesses hingewiesen wird, muß offensichtlich geklärt werden, welcher Prozeß gemeint ist — der logische oder der intuitive. Unserer Meinung nach handelt es sich darum, die Gesetzmäßigkeiten des intim-psychologischen Prozesses zu klären. Die Richtung jedoch, die davon ausgeht, daß Denkprozesse sich immer durch logische Operationen erklären lassen, bestreitet sogar die Realität der Intuition und hält sie für eine Fiktion.

Offensichtlich muß an die Frage des Verhältnisses der heuristischen Programmierung zu den beiden unterschiedlichen Tendenzen des Herangehens bei der Erklärung der Mechanismen des Erkenntnisprozesses ähnlich herangegangen werden, wie wir es bei der Frage nach den Kriterien des Schöpfertums taten. Die Beantwortung der Frage nach dem Verhältnis der heuristischen Programmierung zur logischen und zur intuitiven Konzeption des Schöpfertums hängt vor allem davon ab, wie das Wechselverhältnis dieser Konzeptionen selbst, wie das Wechselverhältnis des Logischen und des Psychologischen verstanden wird.

Uns scheint, daß die Schwierigkeiten bei der Klärung des Wechselverhältnisses von Logischem und Psychologischem vor allem mit einer spezifischen Besonderheit des heutigen Standes der psychologischen Theorie über die Natur des Psychischen zusammenhängen.

Als ernsthaftes Hemmnis, diese Wechselbeziehungen wirksam analysieren zu können, erweist sich nämlich der in der heutigen Psychologie weitverbreitete Standpunkt, demzufolge Psychisches und folglich auch alle seine Erscheinungsformen nur als etwas Ideelles, d. h. als etwas Immaterielles, Nichträumliches, als subjektives Abbild der objektiven Realität, als ihre Widerspiegelung aufgefaßt werden.

Die Analyse der Natur des Ideellen [13, 14] zeigt, daß das Ideelle nicht die objektive Realität selbst, sondern eine Abstraktion ist, die im gleichen Verhältnis zur objektiven Realität steht wie ein Modell zum Original. Wenn wir den Grad der Ähnlichkeit von Modell und Original feststellen wollen, dann müssen wir von der Materialität des Modells abstrahieren, um die im Modell enthaltene Kopie des Originals sichtbar zu machen. In einer solchen Abstraktion stellt sich das Modell auch als ideelles Bild des Originals dar, als dessen mehr oder weniger genaue Kopie, als Widerspiegelung. Eben hierin besteht die erkenntnistheoretische Richtung der Forschung.

Die Auffassung des Psychischen als des Ideellen ist gerechtfertigt und notwendig, jedoch nur bei der Verfolgung des erkenntnistheoretischen Aspekts. Über diesen Aspekt hinaus ist die absolute Gegenüberstellung von Psychischem und Materiellem ein grundsätzlicher Fehler. Eine derartige unzulässige Gegenüberstellung bedeutet faktisch, daß die Anerkennung der objektiven Realität des Psychischen aufgegeben wird und daß an die Stelle des Psychischen eine erkenntnistheoretische Abstraktion tritt.

Außerhalb des erkenntnistheoretischen Forschungsaspekts, also unter konkret-wissenschaftlichem Aspekt, erschöpft sich die Analyse des Psychischen nicht darin, es als Kopie von Dingen und Erscheinungen anzusehen. Unter diesem Aspekt erscheint Psychisches als eine spezifische Gesamtheit materieller dynamischer subjektiver Modelle der Dinge und Erscheinungen. Es erweist sich als qualitativ eigenständiges Produkt der für das Subjekt spezifischen, Signalcharakter tragenden Wechselwirkung mit dem Objekt [9, 11, 12, 14].

Die ungerechtfertigte Reduzierung des Psychischen und folglich auch des Denkens auf das Ideelle führt dazu, daß die Mikroanalyse der Erkenntnisgewinnung außerhalb des Gesichtsfeldes der Forschung bleibt. Die psychischen Erscheinungen werden nur in ihrer Beziehung zu Objekten gesehen und als ideelle Abbilder von Dingen beschrieben. Die logische Analyse der Produkte des Denkens in ihrem jeweiligen Gegenstandsbezug erweist sich dann als einzige Form der wissenschaftlichen Analyse des Denkens. Eine solche Einengung der Betrachtungsweise führt unvermeidlich dazu, daß der intellektuelle Mechanismus von Entdeckungen und Erfindungen restlos auf eine Kette logischer Operationen reduziert wird.

Wir haben nicht vor, hier ausführlich die Frage nach dem Verhältnis zwischen Logischem und Psychologischem zu erörtern. Wir werden nur flüchtig einen uns wichtig erscheinenden Standpunkt referieren, der bemüht ist, jene Realität, die Ausgangsbasis jedes Gegenstandes logischer Forschung ist, näher zu analysieren. Es geht dabei darum, die objektiv realen Ausgangsformen, in denen das eigentlich Logische auftritt, festzustellen. Es geht also nicht darum, das Logische als Wissenschaft über das Logische (also als Logik) zu betrachten, sondern darum, Logisches als eine Erscheinung zu verstehen, die der objektiven Realität unmittelbar eigen ist, unabhängig davon, ob sie vom erkennenden Menschen erforscht wird oder nicht.

Wie bereits erwähnt, ist Psychisches unter konkret-wissenschaftlichem Aspekt eine Gesamtheit von materiellen dynamischen subjektiven —

oder kürzer: *psychischen* — Modellen der äußeren und inneren Bedingungen eines lebenden Systems. Es ist Resultat der für das Subjekt spezifischen und Signalcharakter tragenden — anders gesagt: *psychischen* — Wechselwirkung mit dem Objekt. Diese Wechselwirkung ist heterogen. In ihr sind zumindestens zwei Ebenen deutlich zu unterscheiden: eine höhere und eine niedere Ebene; analog heterogen sind auch die diesen Ebenen entsprechenden psychischen Modelle.

Die *niedere Ebene* ist für die Anpassungstätigkeit der Tiere charakteristisch. Die ihr entsprechenden Modelle können *primäre Modelle* oder *bildhafte Modelle* genannt werden. In ihnen sind die Wechselwirkungen zwischen den umgebenden Dingen nicht getrennt von den Wechselwirkungen der Tiere mit diesen Dingen. Die Handlungen sind nicht von den Gegenständen getrennt. Beide stehen miteinander in Zusammenhang. Solche Modelle gewährleisten die unmittelbare Orientierung in der Umwelt.

Die *höhere Ebene* ist die menschliche Ebene. Indem der Mensch aus der niederen Ebene hinauswächst, gestaltet er seinem Entwicklungsstand entsprechend die vorhergehende Ebene um und modifiziert sie.

Gewisse Formen der Tätigkeit des Menschen bewahren eine gewisse Analogie mit der Anpassungstätigkeit der Tiere. So besitzt auch er primäre, bildhafte Modelle, wenn auch in modifizierter, veränderter Form. Die spezifische Eigenschaft des Menschen besteht jedoch darin, daß er fähig ist, im Prozeß der sozialen Kommunikation *sekundäre Modelle* zu schaffen und Zeichen, z. B. sprachliche Zeichen, als Signale zu benutzen. In solchen Modellen objektiviert der Mensch die Kopien, die in den primären, bildhaften Modellen enthalten sind, indem er sie in *Zeichen*modellen (*Objektmodellen*) ausdrückt. Dabei ergibt sich die Möglichkeit einer Differenzierung der primären Modelle. Es wird möglich, die in diese Modelle eingehenden Beziehungen des Subjekts zum Objekt von den Beziehungen zwischen den Objekten zu trennen. Die Fähigkeit, sekundäre Modelle aufzubauen, entsteht natürlich im Zusammenhang mit der Fähigkeit, Zeichen als Signale zu benutzen. Beide Fähigkeiten sind gesellschaftlicher Natur. Sie können sich nur im sozialen Verkehr (oder in seiner Vorform) herausbilden und stützen sich dabei auf das eigentliche menschliche Sprechen.

Jedes *sekundäre psychische Modell* (*Subjektmodell*) hat immer einen Doppelcharakter. Es besteht aus zwei Teilen:

a) einem *Basisteil* (der Elemente des bildhaften Primär-Modells enthält) und

b) einem *Überbauteil* (der Elemente des Zeichenmodells enthält).

In der normalen psychischen Tätigkeit des Menschen ist das Funktionieren des Überbauteils immer durch den Basisteil vermittelt. Anders gesagt, der Überbauteil wird in diesem Falle nie von seiner Basis-Komponente getrennt und arbeitet nie für sich allein, unabhängig von der Basis. (Wir können z. B. unsere objektbezogenen Handlungen nicht orientieren, wenn wir uns auf Wörter einer uns unbekannten Fremdsprache stützen.) Sowohl der Überbauteil als auch der Basisteil des sekundären psychischen Modells funktionieren in der Regel als ein einheitliches Modell, als *Bedeutungsmodell.*

Zugleich sehen wir, wenn wir das Bedeutungsmodell mit dem ihm entsprechenden objektivierten (Zeichen-)Modell vergleichen, daß im letzteren nur der Überbauteil erhalten bleibt. Nicht das ganze Modell wird also in das Zeichenmodell übernommen. Das Bedeutungsmodell ist folglich in gewissem Sinne nicht identisch mit dem ihm entsprechenden Zeichenmodell.

Der Übergang des Psychologischen in das Logische erfolgt, wenn man sich dieser Auffassung anschließt, im Moment der Objektivierung des Bedeutungsmodells, d. h. dann, wenn sein Überbauteil durch ein Zeichenmodell ausgedrückt wird.

Das *„rein logische“* Denken ist ein ausschließlich die Überbauteile der Bedeutungsmodelle betreffendes Denken, d. h., es betrifft nur die Zeichenmodelle. Grob gesprochen, handelt es sich dabei um „Denken“ unter Ausschluß der Basis-Komponenten der Bedeutungsmodelle. Zu einem solchen „Denken“ sind elektronische Rechenanlagen oder irgendwelche anderen kybernetischen Maschinen fähig. Mehr noch, das „Denken“ der Maschine unterscheidet sich eben dadurch prinzipiell vom Denken des Menschen, daß die Maschine in der Lage ist, nur mit Systemen von Zeichenmodellen zu arbeiten, und daß sie unfähig ist, mit Bedeutungsmodellen zu arbeiten.

Dieser Umstand darf natürlich nicht zu der Schlußfolgerung führen, daß das Denken des entwickelten Menschen nicht logisch sein könne. Im Gegenteil, ein solches Denken ist immer in dem Maße logisch, in dem Zeichenüberbauten darin einbezogen werden, d. h. in dem Maße, wie die Modelle des denkenden Menschen *Bedeutungsmodelle* sind. Es gibt noch einen weiteren prinzipiellen Unterschied zwischen dem logischen Denken des Menschen und dem „Denken“ der Maschine: Der Mensch benutzt die Zeichenmodelle anders, als dies die Maschine tut. Indem er das Zeichenmodell in ein Bedeutungsmodell verwandelt, löst der Mensch die im Zeichenmodell enthaltene Kopie des Originals heraus, läßt jedoch die Eigenart des Objekts dieser Kopie außer acht. Folglich umfaßt das Bedeutungsmodell in der Regel nur die im Zeichenmodell enthaltene Kopie des Objekts (genauso, wie bei der Umwandlung des Bedeutungsmodells in ein Zeichenmodell dem ersteren nur die Kopie des Originals

entnommen wird). Dies ist nur möglich, wenn man sich auf das primäre, bildhafte Modell stützt, das den Computern fehlt.
Das Denken des Menschen erschöpft sich also niemals im „rein logischen“ Denken, da es immer den Basisteil sekundärer Modelle einschließt, der ein direkter Effekt der Wechselwirkung von Subjekt und Objekt auf der niederen Ebene ist. (Auch die Zeichenform des Wissens selbst ist bis zu ihrer Umkodierung in das Bedeutungsmodell Objekt dieser Wechselwirkung.)
Gegenstand der Psychologie des Denkens muß jene Seite der individuellen Erkenntnis sein, die vor allem als Wechselwirkung von Subjekt und Objekt in Erscheinung tritt. In eine solche Wechselwirkung können sowohl sekundäre Modelle (abstrakt-logische Erkenntnis) als auch primäre Modelle (unmittelbar sinnliche Erkenntnis) einbezogen werden. Der reale Prozeß der individuellen Erkenntnis schließt gewöhnlich beide Formen ein. (In der Mehrzahl der Fälle wird über dem primären Ausgangsmodell ein Überbau aus einer komplizierten Kette von sekundären [Bedeutungs-]Modellen errichtet, die die Funktion sowohl von sekundären als auch von primären Modellen wahrnehmen.) Der Prozeß wird durch Bedeutungsmodelle reguliert, die eine oben bereits beschriebene Synthese von zeichenhaften und bildhaften Seiten darstellen. Die unvermeidliche und notwendige Einbeziehung von Elementen primärer Modelle (oder ihnen funktional äquivalenter Bedeutungsmodelle) in die abstrakt-logische individuelle Erkenntnis wird z. B. zur Ursache für eine von vielen Psychologen deutlich beschriebene Erscheinung, die auf den typischen Unterschied zwischen den sogenannten psychologischen und den logischen Formen der Lösung derselben Problemsituation hinweist: Die Lösung wird in der logischen Form erst formuliert, wenn sie psychologisch bereits gefunden ist. Worauf beruht dieser Unterschied?
Der „psychologische“ Verlauf einer Problemlösung besteht in einem Zyklus von Wechselwirkungen zwischen Subjekt und Objekt. Er vollzieht sich nach den Gesetzen einer solchen Wechselwirkung. Die Beteiligung von Elementen primärer Modelle an der Orientierung des Subjekts führt dazu, daß das Subjekt bis zu einem gewissen Moment in die Abbildung der Problemsituation auch die neu herausgearbeiteten bildhaften Modelle einbezieht, die den gesamten Verlauf der Wechselwirkung insgesamt zusammenfassend widerspiegeln. In solchen Modellen werden primär jene Beziehungen zwischen Dingen aufgehoben, die das Subjekt als zusätzliche, notwendige Bedingungen finden muß, um die Aufgabe lösen zu können. Dies geschieht vor allem auf der psychologischen Ebene, wo längst nicht alle vom Subjekt psychisch widergespiegelten Elemente der Problemsituation genügend objektiviert sind.

Die Notwendigkeit, eine „logische" Lösung zu vollziehen, entsteht dann, wenn der Mensch die von ihm gefundene Lösung an einen anderen weitergeben muß (oder sich selbst Rechenschaft geben will). Diese Situation veranlaßt ihn, die im primären Modell undifferenziert widergespiegelte Wechselwirkung zwischen ihm selbst und dem Objekt im Prozeß der Bewältigung der Problemsituation zu gliedern und die eigene Einwirkung auf das Objekt herauszulösen. (Der Mensch bestimmt also seinen Platz in der Struktur der Wechselwirkung von Subjekt und Objekt.) Weiterhin muß er jene Veränderungen des Objekts registrieren, die als direktes oder indirektes Ergebnis seiner Einwirkung erfolgt sind. (Das heißt, er liest die Ergebnisse der Wechselwirkung an der Struktur des Objekts ab.) Obwohl der logische Ablauf der Lösung natürlich nicht entgegen den psychologischen Gesetzen erfolgt und letzten Endes ebenfalls die Wechselwirkung von Subjekt und Objekt beinhaltet, ist er jedoch bereits eine differenzierte Widerspiegelung des Effekts dieser Wechselwirkung. Die logische Beschreibung des Ablaufs drückt nicht so sehr den Prozeß der Wechselwirkung von Subjekt und Objekt selbst aus als vielmehr die Wechselwirkung zwischen den Gegenständen und Erscheinungen, die als Bedingungen in die Problemsituation eingehen. Indem das Subjekt die Kopie dieser Beziehungen im Zeichenmodell objektiviert, beschreibt es zugleich die logische Lösung des Problems. Diese kann es dann auch mit den spezifischen Mitteln der Logik verifizieren, da Systeme von Zeichenmodellen sich den logischen Gesetzen unterordnen.
Bekanntlich ist jedoch besonders die erste Variante der Objektivierung eines Problemlösungsprozesses manchmal recht unvollkommen. Mit hinreichender Deutlichkeit werden oft nur jene Veränderungen der Objektstruktur objektiviert, die direkt aus den Erscheinungen des Subjekts resultieren, die also seiner Voraussicht und seinen Zielstellungen entsprechen. Indirekte Veränderungen werden meist nicht bemerkt. (Im nächsten Teil werden wir auf diese Erscheinung zurückkommen.) Selbst wenn es gelungen ist, die logische Lösung irgendwie mit den Mitteln einer natürlichen Sprache zu formulieren, ist sie oft durchsetzt von individuellen Besonderheiten, die aus der Struktur des Systems primärer Modelle herrühren. Es ist meist mühsam, diese subjektive Beimengung zu entfernen. Um dies zu erreichen, ist es günstig, die Möglichkeiten eines kompetenten wissenschaftlichen Kollektivs zu nutzen, dessen Mitglieder über verschiedenartige Strukturen des Systems primärer Modelle verfügen. Die Feststellung des objektiv Invarianten wird dadurch wesentlich erleichtert.
Das Psychologische tritt also als das Logische auf, wenn es, indem es objektiviert wird, über die Grenzen der Wechselwirkung von Subjekt und

Objekt hinausgeführt werden kann. Mit ihm kann dann operiert werden, ohne daß dieser Wechselwirkungsprozeß berührt wird.
Ebenso kann auch das Logische als Psychologisches in Erscheinung treten, wenn das Zeichenmodell in die Wechselwirkung von Subjekt und Objekt einbezogen wird und sich in ein Bedeutungsmodell verwandelt. Das Bedeutungsmodell wird dann zu einer Bedingung der Tätigkeitsregulierung des Subjekts, und zwar zu einer Bedingung, die logisches Denken ermöglicht.
Die Logik studiert das Logische außerhalb der Grenzen seiner psychologischen Metamorphose. Sie untersucht die in Zeichenmodellen dargestellte Erkenntnis und abstrahiert dabei von der Wechselwirkung zwischen Subjekt und Objekt, als deren Ergebnis diese Modelle entstehen. Die Logik untersucht die allgemeinsten Beziehungen der Dinge, Beziehungen, die im Wissen widergespiegelt und in Form von Zeichen ausgedrückt werden. In der logischen Analyse verschwinden deshalb auch die Abbildungen der Dinge. Diese werden durch Symbole ersetzt. Die Logik abstrahiert also von den Dingen selbst und untersucht nur deren Beziehungen.
Tiere, die über Analogiewissen verfügen, bedürfen der Logik nicht, weil jeder Akt ihres Verhaltens unmittelbar durch die Objekte selbst kontrolliert wird. Tierisches Verhalten wird niemals getrennt von den konkreten, unmittelbaren Bedingungen des biologischen Milieus. Es kann zum Beispiel nicht auf einer inneren Ebene, „im Geist", erfolgen, es schließt keine Handlungen mit Objektmodellen ein. Dasselbe kann auch von der unmittelbar sinnlichen Erkenntnis des Menschen gesagt werden. Die Besonderheit des menschlichen Intellekts besteht jedoch unter anderem darin, daß der Mensch auf der höheren Ebene der Erkenntnis in der Lage ist, die Gegenstände und Erscheinungen nicht nur unmittelbar, sondern auch mittelbar zu erforschen, indem er ihre Objektmodelle untersucht. Die Handlungen mit den Objektmodellen werden jedoch nicht direkt durch die Objekte selbst kontrolliert. Solche Handlungen müssen das Wissen über die gesetzmäßigen Beziehungen zwischen den Objekten berücksichtigen. Diese Gesetze werden in erster Linie durch die Logik widergespiegelt. Der Ursprung dieses Wissens und das Kriterium seiner Richtigkeit ist letztlich die Praxis. Aber längst nicht jeder Schritt im Verhalten des Menschen wird unmittelbar praktisch überprüft. Manchmal löst sich das Verhalten des Menschen lange Zeit ab von der realen Welt der Dinge. Auch in diesem Zeitraum stehen seine Handlungen zwar in Beziehung zu dieser Umwelt, jedoch nicht dank ihrer unmittelbaren Kontrolle durch die Objekte der Umwelt selbst, sondern durch die Verfahren und Mittel der Logik. Die Möglichkeit, mit Objektmodellen zu

operieren, und die Trennung der Tätigkeit von den unmittelbaren Umweltbedingungen sind direkt abhängig von den Erfolgen bei der Entwicklung der Logik. Gerade die Logik schafft die Möglichkeit einer solchen Trennung.

Aus psychologischer Sicht lassen sich also in der individuellen Erkenntnisfähigkeit des Menschen mehrere verschiedene Sphären feststellen:

Erstens, die Sphäre der unmittelbar-sinnlichen Erkenntnis, in der sich die Orientierung ausschließlich auf primäre, bildhafte Modelle stützt, die nicht unmittelbar objektiviert werden — das ist die *intim-psychologische Sphäre*. Die in dieser Sphäre ablaufenden Ereignisse sind der direkten sprachlichen Repräsentation unzugänglich, sie sind unbewußt. Die Produkte der Erkenntnistätigkeit auf der Ebene dieser Sphäre können nicht auf direktem Wege vom Verlauf der Wechselwirkung zwischen Subjekt und Objekt losgelöst werden.

Zweitens, die Sphäre der objektivierten abstrakt-logischen Erkenntnis — im Grenzfall die „rein logische" Sphäre —, in der die Produkte der Erkenntnistätigkeit, losgelöst vom Verlauf der Wechselwirkung zwischen Subjekt und Objekt, als Zeichenmodelle der Objekte beschrieben werden können. Sie können dann zum Objekt spezieller logischer Forschung werden, bis hin zu ihrer strengen Formalisierung und zur Beschreibung mit den Mitteln einer künstlichen Sprache.

In Problemsituationen treten die beiden Sphären der individuellen Erkenntnis jedoch nur äußerst selten in reiner Form auf. Meistens sind sie eng verflochten im „bedingt Logischen". Die individuelle abstraktlogische Erkenntnis ist, jedenfalls bei den ersten Varianten der Bearbeitung einer Problemsituation, durchsetzt mit Erscheinungen der intimpsychologischen Sphäre. Die Trennung des einen vom anderen erfordert eine spezielle Forschungsarbeit, eine spezielle Tätigkeit.

Diese Funktion müssen zwei Wissenschaftsgebiete übernehmen. Das eine Wissenschaftsgebiet muß das *„bedingt Logische" reinigen* vom Intim-Psychologischen, das andere Gebiet muß das *Intim-Psychologische herausarbeiten*, seine Natur sowie den Mechanismus und die Funktion seines Übergangs in das „bedingt Logische" erforschen.

Die logische Forschung hat (ob das den betreffenden Wissenschaftlern bewußt war oder nicht, ist ohne Bedeutung) als Ausgangsmaterial meist Ergebnisse der Erkenntnistätigkeit benutzt, die im Verlauf der gesellschaftlich-historischen Erkenntnis bereits genügend objektiviert worden waren.

Die heuristische Programmierung mußte von einer derart langen Wartefrist, wie sie mit dem Prozeß der Objektivierung des Wissens in der gesellschaftlichen Erkenntnis verbunden ist, absehen. Sie beschloß, jene Reserve von Produkten der individuellen menschlichen Erkenntnis, die noch durch die gesellschaftliche Erkenntnis objektiviert werden muß, selbständig zu bearbeiten.

Die Methoden, die von der heuristischen Programmierung angewandt werden, um Ausgangsdaten zu gewinnen, ignorierten jedoch die „dramatischen und geheimnisvollen" Seiten des Schöpfertums. Das Endziel, die Aufstellung von Maschinenprogrammen, macht besonders deutlich, daß die Bestrebungen der heuristischen Programmierung nicht darüber hinausgehen, die Produkte der individuellen Erkenntnis vom Intim-Psychologischen zu reinigen. Die Erforschung des Intim-Psychologischen und dessen Übergang ins „bedingt Logische" wird von der heuristischen Programmierung nicht berührt. Ebensowenig werden von ihr natürlich auch der psychologische Mechanismus des „bedingt Logischen" selbst und der Übergang des „bedingt Logischen" ins „rein Logische" erforscht.

Wir halten deshalb die kybernetischen Modelle des Schöpfertums, die auf heuristischen Programmen beruhen, für logische Modelle, die den intimpsychologischen Mechanismus der Entstehung von Hypothesen nicht berühren.

7.

Die Erforschung des Mechanismus der Entstehung von Hypothesen, das Eindringen in das Gebiet der nicht unmittelbar darstellbaren Erscheinungen, in den Prozeß der schöpferischen Intuition — dies ist die Sphäre des *Mikroniveaus*, für deren Untersuchung unserer Meinung nach nicht logische, sondern *psychologische Modelle des Schöpfertums* adäquat sind. Solche Modelle können nicht dadurch erarbeitet werden, daß der Versuchsperson irgendein künstliches Problem gestellt wird. Die üblichen Mittel der Beobachtung von Problemlösungsprozessen, die heute weitverbreiteten neuesten Mittel zur Fixierung des Lösungsverlaufs, die Befragung der Versuchspersonen und deren Selbstbeobachtungen ergeben nicht mehr, als was im Prinzip bereits erforscht ist und was heute einen Teil der Daten für die Aufstellung heuristischer Programme ausmacht (der andere Teil wird der Theorie des zu modellierenden Gegenstandes entnommen). Man muß die Bedingungen der schöpferischen Tätigkeit modellieren. Handlungen, die echtes Schöpfertum charakterisieren, müssen mit Hilfe eines Modells planmäßig bei der Versuchsperson hervorgerufen werden.[8]

[8] Die Erfahrung zeigt, daß die schöpferische Tätigkeit des Wissenschaftlers in ihrer natürlichen, originalen Form der direkten, experimentellen Analyse nicht zugänglich ist: Entdeckungen entstehen nicht unter künstlichen Bedingungen.

Während die bei der maschinellen Modellierung von Erkenntnisprozessen verwendeten logischen Modelle die Lösung komplizierter Probleme betreffen, können psychologische Modelle sich auf in erkenntnistheoretischem Sinne einfachste Probleme beziehen. Es müssen jedoch solche Probleme sein, die nicht direkt auf dem Wege logischer Schlüsse oder durch Abarbeiten irgendwelcher vorher bekannter Regeln gelöst werden können. Bei der Aufstellung psychologischer Modelle interessiert nicht der ganze Komplex der Umstände, der sich im Verlauf der Lösung komplizierter Erkenntnisprobleme herausstellt, sondern nur jener Kulminationspunkt, der die eigentliche Problemlösung ausmacht.

Das Prinzip der Aufstellung psychologischer Modelle besteht darin, daß kontrollierte Bedingungen geschaffen werden, die in kurzer Zeit zur intuitiven Lösung eines Problems führen.

Wir betrachten hier nicht alle möglichen Arten der Intuition, sondern beschränken uns *nur auf eine von ihnen.* Als diese Art sehen wir das Moment der Erkenntnistätigkeit an, das in der intim-psychologischen Sphäre auftritt und unmittelbar von den Objekten selbst kontrolliert wird. (Als Objekte können auch sekundäre Modelle, darunter auch Zeichenmodelle, fungieren.) Durch den direkten Kontakt mit den Objekten entfällt die Notwendigkeit, logische Operationen auszuführen. (Bei Erkenntnishandlungen, die auf Objektmodelle gerichtet sind, sind logische Operationen hingegen notwendig.) Die Intuition ist deshalb in gewissem Maße die Praxis selbst. In ihrer anfänglichen Form fehlt den Produkten der Intuition jede begriffliche Allgemeinheit. Sie entsprechen deshalb nur jenem engen Kreis von Erscheinungen, die in ihnen abgebildet sind. Die begriffliche Allgemeinheit intuitiven Wissens entsteht durch den Übergang vom Intuitiven zum „bedingt Logischen".

Unter einer intuitiven Lösung wird im vorliegenden Falle eine Lösung verstanden, die auf der Nutzung eines ***unbewußten Nebenprodukts der Tätigkeit*** beruht, auf der Nutzung eines in jedem Ergebnis der bewußt gerichteten menschlichen Tätigkeit enthaltenen Teilergebnisses, das bis zu seinem Bewußtwerden nicht logisch bearbeitet werden kann.

Folgendes Beispiel soll das verdeutlichen.

Der Versuchsperson werden Kartonleisten mit aufgezeichneten Linien (Abb. 1) sowie eine Tafel mit eingelassenen Stiften (Abb. 2) übergeben.

Daraus folgt jedoch nicht, daß das psychologische Experiment auf diesem Gebiet keine Anwendung finden kann. — Objekt der experimentellen Erforschung können psychologische Modelle des Schöpfertums sein.

Die Leisten sind so auf die Stifte zu setzen, daß sie aneinanderpassen und eine geschlossene Figur bilden. Nach dieser Instruktion findet die Versuchsperson meist schnell die Lösung und stellt die Figur (ein „Oval“) zusammen (Abb. 3).

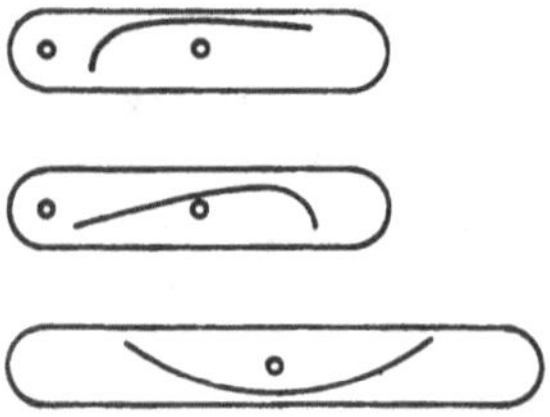

Abb. 1

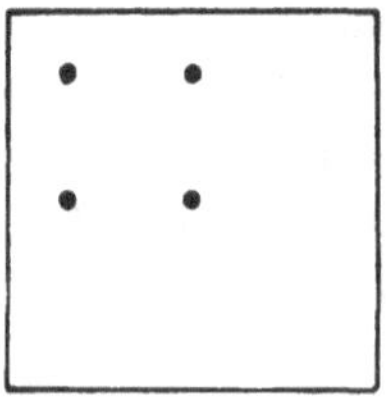

Abb. 2

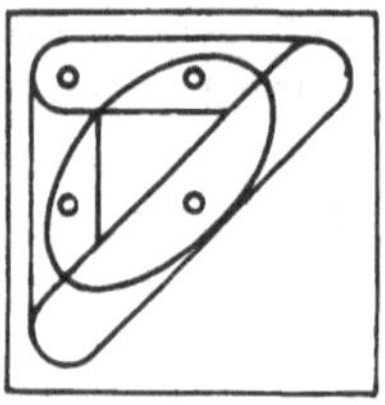

Abb. 3

Das in diesem Falle objektiv fixierte Ergebnis der Tätigkeit läßt sich in zweifacher Hinsicht beschreiben. Einerseits entsteht als Ergebnis die Figur aus den auf den Leisten gezeichneten Linien. Dieses Ergebnis entspricht dem gestellten Ziel. Es wird bewußt und kann im weiteren für den Aufbau einer bewußt organisierten Handlung genutzt werden. Andererseits entsteht als Ergebnis ein durch die Leisten gebildetes Dreieck. Es entsteht unabhängig vom bewußt gestellten Ziel. Es ist ein Nebenprodukt der Tätigkeit, wird nicht bewußt und kann nicht unmittelbar als Mittel für den Aufbau einer bewußt organisierten Handlung benutzt werden.
Die von uns durchgeführten Versuche (s. a. [12]) haben gezeigt, daß das Nebenprodukt der Tätigkeit, das unter normalen Bedingungen unbewußt bleibt, unabhängig von der direkten Absicht des Menschen, dennoch eine gewisse psychische Widerspiegelung (in der intim-psychologischen Sphäre) findet und unter bestimmten Bedingungen, auch ehe es bewußt wird, das Handeln beeinflussen kann. Durch seinen Einfluß entsteht manchmal eine schöpferische, logisch nicht ableitbare, intuitive Lösung.
Der Forscher, der in einer Problemsituation handelt, bearbeitet diese Situation natürlich vor allem logisch, er benutzt bewußt das organisierte Wissen. Dieses Wissen kann jedoch unzureichend sein (eben dies kennzeichnet ja eine psychologisch schöpferische Situation). Mit Hilfe des Wissens gelingt es manchmal nur, das Gebiet der Suche zu umreißen. Gleichzeitig jedoch erwirbt der Mensch außerhalb seiner direkten Absicht gewisse unbewußte Erfahrungen, die solche Besonderheiten der Objekte betreffen, die unter dem Gesichtspunkt der bewußten Zielstellung unwesentlich sind. Diese Erfahrungen sind es, die sich im passenden Moment als eine unerwartete „*Eingebung*“, als „*Vorsagen*“ erweisen.

Sie sind Grundlage der Intuition und einzige Quelle der Erweiterung der Erkenntnis.

Welches sind nun die Bedingungen, die eine derartige Intuition begünstigen? Dies ist eine zentrale Frage des Problems des schöpferischen Denkens. Wir werden sie nicht ausführlich behandeln. Wichtig ist nur eines — zu zeigen, daß solche Bedingungen erfolgreich untersucht werden können. Zum Beweis führen wir einige experimentelle Ergebnisse an, die wir, gestützt auf psychologische Modelle des Schöpfertums, gewinnen konnten.

Zunächst sei ein sehr einfaches abstraktes Modell beschrieben: Das „*Vorsagen*" besteht im gerade beschriebenen Legen des „Ovals" (s. Abb. 1, 3). Als „Problem" wird die „Vier Punkte"-Aufgabe (Abb. 2) gegeben. In dieser wird gefordert, vier Punkte, ohne den Bleistift abzusetzen, durch drei gerade Linien so zu verbinden, daß der Bleistift zum Ausgangspunkt zurückkehrt. Die *Versuchspersonen* sind Erwachsene, die mit der elementaren Geometrie hinreichend bekannt sind. Die *Zeit für die Lösung des Problems* beträgt nicht mehr als 10 Minuten. (Es wurde vorher festgestellt, daß jemand, der das Lösungsprinzip nicht kennt, kaum in der Lage ist, die Aufgabe innerhalb dieses Zeitlimits selbständig zu lösen; daraus ergibt sich die Möglichkeit, die Dynamik der Problemsituation innerhalb der zehn Minuten genau zu steuern.) Es steht außer Zweifel, daß die „Eingebung" aus der Legeaufgabe resultiert. Offensichtlich beeinflußt die Form der Anordnung der Streifen die Problemlösung.

Unsere anhand des Modells gewonnenen Versuchsergebnisse zeigen folgendes:

a) Wenn das „*Vorsagen*" *vor der Problemstellung* erfolgt, wird das Problem von der übergroßen Mehrzahl der Versuchspersonen *nicht gelöst*.

Das heißt also, die Nutzung des Nebenproduktes der Tätigkeit ist in diesem Falle fast unmöglich.

Seine Nutzung ist jedoch durchaus möglich, wenn *das Problem vor dem „Vorsagen"* gestellt wird. In diesem Falle wird das Problem, nachdem es (nach dem „Vorsagen") nochmals gestellt wurde, von mehr als der Hälfte der Versuchspersonen *gelöst*.

Die Versuche, das Problem vor dem „Vorsagen" zu lösen (Abb. 4), waren erfolglos. Sie waren jedoch nicht sinnlos, sondern sogar notwendig.

Abb. 4

Im Verlauf solcher erfolgloser Versuche entsteht beim Menschen ein besonderer Zustand, die Suchdominante. Sie bestimmt die spätere Orientierung in der „Situation des Vorsagens", die zur Problemlösung führt.
„In der Wissenschaft ist der Zufall nur dem gewogen, der darauf vorbereitet ist", sagte Pasteur. Alle jene „zufälligen" „Eingebungen", die in der Geschichte von Wissenschaft und Technik in so großer Zahl aufgezählt werden, haben nur denen geholfen, die sich bereits vorher hartnäckig, wenn auch anscheinend ergebnislos, um die Lösung des jeweiligen Problems bemüht hatten.
Daß das Problem dem „Vorsagen" vorausgeht, ist eine außerordentlich wichtige Bedingung; aber sie ist nicht immer effektiv. Um den Erfolg zu garantieren, sind also auch andere Umstände wichtig.
b) Günstige Umstände ergeben sich dann, wenn die Versuchsperson, die sich ergebnislos um die Lösung eines Problems bemüht, *die falschen Methoden* (s. Abb. 4) *ausschöpft, aber noch nicht jenes Stadium erreicht, in dem die Suchdominante erlischt.* Dieses Stadium tritt ein, wenn die Versuchsperson das Interesse an der Aufgabe verliert, wenn bereits unternommene erfolglose Versuche wiederholt werden, wenn die Aufgabensituation aufhört, sich zu verändern, und die Versuchsperson die Aufgabe als unlösbar anzusehen beginnt.
Überträgt man diese Situation auf die Bedingungen echt schöpferischer Leistungen, dann kann gesagt werden, daß der Erfolg einer intuitiven Lösung davon abhängt, wieweit es dem Forscher gelingt, sich von schablonenhaften Lösungsversuchen frei zu machen und sich von der Unbrauchbarkeit bekannter Verfahren zu überzeugen, sich zugleich aber das Interesse am Problem und den Glauben an dessen Lösbarkeit zu bewahren.
In den Beschreibungen der meisten Entdeckungen und Erfindungen wird gerade diese Besonderheit schöpferischer Tätigkeit häufig dargestellt.
c) In unseren Versuchen erwies sich weiterhin, daß *die eigentliche Problemlösung* schwieriger wird, wenn die Beschäftigung mit der vorhergehenden Zusatzaufgabe sehr interessant ist. Hiervon kann man sich anhand unseres Modells leicht überzeugen, wenn man z. B. in der Legeaufgabe anstelle einer einfachen Figur („Oval") eine wesentlich kompliziertere und interessantere verwendet.
In bezug auf schöpferische Leistungen in der wissenschaftlichen Arbeit bedeutet das, daß eine intuitive Lösung um so wahrscheinlicher ist, je weniger inhaltsreich das direkte Ziel der Tätigkeit ist, in der der Forscher auf ein Nebenprodukt trifft, das objektiv den Schlüssel zur Lösung enthält.

Diese Behauptung widerspricht anscheinend dem gesunden Menschenverstand. Aus den Beschreibungen der Umstände der meisten „zufälligen“ Entdeckungen und Erfindungen geht aber gerade hervor, daß der unmittelbare Inhalt der „glücklichen Einfälle“ außerordentlich einfach gewesen ist. Deshalb wurde nicht selten angezweifelt, daß derartige „Nichtigkeiten“ tatsächlich dazu beigetragen haben, ein bedeutendes wissenschaftliches Ergebnis hervorzubringen.
d) Ist das eigentliche Problem sehr kompliziert, so vermag die Zusatzaufgabe (die „Vorsage“-Aufgabe) nicht, die Lösung zu erleichtern. (Die Hilfestellung versagt, sowohl dann, wenn das Problem vor der Zusatzaufgabe gestellt wird, als auch dann, wenn es nach ihrer Lösung vorgelegt wird.)
Dies kann am Modell leicht festgestellt werden, wenn man statt der „Vier-Punkte“-Aufgabe analoge Aufgaben mit neun Punkten oder mit sechzehn Punkten (s. Abb. 5 und 6) stellt. (Bei der Lösung der 9-Punkte-Aufgabe sind vier, bei der Lösung der 16-Punkte-Aufgabe sind sechs Linien zu ziehen; die Rückkehr zum Ausgangspunkt ist nicht obligatorisch.)

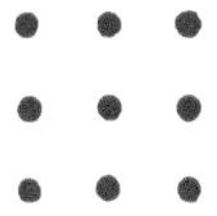

Abb. 5

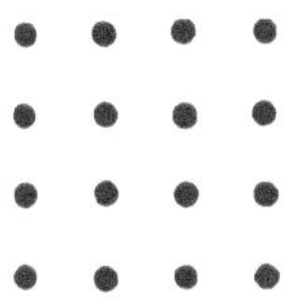

Abb. 6

In den ersten Etappen echt schöpferischer Arbeit muß deshalb eine äußerste Vereinfachung des Problems angestrebt werden, d. h., das Problem muß möglichst schematisiert werden. Anscheinend entspricht die heute überall um sich greifende Modellierung dieser Notwendigkeit.
e) Der Erfolg der Problemlösung steht im Zusammenhang mit dem Automatisierungsgrad des Handlungsablaufs in der „Vorsage“-Situation. *Je weniger automatisiert der Handlungsablauf ist, desto besser wird das Problem gelöst.*
Das bedeutet, daß mehr Aussicht auf das Finden einer intuitiven Lösung bei echt schöpferischer Arbeit besteht, wenn man etwas weniger Gewohntes tut.
f) Es zeigte sich auch folgendes: *Je allgemeiner die Kategorie ist, in der man das Nebenprodukt ausdrücken kann, desto größer sind die Chancen der Lösung.*
Wir haben nur die offensichtlichsten der von uns festgestellten Gesetzmäßigkeiten angeführt. Es wird jedoch deutlich, daß der Mechanismus

der Intuition experimentell erforscht werden kann. Unsere Ergebnisse entsprechen den wesentlichen Anforderungen an eine empirische Beschreibung der Intuition: Die Lösung wird nicht logisch abgeleitet, der Lösende befindet sich in einer „Vorsage"-Situation, der Lösungsweg selbst wird unbewußt herausgearbeitet.
Wichtig ist auch festzuhalten, daß psychologische Modelle nicht „technische" Mittel der logischen Bearbeitung des Materials nachbilden, die an Computer übergeben werden können, sondern Bedingungen und Besonderheiten der schöpferischen Situation einschließlich der Eigenart des psychischen Zustandes eines problemlösenden Menschen. Die Übernahme dieser Bedingungen und Besonderheiten ist mit den gegenwärtigen kybernetischen Vorrichtungen nicht möglich. Das psychologische Modell selbst erinnert in seiner vereinfachten Form stark an empirisch beschriebene reale Abläufe.
Es läßt sich leicht nachweisen, daß alle Beschreibungen des Verlaufs von Entdeckungen und Erfindungen, wie sie in der Geschichte von Wissenschaft und Technik zu finden sind, Beschreibungen des Makroniveaus dieses Verlaufs sind. Sie unterscheiden sich in ihrem Erkenntniswert nicht prinzipiell von jenen Angaben, die von den Ausarbeitern heuristischer Programme benutzt werden. Der Effektivitätsgrad solcher Programme, der meist erheblich unter dem des menschlichen Problemlösens liegt, ist durch die Einschränkungen begrenzt, die der Analyse des Schöpfertums auf dem Makroniveau gesetzt sind.
Das psychologische Modell des Schöpfertums entspricht einem Modell der Intuition. Es zielt auf die unmittelbare Modellierung von durch Menschen vollzogenen Lösungsabläufen anhand konkreter schöpferischer Probleme. Vor allem muß das vorliegende Modell selbst näher erforscht werden. Es ist Aufgabe der Psychologie, solche Modelle zu vervollkommnen und zu erforschen, um schließlich eine exakte Modelltheorie entwickeln zu können. Erst danach ist der nächste Schritt möglich: die Anwendung dieser Theorie auf die Analyse wirklicher wissenschaftlicher Entdeckungen und auf die Verallgemeinerung der durch die Wissenschaftsgeschichte fixierten Beschreibungen von Entdeckungen, auf deren Rekonstruktion und Reproduktion. Dieser Schritt wird zweifellos die Mängel und die Begrenztheit des aufgestellten psychologischen Modells und der abgeleiteten Theorie an den Tag bringen. Die weitere Forschung wird dann die Aufgabe haben, das Modell und die Theorie zu vervollkommnen.
In diesem Weg sehen wir eine der Methoden zur Erforschung des wissenschaftlichen Schöpfertums.

Literaturverzeichnis

[1] Al'tšuller, G. S., Algoritm rešenija izobretatel'skich zadač, in: Problemy naučnogo i techničeskogo tvorčestva. Materialy k simpoziumu (ijun' 1967 g.), Teil 2, Moskva 1967

[2] Bibler, V. S., Naučnaja intuicija i ee logičeskij podtekst, in: Problemy naučnogo i techničeskogo tvorčestva. Materialy k simpoziumu (ijun' 1967 g.), Teil 2, Moskva 1967

[3] Brušlinskij, A. V., Voobraženie i tvorčestvo, in: Problemy naučnogo i techničeskogo tvorčestva, Materialy k simpoziumu (ijun' 1967 g.), Teil 2, Moskva 1967

[4] Kedrov, B. M., O logike i psichologii naučnogo tvorčestva, in: Problemy naučnogo i techničeskogo tvorčestva. Materialy k simpoziumu (ijun' 1967 g.), Moskva 1967

[5] Landa, L. N., O sootnošenii algorithmičeskich i evrističeskich processov, in: Problemy naučnogo i techničeskogo tvorčestva. Materialy k simpoziumu (ijun' 1967 g.), Teil 2, Moskva 1967

[6] Newell, A.; Shaw, J. C.; Simon, H. A., Elements of a theory of human problem, in: Psych. Rev., 1958, Nr. 65

[7] Newell, A.; Shaw, J. C.; Simon, H. A., Programma dlja igry v šachmaty i problema složnosti, in: Vyčislitel'nye mašiny i myšlenie, Moskva 1967

[8] Polya, G., How to solve it, Princeton 1942

[9] Ponomarjov, J. A., Psichika, in: Filosofskaja enciklopedija, Bd. 4, Moskva 1967

[10] Ponomarjov, J. A., Vzaimootnišenie prjamogo (osoznavaemogo) i pobočnogo (neosoznavaemogo) produktov dejstvija, in: Voprosy psichologii, 1959, Nr. 4

[11] Ponomarjov, J. A., K voprosu o prirode psichičeskogo, in: Voprosy filosofii, 1960, Nr. 3

[12] Ponomarjov, J. A., Psichologija tvorčeskógo myšlenija, Moskva 1960

[13] Ponomarjov, J. A., Problema ideal'nogo, in: Voprosy filosofii, 1964, Nr. 8

[14] Ponomarjov, J. A., Znanija, myšlenie i umstvennoe razvitie, Moskva 1967

[15] Puškin, V. N., Evrističeskie metody v kibernetike i problemy psichologii produktivnogo myšlenija, in: Problemy naučnogo i techničeskogo tvorčestva. Materialy k simpoziumu (ijun' 1967 g.), Teil 2, Moskva 1967

[16] Rejtman, W. R., Programming intelligent problem, in: IRE Transactions of human factors in electronics, 1961, Nr. 1

[17] Rozet, I. M., Issledovanija evrističeskoj dejatel'nosti i ich značenie dlja ponimanija tvorčestva, in: Problemy naučnogo i techničeskogo tvorčestva. Materialy k simpoziumu (ijun' 1967 g.), Teil 2, Moskva 1967

[18] Rubinštejn, S. L., Das Denken und die Wege seiner Erforschung, Berlin 1961

[19] Šubin, V. A., Strukturnaja schema evrističeskogo algoritma stimulirovanija dviženija mysli v chode proektirovanija, in: Problemy naučnogo i techničeskogo tvorčestva. Materialy k simpoziumu (ijun' 1967 g.), Teil 2, Moskva 1967

[20] Tichomirov, O. K., Tvorčestvo čeloveka i mašiny, in: Problemy naučnogo i techničeskogo tvorčestva. Materialy k simpoziumu (ijun' 1967 g.), Teil 2, Moskva 1967

[21] Tvorčestvo, in: Bol'šaja Sovetskaja Enziklopedija, 2. Ausg., Bd. 42

[22] Vyčislitel'nye mašiny i myšlenie, Moskva 1967

A. V. Brušlinskij

Phantasie und Schöpfertum

(Schwierigkeiten bei der Interpretation der Phantasie)

Unter Phantasie versteht man vor allem die Fähigkeit, „neue sinnliche oder gedankliche Bilder“ [7, S. 78] zu schaffen. Bei einem solchen Herangehen an das Problem wird die Spezifik der Phantasie jedoch offensichtlich in keiner Weise berücksichtigt. Denn die Schaffung, Entdeckung usw. von *Neuem* ist nicht nur eine Sache der Phantasie, sondern auch der Wahrnehmung, der Vorstellung, des Denkens usw.
Andererseits ist die Phantasie „nichts anderes als ein Prozeß der umwandelnden Widerspiegelung der Wirklichkeit“ [8, S. 285]. Auf die Spezifik der Umwandlung wird jedoch in den meisten Fällen nicht hingewiesen. Bekanntlich stellt *jeder* Akt der Widerspiegelung (der Wahrnehmung, des Denkens usw.) keine mechanische, passive und spiegelhafte Wiedergabe des Objekts dar, sondern „seine mehr oder weniger bedeutende ideelle – sinnliche, gedankliche – Umwandlung“.
Wenden wir uns den relativ seltenen Versuchen zu, die Spezifik jener Umwandlung des Bildes vom Gegenstand aufzudecken, die als für die Phantasie charakteristisch angesehen wird. Am typischsten in dieser Hinsicht sind die Arbeiten von A. I. Rozov.
Rozov schreibt: „Wenn ... eine Geringschätzung einzelner oder mehrerer Forderungen der Logik vorliegt, dann werden die Ergebnisse der geistigen Tätigkeit gewöhnlich als phantastisch qualifiziert“ [5, S. 115/116]. Nach seiner Meinung wird die Phantasie erst dann zur Grundlage des Schöpfertums, wenn die Denktätigkeit alle ihre Möglichkeiten erschöpft hat und unzulässig wird. Das Denken ist noch keine Phantasie, und die Phantasie schon kein Denken mehr (selbst wenn hier das eine das andere fortsetzt und rein äußerlich ergänzt).
Es ist ganz offensichtlich, daß als Denken dabei nur das verstanden wird, was *ausschließlich* den Gesetzen der Logik (der formalen und der dialektischen) gehorcht. Die Phantasie erscheint dagegen als etwas, das sich der Kontrolle durch rein logische Gesetze überhaupt entzieht. Zur Grundlage

des Schöpfertums wird damit nicht die Denktätigkeit, sondern allein die Phantasie, dank deren „es gelingt, die Trägheit des Denkens zu überwinden und von den eingebürgerten Kanons wegzukommen", weg von den logischen Algorithmen und den starren Normen des richtigen Denkens. Eine solche „Geringschätzung der logischen Prinzipien stellt eine gewisse (aber nicht absolute) Geringschätzung der Realität selbst dar" [5. S. 115/116].

Diese Auffassung vom Schöpfertum als Phantasie beinhaltet vor allem ein zu *enges* Verständnis der Denktätigkeit. Sie wird nur in ihrer rein logischen Charakteristik gesehen. Das Denken in seiner eigentlich psychologischen Definition wird voll und ganz ausgeschlossen. Folglich verschwindet auch die Psychologie des Denkens als Wissenschaft. Sie verliert ihren Gegenstand, da für die Erforschung der Denktätigkeit die Logik — die formale und (oder) dialektische — allein völlig *ausreicht*. Das Denken ist hier eine Sphäre allein der Logik, nicht aber der Psychologie, und die Phantasie ist im Gegenteil die Sphäre der Psychologie, nicht aber der Logik. Aber auch in diesem Falle fehlt nach wie vor eine positive Interpretation der Phantasie. Wieder beschränkt sich alles auf eine rein *negative Gegenüberstellung* von Phantasie und Denken, da erstere nur die logischen Normen des letzteren „überwinden" soll. Wenn sich aber die rein logischen Gesetzmäßigkeiten gar nicht auf die Phantasie, die angeblich nur psychologischen Gesetzen gehorcht, erstrecken und wenn eine positive Charakteristik dieser psychologischen Gesetze in keiner Weise, nicht einmal in Form einer Fragestellung, gegeben wird, dann bleibt die Phantasie (und damit zugleich auch das Schöpfertum selbst) außerhalb jeglicher Gesetzmäßigkeiten. Die festgestellte Tendenz zum Indeterminismus bei der Interpretation der Phantasie und des Schöpfertums wird nun ganz offensichtlich. Eine solche Tendenz äußert sich vor allem darin, daß als eine der Eigenschaften der Phantasie, wie wir gesehen haben, „eine gewisse Geringschätzung der Realität selbst" deklariert wird. In Wahrheit dagegen ist Schöpfertum kein (auch kein nur teilweises) Ignorieren der Realität, sondern im Gegenteil das *maximal* mögliche und unter den gegebenen Bedingungen *tiefste* Eindringen in die objektive Realität. Eine gewisse *Geringschätzung* der Realität würde bedeuten, daß die Phantasie — zumindest teilweise — ihren Inhalt nicht aus der äußeren Welt, sondern aus irgendeiner anderen Quelle (aus sich selbst etc.) „schöpft". Folglich wird die Phantasie im vorliegenden Falle nicht als eine der Formen der psychischen *Widerspiegelung* betrachtet. Das Wesen des ganzen Problems besteht jedoch eben darin, daß, wie immer man die „Schaffung des Neuen" auch verstehen mag, sie keine Schöpfung aus dem „Nichts" ist. Das Neue entsteht nur im Verlauf der

Tätigkeit des Menschen aus dem „Material" der *äußeren* Welt. Darin liegt der Kern der Widerspiegelungstheorie.

Die erwähnte Auffassung der Phantasie ist also aus mindestens zwei Gründen anfechtbar. Erstens, weil sie zum Indeterminismus führt, und zweitens, weil sie dem Wesen nach die Denkpsychologie als Wissenschaft negiert. Um die Existenz der Phantasie anzuerkennen, muß hier die Denkpsychologie geleugnet werden. Das ist unvermeidlich, weil das Denken hier nur in seiner rein logischen Bestimmung gesehen wird, ohne jegliche psychologische Charakteristika. So wird das Problem der Phantasie zum Problem des Verhältnisses zwischen der Logik und der Psychologie des Denkens.

Natürlich gibt es im schöpferischen (Denk-)Prozeß immer einen gewissen „Rest", der mit Hilfe der Gesetze der dialektischen und formalen Logik *allein* nicht erklärt werden kann. Strittig ist nur das folgende:

a) Soll man diese äußerst wesentliche Seite des Denkens, diesen „Rest", als Phantasie betrachten und als einen ganz *speziellen* Faktor aus der Denktätigkeit ausschließen, oder soll man ihn

b) im Bestand des Denkens belassen.

Betrachten wir zunächst den ersten Teil dieser Alternative.

Wie verschieden die hier analysierten Auffassungen der Phantasie auch sein mögen, klar und unbestritten ist für sie jedenfalls eines. Die Phantasie gehört — sozusagen per definitionem — zur *sinnlichen* Erkenntnis und nicht zum eigentlichen Denken. Gewöhnlich bringt man sie in engen Zusammenhang mit der Vorstellung. Dabei meint man jedoch, daß sie zum Unterschied von der Vorstellung eine „umwandelnde Widerspiegelung" der Wirklichkeit sei. Im Ergebnis einer solchen Interpretation verschwindet, wie oben bereits festgestellt wurde, jegliche Spezifik der Phantasie, da Vorstellungen ebenfalls keineswegs passive, rein mechanische und spiegelhafte Widerspiegelungen von Gegenständen sind. Folglich kann man, wenn man die Existenz der Phantasie zum Unterschied von der Vorstellung fixieren will, ohne die eine mit der anderen durcheinanderzubringen, die deutliche Abgrenzung beider nicht anhand der für beide gemeinsamen „umwandelnden Widerspiegelung" vornehmen, sondern muß ein anderes Kriterium finden. Bislang ist dies nicht in überzeugender Weise geschehen. Unabhängig davon, wie man im Rahmen dieser Auffassung die Phantasie definiert und interpretiert, bleibt sie in jedem Falle doch eine Form der nur sinnlichen Erkenntnis, d. h., sie gehört nicht direkt und *unmittelbar* zum eigentlichen Denken (zur begrifflichen Erkenntnis), obwohl das letztere ohne Wahrnehmungen und Vorstellungen ebenfalls unmöglich ist. Folglich darf man, so meinen wir, jene wesentliche Seite (den „Rest") des Denkprozesses, die — der allgemeinen Auffassung zufolge — durch die Gesetze der Logik allein nicht erklärt werden kann, nicht als Phantasie bezeichnen. Diese außerordentlich wesentliche Seite der Denktätigkeit bildet den Gegenstand der Psychologie des Denkens. Anders gesagt, sie muß im Bestand des *Denkprozesses* belassen werden (und damit sind wir zum zweiten Teil der obengenannten Alternative übergegangen).

Man muß dabei nur berücksichtigen, daß sich alle Gesetzmäßigkeiten der Logik — der formalen und der dialektischen — absolut auf alle Seiten, Etappen, Stadien etc. des schöpferischen Denkprozesses erstrecken. Sie betreffen also auch die Etappen des „insight", der Vermutung, der „Erleuchtung" usw. (die traditionell nur dem Bereich der Psychologie zugerechnet werden). Daraus folgt jedoch nicht, daß die Gesetze der Logik alles völlig erklären, was in den genannten Etappen vor sich geht. Im Interesse einer tiefgründigen und allseitigen Erklärung der letzteren wird die Logik durch die Psychologie des Denkens wesentlich ergänzt und weitergeführt.

Diese sehr wichtige und notwendige Seite („Rest") des Denkens, die zu ihrer Erklärung neben der Logik auch die Psychologie erfordert, wird mitunter auch „heuristische Tätigkeit" (und nicht nur „Phantasie") genannt. Als heuristisch wird ein solcher Prozeß bezeichnet, der auf der Basis besonderer Gesetzmäßigkeiten verläuft, die nicht auf rein logische zurückgeführt werden können. Heuristik (vom griechischen Wort „heureka" — „ich hab's gefunden!") nennt man vor allem das Charakteristischste und Wesentlichste im menschlichen Denken, z. B. die Momente der „Erleuchtung", des insight, der Mutmaßung usw. Eine solche heuristische Tätigkeit wird dem „blinden" mechanischen Durchmustern (aller oder einiger Lösungsvarianten) gegenübergestellt, auf dessen Grundlage „denkende" kybernetische Maschinen gewöhnlich diese oder jene Aufgabe lösen.

Zugleich werden mit dem Terminus „Heuristik" *gewisse* „denkende" Maschinen charakterisiert, weil diese nach einem Programm arbeiten, das die mechanische Durchmusterung der Lösungsweisen teilweise *verkürzt.* Diese heute weitverbreitete Übertragung des alten Terminus „Heuristik" in die Kybernetik geschieht, wie wir meinen, zu Unrecht. Einen solchen anthropomorphen Terminus (der vor allem den insight, die Vermutung usw. bezeichnet) auf die Kybernetik zu übertragen, indem man über die „Heuristiken" sowohl des Menschen als auch der Maschine spricht, bedeutet, von vornherein ein Gleichheitszeichen zwischen Mensch und Maschine zu setzen. Das aber hieße a priori — noch vor jeglicher Untersuchung — die Frage „Kann eine Maschine denken? zu bejahen. Bei einer solchen Auffassung der Heuristik wird das Problem des Den-

kens nicht weniger verwirrt als bei der doppeldeutigen, ungenauen Interpretation der Phantasie. In der Tat, spricht man von den „Heuristiken des Menschen und der Maschine“, so meint man, wie oben bereits festgestellt wurde, vor allem die „Verkürzung der Recherchetätigkeit“, die Reduzierung der Zahl der Lösungsvarianten der jeweiligen Aufgabe, die durchgemustert werden, usw. Zu fragen ist: Reduzierung in bezug worauf, in bezug auf welche „Norm“? Was dient als Kriterium für die reduzierte und die nichtreduzierte, umfassende Suche? Es erweist sich, daß als Maßstab einer solchen umfassenden Suche die vollständige, sukzessive Durchmusterung aller Lösungsvarianten dient, d. h. eine rein mechanische, „blinde“, typisch maschinelle Handlungsweise. Anders ausgedrückt: Als Maßstab und „Norm“ für die menschliche Erkenntnistätigkeit wird unzulässigerweise das maschinelle „Denken“ gewählt.
Der Terminus „Heuristik“ wird also heute vor allem in zwei Grundbedeutungen gebraucht: in der kybernetischen Bedeutung und der psychologischen Bedeutung. Im ersten Falle geht es um die Heuristik als ein maschinelles Verfahren der (teilweisen, reduzierten) Durchmusterung von Lösungsvarianten; mitunter spricht man auch von der Heuristik als Wissenschaft und meint damit jenen Teil der Kybernetik, der dieses Verfahren der Durchmusterung studiert. Wir vertreten den Standpunkt, daß es — zumindest gegenwärtig — keine Grundlage dafür gibt, den betrachteten Terminus in seiner ersten, d. h. kybernetischen Bedeutung zu gebrauchen, da hierdurch der wesentliche, prinzipielle Unterschied zwischen dem wirklichen Denken (des Menschen) und dem maschinellen „Denken“ verwischt wird. Wenn man den Terminus „Heuristik“ schon erhalten will, dann nur in seinem psychologischen Sinne, d. h. einfach als Synonym für „insight“ oder der Denkpsychologie überhaupt, deren Aufgabe es ist, die tiefsten Ursachen eines solchen „insight“, der „Erleuchtung“ usw. aufzudecken.[1]
Der psychologischen Wissenschaft, die organisch mit der Logik verbunden ist, gehört die *führende* Rolle bei der Erforschung jener kompliziertesten und spezifischsten Äußerungen der Denktätigkeit, die als „Phantasie“, „Heuristik“, „Erleuchtung“ usw. bezeichnet werden.
Das Denken wird von ihr natürlich in der Einheit mit allen anderen psychischen Prozessen und Eigenschaften gesehen. Besondere Beachtung beim Studium des schöpferischen Denkprozesses schenkt die Psychologie vor allem den verschiedenen Verfahren und „Mechanismen“ der Wechsel-

[1] Wir gelangen so zu der Schlußfolgerung, daß die Heuristik als Wissenschaft überhaupt nicht existiert bzw. daß sie einfach eine andere Bezeichnung für die Denkpsychologie ist. Ausführlicher hierzu vgl. [2, S. 13—40].

beziehung zwischen Denken und sinnlicher Erkenntnis. Im realen Erkenntnisprozeß funktionieren die Begriffe und die Elemente der sinnlich-anschaulichen Erkenntnis in ihrer Einheit und wechselseitigen Durchdringung. Anschauliche Elemente im Denken sind bekanntlich der mehr oder weniger generalisierte Inhalt von Wahrnehmungen, verallgemeinerte bildhafte Vorstellungen und besondere Schemata (Pläne, Vorhaben usw.), die das verbal noch nicht entwickelte System der Gedanken gleichsam vorwegnehmen. Mit Hilfe solcher anschaulichen Schemata wird eine besonders enge Wechselwirkung zwischen der sinnlichen Erkenntnis und dem Denken hergestellt.

In diesem Falle (wie auch in allen anderen, weiter oben behandelten) bedient sich die Denkpsychologie gewöhnlich entweder überhaupt nicht des Begriffes (und Terminus) „Phantasie". oder sie mißt ihm eine zweitrangige Rolle bei. Zu einer solchen Schlußfolgerung führt jedenfalls die Analyse der wichtigsten neueren Monographien zur Denkpsychologie, die von K. Duncker, M. Wertheimer, J. Piaget, S. L. Rubinštejn, F. Bartlett u. a. vorgelegt wurden[2].

Die analysierten Schwierigkeiten bei der Interpretation der Phantasie zeugen davon, daß der bei uns gängige Begriff der Phantasie bis jetzt sehr verschwommen und schillernd ist. Die Existenzberechtigung dieses Begriffes ist keineswegs offensichtlich und bedarf noch eines speziellen und umfassenden Beweises (jedenfalls in der Psychologie). Andernfalls ist die Annahme unvermeidlich, daß dieser Begriff bislang überhaupt entbehrlich ist — zumindestens in der heutigen Wissenschaft (vgl. [1, 3]).

Man kann diese Schlußfolgerung auch etwas anders formulieren. Anscheinend ist das, was man gemeinhin „Phantasie" nennt, einfach die Vorstellung. Wir meinen Vorstellungen im ganzen Reichtum ihres sinnlich-anschaulichen und zugleich verallgemeinerten, sozusagen schematisierten Inhalts, in ihrer Dynamik und ihrer wechselseitigen Beziehung zu den Wahrnehmungen, dem Denken, den Emotionen usw. Die Vorstellungen sind es, über die sich das kontinuierliche Ineinanderübergehen der Wahrnehmungen und des abstrakten Denkens vollzieht. Die Annahme, daß Phantasie und Vorstellung dem Wesen nach einfach Synonyme seien, ist nach unserer Meinung völlig zulässig. Es ist dabei nur zu beachten, daß in den Vorstellungen nicht nur das Vergangene (wie gewöhnlich angenommen wird), sondern auch das Zukünftige erkannt werden.

[2] Vgl. auch die verallgemeinernde Kollektivarbeit „Die Erforschung des Denkens in der sowjetischen Psychologie" [4].

Literaturverzeichnis

[1] Borodaj, J. M., Voobraženie i teorija poznanija, Moskva 1966

[2] Brušlinskij, A. V., K psichologii tvorčeskogo processa (psichologija myšlenija vmesto tak nazyvaemoj evristiki), in: Čelovek. Tvorčestvo. Nauka, Moskva 1967

[3] Il'enkov, E. V., O „specifike" iskusstva, in: Voprosy estetiki, Heft 4, Moskva 1960

[4] Issledovanija myšlenija v sovetskoj psichologii, Moskva 1966

[5] Rozov, A. I., Fantazija i tvorčestvo, in: Voprosy filosofii, 1966, Nr. 9

[6] Rubinštejn, S. L., Prinzipien und Wege der Entwicklung der Psychologie, Berlin 1963

[7] Kratkij filosofskij slovar', Moskva 1963

[8] Filosofskaja enciklopedija, Bd. 1, Moskva 1960

V. N. Puškin

Heuristische Methoden in der Kybernetik und Probleme der Psychologie des produktiven Denkens

Der Terminus „Heuristik" hat in der letzten Zeit in der Literatur, die sich auf die eine oder andere Art mit dem Problem der mathematischen Beschreibung geistiger Prozesse befaßt, überaus weite Verbreitung gefunden. Man kann, ohne zu übertreiben, sagen, daß die Begriffe „Heuristik" und „heuristische Methode" fast zu den populärsten Begriffen in den Arbeiten über den künstlichen Intellekt geworden sind. Es ist deshalb vor allem notwendig, den Inhalt dieser Begriffe zu klären und zu zeigen, in welcher Bedeutung sie in der kybernetischen Literatur verwendet werden. In der überwiegenden Mehrzahl der Veröffentlichungen bezeichnet „Heuristik" oder „heuristische Methode" ein gewisses, genau bestimmtes Verfahren, das es erlaubt, die Anzahl der möglichen Varianten einer Aufgabenlösung, die Anzahl der Versuche oder der Suchräume und Suchwege in einem Labyrinth einzuschränken. Es handelt sich dabei um jenes Labyrinth, das häufig zur Darstellung einer Problemsituation benutzt wird. Betont wird weiter, daß die Heuristik zwar die Anzahl der Versuche und Irrtümer einschränkt, aber keine volle Garantie für die Lösung bietet.
Eine solche Bestimmung des Begriffs „Heuristik" wird jedoch keineswegs von allen Autoren widerspruchslos hingenommen. Ihre Unzulänglichkeit hat zum Beispiel Van Chao in dem Artikel „Auf dem Wege zur mechanischen Mathematik" unterstrichen. „Das Wort ‚Heuristik'", schreibt er, „wird gewöhnlich als Synonym für ‚Kunst der Entdeckung' verstanden, oft bezeichnet es jedoch lediglich eine Teilmethode, die nicht die Gesamtlösung des jeweiligen Problems garantiert. Durch diese Zweideutigkeit erhält das Wort eine emotionale Färbung, die bei weiteren wissenschaftlichen Forschungen in die Irre führen kann. Das bekanntere und weniger begeisternde Wort ‚Strategie' erscheint hier passender" [9, S. 118/119].
Diese Kritik war an die Adresse des Heuristikverständnisses von Newell, Shaw und Simon gerichtet, und es ist schwer, ihr nicht beizupflichten.

Wesentlicher ist jedoch, wie wir meinen, die Heuristik als Verfahren in Beziehung zur heuristischen Tätigkeit zu setzen, die auf die Lösung dieser oder jener komplizierten Aufgabe gerichtet ist. Ein Verfahren, das als eine gewisse Reihenfolge von Operationen beschrieben wird, bleibt immer nur das Resultat einer Tätigkeit und kann nicht mit dem Prozeß dieser Tätigkeit identifiziert werden. Das ist sogar dann richtig, wenn ein logisches Lösungsschema der Aufgabe vorhanden ist und der Mensch sich konsequent an dieses Schema hält. Die Formel für die Lösung einer quadratischen Gleichung kann z. B. nicht mit dem Lösungsprozeß selbst, wie er von diesem oder jenem konkreten Schüler ausgeführt wird, identifiziert werden.

Noch deutlicher zeigt sich der Unterschied zwischen Verfahren und Tätigkeit bei der Lösung eines Problems, nämlich dann, wenn ein fertiges Handlungsschema fehlt und erst hinsichtlich der für das Subjekt neuen Bedingungen entwickelt werden muß. Die Hauptfrage bei der Analyse heuristischer Prozesse muß deshalb die Frage sein, wie der Mensch neue Verfahren und Strategien entwickelt. Die Frage, wie die Auswahl der Strategien und Verfahren aus der vorhandenen Kollektion fertiger Operationsschemata erfolgt, kann nicht als zentrale Frage gelten.

Die Verwendung des Begriffs „Heuristik" zur Bezeichnung eines Verfahrens, das das Durchmustern von Varianten einschränkt, hat nur dann einen Sinn, wenn der Prozeß der Aufgabenlösung als das Durchlaufen eines Labyrinths, als eine Gesamtheit von Versuchen und Irrtümern aufgefaßt wird. Experimentelle und theoretische Forschungen auf dem Gebiet der Psychologie des produktiven Denkens zeigen jedoch, daß eine solche Auffassung der Wirklichkeit nicht entspricht. Die Analyse erlaubt die Behauptung, daß eigentliche Problemaufgaben, wie sie gewöhnlich im psychologischen Experiment benutzt werden, in der Regel nicht in der Form eines Labyrinths dargestellt werden können. Andererseits werden eigentliche Labyrinthaufgaben, z. B. das Schachspiel oder das Spiel „15", wie unsere experimentellen Ergebnisse bezeugen, nicht durch das Durchlaufen eines Labyrinths gelöst [7].

Das falsche theoretische Verständnis des Prozesses der Lösung von Aufgaben durch den Menschen führt auch zu praktischen Mißerfolgen bei den Versuchen, diesen Prozeß zu programmieren. So ist bekannt, daß Schachprogramme dem Spiel eines Schachmeisters weit unterlegen sind. Vertreter der Kybernetik erklären hierzu, daß die Fähigkeit des Schachspielers darin bestehe, spezifische Verfahren zur Einschränkung des gewaltigen Schach-Labyrinths einzusetzen. Aber schon eine oberflächliche Analyse der Tätigkeit des Schachspielers während des Spiels

könnte ohne Mühe zeigen, daß das Wesen dieser Tätigkeit keineswegs in der Einschränkung der möglichen Varianten besteht.
Im Spiel sind Situationen nicht selten, in denen der Schachspieler, nachdem er in Gedanken mehrere Varianten des Spiels durchprobiert und gefunden hat, daß keine dieser Varianten zum gewünschten Resultat führt, die Tätigkeit des gedanklichen Durchspielens überhaupt unterbricht und nach wenigstens einer akzeptablen Variante sucht. Diese Unterbrechung der Tätigkeit dauert manchmal Dutzende von Minuten. Mit anderen Worten, oft besteht das Problem für den Schachspieler nicht darin, die Anzahl der möglichen Varianten in der jeweiligen Position einzuschränken, sondern gerade darin, die Anzahl dieser Varianten zu vergrößern. Die Ziele des realen Schachspielers, des Menschen, und des Programmierers des Schachspiels sind folglich diametral verschieden.
Ein solcher Widerspruch ergibt sich offenbar infolgedessen, daß für den Schachspieler nicht *alle* möglichen Fortsetzungen des Spiels, nicht alle Räume des Labyrinths in Betracht kommen und daß es für ihn absurd wäre, eine zielgerichtete Tätigkeit zur Verminderung der Anzahl dieser Räume durchzuführen. Die Maschine hingegen leistet ihre Arbeit tatsächlich angesichts aller möglichen Fortsetzungen und Varianten, und in diesem Zusammenhang gewinnt für sie das Problem der Verkleinerung dieses Labyrinths extreme Aktualität und Dringlichkeit. Ein derartiger Unterschied zwischen Mensch und Maschine am Schachbrett führt unausweichlich zu der Schlußfolgerung, daß es einen tiefen Unterschied zwischen der Funktionsweise des menschlichen und der des maschinellen Denkens gibt.
Die heuristischen Programme, denen Heuristiken, d. h. Verfahren zur Einschränkung des Durchmusterns von Varianten, zugrunde liegen, basieren also darauf, daß der Prozeß der Aufgabenlösung als eine Labyrinthaufgabe angesehen wird. So ist das Programm GPS (general problem solver) deshalb heuristisch, weil es nicht die volle Durchmusterung der Varianten bei der Lösung einer Aufgabe durchführt, sondern einen bestimmten Endzustand anstrebt, wobei eine gewisse vorgegebene Entfernung bis zu diesem Zustand verkürzt wird. Der Übergang von einem Zustand zum anderen wird in diesem Falle mittels einer festgelegten Aufeinanderfolge von Operatoren erreicht. Um von einem Platz zum anderen oder, anders ausgedrückt, von einem Zustand in den anderen überzugehen, muß das System vorher speziell den entsprechenden Operator suchen.
Newell, Shaw und Simon sahen ihre heuristischen Programme keineswegs nur unter praktischen Aspekten [5, S. 63]. Sie meinten, daß diese Programme zu einer mathematischen Theorie des Prozesses der Lösung von

Aufgaben durch den Menschen führen würden. Newell und Simon schrieben: „Wenn es uns gelingt, ein Programm aufzustellen, das das Verhalten von Versuchspersonen in einer großen Zahl von Aufgabenlösungssituationen hinreichend genau imitiert, dann können wir das Programm als eine Theorie des Verhaltens betrachten" [6, S. 2011]. Nach ihrer Meinung würde diese Theorie hinsichtlich des Denkens die gleiche Rolle spielen wie die Differentialgleichungen in der Physik hinsichtlich der physikalischen Prozesse, weil das Programm die Reihenfolge der verschiedenen Zustände des Problems während des Lösungsprozesses voraussagen kann.

Dieser Standpunkt würde kaum Zweifel erregen, wenn es darum ginge, eine Theorie des *äußeren Verhaltens* des Systems aufzustellen. In bezug auf den Prozeß der Aufgabenlösung wird die Sache jedoch sehr viel komplizierter. Hierbei müssen die Gesetzmäßigkeiten der Informationsprozesse aufgedeckt werden, die innerhalb des Systems ablaufen. Es ist bekannt, daß aus der Übereinstimmung des Verhaltens zweier Systeme noch nicht auf die Gleichheit der inneren Prozesse geschlossen werden kann, die das Verhalten der beiden Systeme bestimmen.

Diesen Umstand haben John McCarthy und Claude Shannon gut verstanden, als sie im Vorwort zum Sammelband „Automaten" Turing wegen seiner rein äußerlichen Beschreibung des Denkens kritisierten. Sie wiesen insbesondere darauf hin, daß eine tiefgründigere Definition des Denkens „etwas enthalten muß, was erkennen läßt, auf welche Weise die Maschine zu ihren Antworten kommt, etwas, das dem Unterschied zwischen einer Person, die eine Aufgabe gelöst hat, und einer Person, die die Antwort vorher auswendig gelernt hat, gerecht wird" [2, S. 9]. Die Mißerfolge der heuristischen Programmierung, insbesondere die Mißerfolge des Programms GPS hinsichtlich des Schachspiels, zeigen die Richtigkeit einer solchen Kritik des rein behavioristischen Herangehens an die Denkprozesse. Das Programm GPS erwies sich entgegen seiner Bezeichnung und den Absichten seiner Schöpfer keineswegs als universell, wie kein Programm universell sein kann, das darauf beruht, daß die Lösung von Aufgaben als Labyrinth aufgefaßt wird und der Begriff „Heuristik" ein Verfahren bezeichnet, das die Durchmusterung von Varianten einschränkt.

Die Prinzipien der Automatentheorie als Grundlage der heuristischen Programmierung

Die Schwierigkeiten und Widersprüche der heuristischen Programmierung hängen mit der modernen Automatentheorie zusammen, deren Realisierung sie ist. Die Ausarbeitung von Wegen und Methoden zur

mathematischen Beschreibung des Prozesses der Aufgabenlösung durch den Menschen hängt deshalb von der Untersuchung einiger allgemeiner Prinzipien ab, die dieser Theorie zugrunde liegen. Eine solche Analyse ist um so notwendiger, als die Automatentheorie als eine allgemeine Theorie des Verhaltens angesehen wird, die angeblich auch das mit dem Prozeß der Lösung von Aufgaben verbundene menschliche Verhalten beschreibt. Am interessantesten für die Analyse heuristischer Programme sind die Prinzipien, die der Theorie der endlichen Automaten zugrunde liegen.
Bekanntlich bezeichnet man als endliche Automaten in der Kybernetik Einrichtungen zur Informationsverarbeitung, die eine endliche Anzahl informationsaufnehmender Eingänge und eine endliche Anzahl von Ausgängen für die Ausgabe der verarbeiteten Information haben [3]. Die Arbeit des Automaten besteht darin, daß auf seinen Eingang eine gewisse Einwirkung erfolgt, die in einer bestimmten Reihenfolge der Symbole des Eingangsalphabets ausgedrückt ist. Die Eingabe der genannten Symbole erfolgt nach einer gequantelten Zeitskala. Die Ausgänge des Automaten geben eine bestimmte Reihenfolge von Symbolen des Ausgangsalphabets aus.
Der zweckentsprechende Charakter der Arbeit des Automaten wird durch eine bestimmte Abhängigkeit zwischen der Erregung seiner Eingänge und Ausgänge, aber auch durch die Besonderheiten seiner inneren Zustände im Moment des Eintreffens des Eingangssignals erreicht. Die Anzahl der möglichen inneren Zustände wird als der Umfang des inneren Speichers angesehen. Folglich ist vom Standpunkt der Automatentheorie jeder endliche Automat ein Ausdruck des bekannten Reiz-Reaktions-Schemas, das von der behavioristischen Psychologie aufgestellt wurde. Dies alles erlaubt es, die bisherige Automatentheorie als eine Reiz-Reaktions-Theorie (SRT)[1] zu charakterisieren.
Die SRT ist Grundlage für den Aufbau aller bisher geschaffenen kybernetischen Systeme. Ihre Verdienste in der modernen Technik dürfen keinesfalls unterschätzt werden. Hier sollen die Prinzipien dieser Theorie nur unter dem Gesichtspunkt ihrer Nutzung als Grundlage für die Aufstellung einer mathematischen Theorie des Prozesses der menschlichen Aufgabenlösung betrachtet werden. In dieser Hinsicht hat diese Theorie wesentliche Schwächen. Diese Schwächen zeigen sich vor allem bei der Analyse der Abbildungsmöglichkeiten von Automaten, die auf der Basis der SRT konstruiert sind. Um die Möglichkeiten von Automaten, Dinge und Erscheinungen widerzuspiegeln, zu charakterisieren, genügt es, sich mit dem Inhalt des in der Kybernetik weitverbreiteten Begriffes „Er-

[1] SRT ≙ stimulus-response-theory — d. Ü.

eignis“ und mit der Darstellung von Ereignissen in Automaten zu befassen.
Ein Ereignis wird definiert als eine Menge von Eingangsfolgen, die in Buchstaben des Eingangsalphabets fixiert sind [1]. Das Alphabet kann einen Eingang besitzen, der aus mehreren Kanälen besteht. Zum Buchstaben des Eingangsalphabets wird dann eine bestimmte Kombination dieser oder jener Eingänge, und das Ereignis ist die Reihenfolge solcher Erregungen in gequantelten Zeitabschnitten. Vom Standpunkt der SRT ist also ein Ereignis nur eine *Reihenfolge* von Symbolen: Der Automat ist also nicht imstande, gleichzeitig mehrere in einem Feld liegende Objekte mit ihren Eigenschaften widerzuspiegeln.
Wie werden nun Ereignisse im Automaten repräsentiert? Der Ausdruck „Der Automat stellt das Ereignis S durch das Ausgangssymbol a dar“ bedeutet, daß jedesmal, wenn am Eingang des Automaten die Signalfolge S eingegeben worden ist, am Ausgang die Folge a seiner Ausgangssymbole erscheint. Und umgekehrt: a erscheint nur dann, wenn S eingegeben worden ist. Eine solche Auffassung der Darstellung von Ereignissen durch den Automaten bedeutet, daß nicht Objekte als solche in ihren Zusammenhängen und Beziehungen abgebildet werden; ein Ereignis widerspiegeln heißt hier nur eine bestimmte Reaktion auf einen bestimmten Reiz ausgeben.
Es ist leicht festzustellen, welche großen Schwierigkeiten für einen Automaten entstehen, dessen Möglichkeiten der Widerspiegelung sich darauf beschränken, eine Beziehung zwischen Reizen und Reaktionen herzustellen. Die meisten Problemsituationen enthalten einzelne voneinander geschiedene Elemente (Bedingungen). Ein Beispiel für derartige diskrete Gesamtheiten sind die Positionen des Schachspiels. Eine aus solchen Elementen bestehende Situation enthält nur in den seltensten Fällen einen genau bestimmten Reiz, auf den als Antwort eine bestimmte Reaktion erfolgen muß. Meist ist es, bevor die Strategie in einer solchen Situation geplant werden kann, nötig, die Merkmale ihrer Komponenten abzubilden und diese Elemente untereinander zu einem gewissen einheitlichen Ganzen, zu einem System von Elementen, zu verbinden. In Automaten, die auf den Prinzipien der SRT beruhen, fehlt ein solcher Umwandler. Ihre Möglichkeiten erlauben es nicht, die Merkmale der die Situation bildenden Elemente festzustellen und aus diesen Elementen ein System aufzubauen.
Wie löst nun ein Reiz-Reaktions-Automat eine Aufgabe, deren Bedingungen in Form einer diskreten Gesamtheit operativer Elemente dargestellt sind? Da solche Aufgaben in Form eines Labyrinths dargestellt werden können, besteht die Lösung im Durchlaufen dieses Labyrinths,

im Durchmustern der verschiedenen Varianten. Es gibt jedoch Aufgaben, bei denen die Endzustände des Labyrinths in einem Raum mit einer unbestimmten Zahl von Dimensionen liegen. Hinsichtlich solcher Aufgaben kann kein reales Labyrinth konstruiert werden. Und hier zeigen sich die Schwächen jedes Automaten, der auf der Basis der SRT und der heuristischen Programme konstruiert wurde. Solche Aufgaben sind von uns als Extrapolationsaufgaben mit unbestimmtem Suchfeld beschrieben worden. Eben sie zeichnen das schöpferische Denken des Menschen aus.

Über einige Wege zur Entwicklung einer Theorie heuristischer Automaten

Die Ergebnisse der denkpsychologischen Forschung und die Arbeiten auf dem Gebiet der Kybernetik lassen die Annahme zu, daß die Aufstellung einer mathematischen Theorie des produktiven Denkens mit der Bearbeitung von Problemen der Informationsmodellierung zusammenhängt [7, 8]. In der gegenwärtigen Etappe der Wissenschaftsentwicklung kann das Problem der Entwicklung einer mathematischen Theorie des Problemlösens nur für solche Aufgaben gestellt werden, die wir *operativ* genannt haben und die durch das Vorhandensein eines statischen Systems gekennzeichnet sind sowie durch das Vorhandensein von operativen Elementen, die sich innerhalb dieses statischen Systems verlagern können.

Diese Klasse von Aufgaben erlaubt es, den Prozeß der Modellierung der Elemente und der gesamten Problemsituation überhaupt, den das Subjekt vollzieht, zu verfolgen. Im Verlauf der Modellierung werden gewisse vorher programmierte Merkmale der Elemente (z. B. die Bewegungsmöglichkeit des Springers beim Schachspiel) in der jeweiligen Situation realisiert. In diesem Falle erwirbt jedes Element vorher nicht programmierte Merkmale. Nennen wir die erste Gruppe von Merkmalen *ursprüngliche* oder *Basismerkmale*, und bezeichnen wir die zweite Gruppe als *aktuelle* oder *Situationsmerkmale*. In der realen Problemsituation (z. B. in einer bestimmten Position des Schachspiels) ist bei der Realisierung der Basiseigenschaften der operativen Elemente eine Lage möglich, in der in die Anzahl der Situationsmerkmale des Elementes A das Element B und in die Anzahl der Merkmale des Elementes B das Element A eingeht. Eine derartige Wechselwirkung zwischen den operativen Elementen, die bei der Realisierung ihrer Basismerkmale entsteht, nennen wir einen Zusammenhang.

Der Prozeß der Modellierung der Problemsituation, der die Grundlage des Prozesses der Aufgabenlösung ist, besteht darin, daß der Mensch die Situationsmerkmale der Elemente erzeugt und Zusammenhänge zwischen ihnen herstellt. Auf der Grundlage dieses Prozesses wird ein Modell oder System der Problemsituation gebildet. In dieses Modell können nicht alle Elemente der Situation eingehen, sondern nur diejenigen, zwischen denen sich ein Zusammenhang gebildet hat. Die auf diese Weise zusammenhängenden Elemente hören auf, eine diskrete Gesamtheit zu sein, und werden als einheitliches Ganzes abgebildet; die übrigen Elemente werden zum Hintergrund. Im Rahmen des geschaffenen Modells der Problemsituation, das von uns als ein *operativ-informationelles* Modell gekennzeichnet wurde, wird auch die Strategie hinsichtlich der Bedingungen dieser oder jener Situation, die in Form einer diskreten Gesamtheit von Elementen vorliegt, ausgearbeitet.

Der beschriebene Prozeß des Aufbaus von Modellen kann auch etwas anders, unter Benutzung mengentheoretischer Begriffe, beschrieben werden. Die Gesamtheit der Situationsmerkmale dieses oder jenes Elements kann als die Menge der Elemente des statischen Systems angegeben werden, die dieses Element bei der Realisierung seiner operativen Basismerkmale besetzen kann. Dann kann der Zusammenhang als Durchschnitt der Mengen von Elementen des statischen Systems dargestellt werden, die ein Paar operativer Elemente charakterisieren. Das operativ-informationelle Modell erscheint hier als der Durchschnitt der Mengen einiger Elemente aus der dargestellten diskreten Gesamtheit.

Die in letzter Zeit experimentell gewonnenen Befunde zeigen, daß der Ausprägungsgrad des Modells der Problemsituation den Prozeß der Erkenntnis der Elemente jener Situation, in der die Eigenschaften dieser Elemente zutage treten und aufgedeckt werden, direkt beeinflußt. Um die Gesetzmäßigkeiten und die quantitativen Parameter dieses Erkenntnisprozesses zu erforschen, war eine spezielle Organisation des Experiments erforderlich. In diesem Experiment mußte die Versuchsperson, um eine Ausgangsvorstellung von den Bedingungen und Forderungen der ihr vorgelegten Aufgabe zu gewinnen, fragen, wie dieses oder jenes Element der Ausgangssituation und des Zieles beschaffen ist. Ein solches Experiment konnte nur mit einfachen räumlich-kombinatorischen Aufgaben vom Typ des Spieles „15" unternommen werden. Es führte jedoch zu einigen Schlußfolgerungen über vorher unbekannte quantitative Charakteristika des Erkenntnisprozesses. So wurde festgestellt, daß dieser Prozeß tatsächlich drei Komponenten enthält (Analyse der Bedingungen, Analyse des Ziels und Herstellung von Beziehungen zwischen Bedingungen und Ziel), deren quantitative Kennziffern eine deutliche korrelative Abhängigkeit zeigen. Der Koeffizient der Rangkorrelation beträgt 0,84.

Die Berechnung des Koeffizienten der Rangkorrelation zwischen den quantitativen Kennziffern des Erkenntnisprozesses und dem Erfolg bei der Aufgabenlösung wies eine negative Beziehung zwischen diesen Größen nach (Koeffizient der Rangkorrelation −0,60). Mit anderen Worten: Je erfolgreicher die Aufgabenlösung war, desto weniger intensiv war die analytische Tätigkeit. Diese inverse Abhängigkeit ist der direkte experimentelle Beweis für den Einfluß des Modells auf den Prozeß der Aufgabenlösung.

Auf der Grundlage einer Analyse der experimentellen Ergebnisse und des obenerwähnten Herangehens an das Problem der Informationsmodellierung im Gehirn beim Prozeß der Lösung von Aufgaben kann ein Schema eines abstrakten Automaten vorgeschlagen werden: Dieser Automat ist in der Lage, Modelle aus einer diskreten Gesamtheit operativer Elemente aufzubauen, für die operative Basismerkmale und Verfahren der Verlagerung im statischen System bestimmt werden können.

Der Automat besteht aus vier Blöcken folgender Bestimmung: Block 1 besteht aus einer Anlage mit mehreren Kanälen; jeder Kanal ist mit bestimmten operativen Elementen verbunden. Diese Kanäle besorgen das Durchspielen der operativen Basismerkmale der Elemente und erzeugen auf dieser Grundlage ihre Situationsmerkmale. Der Block registriert nur jene Elemente, zwischen denen im jeweiligen Zeittakt ein Zusammenhang im oben definierten Sinne festgestellt wird. Block 2 ist der Speicherblock, in dem Erfahrungen gespeichert werden. Die vom ersten Block hergestellten Zusammenhänge werden in Beziehung zu den im zweiten Block fertig vorhandenen operativen Informationssystemen gesetzt. Es ist anzumerken, daß die Erfahrungen in diesem Block natürlich in der Sprache der Zusammenhänge und der operativen Informationssysteme dargestellt sind. Es kann mit gutem Grund angenommen werden, daß die Aktualisierung der Erfahrung durch Resonanzprozesse erfolgt. Im Block 3 wird auf der Grundlage der in der gegebenen, für das Subjekt neuen Situation festgestellten Zusammenhänge und auf der Grundlage der hergestellten Beziehungen zwischen diesen Zusammenhängen und den Erfahrungen das Problem definiert und der Aufbau des operativen Informationsmodells abgeschlossen. Block 4 nimmt die Übersetzung des Modells in eine bestimmte Gesamtheit von Operationen und operativen Schritten vor.

Diesen Automaten, der auf der Basis der Modellierung von Eigenschaften und Merkmalen der Situationselemente arbeitet, nennen wir zum Unterschied von den Reiz-Reaktions-Automaten einen heuristischen Automaten. Obwohl es gegenwärtig keine mathematische Theorie des heuristischen Automaten gibt, kann dieser Automat dennoch in einigen Punkten mit einem auf der SRT basierenden Automaten verglichen werden. Die Unterschiede zwischen beiden Automaten werden zweckmäßigerweise nach folgenden Punkten klassifiziert:

1. Ein Automat, der auf der SRT basiert, erfordert einen bestimmten Reiz, der seinem Eingang, dem Umfang seines inneren Speichers und seinem Ausgang entspricht. Unter den Bedingungen eines diskreten Operationsmilieus arbeitet ein solcher Automat uneffektiv. Der heuristische Automat (HA) ist für die Arbeit unter den Bedingungen eines diskreten Milieus bestimmt. Er bedarf keines vorher bestimmten Reizes: er formiert die Reizsituation selbst.

2. Im auf der SRT basierenden Automaten wird ein Ereignis als Entsprechung zwischen einer bestimmten Folge von Eingangs-Einwirkungen und einer bestimmten Reaktion dargestellt. Unter den Bedingungen eines diskreten operativen Milieus muß die Anzahl der Buchstaben des Eingangsalphabets der Anzahl der möglichen Kombinationen von Elementen gleich sein. Im heuristischen Automaten (HA) ist das Ereignis ein System von Elementen, das auf der Grundlage der informationellen Modellierung der dynamischen Möglichkeiten der Elemente aufgebaut ist.

3. Im Automaten, der auf der SRT beruht, erfolgt die Lösung der Aufgabe nach dem Schema des Durchlaufens eines Labyrinths. Dieses Labyrinth stellt ein Diagramm der Übergänge dar, einen Graphen, dessen Knoten den verschiedenen Zuständen des Automaten entsprechen und dessen Kanten die möglichen Übergänge bezeichnen. Bei einem solchen Arbeitsprinzip muß der Zustandsraum genau definiert sein. Ein auf der SRT beruhender Automat kann in einem Zustandsraum mit einer unbestimmten Zahl von Dimensionen nicht erfolgreich arbeiten. Mit anderen Worten: Er ist nicht in der Lage, Extrapolationsaufgaben mit unbestimmtem Suchraum zu lösen. Der heuristische Automat (HA), der die Elemente der Aufgabe modelliert und aus diesen Elementen Systeme aufbaut, entwickelt eine Strategie, die nur ihrer äußeren Form nach als das Durchlaufen eines Labyrinths angesehen werden kann. Die Arbeit auf der Basis eines Modells der Situation befreit den HA von der Notwendigkeit eines definierten Zustandsraums. Er kann Aufgaben lösen, deren Suchraum unbestimmt ist.

Der Vergleich weist auf die Notwendigkeit hin, die existierende Automatentheorie wesentlich zu erweitern und eine mathematische Theorie heuristischer Automaten zu entwickeln. Die praktischen und theoretischen Mißerfolge der heuristischen Programmierung dürfen nicht zum Pessimismus führen. Einige Forscher haben diese Schlußfolgerung gezogen, indem sie meinen, daß es überhaupt unmöglich sei, eine Theorie der heuristischen Prozesse auszuarbeiten. Ein solcher Standpunkt ist falsch. Die heuristischen Prozesse sind kompliziert, und es fehlt gegenwärtig noch der mathematische Apparat, der es erlauben würde, sie befriedigend zu beschreiben. Aber es gibt in diesen Prozessen nichts Unerkennbares. Wir haben allen Grund zu glauben, daß die Labyrinth-Auffassung der Lösung von Aufgaben überwunden wird und daß ein neuer mathematischer Apparat geschaffen werden wird, der in der Lage ist, den Aufbau von Informationsmodellen, wie er von Menschen vollzogen wird, ebenso zu beschreiben wie die Herausarbeitung neuer Strategien durch den Menschen. Dieser Apparat wird allerdings noch nicht ausreichen, die heuristische Tätigkeit mit den Mitteln der kybernetischen Technik zu reproduzieren.

Literaturverzeichnis

[1] Avtomatizacija proizvodstva i promyšlennaja elektronika, Moskva 1964

[2] Avtomaty, Moskva 1956

[3] Kobrinskij, N. E.; Trachtenbrot, B. A., Vvedenie v teoriju konečnych avtomatov, Moskva 1962

[4] Miller, G. A.; Galanter, E.; Pribram, K. H., Plans and structure of behaviour, New York 1960

[5] Newell, A.; Shaw, J. C.; Simon, H. A., The processes of creative thinking, in: Contemporary approaches to creative thinking, hg. v. H. E. Gruber, New York 1963

[6] Newell, A.; Simon, H. A., Computer simulation of human thinking, in: Science 1961, Bd. 134, Heft 3495, S. 2011—2017

[7] Puškin, V. N., Operativnoe myšlenie v bol'šich sistemach, Moskva 1965

[8] Puškin, V. N., Über eine mathematische Theorie des produktiven Denkens, in: Materialien des Internationalen Symposiums über die Anwendung der Mathematik in den Humanwissenschaften, Rom 1966, in franz. Sprache

[9] van Chao, Na puti k mechaničeskoj matematike, in: Kibernetičeskij sbornik, Moskva 1965, Nr. 5

L. N. Landa

Über das Wechselverhältnis von heuristischen und algorithmischen Prozessen

Gegenwärtig entwickelt sich bekanntlich die Heuristik sehr intensiv. Sie ist nicht nur bemüht, die Eigenart heuristischer (schöpferischer) Prozesse aufzuklären, sondern versucht auch, durch die Entwicklung sogenannter heuristischer Programme diese Prozesse auf Elektronenrechnern zu modellieren. Ungeachtet dessen, daß über Probleme der Heuristik und der heuristischen Programmierung bereits Hunderte von Arbeiten geschrieben worden sind, gehören die Begriffe „Heuristik", „heuristischer Prozeß" und „Heuristiken" zu den unbestimmtesten Begriffen, die sehr vieldeutig interpretiert werden können.

So verstehen z. B. manche Autoren [2, 6, 7, 8] unter Heuristiken gewisse Regeln, die die heuristische Tätigkeit hervorrufen und steuern können, andere [5] verstehen darunter psychische Prozesse, die diese Tätigkeit beeinflussen, und wiederum andere [1] bezeichnen mit diesem Begriff beliebige Mittel, die das Durchmustern von Varianten verkürzen können.

Wir schließen uns der Meinung derjenigen an, die unter Heuristiken bestimmte Handlungsregeln verstehen, nicht aber diese Handlungen selbst oder irgendwelche Prozesse, die den Verlauf der Lösung einer schöpferischen Aufgabe beeinflussen. Denn die Hauptaufgabe der heuristischen Programmierung besteht eben darin, Programme aufzustellen, die in der Lage sind, heuristische Prozesse zu verwirklichen und zu steuern, und deswegen muß zwischen heuristischen Regeln und heuristischer Tätigkeit (oder heuristischen Prozessen) klar unterschieden werden. Natürlich braucht ein heuristischer Prozeß, wie jeder beliebige andere Denkprozeß oder psychische Prozeß überhaupt, nicht auf der Basis von Regeln zu verlaufen, aber modelliert und gesteuert werden kann ein solcher Prozeß nur auf der Grundlage von Regeln.

Hier und im weiteren werden wir deshalb unter Heuristiken gewisse Regeln der heuristischen Tätigkeit verstehen, d. h. gewisse Vorschriften darüber (oder Hinweise darauf), wie eine heuristische Tätigkeit zu vollziehen ist.

Unklar ist auch die Frage des Wechselverhältnisses zwischen heuristischen und algorithmischen Prozessen und Methoden. Manche Autoren (z. B. [12]) verweisen darauf, daß der Unterschied zwischen diesen Prozessen äußerst unklar ist, und machen erst gar keinen Versuch, ihn zu klären, andere — und das ist die Mehrzahl (z. B. [2, 9]) — sehen den Unterschied darin, daß Algorithmen die Lösung einer Aufgabe garantieren, während heuristische Methoden die Lösung *nicht garantieren*, dafür aber in einer Reihe von Fällen mit geringerem Aufwand an Zeit und Mitteln zur Lösung führen.

Bei einer solchen Beschreibung des Wechselverhältnisses zwischen heuristischen Programmen und Algorithmen bleibt unklar, worin das „schöpferische Moment" in der Arbeit dieser Programme besteht, warum man der Meinung ist, daß sie das schöpferische Denken modellieren, und ob sie zu Recht „heuristisch" genannt werden.

Um auf die gestellten Fragen zu antworten, betrachten wir eines der bekanntesten heuristischen Programme, das Programm „General Problem Solver" (GPS) von Newell, Shaw und Simon [6, 7, 8]. Dieses Programm ist bekanntlich zunächst für den Beweis logischer Theoreme aufgestellt worden, es kann jedoch auch für die Lösung anderer, strukturell analoger Aufgaben (den Beweis geometrischer Theoreme, die Umwandlung geometrischer Ausdrücke, Schachspielaufgaben etc.) benutzt werden. Für solche Aufgaben kann kein effektiver Lösungsalgorithmus aufgestellt werden. Der einzige Algorithmus, der unter diesen Bedingungen aufgestellt werden kann, ist ein Algorithmus der Versuche. Die Anzahl der Varianten, die durchzuprobieren und durchzumustern sind, ist jedoch oft derart groß, daß es sich in vielen Fällen als praktisch unmöglich erweist, die Methode des Durchmusterns zu benutzen. Es entsteht die Notwendigkeit, den Umfang des Durchmusterns, den Suchraum, einzuschränken. Dies wird durch die Benutzung spezieller Regeln erreicht, die von den Autoren der Programme „Heuristiken" genannt werden.

Um die Frage beantworten zu können, ob das GPS-Programm oder ähnliche Programme schöpferisches Denken modellieren und zu Recht heuristisch genannt werden, muß sie etwas umformuliert werden. Sie lautet dann: Sind die genannten Programme Algorithmen, und wenn nicht, wodurch unterscheiden sie sich von Algorithmen?

Die Haupteigenschaften von Algorithmen sind bekanntlich ihre Bestimmtheit, ihre Allgemeinheit und ihre Effektivität.

Bestimmtheit heißt hier, daß alle Operationen desjenigen, der die Aufgabe löst (des Menschen oder der Maschine), durch entsprechende Vor-

schriften (Hinweise, Regeln) eindeutig bestimmt sind, daß diese Vorschriften allgemeinverständlich sind und von allen, die diese Aufgabe nach dem Algorithmus lösen, in gleicher Weise erfüllt werden.
Allgemeinheit bedeutet, daß als Ausgangsdaten der Aufgabe nicht nur Einzelobjekte, sondern verschiedene Objekte einer bestimmten Klasse auftreten können (z. B. Zahlen, logische Ausdrücke etc.).
Unter Effektivität wird verstanden, daß der Algorithmus immer auf das Erreichen des gesuchten Resultates gerichtet ist und daß dieses Resultat *bei entsprechenden Ausgangsdaten* immer gefunden wird. Es ist jedoch zu beachten, daß die Eigenschaft der Effektivität nicht bedeutet, daß das gesuchte Ergebnis bei beliebigen Ausgangsdaten gefunden wird.
Betrachtet man die sogenannten heuristischen Programme unter dem Gesichtspunkt der erwähnten Eigenschaften von Algorithmen, so zeigt sich, daß sie sich prinzipiell in nichts von Algorithmen unterscheiden. Sie sind im oben definierten Sinne allgemein, und sie determinieren den Lösungsprozeß streng und vollständig, sie lösen bei verschiedenen Akteuren gleiche Operationen aus, und sie führen bei gleichen Ausgangsdaten zu gleichen Umwandlungen. Ausgangsdaten heuristischer Programme können wie bei Algorithmen nicht nur bestimmte Einzelobjekte sein, sondern verschiedene Objekte einer bestimmten Klasse.
Der einzige Unterschied zwischen heuristischen Programmen und Algorithmen besteht in ihrer Effektivität, genauer — im Grad der Effektivität. Die Effektivität von Algorithmen ist bedeutend größer als die von heuristischen Programmen. Dies ist zwar ein praktisch wesentlicher, aber doch nur ein quantitativer Unterschied. Es läßt sich zeigen, daß er darauf zurückzuführen ist, daß im Prozeß der Aufgabenlösung mittels heuristischer Programme nicht alle möglichen Wege der Umwandlung der Ausgangsdaten in Enddaten erprobt werden. Das System der benutzten Umwandlungsregeln ist im Vergleich zur Gesamtheit der möglichen nicht vollständig. Hierdurch wird erklärt, warum die sogenannten heuristischen Programme nicht garantieren, daß die Lösung erreicht wird und warum sie, falls sie zur Lösung führen, einen geringeren Aufwand an Zeit und Mitteln erfordern. (Die Anzahl der zu erprobenden Wege, das Durchmustern, wird eingeschränkt.)
Da sich heuristische Programme von Algorithmen nur dadurch unterscheiden, daß sie auf der Grundlage eines unvollständigen Systems von Regeln arbeiten, sind sie sozusagen nichts anderes als eine Art „unvollständige“ Algorithmen.[1] Wenn das aber so ist, dann ist es falsch, solche

[1] Wir unterstreichen die Bedingtheit des benutzten Ausdrucks. Im genauen Wortsinne kann es bedingte Algorithmen nicht geben. Jedes System algorithmierter Regeln (darunter auch der Regeln, die in die genannten heuristischen Programme

Programme „heuristisch“ zu nennen. Falsch ist es auch, die Prozesse, die von diesen Programmen gesteuert werden, „heuristisch“ zu nennen.

Aus der Tatsache, daß die sogenannten heuristischen Programme dem Wesen nach Algorithmen sind (wenn auch „unvollständige“), ergibt sich, daß der Begriff „Heuristik“, so wie er in der Theorie der heuristischen Programmierung gebraucht wird, keine schöpferischen Prozesse beschreibt, daß er in keiner Beziehung zum Schöpfertum steht und daß die heuristischen Programme und die sie realisierenden Prozesse keine Modelle schöpferischer Tätigkeit sind.

Die falsche Meinung, daß die sogenannten heuristischen Programme und die sie realisierenden Prozesse schöpferische Prozesse modellieren, hat auch die theoretischen Vorstellungen über schöpferische Prozesse und die Beschreibung ihrer Eigenart geprägt.[2] In bedeutendem Maße hat dazu die Spezifik jener Aufgaben beigetragen, für deren Lösung solche heuristischen Programme aufgestellt wurden. Denn gerade der Prozeß der Lösung dieser Aufgaben diente als Prototyp und Modell für die Vorstellung von der Spezifik des schöpferischen Prozesses.

Alle Aufgaben, die in der heuristischen Programmierung untersucht werden, sind Aufgaben mit einem *bestimmten, endlichen* und *vorgegebenen* Suchraum, in dem die Auswahl der zur Lösung erforderlichen Mittel erfolgt. Sie können gelöst werden durch die *Auswahl* und Erprobung verschiedener Mittel aus einer bestimmten, vorgegebenen Menge.

eingehen) ist in sich vollständig. Mit dem Wort „unvollständig“ möchten wir nur sagen, daß in einer bestimmten Vorschrift (einem Regelsystem) mehr Regeln sein könnten.

2 Wenn wir davon sprechen, daß die sogenannten heuristischen Programme keine schöpferischen Prozesse modellieren, so meinen wir die Modellierung (Wiedergabe) eben der *Prozesse* und nicht der *Ergebnisse* dieser Prozesse. Heuristische Programme können zu den gleichen Ergebnissen kommen wie der Mensch, aber sie kommen nicht immer auf die gleiche Weise zu ihnen. (Ein Flugzeug erzielt die gleichen Ergebnisse wie ein Vogel — und sogar bessere, aber es erzielt sie anders als der Vogel; das Flugzeug modelliert nicht den *Prozeß* des Vogelfluges.) Das Verfahren, mit dem heuristische Programme Ergebnisse erzielen (d. h. bestimmte Klassen von Aufgaben lösen), ist ein *algorithmisches* Verfahren, der Mensch dagegen löst solche Aufgaben oft (aber keineswegs immer) auf nichtalgorithmische, schöpferische Art und Weise. Wir werden im weiteren sehen, daß dies von prinzipieller Bedeutung ist, da es immer Aufgaben gibt und auch in Zukunft geben wird, für die es keinen Lösungsalgorithmus gibt oder für die der Lösungsalgorithmus nicht bekannt ist. Damit eine Maschine solche Aufgaben lösen kann, ist es notwendig, daß sie eben den *Prozeß* der schöpferischen Lösung modelliert, daß sie das *Verfahren* nachbildet, das der Mensch anwendet, wenn er Aufgaben löst, deren Algorithmus er nicht kennt.

Aber sind diese Besonderheiten des Prozesses der Aufgabenlösung charakteristisch für *alle* Denkprozesse? Können sie als *allgemeine* Beschreibung des Denkens gelten? Offenbar ist das nicht der Fall. Es gibt Aufgaben, bei denen derjenige, der sie zu lösen hat, weder das Gebiet der Auswahl kennt noch eine vollständige Liste der möglichen Mittel zur Lösung, aus der er das Passende auswählen könnte, zur Verfügung hat. Es sind dies Aufgaben mit einem *unbestimmten* Suchraum für die Auswahl von Mitteln zur Lösung, bei denen auch die Suchwege nicht vorher festgelegt sind. Sie können nicht durch eine einfache *Auswahl* eines bestimmten Lösungsverfahrens (oder -weges) aus einer vorgegebenen Menge möglicher Verfahren (oder Wege) gelöst werden, da diese Menge dem Lösenden nicht vorgegeben ist.

Mit anderen Worten: Wenn hinsichtlich der Aufgaben, die von der Theorie der heuristischen Programmierung untersucht werden, angenommen wird, daß der Lösende vor Beginn der Lösung über eine vollständige Kollektion möglicher Schritte (Verfahren, Alternativen) verfügt, aus der er nur diese oder jene zur Prüfung und Erprobung auszuwählen braucht, so verfügt der Lösende in Aufgaben mit unbestimmtem Suchraum vor Beginn der Lösung nicht über eine solche vollständige Kollektion möglicher Schritte. Es ist oft sogar unbekannt, welcher Art die Schritte sein könnten und wo und wie sie zu suchen sind. Der Lösende kann also nichts auswählen. Um auswählen zu können, muß er zunächst die möglichen Schritte (Alternativen) *finden* (definieren), und dies ist das schwierigste Glied im Denkprozeß bei der Lösung solcher Aufgaben.

Die Bemerkung V. N. Puškins (s. S. 325 dieses Bandes), daß der Mensch beim Prozeß der Aufgabenlösung bestrebt ist, die Anzahl der Varianten nicht zu verringern, sondern zu vergrößern, ist in vielem richtig. Dazu muß jedoch folgendes gesagt werden. Die Form der Aufgabenlösung, die durch Auswahl und Durchmustern erfolgt, ist, wie wir gesehen haben, nur ein *Sonderfall* der Denkprozesse und kann nicht als deren *allgemeine*, universelle Charakteristik gelten. Die Beschreibung des Denkens, die V. N. Puškin gibt (der Mensch strebt im Prozeß der Lösung von Aufgaben nicht die Verminderung, sondern die Vergrößerung der Anzahl der Varianten an), kann auch nicht allgemein und universell sein. Bei einer Art von Aufgabenlösungen ist der Mensch bestrebt, die Anzahl der Varianten zu *vergrößern*, bei anderen hingegen versucht er, diese Anzahl zu *verringern*. Man kann diese Frage nicht abstrakt beantworten. Man darf nicht irgendeinen Typ von Denkprozessen verabsolutieren, die Besonderheiten der Denkprozesse müssen im Zusammenhang mit den Aufgabentypen gesehen werden, die durch sie gelöst werden. Die Art der Aufgabe stellt bestimmte Anforderungen an das Denken und verleiht ihm bestimmte Besonderheiten. Diese Besonderheiten können durchaus unterschiedlich sein. Es kommt deshalb darauf an, auf der Grundlage einer Analyse der Aufgabentypen bestimmte Typen von Denkprozessen festzustellen. Wir werden hierauf noch ausführlich zurückkommen.

Im Zusammenhang mit dem Gesagten lassen sich drei Typen von Aufgaben deutlich unterscheiden:

1. Aufgaben, bei denen die Hauptschwierigkeit darin besteht, das *Gebiet* zu finden (zu bestimmen), in dem das Objekt (die Lösung) zu suchen ist;
2. Aufgaben, bei denen die Hauptschwierigkeit darin besteht, das *Objekt* (die Lösung) innerhalb eines gegebenen oder leicht zu bestimmenden Gebietes zu finden;
3. Aufgaben, die *beide Typen von Schwierigkeiten* enthalten.

Die spezifische Schwierigkeit vieler Aufgaben der ersten Art liegt darin, daß diese die Suche auf ein Gebiet orientieren, während die Lösung in einem anderen Gebiet liegt. Ein Beispiel dafür ist folgende bekannte Aufgabe: Aus sechs Streichhölzern sind vier gleichseitige Dreiecke zu bilden, deren Seitenlänge der eines Streichholzes entspricht. Die Situation veranlaßt hier dazu, die Lösung in der Ebene zu suchen; sie liegt aber im Raum. Die Schwierigkeit dieser Aufgabe besteht eben darin, daß von einem Suchfeld (der Ebene) zu einem anderen (dem Raum) übergegangen werden muß.

An diesem Beispiel zeigt sich deutlich, daß zwischen Heuristiken unterschieden werden muß, die darauf gerichtet sind, das Auswahlfeld zu *begrenzen* und dabei zu helfen, aus der Gesamtheit vorgegebener, möglicher Alternativen eine oder mehrere auszuwählen, und Heuristiken, die darauf gerichtet sind, ein gewisses Auswahlfeld zu *erweitern*, es zu *verlassen*, zu einem anderen Auswahlfeld oder Suchfeld *überzugehen* und dabei zu helfen, die Lösung in diesem neuen Feld zu *finden*.

Die angeführten Fakten und Überlegungen zeigen also alle, daß die Typen der Denkprozesse wesentlich von den Aufgabentypen abhängen, die der Mensch zu lösen hat, und daß sie von den Anforderungen bestimmt werden, die von diesen Aufgaben ausgehen. Fassen wir die Haupttypen von Aufgaben zusammen, die die wichtigsten Besonderheiten der Denkprozesse bei der Lösung bestimmen:

Erster Typ. Aufgaben, bei denen die Aufeinanderfolge der Übergänge vom Ausgangsobjekt zum Endobjekt vorher bekannt ist, bei denen die Gesamtheit der für die Lösung wichtigen Eigenschaften und Zustände des umzuwandelnden Objekts bekannt ist, bei denen die vollständige Liste der Handlungen (Regeln, Operationen), deren Anwendung zum Übergang des Objekts von einem Zustand in den anderen führt, bekannt ist und bei denen weiterhin bekannt ist, auf welchen Zustand welche

Handlung (welcher Operator) anzuwenden ist, damit der gewünschte Endzustand erreicht wird. Für Aufgaben dieses Typs kann ein Lösungsalgorithmus aufgestellt werden, der systematisch, Schritt für Schritt, *ohne Versuche und ohne den Prozeß des Auswählens* zum Ziel führt.

Zweiter Typ. Aufgaben, bei denen die Aufeinanderfolge der Übergänge vom Ausgangsobjekt zum Endobjekt unbekannt ist, bei denen aber, wie bei den Aufgaben des vorhergehenden Typs, die Gesamtheit der für die Lösung wichtigen Eigenschaften und Zustände des umzuwandelnden Objekts bekannt ist und ebenfalls die vollständige Liste der Handlungen (Operatoren), deren Anwendung den Übergang des Objekts von einem Zustand in den anderen herbeiführt. Zum Unterschied von Aufgaben des ersten Typs ist jedoch unbekannt, auf welchen Zustand des Objekts welcher Operator angewendet werden muß, damit der geforderte Endzustand erreicht wird. Derartige Aufgaben können nur durch Versuche (durch Probieren) gelöst werden, und für sie können nur Probier-Algorithmen aufgestellt werden.[3] Die Verringerung der Zahl der Versuche kann nur auf Kosten der „Vollständigkeit" des Algorithmus erfolgen, d. h. durch Verfahren, wie sie in der sogenannten heuristischen Programmierung benutzt werden. Diese Aufgaben sind Aufgaben mit *bestimmtem Auswahlfeld.*

Dritter Typ. Aufgaben, bei denen auch die Aufeinanderfolge der Übergänge vom Ausgangsobjekt zum Endobjekt (bzw. einzelne ihrer Glieder) unbekannt ist, bei denen die Objekte dem Menschen zwar im Prinzip bekannt sind, weil sie in seinem Gedächtnis repräsentiert sind, bei denen aber diejenigen Eigenschaften oder Zustände dieser Objekte, die bei der Lösung genutzt werden müssen, oder die Arten der Verbindung der Objekte (ihrer Eigenschaften oder Zustände) nicht bekannt sind und bei denen die Handlungen (Operatoren), die im Lösungsprozeß anzuwenden sind, oder die Art ihrer Verbindungen nicht bekannt sind. (Oder es liegt diese oder jene Kombination dieser Bedingungen vor.) Solche Aufgaben können weder mittels eines Lösungsalgorithmus, noch mittels eines Probieralgorithmus gelöst werden, da dem Lösenden vor Beginn der Lösung entweder die Objekte (ihre Eigenschaften, Zustände) unbekannt sind, auf die man die Operatoren anwenden kann oder muß, oder die Operatoren, die anzuwenden sind, oder die Art der Verbindung zwischen Objekten und Operatoren. Das heißt nicht, daß man für solche Aufgaben niemals einen Lösungsalgorithmus oder Probieralgorithmus aufstellen

[3] Wir verstehen unter Probieren Handlungen, die auf das Erkennen und Analysieren der Situation gerichtet sind, aus der derjenige, der die Aufgabe löst, neue Information beziehen kann. (In diesem Sinne wird der Begriff auch in den Arbeiten [3, 4, 11] verwendet.)

kann. Sobald solche Algorithmen allerdings aufgestellt werden können, hören die Aufgaben auf, zu diesem Typ zu gehören, und gehen in die Kategorie von Aufgaben eines der vorher genannten Typen über. Man kann also sagen, daß gewisse Aufgaben diesem Typ zuzurechnen sind, da ein Algorithmus zu ihrer Lösung, sei dies nun ein Lösungsalgorithmus oder ein Probieralgorithmus, nicht existiert oder dem Lösenden nicht bekannt ist. Diese Aufgaben können ebenso wie die Aufgaben des vorhergehenden (zweiten) Typs nur durch Probieren gelöst werden.[4] Allerdings ist hier im Gegensatz zum vorhergehenden Typ unbekannt, *was* zu „erproben" ist (welche Objekte, Eigenschaften, Operatoren oder Verbindungen). Aufgaben dieses Typs können nicht auf dem Wege der Auswahl gelöst werden, da es sich um Aufgaben mit *unbestimmtem Auswahlgebiet* handelt. (Die Alternativen, aus denen auszuwählen ist, sind nicht vorgegeben. Sie sind vor Beginn der Lösung unbekannt, obwohl sie potentiell im Gedächtnis enthalten sind.[5]) Sie können nur auf dem Wege der *Suche* gelöst werden. Die ganze Schwierigkeit ihrer Lösung besteht nicht darin, daß etwas auszuwählen und zu erproben ist, sondern darin, zu bestimmen (zu erraten), *woraus* auszuwählen ist, zu erraten, in welchem Gebiet die Lösung zu suchen ist, und in dieses Gebiet *überzugehen*. Da jedoch alle Kenntnisse, die für die Lösung derartiger Aufgaben notwendig sind, beim Menschen potentiell (im Gedächtnis) vorhanden sind, so können diese Aufgaben auf der Grundlage der *Anwendung von* (vorhandenen) *Kenntnissen* gelöst werden, auf der Grundlage jener Prozesse, die mit den Worten „er hat es erraten", „er hat es erfaßt" usw. beschrieben werden.

Vierter Typ. Die Aufgaben dieses Typs unterscheiden sich von den Aufgaben des dritten Typs nur dadurch, daß selbst im Gedächtnis des Menschen die zur Lösung notwendigen Kenntnisse fehlen. Deshalb können diese Aufgaben nicht durch eine einfache *Anwendung von Kenntnissen* gelöst werden. Die Kenntnisse müssen im Prozeß der aktiven Erkenntnistätigkeit, die *neue* Information erbringt, *entdeckt* werden.

[4] Das bedeutet nicht, daß es unbedingt viele Versuche sein müssen. Die Aufgabe kann auch mit dem *ersten* gelungenen Versuch gelöst sein. In diesem Falle wird sie als Vermutung, als „Einsicht" erlebt.

[5] Aufgaben mit unbestimmtem Auswahlgebiet werden ihrerseits in zwei Arten eingeteilt: 1. Aufgaben mit *bestimmtem* Suchgebiet (es ist bekannt, *wo*, in welchem Gebiet die Lösung zu suchen ist; unbekannt hingegen ist, *was* den Bedingungen und Anforderungen der Aufgabe entspricht, oder auch, was zu erproben und anzuwenden ist); 2. Aufgaben mit *unbestimmtem* Suchgebiet (es ist weder bekannt, wo die Lösung zu suchen ist, noch, *was* den Bedingungen und Anforderungen der Aufgabe entspricht).

Während die Aufgaben des ersten und des zweiten Typs, die mit Hilfe von („vollständigen" oder „unvollständigen") Algorithmen gelöst werden, die dem Lösenden bekannt sind, keine schöpferischen Aufgaben sind,[6] müssen die Aufgaben des dritten und vierten Typs offensichtlich schöpferische Aufgaben sein. (Eben von solchen Aufgaben wird gewöhnlich gesagt, daß sie Schöpfertum erfordern.)

Was ist aber als Kriterium des Schöpfertums anzusehen?

Ohne den Anspruch zu erheben, diese Frage auch nur annähernd vollständig zu beantworten, möchten wir auf einige Merkmale des Schöpfertums hinweisen, die nach unserer Ansicht die wesentlichsten Merkmale sind. Wir werden von der allgemein akzeptierten Feststellung ausgehen, daß algorithmische Prozesse (d. h. Prozesse, die auf der Basis einer bestimmten algorithmischen Vorschrift ablaufen) keine schöpferischen Prozesse sind.

Wenn aber algorithmische Prozesse dadurch charakterisiert sind, daß die Handlungen des Lösenden durch bestimmte Vorschriften (Anweisungen, Regeln) vollständig determiniert werden, so ist Schöpfertum offenbar nur dort zu finden, wo die Handlungen des Lösenden *nicht determiniert* werden oder durch irgendwelche Vorschriften *unvollständig* (nicht eindeutig) determiniert werden [4]. Mit anderen Worten, eine Aufgabe kann schöpferisch sein, wenn zu ihrer Lösung ein Algorithmus nicht existiert oder dem Lösenden nicht bekannt ist und wenn für die Lösung die Suche in einem bestimmten Feld erforderlich ist, dessen Elemente (und vielleicht auch das Feld selbst) vorher nicht gegeben und vor Beginn der Lösung unbekannt sind (obwohl im Prinzip die entsprechenden Kenntnisse — darunter auch Kenntnisse über Handlungen — im Gedächtnis des Menschen verzeichnet sein können).

[6] Wir betonen, daß Beweisaufgaben (und ihnen analoge Aufgaben), wenn bei ihrer Lösung kein Algorithmus benutzt wird (sei das nun ein vollständiger Durchmusterungs-Algorithmus oder ein „unvollständiger" Algorithmus, wie er einem heuristischen Programm zugrunde liegt), mit Mitteln gelöst werden können, die für Aufgaben des dritten und selbst des vierten Typs charakteristisch sind, d. h. also mit schöpferischen Mitteln. Die oben entwickelte Aufgabentypologie beschreibt nicht die Aufgaben als solche, sondern charakterisiert das *Verhältnis* der Aufgabenbedingungen zu den Mitteln, über die der Mensch verfügt. Deshalb kann von der Formulierung der Aufgabe allein, nur von der Beschreibung ihrer Bedingungen her, nicht darauf geschlossen werden, zu welchem Typ sie gehört. Ein und dieselbe Aufgabe kann für den einen Menschen, der den Algorithmus zu ihrer Lösung kennt, eine Aufgabe des ersten Typs sein, während sie für jemanden, der den Algorithmus nicht kennt, eine Aufgabe eines beliebigen anderen Typs ist.

Letzteres kann man auch etwas anders ausdrücken. Eine Aufgabe ist schöpferisch, wenn ein Algorithmus zu ihrer Lösung nicht existiert oder unbekannt ist und wenn die für die Lösung erforderlichen Kenntnisse und Handlungen bei der Wahrnehmung der Bedingungen der Aufgabe nicht unmittelbar, assoziativ aktualisiert werden. Ein schöpferischer Prozeß liegt demnach dort vor, wo die Lösung weder durch eine bestimmte Vorschrift noch durch Erfahrung direkt determiniert (definiert, bedingt) wird. Das bedeutet, daß die Lösung nicht auf der Basis einer direkten assoziativen *Reproduktion* der notwendigen Kenntnisse und Handlungen (Mittel, Lösungsmethoden) gewonnen werden kann. Natürlich kann eine schöpferische Aufgabenlösung nur auf der Grundlage vorhandener Erfahrung gefunden werden; die Besonderheit schöpferischer Prozesse besteht jedoch darin, daß die Erfahrung beim schöpferischen Prozeß der Lösung einer Aufgabe *umgestaltet* werden muß, daß im Erfahrungsbesitz (d. h. in den im Gedächtnis aufbewahrten Kenntnissen) eine bestimmte nichtalgorithmische Suche erfolgen muß, deren Ergebnis darin besteht, daß solche Elemente (Bilder, Begriffe, Handlungen) herausgefiltert werden, die sich *von selbst* (automatisch, assoziativ) nicht aktualisiert haben.

Zwischen den algorithmischen und den schöpferischen Prozessen liegt wie zwischen zwei Polen der breite Bereich der Denkprozesse, die man als *selbständig*, aber nicht als schöpferisch bezeichnen könnte. Von den algorithmischen Prozessen unterscheiden sie sich dadurch, daß sie assoziativ auf der Basis der Erfahrung ablaufen.

Natürlich ist jeder schöpferische Prozeß selbständig (da er nicht oder nur unvollständig durch eine entsprechende Vorschrift determiniert wird), nicht jeder selbständige Prozeß ist jedoch schöpferisch (da er nicht immer eine Suche in einem unbestimmten Auswahlgebiet erfordert). Unter diesem Gesichtspunkt kann man folglich alle Denkprozesse in unselbständige (algorithmische) und selbständige (nichtalgorithmische) untergliedern und die selbständigen wiederum in nichtschöpferische und schöpferische Prozesse einteilen.

Beide Arten der selbständigen Prozesse können einen unterschiedlichen Grad der Selbständigkeit aufweisen und für den Lösenden unterschiedlich schwer sein. Wenige Merkmale lassen sich zum Beispiel selbständig leichter reproduzieren und unterscheiden als viele Merkmale. Häufig auftretende Merkmale sind leichter zu reproduzieren und zu unterscheiden als seltener vorkommende. Es ist leichter, bekannte Merkmale aufzufinden als verborgene (latente) usw. Im Prinzip kann man also die Faktoren bestimmen, die den Grad der Selbständigkeit des Denkens und das Niveau bedingen, auf dem ein Prozeß schöpferisch ist. Diese Faktoren bestimmen damit auch den Schwierigkeitsgrad eines konkreten Denkprozesses bzw. genauer, den Schwierigkeitsgrad der Aufgabe, auf deren Lösung der Denkprozeß gerichtet ist. Dies könnte eine Grundlage für die Schaffung von Kriterien sein, an denen der Schwierigkeitsgrad von selbständig zu lösenden Aufgaben (schöpferischen wie nichtschöpferischen) gemessen werden kann.

Beschäftigen wir uns nun ausführlicher und auf neuer Grundlage mit der Frage der Heuristiken.

Wie wir oben festgestellt haben, stellen Heuristiken in den sogenannten heuristischen Programmen Vorschriften (Regeln) dar, die entsprechende Handlungen zur Lösung von Aufgaben vollständig determinieren und sich dadurch in nichts von den Anweisungen (Regeln), die in gewöhnlichen Algorithmen enthalten sind, unterscheiden. Diese Heuristiken sind folglich keine Quelle schöpferischer Prozesse, sie rufen diese nicht hervor und steuern sie auch nicht. Sie können keine heuristischen Regeln sein. Als echte Heuristiken, die schöpferische Prozesse auslösen und steuern, sind offensichtlich nur solche Anweisungen (Regeln) anzusehen, die die Denktätigkeit unvollständig determinieren und im Hinblick auf das Durchführen der Anweisung eine gewisse *Unbestimmtheit* enthalten. Eine echte Heuristik setzt eine gewisse *Selbständigkeit* des Systems, an das sie gerichtet ist, voraus. Sie erfordert die Fähigkeit zu eigener *Aktivität* und *Selbstorganisation*. Sobald eine Anweisung keinerlei Unbestimmtheit mehr enthält und beginnt, die der Lösung der Aufgabe entsprechenden Handlungen vollständig zu determinieren, wird sie algorithmisch, und die Notwendigkeit der Selbständigkeit und Selbstorganisation entfällt. Die Modellierung schöpferischer Prozesse auf Elektronenrechnern darf daher nicht das Anliegen verfolgen, bestimmte Aufgaben zu algorithmieren (wie dies die sogenannte heuristische Programmierung tut), sondern sie muß bestrebt sein, sich selbst organisierende Systeme zu schaffen, die über eine eigene innere Aktivität verfügen, über eine Aktivität, die nicht vollständig durch äußere, in die Maschine eingegebene (oder von ihr selbst geschaffene) Programme (Anweisungen) determiniert wird. Dazu müssen jene Prozesse modelliert werden, die den Menschen befähigen, Selbständigkeit und Selbstorganisation durch Handlungen zu beweisen, die nicht durch irgendeinen äußeren oder inneren (angeeigneten oder selbständig entwickelten) Algorithmus determiniert sind.

Worin besteht die Funktion echter Heuristiken in der Denktätigkeit? Sie besteht in einer entsprechenden Förderung der *Aktualisierung* und *Organisierung* jener Kenntnisse und Operationen, die helfen können, eine Lösung zu finden, und auch in der Steuerung und Regelung des Suchens, das eine notwendige Eigenschaft jedes schöpferischen Denkprozesses ist. Sobald der Mensch sich Heuristiken angeeignet hat oder sie selbständig entdeckt hat, dienen sie ihm als Mittel der *Selbstorganisation* und *Selbststeuerung*. Eben sie sind es, die es ihm ermöglichen, bewußt, willkürlich und zielgerichtet jene Kenntnisse und Operationen abzurufen (zu aktualisieren), die helfen können, eine Lösung zu finden. Heuristische Regeln sind nichts anderes als Regeln der *Selbstausrichtung* auf die Lösung.

Das Gesagte läßt sich leicht am Beispiel zeigen. Nehmen wir eine bekannte Heuristik: „Wenn es nicht gelingt, die Lösung einer Aufgabe zu finden, so versucht, euch an eine ähnliche oder verwandte Aufgabe zu erinnern, deren Lösung euch bekannt ist!“[7] Diese Heuristik weist weder auf das Suchgebiet hin (die ähnliche Aufgabe kann aus einem anderen Wissensgebiet stammen), noch nennt sie genaue Merkmale, nach denen eine ähnliche oder verwandte Aufgabe zu suchen ist. Die in dieser Heuristik enthaltene Unbestimmtheit ist also außerordentlich groß. Aber diese Heuristik aktualisiert Operationen für das Suchen entsprechender Aufgaben (ohne diese Heuristik könnte diese Suche nicht beginnen), und sie steuert diese Suche in einem gewissen Maße (gesucht und ausgewählt werden ähnliche oder verwandte Aufgaben, andere werden ausgeklammert). Damit richtet diese Heuristik bis zu einem bestimmten Grade auf die Lösung aus; die Benutzung dieser Heuristik dient als Mittel der Selbstausrichtung.

Der Grad der Unbestimmtheit kann bei den verschiedenen Heuristiken unterschiedlich sein. Je allgemeiner eine heuristische Anweisung ist, desto größer ist die darin enthaltene Unbestimmtheit, desto weniger determiniert sie folglich die entsprechenden Handlungen des Lösenden, und desto mehr Selbständigkeit und schöpferisches Vorgehen fordert sie von ihm. Und umgekehrt — je weniger allgemein eine heuristische Anweisung ist, desto weniger Unbestimmtheit enthält sie (sie nähert sich damit einer algorithmischen Anweisung), und desto weniger Selbständigkeit und schöpferisches Vorgehen fordert sie.

Wenn der Mensch heuristische Regeln anwendet, wartet er nicht darauf, daß ihm etwas „einfällt“. Handelt er nach heuristischen Regeln, so schafft er selbst äußere und innere Bedingungen, die den Prozeß des „Einfallens“ erleichtern. Der Erfolg einer Aufgabenlösung wird letztlich nicht durch die Heuristik bestimmt (sie allein führt nicht zur Lösung), sondern von den Kenntnissen und Operationen, die durch die Heuristik aktualisiert werden und deren Funktion durch die Heuristik gesteuert und reguliert wird.

[7] Polya, G., How to solve it, Princeton 1942

Wenn im Gedächtnis aufbewahrte Kenntnisse und Operationen die Entstehung eines schöpferischen Prozesses anregen sollen, so müssen sie bestimmte Eigenschaften aufweisen (sie müssen z. B. genügend verallgemeinert sein, sich leicht aktualisieren und umgruppieren lassen usw.), und sie müssen auf eine bestimmte Weise *organisiert* (z. B. nach bestimmten Prinzipien systematisiert) sein. Die Herausbildung solcher Eigenschaften von Kenntnissen und Operationen und ihre Organisation sind offensichtlich eine der wichtigsten Aufgaben der Ausbildung.

Wir haben gesagt, daß die wichtigsten Funktionen von Heuristiken in der Denktätigkeit darin bestehen, daß sie, erstens, bestimmte Kenntnisse und Operationen, deren Funktionieren den schöpferischen Prozeß „ergibt", aktualisieren und daß sie. zweitens, den Verlauf dieses Prozesses regulieren, indem sie die Suche steuern und auf die Lösung ausrichten.

Aber die Funktion von Heuristiken beschränkt sich nicht nur darauf. Sie können auch die außerordentlich wichtige Funktion erfüllen, die für den Ablauf schöpferischer Prozesse notwendigen Kenntnisse und Operationen zu *formulieren*, sie können dazu dienen, die Kenntnisse und Operationen in bestimmter Weise zu *organisieren*, und sie können Verfahren der Herausbildung bestimmter Eigenschaften dieser Kenntnisse und Operationen sein. Letzteres ist insbesondere für die Pädagogik überaus wichtig, da Heuristiken als Mittel der Ausbildung zu verwenden sind.

Literaturverzeichnis

[1] Computers and thought, hg. v. E. A. Feigenbaum, J. Feldmann, New York 1963 (Introduction)

[2] Gelernter, H. L.; Rochester, N., Intelligent behaviour in problem-solving machines, in: IBM-Journal, 1958, Heft 4

[3] Landa, L. N., O roli poiskovych prob v processe myšlenija, in: Tezisy dokladov na soveščanii po voprosam psichologii poznanija (20—22 maja 1967 goda), Moskva 1957

[4] Landa, L. N., Algorithmierung im Unterricht, Berlin 1969

[5] Miller, G. A.; Galanter, E.; Pribram, K. H., Plans and structure of behaviour, New York 1960

[6] Newell, A.; Shaw, J. C.; Simon, H. A., Report on an general problem-solving program, in: Information processing. Proc. Intern. Conf. on Information Processing, hg. v. UNESCO, Paris 1959

[7] Newell, A.; Simon, H. A., Computer simulation of human thinking, in: Science, 1961, Bd. 134, Heft 3495

[8] Newell, A.; Shaw, J. C.; Simon, H. A., The processes of creative thinking, in: Contemporary approaches to creative thinking, hg. v. E. H. Gruber, New York 1963
[9] Newell, A.; Shaw, J. C.; Simon, H. A., Experimental exploration with the logic theory machine: a case study in heuristics, in: Computers and thought, hg. v. E. A. Feigenbaum, J. Feldmann, New York 1963
[10] Puškin, V. N., K ponumaniju evrističeskoj dejatel'nosti v kibernetike i psichologii, in: Voprosy psichologii, 1965, Nr. 1
[11] Rubinštejn, S. L., Das Denken und die Wege seiner Erforschung, Berlin 1961
[12] Tonge, E. M., Summary of a heuristic line balancing procedure, in: Computers and thought, hg. v. E. A. Feigenbaum, J. Feldmann, New York 1963

I. M. Rozet

Untersuchungen der heuristischen Tätigkeit und ihre Bedeutung für das Verständnis des Schöpfertums

Die Erforschung des Schöpfertums hat bereits eine lange Geschichte und erfolgt durch die Vertreter vieler Disziplinen: Historiker, Logiker, Philosophen, Psychologen und Physiologen. Jede dieser Wissenschaften studiert einzelne Aspekte der schöpferischen Tätigkeit und ist bestrebt, die Fragen zu lösen, die von ihrer Spezifik bestimmt werden. Die psychologische Erforschung des Schöpfertums versucht, die mit dem Akt des Schöpfertums verbundenen Erscheinungen zu beschreiben und schließlich auf der Grundlage von Gesetzen, die die Psyche steuern, zu erklären. Während man in früheren Arbeiten im Schöpfertum eine außergewöhnliche und exklusive Erscheinung sah (so z. B. wurde das Schöpfertum in Untersuchungen interpretiert, die der Tätigkeit hervorragender Gelehrter, Künstler usw. gewidmet waren), so ist gegenwärtig die Tendenz zu verzeichnen, die schöpferische Tätigkeit unter dem Gesichtspunkt von Gesetzmäßigkeiten zu betrachten, die für alle Menschen gleich sind. Mit anderen Worten, in den neuesten Forschungen liegt das Schwergewicht nicht so sehr auf den Ergebnissen des Schöpfertums, die natürlich in keinem Falle gleichgesetzt werden können, als vielmehr auf den inneren psychologischen Mechanismen, die allgemeinmenschlichen Charakter haben.

Zu dieser neuen Auffassung der Probleme des Schöpfertums haben, so scheint uns, die Untersuchungen der heuristischen Tätigkeit beigetragen, die sich in der Auswahl der optimalen Variante aus einer Menge möglicher Varianten äußert. Zwar wird der Meinungsstreit um das Wesen der Heuristik und den Platz der heuristischen Prozesse innerhalb der anderen psychischen Erscheinungen bis auf den heutigen Tag geführt, der Kreis der Fragen jedoch, die in die heuristische Problematik einbezogen werden, wird immer weiter. Als klassisches Objekt des heuristischen Experimentierens dienten bekanntlich die Lösungen von Schachaufgaben und -etüden sowie das Schachspiel selbst (de Groot u. a.; in der UdSSR: O. K. Tichomirov, V. N. Puškin). In den letzten Jahren begann man jedoch damit, die heuristische Terminologie auch bei der Analyse dessen zu benutzen, wie der Aufbau von Urteilen, das Fällen von Entscheidungen, die Verifizierung von Hypothesen u. dgl. erfolgen. Dadurch gibt es gewisse Probleme, die in direkter Beziehung zur schöpferischen Tätigkeit stehen (z. B. die Verifizierung von Hypothesen), in einer Reihe mit Problemen, die eine streng experimentelle Ausarbeitung zulassen.

Es muß betont werden, daß die Schaffung eines heuristischen Programms noch nicht bedeutet, daß echte Gesetze des Denkens formuliert werden. Viele Autoren haben klar erkannt, daß die von Mathematikern und Konstrukteuren ausgearbeiteten heuristischen Programme in keiner Weise mit den inneren psychologischen Gesetzmäßigkeiten gleichgesetzt werden können, ähnlich, wie man die Verfahren der Mnemotechnik nicht den Gesetzen des Gedächtnisses gleichstellen kann.

Die inneren Gesetze des Denkens haben wie alle anderen Gesetze, denen die Erscheinungen der Natur und der Gesellschaft unterliegen, objektiven Charakter und sind vom Willen und der Absicht des Subjekts unabhängig. Sie haben des weiteren allgemeinen Charakter und können folglich nicht nur aus positiven Fakten (erfolgreichen Lösungen von Aufgaben), sondern gleichermaßen auch aus negativen Fakten abgeleitet werden. Wir meinen, daß die Hauptursache dafür, daß das recht extensive Experimentieren auf dem Gebiet des Denkens noch keine bedeutenden Ergebnisse gebracht hat, darin liegt, daß die Theorie des Denkens bislang nur auf der Grundlage von Fakten über erfolgreiche Lösungen von Aufgaben aufgebaut worden ist. Negative Fakten wurden dagegen mit nebensächlichen Ursachen erklärt und nicht aus einer einheitlichen Konzeption der Denktätigkeit abgeleitet. Die Feststellung, daß sich eine Theorie nicht auf einen willkürlich ausgewählten Kreis von Fakten beschränken darf und daß dieselben Gesetzmäßigkeiten zu für das Subjekt diametral entgegengesetzten Ergebnissen führen können, ist für die Naturwissenschaftler längst zu einem Axiom geworden. So beruht die Wirkung vieler nützlicher Mechanismen auf dem Trägheitsgesetz (das einfachste Beispiel ist hier das Schwungrad), aber die gleiche Trägheit bereitet mitunter den Chauffeuren, Fahrgästen und Fußgängern nicht wenig Kummer.

Wir sind der Ansicht, daß es innere psychische Gesetzmäßigkeiten gibt, die den Verlauf der Denktätigkeit bedingen und deren Ergebnis verschieden sein kann. Unter diesem Gesichtspunkt erscheinen solche Prinzipien wie das „Bewußtwerden struktureller Züge", die „Veränderung der Struktur" (die von den Gestaltpsychologen propagiert werden), oder „Analyse", „Synthese" und „Verallgemeinerung" (die von Rubinštejn entwickelt wurden), nur als sozusagen ethische Forderungen, die an das denkende Subjekt gestellt werden und die in bestimmten Fällen – aber keineswegs immer – erfüllt werden. Dagegen wirken die echten Gesetzmäßigkeiten des Denkens in jedem Falle.

Wir haben eine experimentelle Untersuchung der heuristischen Tätigkeit an semantischem Material vorgenommen. An den Versuchen waren 418 Schüler der 10. und 11. Klassen der Stadt Minsk beteiligt. Die Grundidee der ersten experimentellen Serie war folgende: Die Versuchspersonen erhielten neben leicht zu lösenden Aufgaben solche Aufgaben, die nicht lösbar sind. Von besonderem Interesse waren für uns jene Handlungen, die von den Versuchspersonen zur „Lösung" der prinzipiell nicht lösbaren Aufgaben unternommen wurden, bei denen das Subjekt also Handlungen ausführte, die in keiner Weise durch die Logik des Gegenstandes diktiert wurden. Die experimentelle Aufgabe selbst bestand darin, passende Wörter nach dem Muster eines gegebenen Wortpaares zu suchen, das eine bestimmte Relation ausdrückt. Mit einigen der vorgegebenen Wörter konnten jedoch keine Paare gebildet werden. So gab es in der Spalte, in der gefordert wurde, ein Objekt zu einem entsprechenden transitiven Verb zu suchen, auch intransitive Verben, die keine direkten Objekte bei sich dulden. Ein Teil der Versuchspersonen war vorher davon unterrichtet worden, daß nicht alle Aufgaben Lösungen besitzen. Dennoch versuchten viele dieser Personen, auch diese Aufgaben zu lösen.

Wir berichten hier nur über die Endergebnisse. Eine Vielzahl von Fakten zeigt, daß illusorische Lösungen (so wollen wir jene Fälle nennen, in denen versucht wird, nichtlösbare Aufgaben zu lösen) durch das „Verwerfen", die „Weglassung" von Beschränkungen zustande kommen, die der vorgegebenen Relation auferlegt sind. Zum Beispiel wurden in der Spalte, in der zum Verb ein *direktes* Objekt zu finden war („schreiben" – „Brief"), für die intransitiven Verben (die ein direktes Objekt nicht zulassen) auch indirekte Objekte („arbeiten" – „für die Menschen") und Adverbialbestimmungen angegeben („sich erholen" – „seelisch"[1], „am Meer"). Das heißt, der Sonderfall – das direkte Objekt – wurde durch eine allgemeinere grammatische Kategorie, ein zweitrangiges Satzglied überhaupt, ersetzt.

In der gezeigten Geringschätzung realer und logischer Forderungen oder, um es genauer auszudrücken, in deren teilweiser Entwertung zeigt

[1] Im Russischen durch den Instrumental Singular des Substantivs „Seele" (duša – dušoj) ausgedrückt – d. Ü.

sich unserer Meinung nach auch eine wichtige innere Gesetzmäßigkeit der geistigen Tätigkeit. Diese Gesetzmäßigkeit könnte man mit dem Terminus *Anaxiomatisierung* bezeichnen (von der griechischen Verneinung „an“ und der Wurzel „axio“ — ich erkenne an, schätze). Obwohl die Anaxiomatisierung in unseren Versuchen im unmittelbaren Zusammenhang mit „negativen“ Fakten festgestellt worden ist, läßt sich denken, daß durch sie auch viele positive Fakten bedingt sind: die Hervorhebung wesentlicher Merkmale auf Grund der Vernachlässigung unwesentlicher Merkmale; die Überwindung der sogenannten Trägheit des Denkens dank der Verwerfung von routinemäßigen Lösungsweisen und der Entwertung traditioneller Denkformen usw.

Bereits in dem Buch von Spearman „Der schöpferische Verstand“ finden sich Hinweise auf das „Verschwinden“ eines Teils der Kenntnisse [3, S. 32] sowie auf das „Auslassen nicht passender Züge“ [3, S. 55] als auf Bedingungen des Schöpfertums. In dem kürzlich erschienenen Werk von Berlyne „Struktur und Richtung des Denkens“ wird der Frage des „Zurückweisens“ (rejection) von überflüssiger Information und ihrer „Mißachtung“ (disregarding) bedeutender Raum geschenkt [1, S. 39 bis 40, 44—45]. Jedoch ist bei diesen Autoren von Forderungen die Rede, denen das Denken gerecht werden muß, nicht aber von immanenten Eigenschaften jedes Denkens. Wir dagegen haben gesehen, daß die Anaxiomatisierung automatisch erfolgt und dabei entweder wesentliche oder unwesentliche Züge betrifft. Die Folge ist im ersten Falle eine illusorische Lösung, im zweiten Falle die Abstraktion, die Verallgemeinerung, die Hervorhebung des Wesentlichen, das Abgehen von einem ungerechtfertigten Kanon und im Ergebnis: die richtige Lösung der Aufgabe.

In einer anderen experimentellen Serie sollten die Versuchspersonen 15 Sätze bilden, wobei in jedem der Sätze drei vorgegebene Substantive zu gebrauchen waren. Im übrigen konnten die Sätze jeden beliebigen Sinn und eine beliebige Konstruktion haben.

In dieser experimentellen Situation stand den Versuchspersonen eine praktisch unbegrenzte Auswahl zur Verfügung, denn jeder grammatisch richtige Satz, der die drei gegebenen Substantive enthielt, entsprach den Forderungen der Instruktion. Darin lag ein großer Unterschied zur Situation bei der Lösung von Schachaufgaben, bei denen von einer fast unendlichen Menge von Varianten nur eine geeignet ist. Wie wurden diese scheinbar unbegrenzten Möglichkeiten nun in der Praxis genutzt?

Die Versuchsergebnisse, die einer sorgfältigen statistischen Bearbeitung unterzogen wurden, zeugen davon, daß in fast jedem Protokoll sich deutlich bestimmte Bevorzugungen abzeichnen. So bevorzugten die Versuchspersonen bei allen gebildeten Sätzen offensichtlich, erstens, ein bestimmtes logisch-grammatisches Wechselverhältnis zwischen den gegebenen Substantiven und den übrigen Wörtern. Zweitens bevorzugten sie diese oder jene Verbindung oder Verbindungsweise der vorgegebenen Wörter. Drittens schließlich bevorzugten sie bei der Satzbildung bestimmte Wörter, obwohl deren Auswahl nicht beschränkt war. Mit anderen Worten. es entsteht der Eindruck, daß die Versuchsperson, nachdem sie einmal bestimmte Verfahren gefunden hat, die es erlauben, die vorgegebenen Wörter untereinander und mit anderen Wörtern zu verbinden, dazu neigt, diesen ihren „Fund" oftmals zu verwerten, und längst nicht immer nach neuen Möglichkeiten strebt, so als ob sie die vorher gefundene Möglichkeit nicht aufgeben will.

Die Analyse der möglichen Ursachen der genannten Bevorzugungen führt zu der Schlußfolgerung, daß sie weder völlig auf die Richtlinien noch völlig auf eine „funktionale Fixierung" (Duncker) zurückgeführt werden können. Unserer Meinung nach tritt im Verlauf des heuristischen Prozesses selbst ein besonderer psychologischer Mechanismus in Aktion, den man *Hyperaxiomatisierung* nennen könnte. Wir verstehen darunter einen Mechanismus der erhöhten Bewertung eines vom Standpunkt des Subjekts erfolgreichen Fundes bei gleichzeitiger Abwertung anderer Verfahren zur Lösung der Aufgabe.

Unsere Ergebnisse sind in gewissem Sinne denen vergleichbar, zu denen der polnische Erforscher von Heuristiken, G. Kozielecki [2], gelangt ist. Kozielecki benutzte freilich eine völlig andere experimentelle Prozedur und anderes Material. In seinen Versuchen wurde geklärt, wie die Verifizierung einer Hypothese in einer Wahrscheinlichkeitssituation erfolgt, wenn das Subjekt nicht weiß, welcher Teil der vorhandenen Information richtig und welcher Teil falsch ist. Es erwies sich, daß die Versuchspersonen gewöhnlich die Information für wahr hielten, die den von ihnen aufgestellten Hypothesen entsprach. Mit anderen Worten, die Hypothese erhält gewissermaßen eine erhöhte Bewertung, und selbst Fakten, die der Hypothese widersprechen, werden ihr angepaßt, statt sie ins Schwanken zu bringen.

Illustrieren wir dieses Phänomen mit einem literarischen Beispiel. Eine heuristische Aufgabe in einer Wahrscheinlichkeitssituation mußten die Helden des Romans von J. Verne „Die Kinder des Kapitäns Grant" lösen. Sie hatten aus einer Flasche drei vom Meerwasser zerfressene Dokumente hervorgeholt. Hinsichtlich des unvollständigen Wortes „abor" wurde die Hypothese aufgestellt, dies sei ein Teil des französischen Wortes „aborder" (das Ufer anlaufen). Die Revision von Hypothesen, die andere Wörter und unverstandene Ausdrücke betrafen, wirkte sich in keiner Hinsicht auf die Deutung des Wortstückes „abor" aus.

Dabei hätte es genügt, einen Buchstaben hinzuzusetzen, um sofort den Aufenthalt der Schiffbrüchigen zu ermitteln: die Insel Tabor. Eine Hypothese beeinflußt also die Bewertung der Fakten: Um die Hypothese, die eine erhöhte Bewertung gefunden hat, aufrechtzuerhalten, werden andere Fakten, die diese Hypothese widerlegen könnten, abgelehnt oder bleiben unbemerkt — kürzer gesagt: sie werden entwertet.

Der Umstand, daß in verschiedenen Experimenten außerordentlich ähnliche Ergebnisse erzielt wurden, erhöht die Glaubwürdigkeit und den Erkenntniswert dieser Ergebnisse.

Das vermutete Prinzip der „Hyperaxiomatisierung" (der erhöhten Bewertung) bildet also einerseits einen Faktor, der das Schöpfertum stört und das schöpferische Potential begrenzt. Andererseits jedoch bedingt dieselbe Hyperaxiomatisierung auch solche positiven Erscheinungen, die in der heuristischen Literatur die Bezeichnung „Reduzierung der Zahl der Varianten" erhalten haben. Denn wenn die erhöhte Bewertung einer bestimmten Variante zu einer Entwertung der Menge der anderen Varianten führt, dann entfällt selbstverständlich die Notwendigkeit, diese anderen durchzumustern. Wir sehen von neuem, daß ein und dieselbe objektive Gesetzmäßigkeit Ursache sowohl positiver als auch negativer Erscheinungen ist.

Bleibt zu klären, in welchem Verhältnis die hier betrachteten Mechanismen der Anaxiomatisierung und der Hyperaxiomatisierung zueinander stehen. Es erhebt sich die Frage, ob es sich dabei um zwei besondere Mechanismen handelt oder ob sie der Ausdruck einer allgemeineren, einheitlichen Erscheinung sind.

Da sich die experimentelle Erforschung dieser Probleme noch im Anfangsstadium befindet, kann diese Frage nicht erschöpfend beantwortet werden. Unzweifelhaft erscheint uns jedoch, daß ein adäquates Verständnis der Denktätigkeit ohne Berücksichtigung von Bewertungskategorien unmöglich ist. Sie spielen, wie wir uns überzeugt haben, in den heuristischen Prozessen eine überaus wichtige Rolle. Gemeinsam ist beiden vermuteten Mechanismen eine Verlagerung der Bewertung vorhandener Information — eine erhöhte Bewertung beim Mechanismus der Hyperaxiomatisierung, eine Entwertung beim Mechanismus der Anaxiomatisierung. Zugleich hat die erhöhte Bewertung der einen Variante eine Entwertung anderer Varianten zur Folge. Das spricht für eine mögliche Einheit oder wechselseitige Abhängigkeit der beiden Mechanismen. Unsere Schlußfolgerungen müssen natürlich durch neue, vielseitige Untersuchungen an verschiedenartigem Material ergänzt werden.

Die Untersuchungen der heuristischen Tätigkeit erlauben, so meinen wir, eine umfassendere Interpretation des schöpferischen Denkens, das nicht selten auf ein begrenztes intellektualisiertes Schema reduziert worden ist. Die Betonung der Bewertungsmomente zwingt uns, die traditionelle rein logische Konzeption des Denkens neu zu überprüfen. Sie veranlaßt uns, die Betrachtung des Denkens in einen umfassenderen psychologischen Kontext zu betten, in dem Begriffe wie „Bedeutsamkeit für das Subjekt" und „Gleichwertigkeit" einen wichtigen Raum einnehmen. Die Erklärung negativer Fakten gewinnt offenbar theoretisch besondere Bedeutung. Das wiederum liefert eine wichtige Orientierung in praktischer Hinsicht, denn auf diese Weise werden wir mehr adäquate Informationen über jene realen Faktoren gewinnen, die als Störungen der schöpferischen Tätigkeit auftreten.

Literaturverzeichnis

[1] Berlyne, D., The structure and direction of thinking, New York 1965

[2] Kozielecki, G., Mechanizm samopotwierdzania hipotzy w sytuacji prohabilistycznej, in: Studia psychologiczne 1966, Nr. VII

[3] Spearman, C., Creative mind, London; Cambridge 1931

A. M. Matjuškin

Fragen der Methodik der experimentellen Erforschung psychologischer Gesetzmäßigkeiten des schöpferischen Denkens

1. Die psychologischen Gesetzmäßigkeiten des wissenschaftlichen Schöpfertums können nur in seltenen Fällen Gegenstand experimenteller Erforschung sein. Meistens stützt sich das Studium des Schöpfertums auf die Rekonstruktion des schöpferischen Prozesses anhand überlieferter Entwürfe und Zwischenergebnisse des Wissenschaftlers oder auf Ergebnisse der Selbstbeobachtung. Ungeachtet des zweifellosen Wertes solcher Daten für die Wissenschaft, gestatten sie es jedoch nicht, ein hinreichend vollständiges Bild des schöpferischen Prozesses zu gewinnen, seine Triebkräfte und die Bedingungen aufzudecken, die die Verwirklichung des schöpferischen Aktes bestimmen.

2. Zur Erforschung des Aktes des wissenschaftlichen Schöpfertums sind annähernd alle experimentellen psychologischen Untersuchungen geeignet, in denen die Bedingungen und Gesetzmäßigkeiten jener Art von Denkprozeß analysiert werden, in dessen Ergebnis sich das Subjekt neue Kenntnisse und Handlungen aneignet. Zum Unterschied von der historisch-theoretischen Untersuchung erlaubt es das Experiment, die den Prozeß des schöpferischen Denkens bestimmenden Faktoren und Bedingungen zu reproduzieren und ihre reale Bedeutung für den schöpferischen Akt zu untersuchen. Das Experiment ermöglicht es, den Prozeß zu vereinfachen und einzelne seiner Bedingungen speziell zu erforschen.

3. Es hat in der experimentellen Psychologie eine bedeutende Anzahl von Untersuchungen des Denkens gegeben, deren Ziel darin bestand, die Bedingungen und Gesetzmäßigkeiten des Prozesses der Herausbildung neuer Verhaltensakte, neuer Kenntnisse und Handlungen aufzudecken. Das Hauptmittel dabei war, das Subjekt in eine Situation zu versetzen, in der es eine neue Aufgabe zu lösen hatte. Der Prozeß ihrer Lösung wurde als ein Prozeß des schöpferischen Denkens und seine Gesetzmäßigkeiten als die eines schöpferischen Aktes des Menschen betrachtet. Die experimentellen Untersuchungen erlaubten es, die Hauptetappen der

Lösung der Aufgabe zu erkennen und zu beschreiben sowie auch einige der Bedingungen, die den Prozeß des schöpferischen Denkens fördern oder ihn behindern. Die Etappen bei der Lösung einer neuen Aufgabe wurden in den meisten Fällen als Etappen des schöpferischen Denkprozesses aufgefaßt.

4. Die Hervorhebung der Aufgabe als des Hauptkomplexes experimenteller Bedingungen bei der Erforschung des Denkens entspricht der Charakteristik des menschlichen Denkens als einer spezifischen Form der menschlichen Tätigkeit, die der Entdeckung von Unbekanntem, Unerkanntem dient. Die Struktur der verschiedenen Typen von Aufgaben, mittels deren einem anderen Menschen intellektuelle Anforderungen gestellt oder ihn etwas gelehrt werden soll, enthält immer eine Frage, Unbekanntes, das unter den Bedingungen intellektueller Tätigkeit eben das Ziel dieser Tätigkeit bildet.

Es hat sich indes gezeigt, daß die Lösung von Aufgaben als Methode der experimentellen Erforschung des Denkens nicht in allen Fällen zur Aufdeckung der Gesetzmäßigkeiten des Denkens führt. In den meisten gegenwärtigen Untersuchungen des Denkens, die man mit dieser Methode vornimmt, werden die gleichen Etappen des Denkens festgestellt, die schon in den ersten Untersuchungen des Denkens vor mehr als einem halben Jahrhundert gefunden worden waren, dieselben Fakten, die schon seit Beginn der experimentellen Erforschung des Denkens bekannt sind. Die Unterschiede in der Interpretation dieser Fakten tragen selbstverständlich nichts prinzipiell Neues zum Verständnis der Gesetzmäßigkeiten der Psychologie des Denkens bei.

Verschiedene Forscher suchten den Ausweg aus dieser Situation in der Vervollkommnung der Methoden zur Registrierung der Handlungen und Überlegungen der Versuchsperson. Es erwies sich jedoch, daß selbst neueste Methoden einer exakten Registrierung keinerlei Möglichkeit bieten, neue Fakten zu entdecken oder die früher bekannten Fakten zu erklären.

Der Erfolg dieser oder jener experimentellen Untersuchung des Denkens hängt oft davon ab, daß beim Experiment zufällig Aufgaben benutzt werden, die sich durch Besonderheiten auszeichnen, die bei früheren Experimenten fehlten. Der Fortschritt bei den neueren Untersuchungen des Denkens besteht also nicht in einem tieferen Eindringen in die zu erforschenden Erscheinungen, sondern in einer ständigen Erweiterung des Untersuchungsbereichs, in den laufend neue Aufgaben zur Beschreibung und Bestätigung der bekannten Fakten und Gesetzmäßigkeiten aufgenommen werden.

Die Aufgabe, die ursprünglich als Modell der experimentellen Bedingun-

gen bei der Erforschung des Denkens fungierte, ist mit der Entwicklung der Forschungen zu einer empirischen Tatsache geworden, und die entsprechenden Forschungen wurden zu empirischen Beschreibungen von Handlungen und Überlegungen der Versuchspersonen.
Es ist ganz natürlich, daß die Modellierung dieser bekannten Daten mit Hilfe von Elektronenrechnern die Erforschung des Denkens nicht wesentlich voranbringen konnte. Faktisch können alle Resultate experimenteller Untersuchungen der Lösung von Aufgaben, wie sie heute durchgeführt werden, schon vor dem Experiment vorausgesehen werden, da die Protokolle lediglich jenes System von Handlungen der Versuchsperson wiedergeben, das dem Experimentator ohnehin vorher bekannt war. Die Experimente, die einen bedeutenden Beitrag zur Erforschung der Gesetzmäßigkeiten der Psychologie des Denkens geleistet haben, haben sich als Forschungsmethode überlebt und sind zu einer Methode der empirischen Beschreibung, der empirischen Beobachtung geworden.
5. Die weitere Vervollkommnung der Methoden zur experimentellen Erforschung psychologischer Gesetzmäßigkeiten ist nicht in erster Linie eine Frage der Lösung technischer Probleme der Methodik des Experiments (Registrierungsverfahren, Verfahren zur Bearbeitung der Ergebnisse des Experiments u. dgl.). Entscheidend sind vielmehr die prinzipielle Überwindung des empirischen Herangehens an die Untersuchung, die Lösung einer Reihe von theoretischen Problemen und die Schaffung eines prinzipiellen Modells des Experiments, das als Mittel zur experimentellen Erforschung der Gesetzmäßigkeiten des Denkens dienen kann.
6. Die Grundeinheit der Tätigkeit des Menschen ist die Handlung. Aus Handlungen setzen sich letzten Endes alle komplizierten Formen der Tätigkeit zusammen — von den einfachen Akten des Gehens bis zu komplizierten intellektuellen Formen der Tätigkeit. Eine Handlung des Menschen kann jedoch in ihrer prinzipiellen Bedeutung für das Verständnis der Gesetzmäßigkeiten der psychischen Tätigkeit — insbesondere der Denktätigkeit — nur dann richtig bewertet werden, wenn sie als ein Glied der Wechselwirkung von Subjekt und Objekt, der Wechselwirkung des Menschen mit der gegenständlichen Welt gesehen wird. Nur in dieser Wechselwirkung entsteht die Notwendigkeit der psychischen Widerspiegelung, werden Denkprozesse notwendig, die zu komplizierten Formen der Widerspiegelung führen, in denen der Mensch die Gesetze der Außenwelt sowie jene Prinzipien erkundet, die den von ihm ausgeführten Handlungen selbst zugrunde liegen.
Die psychischen Prozesse, darunter die Denkprozesse, sind in diese Wechselwirkung einbezogen und bilden eines der Glieder dieser Wechsel-

wirkung, die der richtigen Steuerung der Tätigkeit dienen. Das Psychische (darunter das Denken) kann nicht richtig verstanden werden, wenn es entweder selbst auf die Handlung reduziert wird (Behaviorismus) oder ganz aus der realen Tätigkeit ausgeschlossen wird, wie das in der Gestaltpsychologie geschah, die die Tätigkeit phänomenologisch betrachtete. Das Denken, das als ein Glied (Moment) in der vom Menschen ausgeübten Tätigkeit (Handlung) erforscht wird, kann experimentell nur über die Tätigkeit (Handlung) erschlossen werden, die eine spezielle Form der Wechselwirkung des Menschen mit der gegenständlichen Welt bildet. Dabei ändern weder die soziale Natur der Tätigkeit des Menschen noch deren instrumentaler Charakter und Signalcharakter die Funktionen des Psychischen als einer Form der Regulation der Tätigkeit des Menschen (einer Form, die neben den biochemischen und physiologischen Formen der Regulation existiert).

7. Die prinzipielle Struktur der Bedingungen, die ein reales Modell des Denkprozesses ergeben, ist offensichtlich in jenen Bedingungen zu suchen, durch die gewisse psychische Neubildungen notwendig bewirkt werden, und zwar Neubildungen, die der richtigen Regulation der menschlichen Tätigkeit dienen. Diese Neubildungen entstehen im Prozeß des Denkens und machen auf den elementaren Ebenen der Ausführung einer Handlung den Inhalt der psychischen Regulation der Handlungen aus. Sie haben die Form von Bildern und Begriffen, die jedesmal, wenn eine psychische Regulation der Handlungen vorgenommen werden muß, aktualisiert werden. Auf den höheren Ebenen der Regulation des sozialen Verhaltens des Menschen, unter den Bedingungen einer komplizierten Arbeitsteilung in der Gesellschaft, haben die Ergebnisse des Denkens die Form von Kenntnissen über die Gesetze der Natur und Gesellschaft. Sie sind in den Systemen der Wissenschaften von der Natur und der Gesellschaft objektiviert und dienen der Veränderung von Natur und Gesellschaft zum Zwecke der Befriedigung der Bedürfnisse der Gesellschaft.

8. Betrachten wir den Komplex jener Bedingungen, die die Anfangsetappe des Denkprozesses bestimmen. Als Grundlage für die Kennzeichnung der prinzipiellen Struktur der den Denkprozeß auslösenden Bedingungen sind drei Hauptmodelle vorgeschlagen und in entsprechenden Experimenten wiederholt reproduziert worden.

a) Die Vertreter des Behaviorismus, insbesondere Thorndike, fanden, daß Denken immer in den Fällen entsteht, wo der Verhaltensakt wegen eines plötzlich auf dem Wege zum Ziel entstehenden Hindernisses nicht ausgeführt werden kann. Es kann dies ein beliebiges Hindernis sein: von einer physischen Barriere bis zum Fehlen von Mitteln oder der

Existenz intellektueller (logischer) Schwierigkeiten. Das hauptsächliche experimentelle Material, das bei diesem Modell benutzt wurde, waren verschiedenartige Labyrinth-Aufgaben (einschließlich Problemkäfige zum Studium des Problemlösungsverhaltens von Tieren) und mechanische Puzzlespiel-Aufgaben (z. B. die für diese Richtung klassischen Experimente Rugers mit Drahtbiegeproben). In den genannten Untersuchungen wurden die Wege und die Besonderheiten der Lösung von Aufgaben durch den Menschen beschrieben. Als prinzipielle Schlußfolgerung hinsichtlich des Prozesses, der zu Neubildungen führt, wurde auf fortlaufende Versuche und Irrtümer (Trial and error) hingewiesen, die manchmal zum Erfolg führen und den Prozeß vollenden, indem ein „Umgehungsweg" (die neue Handlung) gefunden wird, der zum Ziel führt. Bei den erwähnten Untersuchungen war man bestrebt, das Wissen aus den experimentellen Bedingungen möglichst auszuschließen. Es wurden weitestgehend manipulative Denkaufgaben verwendet.

b) Die Vertreter der Gestaltpsychologie formulierten ebenfalls ein System von Bedingungen, die Neubildungen notwendig werden lassen. Sie rückten die Unstrukturiertheit des phänomenalen Feldes in den Vordergrund, die eine psychologische Spannung verursacht, welche letzten Endes zur Entdeckung einer passenden Struktur, zur Gestalt, führt. In den Experimenten wurden dementsprechend Systeme solcher Aufgaben vorgelegt, die vom Subjekt das Verständnis einer bestimmten Relation, einer Gesetzmäßigkeit oder eines bestimmten Handlungsprinzips verlangten. Der Denkprozeß, der zur Lösung der vorgelegten Probleme führt, besteht nach Meinung der Gestaltpsychologen in der Strukturierung der Situationselemente des phänomenalen Feldes, einer Strukturierung, die zum „insight", zur Entdeckung, zum Verständnis führt.

Ausgehend von den geschilderten Positionen, wurde eine Vielzahl von Untersuchungen angestellt. Am Beispiel vieler schöpferischer Situationen, darunter auch Situationen wissenschaftlicher Entdeckungen, wurden die Gesetzmäßigkeiten des Strukturierungsprozesses bei der Suche nach Lösungswegen analysiert. So analysierte Wertheimer die Entdeckungen von Gauß u. a.

Selbstverständlich können viele Situationen „mit Hindernissen", wie sie die Behavioristen beschrieben, vom Standpunkt der Gestaltpsychologie als nichtstrukturierte Situationen analysiert werden, ebenso wie viele nichtstrukturierte Situationen der Gestaltpsychologie als Situationen „mit Hindernissen" aufgefaßt werden können. Solche Möglichkeiten der gegenseitigen Interpretation prinzipieller Modelle der experimentellen Forschung zeigen nicht nur die Zulässigkeit einer gegenseitigen Bewertung, sondern zeugen auch davon, daß in beiden Fällen, unabhängig von den jeweiligen Formen der Interpretation, ein hinreichend stabiles gemeinsames Faktum herausgearbeitet wurde, das die reale psychologische Wirklichkeit des Denkens charakterisiert. Diese gemeinsamen Besonderheiten der Bedingungen, die den Denkprozeß hervorrufen, wurden später als die Bedingungen definiert, die eine Problemsituation auslösen. (In der weiteren Entwicklung haben die erwähnten beiden Richtungen viel voneinander übernommen und heute ihren ursprünglichen orthodoxen Inhalt verloren.)

c) In vergleichsweise jüngeren Forschungen wurde als Hauptcharakteristikum der Entstehungsbedingungen einer Problemsituation und folglich der Bedingungen, die das Denken auslösen, die Nichtübereinstimmung der vorhandenen Kenntnisse und Handlungen des Subjekts mit den neuen Erfordernissen der Tätigkeit vorgeschlagen. Diese Charakteristik bewahrt im wesentlichen die Grundzüge der obengenannten Modelle der experimentellen Bedingungen, ergänzt sie jedoch dadurch, daß als prinzipielle Bedingungen in die Problemsituation nun die Erfordernisse der Tätigkeit und die Erfahrung (Kenntnisse und Handlungen) des Subjekts einbezogen werden. Dieses neue Modell hat es gestattet, die Möglichkeiten experimenteller Situationen zu erweitern. Frühere Erfahrungen, beliebige Kenntnisse und Handlungen konnten jetzt benutzt werden, wenn einem Subjekt eine Aufgabe gestellt wurde, die zu einer Nichtübereinstimmung dieser früher erworbenen Kenntnisse und Handlungen unter den neuen Tätigkeitsbedingungen führte.

9. Die Vervollkommnung der Methodiken der experimentellen Erforschung psychologischer Gesetzmäßigkeiten des schöpferischen Denkens ist in bedeutendem Maße an die Analyse jener psychologischen Strukturen gebunden, die Problemsituationen bilden. Problemsituationen bewirken und determinieren einen Denkprozeß, der zu psychischen Neubildungen, zur Entdeckung neuer Gesetze und Handlungsprinzipien führt.

Einer der Wege zur Vervollkommnung der Methodik der Erforschung des Denkens und der Systematisierung der in zahlreichen Experimenten festgestellten Fakten besteht in der Klassifizierung der Problemsituationen. Es gibt verschiedene Kriterien für eine solche Klassifizierung. Eines der wesentlichsten Kriterien ist jedoch die psychologische Struktur der Handlung eines Menschen. Sie schließt bekanntlich das Ziel, die Art und Weise sowie die Bedingungen der Handlung ein. In diesem Falle werden die Haupttypen von Problemsituationen durch jenen funktionalen Platz bestimmt, den das zu entdeckende Unbekannte in der konkreten Struktur der Handlung einnimmt.

Ein erster Typ von Problemsituationen entspricht dann jenen Fällen, in denen das Unbekannte das *Ziel* der Handlung darstellt. Solche Problemsituationen können bei der Ausführung theoretischer Handlungen entstehen. Als Beispiele solcher Situationen können die Problemsituationen gelten, die in den Untersuchungen M. Wertheimers, K. A. Slavskajas, A. V. Brušlinskijs u. a. benutzt wurden.

Zum zweiten Typ von Problemsituationen gehören solche, in denen das Unbekannte das Prinzip bildet, das die *Art und Weise* der Handlung bestimmt. Beispiele solcher Situationen sind Problemsituationen, die sich bei der Ausführung praktischer Handlungen ergeben. Das Ziel der auszuführenden Handlung ist hier natürlich nicht ein zu entdeckendes Unbekanntes; die gewonnene Lösung erscheint vielmehr als „Nebenprodukt" der Handlung. Beispiele solcher Problemsituationen finden sich in reicher Zahl in den Untersuchungen von K. Duncker, N. R. F. Maier, J. A. Ponomarjov, V. N. Puškin, O. K. Tichomirov u. a. Einen Sonderfall von Problemsituationen dieser Art bilden Situationen, die bei der Lösung von Spielaufgaben entstehen. Deren Besonderheit besteht darin, daß sowohl die Endsituation als auch die Anfangssituation hier das Ziel der Handlung sein können. Am vollständigsten ist dieser Typ von Situationen in der Spieltheorie beschrieben worden. Zu diesen Situationen gehören alle Arten von Spielen, in denen die Partner entgegengesetzte Interessen verfolgen (Schach, Dame usw.).

Im dritten Typ von Problemsituationen bildet das Unbekannte die *Bedingungen* der Handlung. Situationen dieser Art entstehen auf den verschiedensten Etappen des Trainings einer angeeigneten Handlung. Die meisten Aufgaben, die in den Aufgabensammlungen der Mittelschulen und der Hochschulen stehen, sind zur Schaffung derartiger Situationen bestimmt. Als Spezialfälle solcher Situationen können z. B. Problemsituationen angesehen werden, die beim Training komplizierter sportlicher Handlungen (N. A. Bernštejn) oder Schreibhandlungen (E. V. Gur'janov) auftreten.

Zusammenfassend kann gesagt werden, daß die Aufdeckung der allgemeinen und der spezifischen Komponenten der Struktur von Problemsituationen die Möglichkeit bietet, im Experiment wesentliche Faktoren zu erforschen, die den Denkprozeß in den verschiedenartigsten Situationen bestimmen: von theoretischen Problemen bis hin zu Problemsituationen, die beim Training von Handlungen entstehen.

D. B. Bogojavlenskaja

Zum Modell der Problemsituation

Bekanntlich ist die Lösung eines Problems mit der Umkonstruierung des Beziehungssystems (der Struktur) der jeweiligen Problemsituation verbunden. Weniger trivial erscheint die Frage nach der Herausbildung eines solchen Systems (der Struktur) und nach seinen Funktionen bei der Lösung der Aufgabe.

Wir gehen davon aus, daß die Aneignung der Bedingungen einer subjektiv schwierigen Aufgabe, die mündlich oder schriftlich gestellt worden ist,[1] durch die sukzessive Entfaltung zweier Kodes erfolgt: des sprachmotorischen und des gegenständlichen oder, wie ihn N. I. Žinkin nennt, des subjektiven [12]. Die Übersetzung der Bedingungen in den gegenständlichen Kode sichert die Möglichkeit der Transformation, der Ergänzung und Veränderung der in Form der Aufgabe eintreffenden Information in Übereinstimmung mit der Information, die im Gedächtnis gespeichert ist. Mit Hilfe dieses Kodes erfolgt in der *ersten Etappe* der Bedingungsanalyse eine Art Rekonstruktion des Gegenstandes, des realen Inhalts der Aufgabe. Dieses subjektive Sehen der Bedingungen der Problemsituation muß als ein Bild der Problemsituation qualifiziert werden, als erstes wichtiges Glied der Aneignung der Bedingungen der Aufgabe und als Mittel zur Gewinnung maximaler Information.[2] Führen wir als Beispiel einen Auszug aus dem Protokoll der Lösung einer Aufgabe an, deren Wesen in der Frage bestand: „Kann der Pilot eines Überschallflugzeuges den Lärm der Triebwerke hören, die hinter ihm an den Tragflächen angebracht sind?"

[1] Wird die Aufgabe in Form einer Zeichnung, einer Kollektion von Gegenständen u. dgl. gestellt, so erfolgt natürlich eine Reduktion des Prozesses.

[2] Die maximale Rekonstruktion des Objekts im Bild erfolgt bei der Lösung von Aufgaben, die subjektiv besonders schwierig sind. Dieser Umstand wird von einer Reihe von Autoren (F. N. Šemjakin u. a.) damit erklärt, daß sich das Denken bei Schwierigkeiten Bildern zuwendet.

Testperson S. N.: „Der Pilot trägt einen Schutzhelm..., das heißt, er kann..."
In diesem Falle ermöglicht es eine zusätzliche Information, die Aufgabe indirekt zu lösen.
Die bildhafte Vorstellung von den Bedingungen der Aufgabe entspricht noch nicht den Bedingungen der Aufgabe im strengen Sinne. Die Bedingungen selbst werden im Prozeß des In-Beziehung-Setzens des bildhaften Sehens der Situation zu den Forderungen der Aufgabe sichtbar. Die Forderung bestimmt jenen Aspekt, unter dem im Ausgangsmaterial (dem Bild der Problemsituation) die relevanten Seiten der Objekte unterschieden werden. Sie werden dann auch zu Bedingungen im strengen Sinne. In den Arbeiten S. L. Rubinštejns und seiner Schule wird eine Analyse des Prozesses des In-Beziehung-Setzens von Bedingungen und Forderungen gegeben.
Untersuchungen O. Terechovajas haben gezeigt, daß physische Gegenstände, die unmittelbar miteinander verglichen werden, noch keine Grundlage dafür abgeben, auf ihre Wechselbeziehung zu schließen. S. L. Rubinstein zufolge kann als Basis für den Vergleich von Daten nur ein einheitliches Begriffssystem dienen, das im Prozeß des In-Beziehung-Setzens von Bedingungen und Forderungen aufgestellt wird.
Die Spezifik unseres Herangehens besteht in dem Versuch, hinter diesem einheitlichen Begriffssystem eine gewisse nichtlinguistische Repräsentation der Bedingungen der Aufgabe in einem einheitlichen Feld zu sehen. Unter der nichtlinguistischen Form verstehen wir eine Realisierung, die sich von der Wiedergabe in einer natürlichen Sprache unterscheidet. Eine derartige Repräsentation in einem einheitlichen Feld wird dadurch erreicht, daß von den irrelevanten Seiten der Objekte der Problemsituation abstrahiert wird. Die Bedingungen werden homogen und, folglich, vergleichbar. Die Homogenität der Bedingungen erlaubt es, von ihrem qualitativen Inhalt zu abstrahieren und zur zeichenhaften Darstellung der Bedingungen der Aufgabe selbst überzugehen. Ein solcher Übergang erfolgt ebenfalls mit Hilfe des subjektiven Kodes, der in diesem Fall als bekannter oder, genauer, „Bedeutungs"-Kode (J. A. Ponomarjov) in Erscheinung tritt. Der subjektive Kode ist also in den von uns unterschiedenen Etappen der Aneignung der Aufgabebedingungen nicht gleichartig. Er ist in der ersten Etappe ein im eigentlichen Sinne gegenständlicher Kode, und mit seiner Hilfe wird ein Bild der Problemsituation aufgebaut. In der zweiten Etappe hat er die Eigenschaft eines Zeichenkodes und ermöglicht es, den schematischen Aufbau des Beziehungssystems in der jeweiligen Problemsituation vorzunehmen, womit auch das Verständnis dieser Situation verbunden ist.

Ist nun dieses System lediglich ein beschreibendes, abbildendes, oder besitzt es eine gewisse aktive Funktion? Man darf annehmen, daß wir es hier mit einer Struktur zu tun haben, die *nicht nur abbildet, sondern auch erzeugt*. Da sie das Ergebnis einer Analyse der Beziehungen in der jeweiligen Situation ist, bildet sie ein *gedankliches Modell* der Problemsituation, von dem dieses oder jenes Lösungsprinzip „abgelesen" wird (eine Idee, Hypothese, Konzeption). Wir berücksichtigen hier, daß in den Prozeß des Aufbaus des Modells der Problemsituation der sprachliche Analysator obligatorisch einbezogen wird, um so mehr, wenn die Testperson keine anderen Objektivierungsmittel besitzt. In diesem Falle bildet die Verbalisierung das einzige Mittel zur Fixierung der Elemente, aus denen das Modell der Problemsituation aufgebaut wird, sowie der Ergebnisse des Aufbaus einzelner Modellglieder.

Im weiteren werden wir der Kürze halber das Modell der Problemsituation als K-Modell bezeichnen, da wir annehmen, daß es bei der Lösung der Aufgabe in nichtlinguistischer Form die Konzeption, das Prinzip der Handlung ausdrückt. Es ist dies eine Art *visuelles Korrelat der Hypothese*.

Es ist in der Theorie des Denkens üblich, als Anfangsetappe des Lösungsprozesses die Herausgliederung der Bedingungen der Aufgabe und die anschließende Bildung einer Hypothese, die Annahme eines Lösungsprinzips, zu betrachten.

Bei K. Duncker [3], S. L. Rubinštejn [7] und anderen wird die Analyse der Problemsituation mit der Herausgliederung der Bedingungen abgeschlossen, und es gibt keinen deutlichen Hinweis auf den Mechanismus der Aufstellung dieser oder jener Hypothese.

Die Analyse des experimentellen Materials und die von uns aufgestellte Hypothese vom „K-Modell" erlauben es, folgendes Schema der Anfangsetappe des Prozesses der Lösung einer Aufgabe aufzustellen (s. S. 365).

Wie jedes andere Schema ist diese schematische Darstellung nur bedingt zutreffend. Sie bietet jedoch die Möglichkeit, den Prozeß selbst und die Produkte dieses Prozesses deutlich zu differenzieren, die Einbeziehung jedes Produkts (der Bedingungen der Aufgabe, des Modells, der Hypothese) in die folgenden Glieder des Prozesses zu zeigen und vor allem als obligatorisches Glied den Aufbau eines Modells der Problemsituation einzuführen. Dieses Glied kann auch ein Mikroglied sein, d. h. in reduzierter Form verwirklicht werden.

Bei der experimentellen Erforschung eines solchen Gliedes muß mit einer gewissen Beschränkung der Möglichkeiten der introspektiven Methode gerechnet werden. Man kann dies kurz so formulieren. Während die Aufstellung des Modells selbst von der Versuchsperson im Verlauf

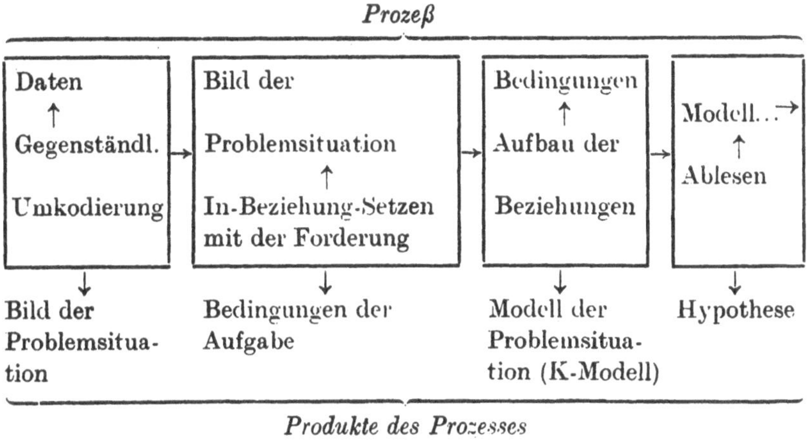

der Analyse der Bedingungen der Aufgabe stets bewußt erfolgt (sogar dann, wenn die Analyse den Charakter einer mechanischen Durchmusterung der Varianten trägt), entgeht der Effekt eines solchen Aufbaus, die Gewinnung neuen Wissens (sein „Ablesen", das „Erblicken" des Inhalts des Systems), der Selbstbeobachtung der Testperson und wird im introspektiven Bericht der Testperson nicht sichtbar. Das hat einen sehr einfachen Grund. Der genannte Effekt stimmt äußerlich mit demjenigen überein, der üblicherweise als Verstehen oder „Erleuchtung" bezeichnet wird.

Es muß noch einmal unterstrichen werden, daß das vorgelegte Schema ein Glied des Denkprozesses, eine gewisse Seite dieses Prozesses beschreibt, nicht aber den ganzen Prozeß. Dessenungeachtet steht dieses Glied, wie wir meinen, in einem bestimmten Verhältnis zu den anderen fundamentalen Erscheinungen des Denkens, z. B. zur Erscheinung der Übertragung (der „Transposition der Beziehungen"), mit der man oft die erfolgreiche Lösung einer Aufgabe erklärt. Es ist angebracht zu bemerken, daß die Transposition selbst ein Rätsel enthält. Welcherart ist der Mechanismus dieser Erscheinung? Genügt es, zu konstatieren, daß die Übertragung mit der Vornahme einer Analyse und der Einbeziehung eines Hilfsobjekts in das einheitliche Begriffssystem verbunden ist? Eine solche Feststellung geht von dem zweifellos richtigen Grundprinzip der Transposition aus, dem Prinzip des *gemeinsamen Nenners*, der die unterschiedlichen Informationen im Denkprozeß vergleichbar macht. Man kann sich aber schwerlich damit einverstanden erklären, daß dieser Nenner allein auf ein einheitliches Begriffssystem zurückgeführt wird, daß der *einzige* Schlüssel zur Enträtselung des Mechanismus der Übertragung im abstrakten Charakter des menschlichen Denkens gesucht wird. Auch die Einschränkung, daß dies „gestützt auf Bilder" geschehe, ändert nichts, da sofort zu fragen ist, *wie* denn ein solches Stützen erfolgt.

Es kann angenommen werden, daß nicht das Begriffssystem selbst (in reiner Form oder in Verbindung mit einer „bildhaften Stütze"), sondern das K-Modell den gemeinsamen Nenner bei der Transposition der Beziehungen bildet. Infolge seines dominierenden Charakters bildet das K-Modell gewissermaßen das Zentrum eines einheitlichen „Modellfeldes", in dem die objektive Logik der Ähnlichkeit der Beziehungen ihren psychologischen Ausdruck im *K-Modell* der Hilfssituation findet. Voraussetzung für die Transposition der Beziehungen ist also einerseits das Vorhandensein eines fertigen, aber „nicht wirkenden" K-Modells der eigentlichen Problemsituation (eines Modells, das durchgearbeitet wurde, sich aber als uneffektiv erwiesen hat) und andererseits der Aufbau eines K-Modells der Hilfssituation. Dieser Aufbau muß im gleichen Zeichenkode erfolgen, der natürlich beim jeweiligen Subjekt *einheitlich* ist. Das letztere Modell ermöglicht es, das unwirksame Glied des Hauptmodells zu erkennen.

Es stellt sich unvermeidlich die Frage, ob es denn gerechtfertigt ist, neben der traditionellen Kategorie „Bild" die andersartige Kategorie „Modell" in die psychologische Analyse der Denkprozesse einzuführen. Diese Frage bleibt aktuell, ungeachtet der erfolgreichen Versuche V. N. Puškins [6] und J. A. Ponomarjovs [5], die Kategorie „Modell" in Arbeiten über das Denken zu benutzen.

Wir halten es für zweckmäßig, den Begriff „Modell" in die Psychologie einzuführen. Das Problem des Bildes nimmt in der gesamten Geschichte der Psychologie einen wichtigen Platz ein. Die Rolle und der Platz des Bildes im Denkprozeß sind jedoch in der Psychologie überaus verschieden bewertet worden. Das hat eine ganze Reihe von Gründen, darunter auch die Widersprüchlichkeit des Begriffes „Bild" selbst. Wir versuchen, aus diesem psychischen Ganzen eine neue Seite (oder eine neue Ebene der Widerspiegelungen) herauszudifferenzieren: ein Modell als ein visuelles Korrelat der Hypothese, des Handlungsprinzips. Korrelat bedeutet in unserem Falle eine im Prinzip eindeutige Entsprechung und einen direkten kausalen Zusammenhang der linguistischen, begrifflichen Struktur der Hypothese und der nichtlinguistischen Repräsentation der Struktur der Problemsituation.

Es muß hier auch die Unzulänglichkeit der Verwendung des Terminus „verallgemeinertes Bild" zur Bezeichnung des beschriebenen Gliedes hervorgehoben werden. Ein „verallgemeinertes Bild" enthält wesentliche Züge der jeweiligen Klasse von Gegenständen und erhält zugleich sozusagen den „Körper" des Gegenstandes. Das Modell drückt ebenfalls wesentliche Seiten aus, aber es ist frei von redundanter Information, die dem verallgemeinerten Bild eigen ist; außerdem wird es durch eine Zeichensprache beschrieben, während das verallgemeinerte Bild die Sprache der Darstellung benutzt.

Wesentlich schwerer ist die Abgrenzung zwischen Modell und Bild-Schema, da bei beiden die „Realisierungssprache" die gleiche ist.

Unserer Ansicht nach ist zu unterscheiden: das Schema (Zeichnung) als Produkt fremder Tätigkeit, das dem Subjekt als stützendes Bild gegeben wird und, zweitens, das Modell als Produkt des subjektiven schematischen Aufbaus der Beziehungen zwischen den Elementen des Objekts (der Problemsituation).

Experimente [1, 2] zeigen, daß das Vorhandensein einer Zeichnung (eines stützenden Bildes) allein noch nicht die Hypothese bestimmt. In der Aufgabe mit dem Überschallflugzeug wurde ein den Versuchspersonen gezeigtes Schema (der Pilot war durch einen Punkt im vorderen Rumpf des Flugzeuges, die Triebwerke waren durch zwei Punkte auf den Flügeln hinter dem Piloten gekennzeichnet) zur Basis für zwei völlig entgegengesetzte Modelle. In einem Falle z. B. betrachtete die Versuchsperson die Punkte „Pilot" und „Triebwerke" isoliert voneinander und stellte zwischen ihnen Beziehungen nach dem Prinzip des „Überholens" her („Der Pilot befindet sich ständig vor den Triebwerken und überholt den Schall"). In einem anderen Fall stellte die Versuchsperson Beziehungen zwischen den Punkten dadurch her, daß sie die Punkte in ein einheitliches System „Flugzeug" einordnete („Die Überholung des Schalls existiert nur hinsichtlich der Umwelt; Pilot und Triebwerke befinden sich in einem einheitlichen System, folglich spielt die Überholung keine Rolle").

Der Terminus „Modell" widerspiegelt im vorliegenden Falle die Möglichkeit, in unterschiedlicher Weise nach dem Schema vorzugehen (ähnlich, wie man aus einem Satz mehrere verschiedene Schlüsse ziehen kann). Er ermöglicht es, aus dem „Bild-Schema" als einer schematischen Darstellung eine gewisse spezifische Seite herauszuheben, nämlich den Aufbau der Beziehungen zwischen den Elementen des Objekts (der Problemsituation) durch das Subjekt.

Es existieren nach unserer Meinung zwei Ebenen der Widerspiegelung, zwischen denen keine Kluft besteht. Denn zwischen der bildhaften und der logischen Ebene befindet sich das Modell. Und zwar ist dieses Modell kein fremdartiges Element („bildhafte Komponente"), sondern ein

notwendiges Zwischenglied, das bereits die Struktur des noch nicht geäußerten Gedankens in anschaulicher Form enthält.
Das K-Modell bestimmt sozusagen das Funktionieren des Wissens und steuert den Verlauf der Analyse der Aufgabe. Das K-Modell stellt also einen gewissen Mechanismus der Gerichtetheit des Denkens bei der Lösung von Aufgaben dar.
Darum ist eine Veränderung des Aspekts der Untersuchung bei der Lösung eines Problems identisch mit der Überwindung des entstandenen Modells und dem Aufbau eines neuen Modells.

Literaturverzeichnis

[1] Bogojavlenskaja, D. B., K analizu processa poznanija, in: Materialy k simpoziumu o logike nauki, Kiev 1966

[2] Bogojavlenskaja, D. B., Ob evrističeskoj funkcii modeli problemnoj situacii, in: Problemy evristiki, Moskva 1968

[3] Duncker, K., Psychologie des produktiven Denkens, Berlin 1935

[4] Jaroševskij, M. G., Istorija psichologii, Moskva 1966

[5] Ponomarjov, J. A., Problema idealnogo, in: Voprosy filosofii, 1964, Nr. 8

[6] Puškin, V. N., Operativnoe myšlenie v bol'šich sistemach, Moskva 1965

[7] Rubinštejn, S. L., Das Denken und die Wege seiner Erforschung. Berlin 1961

[8] Šechter, M. S., Ob obraznych komponentach rečevogo myšlenija, in: Doklady AN RSFSR, 1959, Nr. 2—3

[9] Selz, O., Über die Gesetze des geordneten Denkverlaufs, Stuttgart 1913

[10] Selz, O., Zur Psychologie des produktiven Denkens und des Irrtums, Bonn 1922

[11] Wertheimer, M., Productive thinking, New York 1959

[12] Žinkin, N. I., Kodovye perechody vo vnutrennej reči, in: Voprosy jazykoznanija, 1964, Nr. 6

Personenregister